新型职业农民培育工程

果树生产实用技术

王朝伦　李书立　安　晃　赵建中　主编

中原出版传媒集团

中原农民出版社

·郑州·

编 委 会

主　　任　周亚民

副 主 任　董　锐　张予红　刘　颖　翟健莉　韩凤斌　贺全久

本书作者

主　　编　王朝伦　李书立　安　冕　赵建中

副 主 编　（以姓氏笔画为序）

　　　　　王　峰　邢彩云　苏聪玲　张志坚　余　辉　李　瑞

　　　　　李丽霞　胡　锐

编写人员　（以姓氏笔画为序）

　　　　　王朝伦　王　峰　刘华伟　安　冕　吕彦海　邢彩云

　　　　　李书立　李　瑞　李丽霞　张志坚　余　辉　苏聪玲

　　　　　赵建中　高　倩　郭进涛

图书在版编目（CIP）数据

果树生产实用技术/王朝伦等主编 . —郑州：中原出版
传媒集团，中原农民出版社，2014.12
（新型职业农民培育工程）
ISBN 978 - 7 - 5542 - 0861 - 8

Ⅰ . ①果…　Ⅱ . ①王…　Ⅲ . ①果树园艺　Ⅳ . ①S66

中国版本图书馆 CIP 数据核字（2014）第 237635 号

出版：中原出版传媒集团　中原农民出版社

　　　（地址：郑州市经五路 66 号　　电话：0371 - 65751257

　　　邮政编码：450001）

发行：全国新华书店

承印：郑州金狮印务有限公司

开本：787mm × 1091mm　　　　　1/16

印张：20

字数：390 千字

版次：2014 年 11 月第 1 版　　　印次：2014 年 11 月第 1 次印刷

书号：ISBN 978 - 7 - 5542 - 0861 - 8　　　　定价：48.00 元

本书如有印装质量问题，由承印厂负责调换

编写说明

  根据教育部、农业部新型职业农民培育方案，以服务现代农业发展和社会主义新农村建设为宗旨，以促进农业增效、农民增收、农村发展为导向，以全面提升农民的综合素质、职业技能和农业生产经营能力为目标，深入推进面向农村的职业教育改革，加快培养新型职业农民，稳定和壮大现代农业生产经营者队伍，为确保国家粮食安全和重要农产品有效供给、推进农村生态文明和农业可持续发展、确保农业后续有人、全面建成小康社会提供人力资源保障人才支撑的目标要求，郑州市农业科技教育中心根据多年积累的农村劳动力培训阳光工程项目实施的经验及新型职业农民的特点，由中心主任、农技推广研究员王朝伦牵头组织市直相关单位的专家、学者及一线农业技术推广人员编写了这套新型职业农民培养实用技术教材。本套教材立足于生产实际，侧重于培养基层农业科技人员、农业产业化龙头企业骨干生产技术员、农业合作社成员和新型职业农民。教材包括《小麦生产实用技术》《玉米生产实用技术》《蔬菜生产实用技术》《果树生产实用技术》4 个专业。

  本套教材在编写过程中本着传授知识与推广技术相结合，新颖性与可操作性相结合，既注重实践，又尽量考虑到知识的系统性，普及新成果、新技术、新产品、新品种，通俗易懂，简明扼要。便于让更多农村基层科技人员和新型职业农民掌握。

  本套书的编写得到了许多专家和同行的支持和帮助，在此一并致谢。由于时间仓促，水平和能力有限，疏漏、错误及缺点难免，恳请读者多提宝贵意见。

编者

目　录

第一章　果树生产基本知识……………………………………………… 1

第一节　果树的形态结构及其特性…………………………………… 2

一、果树的枝干 ………………………………………………… 2

二、果树的芽 …………………………………………………… 3

三、果树的根系 ………………………………………………… 5

四、果树的叶、花和果实 ……………………………………… 6

第二节　果树的生长发育……………………………………………… 7

一、果树一年中的生长发育 …………………………………… 7

二、果树一生中的生长发育 …………………………………… 13

第三节　果树育苗……………………………………………………… 15

一、实生苗的培育 ……………………………………………… 15

二、嫁接苗的培育 ……………………………………………… 18

三、苗木的繁殖方法 …………………………………………… 20

四、苗木出圃 …………………………………………………… 27

第四节　果园的建立…………………………………………………… 28

一、园地选择 …………………………………………………… 28

二、树种品种选择 ……………………………………………… 28

三、苗木栽植 …………………………………………………… 29

第五节　果园管理……………………………………………………… 32

一、土壤管理 …………………………………………………… 32

二、果树施肥 …………………………………………………… 33

三、水分管理 …………………………………………………… 36

第六节　整形修剪……………………………………………………… 38

一、整形修剪的目的和依据 …………………………………… 38

二、修剪的方法和作用 ………………………………………… 39

三、整形修剪过程 ……………………………………………… 41

第七节　花果管理……………………………………………………… 44

一、保花保果 …………………………………………………… 44

二、疏花疏果 …………………………………………………… 45

第八节　病虫害防治 ……………………………………………… 46
　　一、防治原则和主要类型 ………………………………… 46
　　二、化学防治 ……………………………………………… 47
第二章　常见果树栽培技术 …………………………………… 50
　第一节　核桃的栽培技术 …………………………………… 51
　　一、核桃的生长结果习性 ………………………………… 51
　　二、核桃优良品种 ………………………………………… 58
　　三、核桃的生产技术 ……………………………………… 73
　　四、核桃的病虫害防治技术 ……………………………… 78
　第三节　葡萄的栽培技术 …………………………………… 79
　　一、葡萄的生长结果习性 ………………………………… 79
　　二、葡萄的主要种类与优良品种 ………………………… 85
　　三、葡萄的生产技术 ……………………………………… 102
　　四、葡萄的病虫害防治技术 ……………………………… 115
　第四节　石榴栽培技术 ……………………………………… 118
　　一、石榴的主要种类与优良品种 ………………………… 118
　　二、石榴的生长结果习性 ………………………………… 140
　　三、石榴的生产技术 ……………………………………… 150
　　四、石榴主要病虫害及防治 ……………………………… 154
　第五节　草莓的种植技术 …………………………………… 172
　　一、草莓的种类、品种与生长结果习性 ………………… 172
　　二、草莓的生产技术 ……………………………………… 177
　　三、草莓的病虫害防治技术 ……………………………… 181
　第六节　枣的种植技术 ……………………………………… 183
　　一、枣的品种和生长结果习性 …………………………… 183
　　二、枣的生产技术 ………………………………………… 193
　　三、枣的主要病虫害防治技术 …………………………… 201
　第七节　杏的栽培技术 ……………………………………… 203
　　一、杏的种类、品种与生长结果习性 …………………… 203
　　二、杏的生产技术 ………………………………………… 206
　　三、杏的病虫害防治技术 ………………………………… 207
　第八节　桃的栽培技术 ……………………………………… 209
　　一、桃的主要种类与品种 ………………………………… 209
　　二、桃的生长结果习性 …………………………………… 210
　　三、桃的生产技术 ………………………………………… 215

　　　　四、桃的病虫害防治技术 ……………………………………………… 223

　　第九节　梨的栽培技术 ……………………………………………………… 228

　　　　一、梨的种类及主要品种 ……………………………………………… 228

　　　　二、梨的栽培环境 ……………………………………………………… 230

　　　　三、梨的生物学特性与栽培管理 ……………………………………… 231

　　　　四、梨的病虫害防治技术 ……………………………………………… 238

　　第十节　樱桃栽培技术 ……………………………………………………… 239

　　　　一、樱桃的种类及主要品种 …………………………………………… 239

　　　　二、樱桃的生物学特性 ………………………………………………… 246

　　　　三、樱桃的生产技术 …………………………………………………… 252

　　第十一节　猕猴桃栽培技术 ………………………………………………… 254

　　　　一、猕猴桃的种类及主要优良品种 …………………………………… 254

　　　　二、猕猴桃的生长发育特征 …………………………………………… 259

　　　　三、猕猴桃的生物学特性 ……………………………………………… 263

　　　　四、猕猴桃栽培技术 …………………………………………………… 269

　　第十二节　柿子生产技术 …………………………………………………… 275

　　　　一、柿树的生长结果习性 ……………………………………………… 275

　　　　二、柿子的种类与优良品种介绍 ……………………………………… 282

　　　　三、柿子的生产技术 …………………………………………………… 290

第三章　果树设施栽培 ………………………………………………………… 295

　第一节　果树设施栽培的意义 ……………………………………………… 296

　　　　一、拉长了鲜果的供应时间 …………………………………………… 296

　　　　二、扩大了优良品种的栽植区域 ……………………………………… 296

　　　　三、保证了丰产、稳产 ………………………………………………… 296

　　　　四、提高了果实品质 …………………………………………………… 297

　　　　五、增加了经济效益 …………………………………………………… 297

　第二节　果树设施栽培的方式及类型 ……………………………………… 297

　　　　一、设施栽培的方式 …………………………………………………… 297

　　　　二、设施的类型、结构和性能 ………………………………………… 298

　　　　三、设施建造的特点 …………………………………………………… 301

　第三节　设施内环境条件的调控 …………………………………………… 304

　　　　一、光照 ………………………………………………………………… 304

　　　　二、温度 ………………………………………………………………… 304

　　　　三、湿度 ………………………………………………………………… 305

　　　　四、二氧化碳 …………………………………………………………… 306

第四节　设施果树的树种和品种 …………………………………………… 306

　　一、葡萄 …………………………………………………………………… 306

　　二、桃 ……………………………………………………………………… 307

　　三、杏 ……………………………………………………………………… 307

　　四、李 ……………………………………………………………………… 308

　　五、樱桃 …………………………………………………………………… 308

　　六、草莓 …………………………………………………………………… 309

第五节　日光温室果树的管理技术 ………………………………………… 309

　　一、葡萄 …………………………………………………………………… 309

　　二、桃 ……………………………………………………………………… 310

　　三、草莓 …………………………………………………………………… 311

第一章　果树生产基本知识

【知识目标】

1. 了解果树的生物学特性。
2. 掌握果树一生的生长发育过程。
3. 熟悉果园土肥水管理过程。

【技能目标】

1. 熟练掌握果树种子生活力的鉴定方法。
2. 熟悉并掌握苗木的几种繁殖方法。
3. 根据所学知识能够正确选择园地、树种。

第一节　果树的形态结构及其特性

果树种类很多，有野生类型和栽培类型，所有栽培果树都是由原始野生植物经人类长期栽培驯化不断选择而来。目前世界上果树包括野生的60科，2 800种左右，其中较重要的约有300种，分布世界各地。我国是世界8个栽培植物原产中心之一，果树种类不但繁多，而且形态结构差别也很大，如木本果树与草本果树之间，木本果树中的乔木果树、灌木果树和蔓性果树之间，树体组成各不相同，但都是由根、茎、叶、花、果实、种子等器官组成的。掌握了树体组成及其相互关系，才能正确运用农业技术，使果树各部分之间协调生长，达到丰产、优质的栽培目的。

一、果树的枝干

1. 果树枝干

（1）树干　是树体的中轴部分，由主干和中心干组成。

（2）骨干枝　在树冠中起骨架作用的枝，主要包括中心干、主枝和侧枝等。主枝是中心干上永久性的大枝，侧枝是主枝上的永久性大枝。中心干、主枝、侧枝的生长势和分布直接决定着树体结构的好坏，也影响着果树的生产。

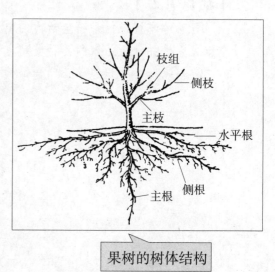

果树的树体结构

（3）延长枝　各级骨干枝的先端延长部分，起着扩大树冠的作用。

（4）辅养枝　幼树期直接保留在树体内部用来填补空间、提早结果和辅养树体的一类枝。随着树龄的增大、枝条的增多，当影响到骨干枝生长时，可将其去除。

（5）枝组　着生在各级骨干枝上，由营养枝和结果枝共同构成的营养结果单位。

（6）徒长枝　在树冠内膛，常由潜伏芽受刺激后萌发出来的长势旺、节间长、叶大而薄、芽体小、组织不充实的一类枝条。它消耗大量养分，影响树体结构。在幼树和壮树上多是疏除的对象，衰老树上可用以更新。

（7）发育枝　指生长健壮，芽体充实饱满，生长势中强的一类枝。是形成树冠和枝组的主要枝类。

（8）叶丛枝　枝条短小，叶小而密生，只有顶芽明显的短枝。这类枝经过一定时间的发育,极易形成结果枝。

(9)结果枝 指着生花芽的一年生枝。依其长短和形态又可分为多种:梨的果枝长度在 5 厘米以下的为短果枝,5 ~ 15 厘米的为中果枝,15 ~ 30 厘米的为长果枝;而桃的结果枝长度在 5 ~ 15 厘米的为短果枝,15 ~ 30 厘米的为中果枝,30 ~ 60 厘米的为长果枝。

枝条依生长的年份又可分新梢、一年生枝、三年生枝和多年生枝。带有叶片的枝条叫新梢;落叶后的新梢到翌年萌发前称一年生枝;翌年萌发后的一年生枝就变为三年生枝;三年以上的枝统称多年生枝。

有些果树其新梢在一年中多有两次加长生长而很少分枝,在春季形成的一段新梢称春梢,秋季继续加长生长形成的新梢叫秋梢。春秋梢的交界处,芽体小、节间短,称为盲节。

2. 枝干特性

(1)顶端优势 位于顶部的枝和芽优先生长,其下部的枝和芽依次受抑制而生长势减弱的现象称顶端优势。顶端优势的强弱和树种、品种、树龄、枝条着生角度以及原来枝、芽的好坏等不同有关。一般乔化树、幼树、直立枝、强壮枝和饱满芽的顶端优势强;反之则弱。在生产中,根据需要调节生长状态来改变顶端优势。

(2)干性 中心干生长势的强弱和维持时间的长短称干性。顶端优势强的果树,中心干强而持久,如梨、板栗等。桃和石榴等果树,顶端优势弱,则中心干也弱,且不明显。

(3)层性 大枝在中心干上成层分布的现象叫层性。它是顶端优势和芽的异质性共同作用的结果。一般顶端优势强而成枝力弱的树种、品种层性明显,如梨、大樱桃等。

干性和层性是整形修剪的重要依据。凡干性强、层性明显的果树,一般树冠高大,适于培养成有中心干的分层形树冠;而干性弱、层性不明显的果树则宜培养成开心形树冠。

二、果树的芽

芽是果树在生长过程中适应不良环境的临时性的器官,是枝、叶、花的原始体,是个体遗传的方式之一,有着类似种子的特性。

1. 芽的种类

依芽的着生位置分为顶芽和侧芽。着生于枝条顶端的芽称顶芽,着生于叶腋间的芽称侧芽,又叫腋芽。

依芽的性质可分为叶芽和花芽。萌发后只能抽枝长叶的芽叫叶芽,萌发后能开花结果的芽叫花芽。其中,花芽从结构上又分为纯花芽和混合芽,从着生位置上可分为顶花芽和腋花芽。萌发后,只能开花结果而不能抽生枝叶的花芽称纯花芽。萌发后，既能开花结果又能抽枝长叶的花芽称混合芽。如核果类和核桃的雄花芽都是纯花芽；仁果类、葡萄、枣、核桃的雌花芽则是混合芽。着生于枝条顶部的花芽叫顶花芽，着生于叶腋间的花芽叫腋花芽。如仁果类多为顶花芽，核果类、葡萄等全是腋花芽。一般来说，花芽较叶芽肥大而饱满。有些果树如葡萄、柿子、枣等着生混合芽的枝称结果母枝。

另外，依芽在第二年能否萌发分为活动芽和潜伏芽；依同一节上着生芽的多少分为单芽和复芽；依同一叶腋间芽的大小和形态分为主芽和副芽。

2. 芽的特性

（1）芽的异质性　在枝条生长过程中，不同部位的芽在形成时，由于内部营养状况和外界环境条件的差异所形成芽的质量（生长势、大小和饱满程度）也不同，这种现象称芽的异质性。

早春形成的芽，由于气温低、光照差、养分不足，所以叶片小，其叶腋内的芽体也小，质量差，翌年多成隐芽。其后随着气温上升，光合效能提高，养分增多，叶片增大，叶腋间形成的芽体饱满充实。芽的质量直接关系到芽的萌发和萌发后新梢的强弱，一般壮芽萌发壮枝，弱芽萌发弱枝。修剪时，可以利用这种特性来调节枝条生长势。

（2）芽的早熟性　当年所形成的新梢上的芽，当年又能萌发成二次枝以及三次枝等，这种现象叫芽的早熟性。如桃、葡萄、石榴、枣等都具有这种现象。具有早熟性芽的果树，一年能发出多次枝，所以树冠形成快，进入结果年龄早，有早果性。

（3）萌芽率和成枝力　一年生枝条上的芽萌发的百分率称萌芽率。萌发后抽成长枝的能力叫成枝力。一般60%以上的芽萌发的称萌芽力强，不足50%的为萌芽力弱。萌芽后抽生1~2根长枝的为成枝力弱，抽生4根以上长枝的为成枝力强。

萌芽率与成枝力的强弱，因树种、品种、树龄、树势和管理水平而不同。核果类、葡萄等果树的萌芽率和成枝力均强，梨的大多数品种萌芽力强而成枝力弱，苹果中的祝光、富士等品种萌芽率和成枝力均强。另外，幼树成枝力强，萌芽力弱，随着树龄的增长成枝力逐渐减弱，萌芽力逐渐增强。肥水不足、生长衰弱的树，成枝力较弱；反之，成枝力则强。

在整形修剪过程中，应根据萌芽力与成枝力的不同采取不同的技术措施。一般来说，萌芽力、成枝力都强的品种，修剪反应比较敏感，易成形，但枝条易过密，修剪时应少短截、多疏枝和缓放，以免郁闭而影响通风透光。萌芽力强、成枝力弱的品种，易形成中短枝，树冠紧凑，但枝量少，应注意适当短截，促进发枝，增加枝叶密度，以利于早结果、多结果。

（4）芽的潜伏力　果树进入衰老期后，能由潜伏芽发生新梢的能力称芽的潜伏能力。芽潜伏力强的果树，枝条恢复能力强，容易更新复壮。如仁果类、柿等。芽的潜伏力也受营养条件和栽培管理的影响，条件好隐芽的寿命就长。

三、果树的根系

根是果树的重要组成部分，它除了具有固定树体，吸收、输导水分和养分，积累、贮藏、合成多种营养物质的功能外，还具有合成某些特殊物质的功能，如激素（细胞分裂素、赤霉素、生长素）和其他生理活性物质，对地上部生长起调节作用。因此，根系的生长状况直接影响着整个树体的生长发育。果树根系还会影响土壤的物理性质和化学性质。

1. 根系的类型

果树根系根据其发生和来源不同可分为实生根系、茎源根系和根蘖根系 3 种。

（1）实生根系　指用种子繁殖或用实生砧木嫁接的果树根系。它来源于种子的胚根，具有主根发达、根间差异大、生理年龄较轻、生活力强、分布深的特点。这种根系使地上部生长旺盛，寿命长，但结果晚。

（2）茎源根系　用扦插、压条和组织培养等方法所繁殖的果树根系。它来源于茎上的不定根，具有主根不

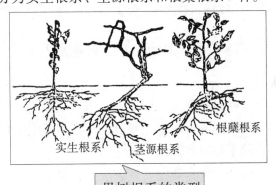

果树根系的类型

明显、根间差异小、须根多、生理年龄较老、生活力弱、分布浅的特点。这些特点使地上部生长缓和，成花容易，结果早，但寿命较短。

（3）根蘖根系　有些果树在根上能发生不定芽，形成根蘖，与母体分离后所独自具有的根系。其特点类似茎源根系。易发根蘖苗的果树有枣、石榴等。

2. 根系的结构

和地上部相对应，根系由主根、侧根和须根所组成。由种子胚根发育而成比较粗大的根叫主根，主根上较粗大的根叫侧根。和地面垂直生长的根叫垂直根，和地面平行生长的根叫水平根。主根、侧根构成根系的骨架，统称骨干根，它寿命长，可伴随果树的一生。

在各级骨干根上着生的许多小根叫须根，须根是根系的最活跃的部位。须根顶端长出的白色延长部分为吸收根，吸收根上发出根毛。根毛和吸收根是根系吸收水分和养分的主要部位，它产生快，但寿命短（几天到几十天），易受土壤温度、水分、土壤肥力和树体内营养水平的影响。

根与树干的交界处叫根颈。根颈是一个比较活跃的器官，它晚秋停止生长晚，早春解除休眠早，因此休眠期最短，易遭受冻害，对树体影响大，应注意保护。栽

植果树时，根颈就是栽植深浅的标志。

3. 根系的分布

果树根系在土壤中的分布包括水平分布和垂直分布。水平分布的范围一般是树冠直径的 1.5～3 倍，有的可达 6 倍，不过大部分根则集中在树冠垂直投影的下方。垂直分布的深度和树种、繁殖方法、土壤性质和地下水位有关，如苹果、柿子、葡萄等果树的根系分布较深，核果类果树的根系分布较浅。一般根系分布深的果树，它的须根多集中在距地表 20～60 厘米的土层内；根系分布浅的果树则集中在 10～40 厘米处。

同种果树在同等条件下，根系的垂直分布情况与地上部生长势有着一定的相关性。一般根系分布深的果树枝叶旺盛，生长势强，反之则生长缓和。生产上对旺树采用基肥适当浅施，诱导根系上浮，缓和地上部生长势，促进结果；弱树基肥深施，使根系向深层生长，增强树势，为丰产、稳产创造条件。

四、果树的叶、花和果实

1. 叶

叶是行使光合作用、制造有机养分的主要器官。果树 90% 以上干物质的来源于果树的光合作用，通过光合作用形成碳水化合物是果树生长、花芽分化和果实发育的主要物质基础。

叶片光合效能的高低决定着碳水化合物的积累情况，也就决定着产量的高低。初生的幼叶，叶面积小，光合效能低，在自身的生长过程中需消耗树体的贮藏养分，随着叶片的增大，光合效能逐渐增强，达最大叶片时光合效能最强。但秋季随着叶片的衰老，光合效能也随之降低。生产上要设法在叶片生长的前期，使其尽快形成最大的叶面积，后期防止早衰，从而延长光合时间，增加营养积累，提高果树产量。

另外，良好的树体结构是提高整体叶片光合效能的基础。实践表明，若树体结构不良，枝条密集，叶幕层过厚，造成树冠中的光照低于全光照的 30% 时，叶片的光合能力低于自身消耗而成为寄生叶。寄生叶的多少直接影响着光合积累的量，也就是影响着产量，严重时基本没有产量。

2. 花和果实

开花结果是果树发育的重要过程之一，也是产生经济效益的主要物质基础。果树的花一般由花梗、花托、花萼、花瓣、雄蕊和雌蕊组成。但是，有些果树的雄蕊和雌蕊不在同一朵花上，分别形成雄花和雌花。它们有的在同一个树体上，如核桃和板栗等；有的则在不同的树体上，如猕猴桃和银杏等。

果树不同，花芽所发生的花数也不同。桃、杏一个花芽只产一朵花为单花；梨、葡萄等为复花，它们在一个花轴上排列有序称花序。常见的花序有伞形花序，如樱桃等;伞房花序,如梨、山楂等;圆锥形花序,如葡萄等;葇荑花序,如核桃、板栗的雄花序等。

花开后,雄蕊的花粉落到雌蕊的柱头上的过程叫授粉。同一个品种间的授粉叫自花授粉,不同品种间的授粉称异花授粉。柱头上的花粉萌发后形成花粉管并进入子房,使精细胞与子房内的卵细胞结合形成受精卵,这个过程叫受精。大多数果树的花只有受精后才能产生有种子的果实。有些果树不经授粉受精也能形成果实叫单性结实,果实中有发芽能力种子的叫孤雌生殖。同一个品种间授粉后很少或根本不结果的称自花不实,大多数果树都是以异花授粉结实为最好。即使能自花结实的果树,异花授粉后产量和质量也能有所提高。因此,建园时配置好授粉树是确保产量实现的必要条件。

第二节 果树的生长发育

果树是多年生植物,整个生命过程往往要经历一段相当长的时间,短的几年、几十年,长的上百年,甚至上千年。在这个生命历程中,果树本身要发生一系列的变化过程。萌芽、开花、新梢生长、果实发育、落叶和休眠等在一年中发生规律性变化的过程叫果树年周期;而果树生长、结果、衰老、死亡的变化过程称为生命周期。果树的生命周期和年周期的变化规律是栽培管理的理论基础。

一、果树一年中的生长发育

落叶果树在一年中的生命活动呈现出明显的两个阶段,即生长期和休眠期。从春季萌芽开始到秋季落叶是生长期,从落叶到翌年萌芽为休眠期。在生长期中,随气候条件的变化,果树在形态上也产生一系列变化,萌芽、开花、枝叶生长、芽的形成与分化、果实发育及成熟、落叶与休眠等。在休眠期中,果树不是不活动,而是进行着微弱的呼吸、蒸腾和体内一系列生理活动。果树这种随季节气候变化而进行的器官形成和生理机能的规律性变化称为生物气候学时期,简称物候期。了解物候期变化的规律,有助于认识果树与环境条件之间的关系,也是制定栽培措施的重要依据。

1. **根系的生长**

根系是果树的重要器官,其发育的情况不仅影响根系的吸收,同时影响着地上部的生长发育。根在一年中没有自然休眠期,只要环境条件适宜,可以不间断地生长。但在不同时期,它的生长强度也不同,在环境条件和地上部器官活动的影响下表现出生长高峰与低潮的交替现象。

(1)根系的生长高峰 果树根系在春季土壤温度稳定在3℃以上时即开始生长。一般幼树的根系在一年中有3次生长高峰。于3月上旬至4月中旬形成第一次生长高峰。随着开花和新梢生长的加速，养分逐渐亏缺，根的生长转入低潮。从新梢将近停止生长开始到秋初新梢再次旺长之前的 6～7 月，养分充足，根出现第二次生长高峰。自 9 月上旬至 11 月下旬，果实已经采收，花芽也已初步奠定，养分开始回流，根出现第三次生长高峰。但随着土温的降低，生长越来越慢，到 12 月下旬停止生长，被迫进入休眠。

成龄树根系的生长，由于第一次生长高峰不明显，一般认为有 2 次。

生产上所用的施肥时间，多是结合 3 次发根高峰进行的，此时施肥利用率高、肥效快、伤根易愈合并促发新根。

（2）影响根系生长的因素

1）树体内的有机养分　根系的生长需要大量的有机质，新根发生的多少取决于地上部输送的有机物质的数量。当结果过多或叶片受损时，光合产物积累少，有机养分供应不足，根系的生长明显受到抑制，此时即使加强水肥也难以改善根系的生长状况。只有采取疏花疏果，减少消耗，改善叶片功能，才能促进根系的生长发育。来自地上部的营养物质对根的生长有很大影响，这种效果不是施肥所能代替的。

2）土壤的营养状况　通常情况下，土壤的营养状况不能成为根系生长的主要因素。但根系生长的向肥性表明，在肥沃的土壤中，营养状况、水分、通气和温度状况得以优化，为根系的生长发育创造了良好的环境条件，所以根的生长发育好。相反，在瘠薄的土壤中，根系生长瘦弱，细根较少，生长时间较短。因此，增施有机肥，改善土壤结构，是促进根系生长发育的基本保证。

3）土壤的温度　果树根系的生长要求适宜的土壤温度，温度过高或过低，对根系的生长和吸收都是不利的。在低温条件下，水分扩散慢，且根毛细胞原生质活力降低，呼吸减弱，导致能量供应不足，影响吸收；温度过高易使组织受到伤害，降低根的活力和吸收功能。

果树根系对温度的要求因树种而异。一般原产于北方的，特别是深根性的落叶果树，要求的温度较低，反之则要求较高。如梨，当土温 2～3℃时即开始活动；杏和桃的根系要求 4～5℃；欧洲种葡萄则要求 9～10℃。根生长的最适温度一般在 12～26℃，高于 30℃或低于 0℃时则停止生长。

4）土壤水分和通气状况　果树根系的生长，既要求充足的水分，又需要良好的通气。一般果树根系生长的最适含水量为田间最大持水量的 60%～80%。在干旱的情况下，根的老化加速，吸收根大量死亡，叶片出现萎蔫。但轻微的干旱有利于根系的发育，因为这时土壤通气状况大为改善，地上部的生长也受到一定的抑制，使更多的碳水化合物优先供应根系，促进了根系的生长。

2. 萌芽和新梢的生长

（1）萌芽　由芽开始膨大至幼叶伸出或花蕾分离为止的过程叫萌芽。一般落叶果树日平均气温达 5℃以上，经 10 ~ 15 天才能萌芽。不过树龄、树势和栽培管理技术也影响着萌芽的早晚，如营养充足的成年树较弱树和幼树萌芽早；树冠外围和顶部健壮枝条较内膛细弱枝萌芽早；枝条中上部饱满芽萌芽早等。

（2）新梢生长　从萌芽开始至新梢停止生长或形成顶芽为止。它包括加长生长和加粗生长两个方面，这二者在一年中的增长量叫生长量，在一定时间内增长的快慢叫生长势，生长量和生长势是衡量一棵果树生长强弱和营养水平的标志。另外，加长生长的旺盛生长期就是消耗树体贮存养分和叶片光合产物的时期，此时营养物质消耗多、积累少，因此其他器官如根、果等的生长受到抑制。而加粗生长的旺盛期正是加长生长的趋缓期，所以有利于营养物质的大量积累，也有利于花芽分化和根系的生长。

新梢生长的结果是产生各类枝条，即长枝、中枝、短枝等，并通过这些枝条来完成树体的生长发育和开花结果。一般长枝能起到扩大树冠，形成树体骨架，培养大型枝组的作用。但由于它的生长时间较长，且生长过程中以消耗为主，因此在一棵树中这类枝占的比例越大，树体营养积累就越少，也就不利于花芽的形成。中枝和短枝是形成前期叶幕的主要枝类，由于它们停止生长早，消耗少，积累多，所以有利于花芽的形成。不过，这类枝在树体中比例过大则生殖生长过强，营养生长过弱，难以维持高产、稳产和优质。

生产上要加强前期水肥管理，促进新梢生长，尽快形成强大叶幕，增强光合效能。后期要适当控制，保护好叶片，增加营养积累，以促进枝条成熟和花芽分化。

3. 花芽分化

由叶芽的生理状态与组织状态转化为花芽的生理状态与组织状态的过程叫花芽分化。花芽分化是果树结果的前提和基础，花芽的数量与质量对果品的产量和质量有着重要影响。

（1）花芽分化的时期　花芽分化一般在新梢旺长之后，不过果树种类不同，它的起始时间也不同。苹果花芽分化大致在 6 ~ 9 月；桃、板栗在 6 ~ 8 月；核桃在 6 ~ 7 月等。若这时采取促花措施，就能获得良好的成花效果。大多数果树的花芽都是在前一年形成的且一年只有一次分化，但有些树种、品种在一年中能进行多次分化，如葡萄和枣等则具有当年分化、当年结果的现象。花芽分化的早晚和持续时间的长短与树体营养状况和环境条件有关。一般大年树、幼龄树的花芽分化较晚，持续时间也短；长果枝较短果枝分化时间晚且持续时间短；夏季多雨、树势旺，分化时间也较晚等。

果树每年从叶芽形成新梢和叶片，从花芽形成花及果实。而每年形成的花芽和叶芽间的比例关系，是决定产量的主要因素之一。因此在生产上，应加强栽培管理，促进花芽提早分化，延长分化时间，促进形成优质、饱满的花芽，为提高产量打下基础。

（2）花芽分化所需的条件

1）花芽分化的内部因素　花芽分化要求芽内生长点细胞必须处于缓慢的分裂状态。若生长点的细胞处于休眠状态则无法进行花芽分化；反之，处于迅速的细胞分裂状态也只能进行延长生长，即营养生长。因此，只有那些既没有停止生长也没有进行延长生长的生长点才能进行花芽分化。

花芽的形态形成，是果树体内各种生理因素共同协调作用的结果。各种条件包括结构物质、调节物质、能量物质以及遗传物质，这4类物质缺一不可。

花芽分化需要有一定的营养物质作基础。花芽的形成过程以及花器官的组成都需要消耗大量的营养物质。在生产实践中，果树体内的碳水化合物（简称碳）和含氮有机质（简称氮）的对比含量，对调节花芽分化最具指导意义。一般碳、氮比例适宜，则营养生长和生殖生长相对平衡，花芽分化良好；碳多而氮少花芽分化多，但树势衰弱，结果不良；碳少而氮多营养生长旺盛，花芽分化差；二者皆少，根本不能形成花芽。

内源激素的调节是花芽形成的关键。在果树体内，生长素、赤霉素对枝叶的生长有促进作用，而对大多数果树的成花有抑制作用；细胞分裂素、脱落酸、乙烯对花芽的分化有着明显的促进作用；生产上所用的多效唑、矮壮素、乙烯利等生长调节剂，同样具有抑制生长、促进成花的作用。

2）花芽分化的环境条件　花芽分化需要充足的光照。光不仅是合成各种有机质的能量来源，还影响着内源激素的产生与平衡。强光能钝化和分解生长素，从而抑制新梢生长，促进花芽分化。生产上培养一个好的果树群体及个体结构，使通风透光良好，才能有利于花芽的分化和形成。

果树花芽分化也要求适宜的温度。如苹果树花芽分化的适宜温度为20℃。另外，适度的昼夜温差有利于养分的积累，也就有利于花芽的形成。

水分也与花芽的分化有着密切的联系。在花芽分化临界期之前，短期的适度干旱有利于抑制新梢生长和积累光合产物，从而促进花芽分化。水分过多时会引起细胞液浓度降低，氮素供应过量，不利于花芽分化。

3）促进花芽分化的途径　可通过农业技术措施调节果树的外部条件，平衡果树各器官之间的生长关系，达到控制花芽分化的目的。例如通过园地选择（高海拔、背风向阳等）、选择砧木（矮化砧等）、整形修剪（开张枝角、摘心、环剥等）、疏花疏果、施肥（施肥种类、施肥方式等），以及调节剂的应用等。

促进花芽分化还要抓住关键时间，采用合理的促花措施。一方面要抓住集中分化期的临界期，采取修剪、施肥等农业措施，促进花芽分化；另一方面还要充分利用花芽分化的长期性，特别是对大年树，在采果之后加强肥水管理和修剪措施，能较好地提高后期花芽的分化率，使翌年的小年不出现。

同时要弄清需要促进花芽分化的对象。一般幼树、旺树、大年树、过密树等分别因营养生长过强、营养消耗过大和寄生枝叶过多等原因，导致营养积累不足，造成花芽分化不良。必须通过缓和生长势、疏花疏果、加强水肥、疏除无效枝叶等措施来调节营养生长和生殖生长，达到促进花芽分化的目的。

4. 开花、坐果和果实发育

（1）开花　花蕾的花瓣绽开叫开花，从花瓣绽开至脱落称花期。花期又可分为初花期（全树5%～25%的花开放）、盛花期（全树25%～75%的花开放）、终花期（全部花已开，并有部分花瓣脱落）。花期要求适宜的温度，落叶果树一般为10～20℃。

花期的早晚和持续时间的长短与树种、品种、果枝类型和环境条件有关。樱桃、杏、李、桃开花早，梨次之，葡萄、柿子、枣最晚。果枝类型上，同一棵树的短果枝先开、中果枝次之、长果枝和腋花芽果枝后开。同一花序中，梨为边花先开。花期持续的时间：一般桃为7～9天，梨4～12天，枣21～37天。另外，高温、干燥、大风天气，花期缩短，柱头易干缩，影响授粉受精。同时开花较早的杏、桃、梨等易遭晚霜危害，应注意预防。

（2）授粉和受精　授粉是指花粉由雄蕊的花药传到雌蕊柱头的过程。传粉有昆虫传播和风传播，一般来说仁果类和核果类要靠昆虫，在温室密闭条件下需放蜂以利于传粉。坚果类主要靠风传粉。受精是指雌雄配子相互亲和的过程，包括花粉萌发，花粉管生长，雄配子进入胚珠等过程。硼对花粉萌发和受精有良好促进作用，花期喷硼可提高坐果率。温度、湿度、空气污染都对授粉受精产生影响。

（3）坐果　大部分果树经过授粉受精后，子房或子房与其附属部分膨大发育成果实称坐果。坐果数占总花数的百分率称坐果率。提高坐果率是保证丰产稳产的前提条件。

从现蕾到果实成熟的过程中，花、果脱落的现象称落花落果。仁果类和核果类的果树一般有3次。第一次在花后1～2周，幼果大量脱落，是由于贮存养分不足和花器官发育不全所致，这也是许多果树花而不实的主要原因。第二次在花后3～4周，是授粉受精不充分以及新梢、根系与幼果竞争养分造成的。第三次在花后6～7周，因多在6月，所以又称"六月落果"。原因除了授粉受精不充分外，主要是养分和水分不足，幼果竞争不过新梢而脱落。

（4）果实发育　果实发育过程的长短因树种和品种而不同。如草莓仅3周，樱桃40～50天，杏70～100天，桃60～170天，梨80～180天等。

各种果实虽然发育过程的长短差异很大，但都需经过细胞分裂、组织分化、种胚发育、细胞膨大和营养物质的积累与转化过程。这个过程大体上分成4个阶段。

1）胚乳发育期　从受精到胚乳发育停止。这是幼果细胞分裂最快的时期，幼果体积也迅速膨大，且纵径大于横径，常常纵径越大的幼果越具备形成大果的基础。

2）胚发育期　从胚乳发育结束到种子硬化。这个时期幼果生长缓慢，外观变化较小，不过胚迅速发育并吸收胚乳。

3）果实膨大期　胚发育之后到果实达到或接近应有大小时。此期细胞体积和果实体积快速增大，是果实体积增大最快的时期。

4）营养物质积累转化期　从果实膨大后期直到成熟。这时果实内营养物质大量积累并进行转化，最后呈现该品种应有的色、香、味。

（5）开花、坐果、果实发育与栽培的关系

1）加强头年的树体管理，提高树体营养水平，形成充实饱满的花芽，增加花芽的细胞基数。方法是加强水肥，合理负载和保护好叶片。

2）加强翌年春季管理，保证授粉受精，提高坐果率，继续促进幼果的细胞分裂，增大果实细胞数。此时，可采取增施氮肥和硼肥，人工授粉或果园放蜂，花期环剥和疏花疏果等措施。

3）果实膨大期注意灌水和施肥，以促进细胞体积及果实体积的膨大。

4）促进果实着色，增进果实品质。一般从成熟前40天开始。注意改善果实光照和喷施光合微肥来增进着色，提高品质。

5. 营养物质的合成与利用

光合作用是各种营养物质合成的基础，叶片是光合生产的主体。果树体内营养物质的分配和运转的总趋势，是由制造器官向需要的器官中运送。而在运送过程中，又包括各种有机物质的转化和合成，这些转化和运转又紧密地与外界条件相关联。树体内合成的营养物质，一部分用于维持生命活动的呼吸消耗，另一部分用于营养器官（根、茎、叶）和生殖器官（花、种子、果实）的建造。不过在它的分配过程中具有一定规律性：营养物质分配的局限性，即营养物质的同侧运输和就近分配；营养物质分配的不均衡性，也就是生活力旺盛的部位分配得多；营养物质分配的异质性，即果树在不同的时期有着不同的养分分配中心的特性。

果树不同的器官对养分的竞争力也有所不同。一般果实的竞争力大于枝叶，枝叶的竞争力大于根系。所以结果过多时养分大量流向果实，根系因得不到养分造成生长发育和吸收功能受阻。因此，这时即使加强水肥也无济于事。

6. 果树各器官之间的相互关系

果树是一个有机的整体，各部分之间都存在着既相互促进又相互制约的相关性。

（1）根系与地上部的关系　一方面存在着相互依赖、相互促进的关系。如根系生长发育所需的营养物质主要来源于地上部叶片制造的光合产物，地上部所需的水分和矿物质要靠根来供应，俗话说"根深叶茂，叶多根好"就是对这种关系的高度概括。另一方面，二者还存在着相互制约的关系，如生长上的交互生长现象，也就是地上部与地下部的旺盛生长期常是交互进行的，这是对营养竞争能力变化的体现。生产上一定要根据实际需要，调节好果树地上部分与地下部分的关系。

（2）营养器官与生殖器官的关系　二者的关系也就是营养生长与生殖生长之间的关系。营养生长为生殖生长提供充足的养分，没有良好的营养生长，便没有高额的产量。但营养生长过旺时又会影响生殖生长的进行，而结果过多就会削弱营养生长。幼树、旺树营养生长占优势，枝叶旺盛，开花结果少；衰弱树生殖生长占优势，花果多，新梢抽不出来。因此生产上要获得高产、稳产，就必须调节好这种关系，使营养生长与生殖生长达到一种平衡状态，这是栽培的主要任务。

7. 落叶与休眠

落叶是果树进入休眠的重要标志，是当日平均气温降到15℃以下、日照短于12小时时开始的。落叶的早晚因树种、树龄、树势、枝条类别而有所不同。一般桃树早，梨树次之；幼树较成树晚，壮树较弱树晚；长枝较短枝晚等。非正常因素如干旱、水涝和病虫危害都能引起早期落叶，还会出现2次生长和2次开花现象。这种现象严重阻碍了光合生产和营养物质的积累，损伤树势，降低产量，造成巨大的生产损失。但生长的后期出现高温、高湿以及施氮过多时，果树又会延迟落叶，造成枝条组织不充实，养分不能正常回流。若温度突然降低就会招致冻害。

果树落叶后就进入休眠状态。自然条件下，整个休眠期可分为两个过程：自然休眠和被迫休眠。自然休眠是落叶果树必须经历的低温阶段，在这个阶段中即使条件适宜也不萌发。一般桃、杏、柿子等自然休眠期在12月中下旬到翌年1月中旬，葡萄最长到翌年2月中下旬才结束。自然休眠结束后外界温度仍不能满足萌芽要求时，则果树进入被迫休眠状态。生产上为防止晚霜危害常采用推迟果树萌发的措施，如早春灌水、枝干涂白等。

树体各部分进入休眠的时间不同。小枝最早，主枝、主干次之，根部最晚。但解除休眠的时间则相反。不过，根茎进入休眠最晚，解除休眠最早，故易受冻害。

正常的落叶和休眠都是落叶果树正常的生命现象，任何打破这个规律的因素都会造成生产损失。

二、果树一生中的生长发育

果树一生所经历的生长、结果、衰老、更新和死亡的过程，称果树的生命周期。为进一步了解它的变化规律，以便采用相应的农业技术措施，根据果树生长发育和栽培的特点，将果树的一生分为以下5个阶段。

1. 幼树期

果树从定植到第一次开花结果，大体上经历1～3年，时间的长短因树种和管理水平而不同。这个时期以营养生长为主，枝叶和根系生长较快，即离心生长快，光合产物和营养吸收面积迅速扩大，同化物质的积累逐渐增多，为首次开花结果创造条件。

在这个时期，要设法建造一个好的营养体，即培养一个良好的树体结构，配备好枝组，为以后的丰产打好基础。为此，要注意扩穴深翻，增施水肥，给根系的生长创造良好的环境条件。修剪上轻剪、缓放、多留枝，仅在适当位置短截，整体上体现一个"促"字，即促进生长，形成好的营养体，促使早成花芽。

2. 结果初期

从果树第一次开花结果到开始有一定的经济产量，经历 1~2 年。此时，树体在前一个时期生长的基础上，枝叶和根系的生长速度达到高峰，也就是离心生长最快的时期。通过这个时期，树体达到或接近最大的营养面积，即树体的应有大小。

生产上应设法控制生长提高产量，使果树尽快达到盛果期。对此，要注意控制水肥用量，特别是氮肥用量，多施有机肥和磷、钾肥。修剪上少用刺激生长的方法，必要时可用环剥、环割和使用抑制剂来缓和树势，促进结果。结合打药喷施生长制剂，使树体从营养生长向生殖生长转化。总体上体现一个"控"字，即控制营养生长，促进结果。

3. 结果盛期

果树从有一定产量经过高产、稳产阶段到产量连续下降，也就是稳定地出现大小年为止，经历 5~15 年。不同树种和管理水平使盛果期的长短差异很大。

这个时期，因产量高，营养消耗大，所以营养生长受到抑制，树冠和根达到最大限度。同时，末端的小枝、小根开始衰亡，树冠内膛开始出现少量的更新枝（徒长枝），是向心更新的开始。

为了提高果树的经济效益，必须延长结果盛期。因此，维持树势、防止早衰便成为这个时期的中心任务。栽培上应充分供应水肥即所谓大水大肥，以及细致地进行更新修剪，均衡配置"三套枝"（营养枝、育花枝和结果枝），使营养生长和生殖生长达到一种稳定的平衡状态。其中，疏花疏果、合理负载是重要的手段。此期管理上体现一个"保"字，即保持树势，防止早衰。

4. 结果后期

从稳产高产状态被破坏，开始出现大小年和产量明显下降年份起，直到产量降到几乎无经济收益时为止。其特点是：由于地上地下分枝级数太多，根叶距离相应加大，输导组织相应衰老，开花结果耗费多，贮藏物质越来越少，末端枝条和根系大量衰亡，向心更新强烈发生，病虫增多，土壤肥力片面消耗，根系附近土壤中有毒物质的产生和累积等，多种因素促成了衰老。

控制途径：以大年疏花疏果为重点，配合深翻改土增施肥水和更新根系；适当重剪回缩和利用更新枝条。小年促进新梢生长和控制花芽形成量以延缓衰老。

5. 衰老期

从产量降低到几无经济收益时开始，到大部分植株不能正常结果以及死亡时为止。这个时期，枝条级次和根的级次太多，根、叶之间的距离加大，输导组织相应衰老，贮存营养越来越少，末端小枝、小根大量死亡。

为发挥"余热"、延长经济效益期，必须加强管理，延缓树体衰老。生产上以大年疏花疏果、减轻负载为重点，配合深翻施肥和根系更新，适当重剪回缩多年生枝，并利用更新枝条进行更新，缩短根叶之间的距离，复壮树势，防治病虫害，延缓衰老。管理上体现一个"增"字，即增强树势，延长结果时间。

第三节 果树育苗

果树苗木是发展果树生产的物质基础，良种壮苗是果树早产、丰产、优质的前提，否则将会影响果园的经济效益。为了培育根系发达、生长健壮的优质果苗，在掌握好育苗技术的同时，还应做好育苗地的选择。一般以土层深厚、疏松肥沃、有机质丰富的中性或微酸性土壤为好，同时还要求育苗地排灌条件良好、交通便利。

一、实生苗的培育

（一）实生苗的特点和应用

凡用种子繁殖的果树苗木称为实生苗。其特点是培育方法简单，繁殖系数高，适于大量繁殖，苗木对环境适应性强，根系发达，寿命长，产量高，但变异性大，商品性差，结果迟。因此，在生产上常用海棠、杜梨、秋子梨、山桃、山杏、山定子等实生苗作为砧木，以繁殖嫁接苗。

（二）种子的采集和层积处理

1. 种子的采集

应采集品种纯正、无病虫害、充分成熟、籽粒饱满、无混杂的种子，否则会影响生产计划的完成与产品质量。要获得优质纯正的种子，必须做到以下几个方面。

（1）选择优良母本树 实践证明生长健壮、品种纯正的成年母树所产生的种子充实饱满，其苗木对环境的适应性强，生长健壮，发育良好。

（2）适时采收 采种用的果实必须在充分成熟时才能采收。若采收过早，种子成熟度差，种胚发育不完全，贮藏养分少，发芽率低，生活力弱，则苗木生长细弱。生产上所谓成熟的种子，是指形态成熟的种子，也就是果实多由绿色变成种或品种应有的色泽，种子充实饱满，并具有固有色泽。

（3）取种方法 从果实中取种要根据果实的特点而定。果肉无利用价值的多用堆沤法取种，如君迁子、杜梨等，板栗采收后怕干燥，堆放过程中要适当洒水。果肉可利用的结合加工取种。

2. 层积处理

春播种子须进行层积处理，秋播种子可在土壤中通过休眠阶段，不需层积处理。

种子量少时，可用木箱或瓦盆做容器；种子量多，可在室外选地势高燥而背阳处挖沟，沟的深、宽各为 50~60 厘米，长度不定，沟底先铺 5 厘米厚的湿沙，再把种子与湿沙按比例混合或分层放入沟内，放至距地面 10 厘米左右时，上部填入纯沙，盖上一层席子，再覆土 10~20 厘米并做成屋脊形以利排水。为了便于通气，埋土时要隔一定距离插埋一个秫秸把。

层积天数因树种及种子形状而异。一般来说，种子大而种皮厚的时间宜长，如桃、山楂等；反之，种子小而种皮薄的时间宜短（表 1–1）。层积开始的时间以该种果树种子的层积天数和春季播种时间而定。

表 1–1　果树种子层积日数（2~7℃）

树种	层积日数	树种	层积日数
海棠果	50~60	李	80~120
沙果	60~80	酸枣	70~90
山定子	50~60	君迁子	80~100
杜梨	60~80	板栗	100~180
桃、杏	80~100	核桃	60~80
山楂	200~300	猕猴桃	50~70

注意的问题：①层积之前，必须去除杂物，洗净烂果，防止其成为热源，造成种子霉烂。②落叶果树种子层积最适温度为 2~7℃。③沙的用量：小粒种子，是种子量的 3~5 倍；大粒种子，是种子量的 5~10 倍。④沙的湿度以手握成团，但不滴水，一触即散为准。⑤在层积期间还应经常翻动，以调节各部位的温度、湿度和通气状况，使它们所处的层积条件一致。

（三）种子生活力的鉴定

为了确定种子质量和计划播种量，应在层积或播种前鉴定种子的生活力，常用的方法有目测法（即形态鉴定法）、染色法和发芽试验法。

1. 目测法

看一看：种子大小均匀，种仁饱满，有光泽，剥去种皮，种胚呈乳白色，不透明；嗅一嗅：无霉味；捏一捏：种胚有弹性。这样的种子为有生活力的种子。

2. 染色法

取一些种子，充分浸泡后剥去种皮，放入染色剂（5% 红墨水或其他染色剂）中染色 2~4 小时，取出种子并冲去附色。凡胚染色的为无生活力的种子，反之为有生活力的种子。

3. 发芽试验

春季播种前，用一定数量的种子在适宜的条件下使其发芽，根据发芽率和发芽势确定种子的生活力。

4. X 线显像法

可以用来测定种子的机械障碍，害虫侵染和空瘪种子，多胚性，种胚和胚乳的发育情况，以及气候造成的裂损伤害。

（四）播种

1. 整地

需深翻熟化，施足基肥，整平耙细，做畦备播。地势低用高畦，地势高用低畦，畦面要平整以利于排灌。

2. 播种时间

分春播和秋播。春播在早春土壤解冻后进行，河南省春播一般在 3 月进行，秋播在土壤封冻前进行。秋播出苗早、长势快，同时可以省去层积处理的工序，在冬季能保持土壤湿润的情况下以秋播为好。

3. 播种量

播种量常指每亩用种量。常见果树播种量见表 1 - 2。

表 1 - 2　主要果树甜木种子的播种量和成苗数

种类	每千克种子粒数（万粒）	每亩播种量（千克）	每亩成苗数（万株）	播种方法
海棠果	4 ~ 6	1 ~ 1.5	1.2 ~ 1.5	条播
山定子	16 ~ 22	0.75 ~ 1.25	1.5 ~ 1.8	条播
杜梨	4 ~ 6	1 ~ 1.5	1.2 ~ 1.5	条播
毛桃	0.02 ~ 0.04	50 ~ 80	1.2 ~ 1.5	条播
山桃	0.03 ~ 0.05	40 ~ 60	1.2 ~ 1.5	条播
酸枣	0.4 ~ 0.56	5 ~ 6	0.6 ~ 0.7	条播
君迁子	0.34 ~ 0.8	5 ~ 10	0.6 ~ 0.7	条播
板栗	0.012 ~ 0.03	100 ~ 150	0.6 ~ 0.7	点播
核桃	0.007 ~ 0.01	100 ~ 150	0.3 ~ 0.5	点播

4. 播种方法

有撒播、点播和条播 3 种。最常用的方法为条播，即按一定的行距开沟播种的方法。

5. 播种深度

播种深度因种子大小、气候条件和土质而异，一般覆土厚度以种子横径的 2 ~ 4 倍为好。干燥地区比湿润地区深，秋冬播比春夏播深，沙土、沙壤土比黏土深。

根据生产实践归纳如下：草莓、无花果等播后只需稍加镇压或筛以微薄细沙土，以不见种子即可；山定子覆土厚在 1 厘米以内；海棠果、杜梨、葡萄、君迁子等在 2~3 厘米；核桃等在 5~6 厘米。

（五）实生苗的管理

1. 播后注意灌水和覆盖

出苗前切忌漫灌，土壤过干可洒水增墒，5 月结合灌水每亩追施尿素 15 千克。

2. 间苗、定苗

幼苗长出 2~3 片真叶时间苗。间苗要早并分期进行，小粒种子（山定子、杜梨等）株距 7~8 厘米，大粒种子（板栗、核桃等）18~24 厘米。

3. 灌定根水、摘心

定苗后及时灌定根水，保持湿度，勤中耕除草，勤追肥。若是培育嫁接苗用的砧木，为满足嫁接需要，促进砧木加粗，可于苗高 30~40 厘米，即嫁接前 20 天左右进行摘心增粗以利于嫁接。同时，注意防治病虫害。

二、嫁接苗的培育

通过嫁接技术将优良品种植株上的枝或芽接到另一植株上，长成一个新的植株，称为嫁接苗。用作嫁接的枝或芽称接穗，承受接穗的部分叫砧木。

（一）嫁接苗的特点

嫁接苗可保持原品种的良种性，实现早期丰产，促使果树矮化；充分利用野生果树资源，提高果树的适应性，增加抗寒、抗旱、抗涝、抗盐碱、抗病虫害的能力。如苹果树用山定子作砧木可提高抗旱性，用海棠作砧木能抗涝和减轻黄叶病等。

（二）嫁接成活的原理及其影响因素

1. 嫁接成活的原理

嫁接后砧木和接穗伤口处产生的创伤激素，刺激形成层细胞、髓射线和韧皮部薄壁细胞进行分裂，形成愈伤组织，然后进一步分化出新的输导组织，即导管和筛管，形成新的植株。所以说嫁接成活的关键是砧、穗之间能否长出足够的愈伤组织，并分化出输导组织。

2. 影响嫁接成活的因素

（1）砧木和接穗的亲和力及其活跃状态　亲和力是指砧木和接穗通过嫁接愈合并能良好生长的能力。亲和力的大小和砧、穗之间的内部组织结构、生理和遗传特性的差异程度有关。差异越小，亲和力越强，嫁接容易成活；相反，差异越大，亲和力越弱，嫁接后不易成活。一般来说，亲缘越近，亲和力越强，同品种或同种之间的亲和力最强，嫁接最易成活。另外，嫁接时要求砧木和接穗的形成层都处于活跃状态，易离皮则易成活。

（2）砧木和接穗质量　由于形成愈伤组织需要一定养分，因此凡是砧、穗贮藏较多养分的容易成活，嫁接时宜选用生长充实的枝条作接穗，在一个接穗上也宜选用充实部位的芽或枝段进行嫁接。

（3）环境条件　嫁接成败还和气温、土温、湿度、光照等条件有关。温度以20～25℃为宜，温度过高或过低，愈合均会缓慢，甚至引起细胞的损伤或愈伤组织死亡。保持一定的空气湿度能促进愈伤组织的形成，接口湿度尤其重要，在愈合组织表面保持一层水膜，对愈合组织的大量形成有促进作用。光线的强弱与成活率也有一定的关系，强光抑制愈伤组织形成，弱光促进其形成。

（4）嫁接技术　嫁接技术的熟练程度直接影响嫁接后的成活率，嫁接时要求快、平、准、齐，就是这个道理。快，就是尽量缩短操作时间，减少氧化层的形成；平，指削面要平滑，使砧、穗密合；准和齐，是指二者的形成层要对准对齐，使它们的愈伤组织最大程度地融合。

影响嫁接成活的因素很多。从形成层活动到形成愈伤组织，再分化出输导组织，最后嫁接成活，这是内因；砧木、接穗有亲和力并有生活力，这是嫁接成活的基础；适宜的嫁接时期、湿度、温度、光照以及良好的嫁接技术是外因。内因是基础，外因是条件，只有二者有机地结合，才能达到嫁接成活的目的。

（三）砧木、接穗的选择和贮藏

1. 砧木的选择

应满足下列条件：①与接穗的亲和力强。②对接穗的生长和结果影响良好，如生长健壮、丰产长寿等。③对栽培地区的条件适应性强。④易于大量繁殖。⑤具有特殊需要的性状，如矮化性、抗性等。

2. 接穗的选择、贮藏

选择健壮的优良种树树冠外围的生长充实、芽体饱满的无病虫害枝条。接穗分为休眠期不带叶的接穗和生长期带叶的接穗，所以应采用不同的方法贮藏。前者结合冬剪收集健壮的一年生枝条，进行沙藏，春季使用；后者最好随采随用，采下后要立即把它的叶片剪掉，只留部分叶柄，放在阴凉处保湿备用，如用湿布包住放入地窖或吊在井中的水面上。

三、苗木的繁殖方法

1. 嫁接繁殖法

果树常用的嫁接繁殖方法有芽接、枝接、根接。

（1）芽接法

1）"T"形芽接　此法应用很普遍。各地嫁接时期不同，东北、西北、华北地区一般在 7 月中旬至 9 月上旬，华中、华东地区一般在 7 月中旬至 9 月中旬，华南和西南地区落叶果树一般在 8~9 月；常绿果树一般在 6~10 月。

第一步削芽片：选充实健壮的发育枝上的饱满芽作为接芽。先在芽的上方 0.5 厘米左右处横切一刀，深达木质部，然后在芽的下方 1~2 厘米处下刀，略倾斜地推削到横切口，用手捏住芽的两侧，左右轻摇瓣下芽片。芽片长度为 1.5~2 厘米，宽为 0.6~0.8 厘米，不带木质部，也可稍带木质部。

第二步切砧木：在砧木上离地面 3~5 厘米处，选择光滑的部位作为芽接处，用刀切一"T"形切口，深达木质部又不切伤木质部。横切口应略宽于芽片宽度，纵切口应等于芽片长度。

最后接芽和绑缚：用刀轻撬纵切口，将芽片顺"T"形切口插入，芽片的上边对齐砧木横切口，然后用塑料条绑紧，但要求芽片和叶柄露出。

2）嵌芽接（带木质部芽接）　砧木或接穗不易离皮时可用嵌芽接。

第一步削芽片：先在接穗的芽上方 0.8~1 厘米处向下斜切一刀，长约 1.5 厘米，然后在芽下方 0.5~0.8 厘米处，斜切成 30°（刀刃和接穗表皮夹角）到第一刀底部，取下带木质部芽片，芽片长为 1.5~2 厘米。

第二步切砧木：按着芽片的大小，相应地在砧木上由上而下切一切口，长度应比芽片略长或相等。

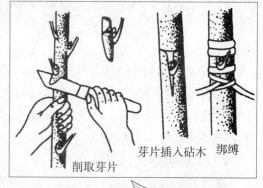

削取芽片　　芽片插入砧木　绑缚

"T"形芽接

最后接芽和绑缚：将芽片插入砧木切口中，注意芽片上端必须露出一些砧木皮层，以利愈合，然后用塑料条绑紧。此法适用于早春果树即将发芽或秋季停止生长之前，凡是砧木和接穗不易开皮的季节都可用。

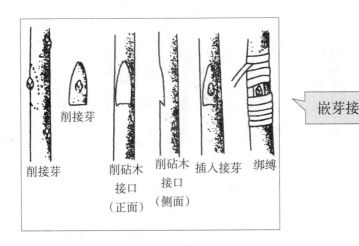

削接芽　　削接芽　　削砧木　　削砧木　　插入接芽　绑缚
　　　　　　　　　　接口　　　接口
　　　　　　　　　（正面）　（侧面）

嵌芽接

（2）枝接法　果树枝接以春季萌芽前进行较为适宜。

2）切接法　砧木较粗时适用此法。

第一步削接穗：枝接用的接穗长度通常为6～8厘米，具有2～3个芽。将接穗茎部两侧削成一长一短的两个削面，先略斜切长削面2.5～3厘米，再在其对侧斜削1厘米左右的短削面，削面应平滑。

第二步切砧木及嫁接：砧木应在欲嫁接部位选平滑处截去上端。削平截面，选皮层平整光滑面由截口稍带木质部处向下纵切，切口长度与接穗长削面相适应，然后插入接穗，紧靠一边，使形成层对齐，立即用塑料条包严绑紧，并涂接蜡或培土保护。

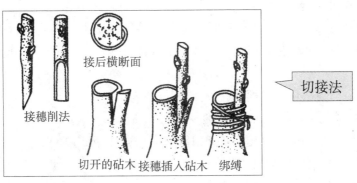

接穗削法　　　接后横断面

切开的砧木　接穗插入砧木　绑缚

切接法

3）劈接法　砧木较粗或与接穗等粗时适用此法。

第一步削接穗：在接穗茎部削成两个长度相等的楔形切面，切面长2.5～3厘米。切面应平滑整齐，一侧应稍厚。

第二步切砧木及嫁接：将砧木截去上部，削平断面，用刀在断面中心处垂直劈下，深度应略长于接穗面。将砧木切口撬开，把接穗插入，稍厚的一侧应与外面形成层对齐，接穗削面上端微露出，然后用塑料条绑紧包严。粗的砧木可同时接上

2～4个接穗。

接穗削法   插入砧木和绑缚

劈接法

4）腹接法（腰接法）   在接穗基部削一长约3厘米的削面，再在其对面削1.5厘米的短切面，长边厚而短边稍薄。砧木可不必剪断，选平滑处向下斜切一刀，刀口与砧木成30°～40°，切口不可超砧心。将接穗插入，夹牢靠并要绑紧包严。在苗圃嫁接时，接后将砧木上部剪断。

接穗削法   砧木削法   接穗插入砧木   绑缚

腹接法

5）舌接法   此法常用于葡萄休眠期的嫁接，这种接法形成层接触面大，并接合牢固，但切削技术要求严格。

接穗、砧木处理：结合葡萄冬季修剪采集接穗与砧木，之后进行沙藏，嫁接时取出，用清水浸泡后剪成1～2节的段，在接穗芽下，砧木的节上均应留长5～6厘米。

嫁接方法：选砧木与接穗粗度大致相同的枝段，在砧木上端、接穗下端，先各削一斜面（最好接穗的腹面与砧木的沟面相对或转180°，这样能使接合面上均匀地生出愈合组织），削面长度是粗度（直径）的2倍左右。再与两者斜削面上削成大小相等的"接舌"。其进刀位置在髓至皮层间的1/2处，沿斜削面往下直削成舌形，削好后两者插合在一起，用塑料条缠好，松紧适度。接好后放入装有湿锯末的木箱中进行愈合处理。

（3）根接法   根接法是以果树的根系作砧木，在其上嫁接接穗，用作砧木的根系可以是整个根

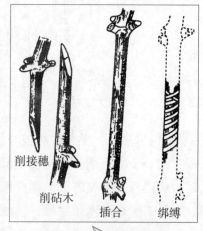

削接穗

削砧木   插合   绑缚

葡萄舌接法

系或者是一个根段，接穗一般利用冬剪时剪下的枝条，可用劈接、切接、腹接等方法嫁接，具体做法与前述方法相同。生产上为了加快繁殖常利用起苗后留下的断根，掘起后选择有一定粗度、带一定须根的根段，移入室内嫁接，接后用塑料薄膜绑紧，开沟用湿沙分层贮藏，翌春将嫁接苗移到露地。

2. 扦插繁殖法

将果树的营养器官（枝、叶、根）与母体植株分离，给予适宜的条件，促使其发育成一新植株的方法，称扦插繁殖法。用作繁殖的材料叫插条。根据扦插材料的不同，扦插可分为枝插和根插。

（1）枝插

1）硬枝扦插　以充分木质化的一年生枝条为插条进行扦插称为硬枝扦插。生产中应用硬枝扦插最广的是石榴、葡萄等。晚秋落叶后采集插条，采集插条的母株要品种纯正、优质丰产、无病虫害。插条采集后，每50～100支捆为一捆，标明品种，假植于田间。第二年春扦插时将枝条取出，剪成15～20厘米长的插段，插段上端在剪口下1厘米处要有1个饱满芽。当春季土温稳定在10℃以上即可进行扦插。

2）绿枝扦插　以带叶的当年生半木质化的新梢在生长期进行扦插为绿枝扦插。选具有3～5节的当年新梢，长10～15厘米，留上部1～2片叶，其余叶片去掉。插后遮阴、灌水。绿枝扦插成活的关键是要控制好环境湿度（空气和土壤湿度），试验证明采用弥雾扦插能够很好地促进扦插绿枝生根。

（2）根插　一些枝插不易成活的树种（如核桃），根插较易成活。李、山楂、樱桃等用根插较枝插成活率高，有些砧木树种如秋子梨、山荆子利用苗木出圃时剪留下的根段或地下的残根进行扦插。根段以0.3～1.5厘米粗为好，剪成10厘米左右长，上口平剪，下口斜剪，寒冷地区可沙藏，待翌春扦插，插时注意不要倒插。

3. 压条繁殖法

压条是在枝条不与母株分离的状态下，压入土中，使其压入部分生根，之后再剪断与母株的联系，成一独立的新株。压条的方法有地面压条和空中压条。在生产上常用地面压条繁殖苗木。

（1）直立压条法　苹果和梨的矮化砧，樱桃、李、石榴等果树均可采用此法。在早春萌芽前，将母株在离地面6～10厘米处剪断，促使多发生新梢，7月当新梢半木质化时便可在整个植株基部培上一层厚达10厘米的腐殖土，隔20天再培一层土，株丛中心必须被土实埋起来，才有利生根。到秋末，每一枝基部都生有根系，可与母株分离，成为独立植株。

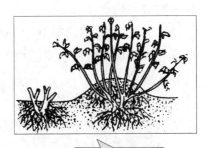

直立压条

（2）水平压条法　在早春萌芽前，选母株上离地面近的枝条，剪去先端部分，顺枝条着生方向开深10厘米的浅沟，将枝条全部呈水平状态压入沟内，紧贴沟底用木钩固定，并填富含有机质的疏松土壤。待节上的芽萌发出新梢，梢长20厘米时，逐步培土，使每个节都生根，到休眠时留一个距母株近的枝条作下一年繁殖用，其余的全部起出，分成多个新植株。苹果矮化砧常采用这种方法，繁殖率很高。

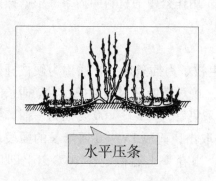

水平压条

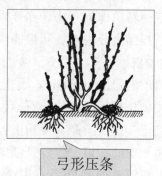

弓形压条

（3）弓形压条法　在母株附近挖穴，深10～15厘米、宽20厘米左右，把一年生枝条压于穴内用木钩固定，然后覆细土压紧，让枝的先端露出地面，长叶，延长生长。并在压入部分进行刻伤，以利生根。秋季落叶后与母株分离形成新植株。发育强壮的当年就可栽植，弱苗移到苗圃地培育一年后即可栽植。

（4）无端压条法　黑树莓枝条易下垂并有顶芽生根的特性，因此常采用该方法繁殖，枝条顶芽既能长梢又能在其基部生根。在夏季7月末至8月初新梢尖端已不延长，叶片小而卷曲时，将先端理入土中，生根后与母体切断，成一独立植株。

4. 分株繁殖

（1）根蘖分株法　常用于根上容易产生不定芽的树种，如中国李、红树莓，可利用其根蘖进行繁殖。

（2）匍匐茎分株法　常用于草莓繁殖。草莓的匍匐茎，其上有节，节上长叶簇和芽，下部生根，而形成匍匐茎苗，长到3片叶时可自行营养生长，切断与母株联系即成一独立植株。

（3）根状茎（或新茎）分株法　此法常结合老园更新时采用，适用于树莓、草莓。草莓新茎分枝和发新根的能力比较强，老园更新时可选带有芽和根的新茎进行分株繁殖。

5. 组织培养繁殖法

果树上主要利用组织培养的方法繁殖无毒苗。

（1）无毒苗培育的意义　果树病毒对果树危害较大，它直接影响到果树的生长结果特性和产量，严重时给生产带来毁灭性损失，而目前又没有特效药或其他有效方法能够治愈果树病毒病，实现果树无病毒栽培的有效途径则只有栽培无病毒苗木，因此培育无病毒果苗是当前果树生产的重要任务。

（2）无毒苗培养方法 繁育无病毒果苗首先必须有无病毒砧木和品种的原种母树，获得无病毒原种母树的有效方法是应用脱病毒技术，主要有以下几种方法。

1）热处理脱病毒 热处理脱病毒是利用病毒和寄生细胞对高温忍受性不同的差异，选择一个温度和适当的处理时间，使寄主体内病毒的浓度降低，运行速度减缓或失活，寄主细胞仍然存活，并加快分裂和生长。其处理温度和时间长短，因植物和病毒种类不同而异。处理方法有恒温处理和变温处理，现以苹果为例，说明其具体做法：

恒温处理：仁果类果树种子一般不带病毒，因此热处理苹果病毒只能治疗正在生长的新梢或芽，一般多在植株解除休眠后的芽萌动期间进行，将欲脱病毒的苗木栽于盆中，置于热处理培养箱内，先进行热处理，培育室温度调至25℃左右，待新芽长出 2～3 片叶后开始热处理，温度为 37～40℃，4 000～6 000 勒克斯光照，60%～80% 相对湿度，经 4 周左右，剪取处理期间长出的 0.5～1 厘米新梢顶端，嫁接于准备好的实生砧木上，为了保湿保温，可将嫁接苗套上塑料袋或纸袋。当热处理苗长到一定高度并木质化后，可进行病毒鉴定，确定无病毒后，可作为原种母树，以提供无毒繁殖材料。

变温处理：苹果的各种病毒能耐温 38℃，把树苗先在 38℃暖气中处理 2 周，然后再放在 46℃暖气中，每天 8 小时处理 7 周，最后放在 50℃暖气中，每天 2 小时共放 3 天，处理期间的吸湿性为 100%。

2）茎尖培养脱毒 植物组织和部位不同，病毒的分布和浓度有相当差异，有的部位不含有病毒，如种子不带病毒，生长点附近（茎基、根基的分生组织 0.1～0.5 毫米处）不含病毒。茎尖组织培养脱毒就是切取茎尖这一微小的无病毒组织培养而获得无病毒单株的，是繁殖脱毒苗的重要方法之一。现以苹果矮化砧木的茎尖组织培养为例，概述其过程：

枝条消毒：剪取的枝梢在无菌室内用 70% 酒精（乙醇）浸 0.5 分，再放到 10% 漂白粉液中 10 分，最后用无菌水冲洗 3 遍。

剥取茎尖：把鳞片及外部叶片剥除，切下带有 3～4 个叶原基的生长点，长约 0.5 毫米，接种于生长培养基上（表 1-3）。培养基配制时用一部分无菌水将各种化合物溶化，然后把琼脂加到溶液中加热熔化，最后加无菌水到所需容量。溶液酸碱度调整到 pH 值 5～6 为宜，趁热把溶液倒入培养皿中（三角瓶或试管中），每个 10～25 毫升，然后将培养基在 120℃消毒 15 分。

表 1-3　生长培养基——MS 培养基的配方

化合物	含量（毫克/升）	化合物	含量（毫克/升）
大量元素：		钼酸钠（$Na_2MO_4 \cdot 2H_2O$）	0.25
硝酸铵（NH_4NO_3）	1 650.0	硫酸铜（$CuSO_4 \cdot 5H_2O$）	0.025
硝酸钾（KNO_3）	1 900.0	氯化钴（$CoCl \cdot 6H_2O$）	0.025
氯化钙（$CaCl_2 \cdot 2H_2O$）	440.0	甘氨酸	2.0
硫酸镁（$MgSO_4 \cdot 7H_2O$）	370.0	烟酸	0.5
磷酸二氢钾（KH_2PO_4）	170.0	盐酸硫胺素	0.1
微量元素：		盐酸吡哆辛	0.5
硫酸锰（$MnSO_4 \cdot 4H_2O$）	22.3	肌醇	100.0
硼酸（H_3BO_3）	6.2	六苄基氨基嘌呤	500.0
硫酸锌（$ZnSO_4 \cdot 4H_2O$）	8.6	蔗糖	30 000.0
碘化钾（KI）	0.83	琼脂	8 000.0
乙二胺四乙酸钠 745 毫克，硫酸亚铁（$FeSO_4 \cdot 7H_2O$）557 毫克，溶于 100 毫升水中，每升培养基加上 5 毫升			

黑暗中培养：在 25℃条件下约 2 个月长成一丛黄化幼苗。

光下培养：将黄化苗在无菌条件下切成带有 1~2 个芽的茎段，并转移到新培养基上。每瓶接种 4~5 段。在 1 000 勒克斯、27℃条件下培养 1 个月后可长成绿色小苗。

促进生根：将光下培养的小苗切下后，在 1×10^{-3} 毫克/升 IBA 中浸 2 小时，用无菌水洗净，接种到生根培养基上（表 1-4）。半个月左右可长出小根。在根长 2~3 厘米时，打开培养器上的棉塞使幼苗锻炼 2~3 天，然后切离带根的小苗。切除小苗的剩余部分，可切成带 1~2 个芽的小枝再接种到新的生长培养基上，放到黑暗中继续培养以作为不断繁殖的材料。

表 1-4　生根培养基的配方

化合物	含量（毫克/升）
大量元素	
硝酸钙〔$Ca(NO_3)_2 \cdot 4H_2O$〕	495
硫酸镁（$MgSO_4 \cdot 7H_2O$）	123
氯化钾（KCl）	1 007
磷酸二氢钾（KH_2PO_4）	123
硫酸铵〔$(NH_4)_2SO_4$〕	981
微量元素及有机成分用生长培养基（MS 培养基）的含量，铁与生长培养基相同	
蔗糖	15 000
琼脂	8 000

移植：切下的长根小苗在洗净所带的培养基后，可移栽于盆中。移栽后要保持较高湿度，所浇的水最好和原培养基的 pH 值相近，并适当施肥以提高成活率。

用以上两种方法培育的脱毒苗长到 30～50 厘米高时，要进行病毒检测，确认无病毒后，才能作为无病毒原种母本树，登记编号，隔离保存，如果检测仍带有病毒，就淘汰或继续脱毒。

3）热处理结合茎尖培养脱病毒　热处理脱病毒技术要求的设备条件比较简单，操作比较容易。具体做法是：先将预计脱病毒的砧木品种盆栽苗进行热处理，经处理 3～5 周后，取在处理中长出的新枝茎尖约 1 毫米，种于辅加 $BA2 \times 10^{-6}$、$LH3 \times 10^{-4}$ 的 MS 分化培养基上培养，经培养出苗再进行病毒检测。经试验表明，这种方法的脱病毒率为 50%～83.3%。

4）病毒抑制与茎尖培养相结合脱病毒　将一定浓度的病毒抑制剂加入到培养基中，也可获得较高的脱毒率。现已见有报道的植物病毒抑制剂有除病毒唑（又称抗病毒醚），还有一些脲嘌呤或脲嘧啶类物质，以及细胞分裂素或植物生长素类物质。

（3）无毒苗繁育体系

1）无毒苗的鉴定　从标记的母本树上采下接穗进行繁殖育苗时要进行病毒鉴定，目前有关病毒鉴定方法主要有 3 种方法：指示植物鉴定法、电子显微镜鉴定法和酶联免疫吸附法（ELISA）。经过鉴定无病毒以后才能进行扩繁。

2）无毒母株的保存　经过培养获得的无病毒材料即为种源母株，应建立无病毒母本园以保存无病毒母株。母本树应集中定植，为了避免母株材料重新感病，最好盆栽放于网室或专门的温室里并远离有病毒潜伏来源的果园 2 千米以上。种源母株应进行定期鉴定，一般每 4 年测定一次，并观察其品种特性有无变化，发现有病毒株应即行销毁。

3）无毒苗的繁育　果树无病毒苗木的育苗程序可参照常规繁殖方法，但注意所用接穗（或子苗）必须从无病毒母本园采取，所用工具要严格消毒，苗木出圃前，对达到出圃标准的苗木，要由检疫部门发给无毒苗木合格证后，方可出售。

四、苗木出圃

苗木出圃是育苗工作的最后一个环节，应做好充分准备，保证充足的优质苗木出圃。出圃前应核对苗木种类、品种及数量，制订出圃计划及操作规程。

1. 起苗、假植

落叶果树的苗木，宜在秋末冬初落叶后进行起苗。其先后可根据苗木停止生长的早晚来定。桃、李芽苗木停止生长较早，可先起；苹果、葡萄芽苗木停止生长晚，可迟起；常绿果树一般是春、秋两季出圃较多。起苗时，若土壤过干应充分浇水，避免伤根，应深起 20～30 厘米，并对根系进行适当修剪。按不同品种分好，根据苗木质量进行分级，并对苗木进行消毒。

秋天挖出或由外地运入的苗木，如不进行秋季栽植时需假植。假植地应选择高燥平坦的地点。假植沟最好南北延长，沟宽1米、深50厘米左右，长由苗木数量多少而定。假植时，苗干向南呈45°角倾斜，一层苗木一层土，培土厚度只露出苗高的1/3～1/2就行了。假植时，详加标记，严防混杂。

2. 苗木标准

不同地区和不同气候条件，对各树种品种出圃苗木所要求的规格虽有不同，但基本要求是：品种纯正，砧木类型正确；地上部枝条健壮充实，并有一定高度和粗度；芽饱满，根系发达，须根多，断根少；无严重的病虫害及机械伤；嫁接苗的接合部位愈合良好。

3. 苗木包装和运输

苗木在包装和运输之前必须经过检疫和消毒，检疫时应严格按照植物检疫的相关规定，防止病虫害的传播。苗木消毒可以采用3～5波美度石硫合剂喷洒；也可以利用等量式100倍波尔多液或3～5波美度石硫合剂浸苗10～20分；还可以利用氰酸气熏蒸1小时左右。

苗木经检疫消毒后，外运者应立即包装。包装时大苗根部可向一侧，小苗则可根对根摆放，并在根部加入充填物——湿锯末或浸湿的碎稻草以保持根部湿润状态，包裹之后用绳捆紧把根部包严。每包株数根据苗木大小而定，一般是20～100株。包好后挂上标签，注明树种、品种、数量、等级，包装好的苗木即可发运，在途中保持水分以防苗木抽干。

第四节　果园的建立

一、园地选择

果树是多年生深根性植物，栽植后要在固定地方生长十几年，甚至几十年；果树又是高产作物，一生中对立地条件要求高，常常经不起恶劣气候条件的侵袭，因此，在建园之前，必须对地形、土质、土层、水利条件等影响果树生长发育的重要条件加以选择，要尽量选择和利用有利于果树的各种条件，避开不利条件。

园地选择要本着3条原则，一是要因地制宜地利用土地资源，二是要栽植适宜果树，三是要交通方便、易于管理。

二、树种品种选择

1. 树种品种选择的依据

选择树种品种时要注意两点，一是必须适应当地的自然条件，二是必须有较高的栽培价值。

一个优良的品种必须具备适应当地自然条件、丰产、质优和抗性强等特点。为了改变品种的组成，需从外地引种时，要了解该品种的生物学特性，再看本地条件是否适应，根据可能再行引种，经过试栽成功后才能推广到生产上。

栽培价值受品种的经济性状、适应能力及人们对产品的需求情况等制约。

2. 树种品种的配置

园内树种品种的布局，主要考虑不同树种品种要求的环境条件不同，布局时要安排得当。

（1）树种品种的布局　李、杏花期及猕猴桃易受风害、霜害，平地果园应栽在风力小的背风面，山地果园宜栽在山腰上；杏树耐旱不耐涝，李树比杏耐涝但不耐旱，杏应栽在地势比李树高的地方。树莓性喜湿润，宜栽在地势较低，水源充分的地方。葡萄耐旱喜光，应栽在地势较高地方。苹果的花期和果实成熟期的冻害和风害皆轻，可安排在果园风力较强的一面，但不同品种抗风力不同，应将抗风力强的品种栽在外侧。梨的花期比苹果早，花芽和花期冻害比苹果重，规划布局时要选择比苹果好的地方。另外苹果和梨产量高，需肥量大，应选择肥沃的地段。

（2）授粉树的配置　许多果树，如苹果、梨、李、杏和葡萄等有自花不实或者自花结实率低的现象。其中有些是雌雄异株，如大部分山葡萄、猕猴桃等；有些是雌蕊或雄蕊退化，如山葡萄和栽培葡萄的雌能花类型的品种以及杏树等；有些果树如李、葡萄一些品种自花结实率较高，但异花授粉会更高。为提高产量，配置授粉树是很重要的。

授粉树应与主栽品种同年进入结果期，且开花期一致，授粉树应能产生大量的发芽率高的花粉，与主栽品种彼此授粉受精良好，结实率高，另外适应性要强、长寿、年年开花，具有较高的经济价值。各树种品种的授粉树见各论的相关章节。

授粉树在果园中配置数量和方法较多，当主栽品种和授粉品种经济价值相同时可等量配置，否则就差量配置。有隔 1~4 行（核果类）或 4~8 行（仁果类）相间配置的，也有隔一定行数一定株数点状配置的。花期相同的几个品种数行相间栽植对授粉更为有利。

果树主要靠蜜蜂和其他小昆虫传粉，根据蜜蜂的活动规律，授粉树与主栽品种的距离不应超过 50~60 米，当然越近越好。

三、苗木栽植

1. 栽植时期

果树栽植时期应根据各种果树的不同生长特点和地区气候特点而定。一般落叶果树多在落叶后到春季开始生长之前进行栽植。这个时期，苗木处于休眠状态，体内贮存的营养丰富，水分蒸发量小，根系易于恢复，所以栽植成活率高。秋栽是从苗木落叶后到土壤封冻前进行。秋栽根系伤口当年就能愈合且发生新根，为翌春苗木的生长及时供应水分和养分，促进树体发芽、苗木生长旺盛。但由于冬季干旱、寒冷、风大，树苗有时抽干死亡，必须进行越冬管理。春栽一般在土壤解冻到苗木萌发前进行，此时栽植可避免秋栽越冬管理环节，成活率高，管理方便，比较省工。一般在3月上旬到4月初比较好。

2. 栽植方式与密度

（1）主要果树的常用栽植密度　我国果树种类、品种和砧木繁多，栽植方式和管理方法也不尽相同，各地栽植密度多种多样。现将主要果树常用栽植密度列表如下，仅供参考（表1-5）。

表1-5　主要果树山地、丘陵、平地栽植密度参考表

果树种类	株距（米）×行距（米）	每亩株数	备注
苹果	4×6~6×8	14~27	乔化砧
	2×3~3×5	44~111	半矮化砧
	1.5×3~2×4	83~150	矮化砧
梨	3×5~6×8	27~44	乔化砧
桃	2×2~4×6	27~83	乔化砧
葡萄	（1.5~2）×（2.5~3.5）	111~296	篱架整形
	（1.5~2）×（4~6）	83~148	棚架整形
核桃	5×6~6×8	14~19	
板栗	4×6~6×8	14~27	
枣	（2~4）×（6~8）	14~67	
柿	3×5~6×8	14~44	
草莓	（0.15~0.25）×（0.15~0.25）	7 000~15 000	
无花果	（3~6）×（4~6）	18~66	
杏	（4~5）×6，（5~6）×7	16~22	
李	3×5~4×6	27~44	

（2）栽植方式　栽植方式要符合充分合理利用土地和光能，便于机械化管理的要求。常用以下5种：

1）长方形栽植　长方形栽植是当前生产上应用最广泛的一种栽植方式。其特点是行距大株距小，通风透光良好，便于机械化作业，便于间作，适合大面积的密植或稀植栽培。

2）正方形栽植　株行距相等。

3）三角形栽植　有等腰三角形和非等腰三角形栽植。

4）带状栽植　一般两行为一带，行距（带内两行间的距离）1米左右，带距

5米左右。带内两行多用三角形栽植。带状栽植适合于密植栽培。

5）等高栽植　梯田采用等高栽植，因为每行树都各有自己的等高栽植面，所以便于管理。

3. 栽植方法

（1）栽植准备

1）土壤准备　栽树前要针对不同类型的土壤进行改良，平地要深翻熟化，山地要做好梯田或鱼鳞坑壕。无论是山地还是平地，果树栽植前都要求土地平整，土壤细碎。

2）测量定植点　果树和防风林带的距离一般为7~10米。这个距离确定后，便可用测绳和3个标杆测量定植点。先沿小区两长边方向各做一条与长边（折风线）平行的基线，两基线的距离应为行距的倍数，在两基线上即两个边行上按株距找出两个边行的定植点，再以这两行的定植点为准，用测绳按行距找出各行的定植点。梯田栽植点是在阶面外缘，阶面宽度的1/3处按株距确定的鱼鳞坑，每坑中心即为一个定植点。

3）苗木准备　栽植果树时取出假植苗，剪掉根系发霉、折坏的部分和接口枯桩，一边修整一边定植。根系最易失水，注意不要在空气中暴露时间过长。外购果苗要弄清有无检疫对象、品种和数量，并看失水情况，失水过多时，要将根部浸泡一夜后，经修整再行定植。

4）挖定植穴　定植穴的大小因品种、土质以及肥料多少而异。一般来说，根系深广的梨、苹果、葡萄、杏和李宜大，穴深和直径各60~80厘米；树莓等小浆果根系较浅，穴深和直径各50厘米左右即可。挖坑时要把表土和底土分开放置，挖成圆柱形坑，坑的中心点应正好是定植点。

5）肥料准备　挖好定植穴后，每株施15~20千克腐熟的质量好的基肥、0.5千克草木灰、50~100克尿素以及部分过磷酸钙等。

（2）栽植方法　先将表土与肥料混拌好，填入坑内至坑深一半左右，呈馒头形踩实，将苗干放入定植穴，即可继续填土，注意根系要向四方自然舒展，当填至略高于地表时，要轻轻提动树苗，使根系伸展开，随后踩实，让根与土密切接触，再用剩余底土以树为中心。直径与定植坑相近围成水盘，以便灌水。栽后要马上灌水，待水渗后及时覆土，覆土时可做高于地表10厘米的土堆以便保墒。

（3）栽后管理　定植一年生单干苗的，定植后要定干。定植在圃内已留有主枝的整形苗要重剪，以减少萌芽量和蒸发量，确保成活。萌芽后要去掉保墒土堆。当天气干旱时，还要及时浇水，以提高成活率，促进幼树生长。

第五节　果园管理

一、土壤管理

土壤是供给营养元素和水分的基础，为满足果树生长发育的需要，必须对土壤加以管理。根据果树不同年龄时期生长发育特点，把果园的土壤管理分为幼龄果园的土壤管理和成龄果园的土壤管理。

1. 幼龄果园的土壤管理

（1）树盘管理　树盘是指树冠垂直投影的范围，是根系分布得最集中的地方。树盘内的土壤可以采用清耕或清耕覆盖法管理。具体做法是：每年秋季对树盘浅翻，并结合施入有机肥，要尽量少伤根系，生长季节结合锄草将地刨松，有条件的地区，也可用各种有机物覆盖树盘，覆盖物的厚度一般在 10 厘米左右。

（2）间作管理　幼龄果园空地较多，可进行间作。合理间作可以改善微区气候，增加土壤有机质含量，防止水土流失，抑制杂草，并可增加收入，提高土地利用率。选择间作物的原则：①选择生长期短，生长初期需水少的作物，如土豆、葱蒜等；②选择提高土壤肥力的作物，如豆类；③间作物的大量需水期应与果树需水临界期错开；④间作物要耐阴、耐药、耐踏，与果树无共同的病虫害；⑤植株矮小。

此外，间作物要进行轮作，可采用豆类—土豆或葱蒜—瓜类—豆类的轮作制进行轮作。对间作物也要施肥、灌水、中耕除草。

2. 成龄果园的土壤管理

成龄果园由于树龄的增加，树冠不断扩大，根系吸收范围加大，对养分的需求不断增加。因此此期土壤管理的任务应以提高土壤肥力为主，满足果树生长和结实所需的水分和营养物质。成龄果园的土壤管理有如下方法。

（1）清耕管理　此法主要是勤耕勤锄，保持土壤疏松无草。具体做法是：每年果实采收后结合施肥秋翻 1 次，并在果树生长期根据杂草生长情况耙地 2~3 次，株距较小的果园要配合人工或化学除草。

（2）生草管理　果园生草即在果树行间种植 1 年或多年生豆科或禾本科草本植物，不翻耕，定期刈割，割下的草就地腐烂或覆盖树盘。这是国外采用较多的一种土壤管理方法。

适宜果园人工种植的草种主要有禾本科的黑麦草、羊芽草、无芒雀麦、燕麦草，以及豆科的三叶草、紫云英、草木樨、苕子等。豆科和禾本科混合播种，对改良土壤有良好的作用。

（3）清耕覆盖作物法管理　清耕覆盖作物法就是在果树需肥、水最多的生长前期保持清耕，后期或雨季种植覆盖作物，待覆盖作物长成后，适时翻入土中作绿肥。

（4）覆盖管理法　果园覆盖，就是在果园土壤表面盖上一层覆盖物的土壤管理方法。根据覆盖物的不同，有覆草法和覆膜法2种。

1）覆草法　覆草法是在树冠下或稍远处覆以杂草、秸秆等。一般覆草厚度约10厘米，覆后逐年腐烂减少，要不断补充新草。

2）覆膜法　覆膜法是利用透明的或各种有色的地膜覆盖在果树树盘、树行上的一种地面覆盖栽培。地膜覆盖具有下列作用：提高并稳定地温，透明聚乙烯膜可提高2~10℃，黑色膜能提高0.5~4℃；保持土壤水分，可节省灌溉水30%；改良土壤结构，可防止频繁灌溉使表土板结，防止氧化钠等盐类上升；防止杂草生长，与化学除草相比效率高，无毒，适用性广；增加土壤中二氧化碳含量，可促进果树根系生长，增加有机物质的制造和积累，有利于花芽分化和促进果实生长发育、着色，从而提高了产量和品质。

（5）免耕管理　免耕管理是指对土壤不进行耕作，用除草剂清除杂草，有全园免耕、行间免耕、行间除草株间免耕3种形式，这种方法具有保持土壤自然结构、节省人力、降低成本等优点，但长期免耕会使土壤有机质含量下降。

果园常用的化学除草剂有10%精喹禾灵、56%二甲四氯钠盐、24%烟嘧、莠去津、扑草净、草甘膦等。

（6）耕翻管理

1）春季耕翻　春耕较秋耕浅，一般在将化冻时趁墒及时进行，可保蓄土壤中上升的水分，耕后耙平，风大地区还需镇压。一般春季风大雨少的地区以不耕为宜。

2）夏季耕翻　一般在伏天结合除草进行。耕后可增加土壤有机质，提高土壤肥力，并加深耕作层，促使根系向土壤深层生长，提高果树抗逆性。

3）秋季耕翻　秋耕可松土保墒，有利雪水下渗，提高土壤含水量；可减少宿根性杂草和果树的根蘖，减少养分消耗，还可消灭地下害虫等。

二、果树施肥

1. 果树营养特点

施肥是综合管理中的重要环节，但必须与其他管理措施密切配合。肥效的充分发挥与土壤和水分有关。果树在一年中对肥料的吸收是不间断的，但在一年中出现几次需肥高峰。需肥高峰一般与果树的物候期相平行，所以生产中都以物候期为参照进行施肥。果树在不同的物候期对营养吸收是有变化的。一般果树在新梢生长期需氮量最高，需磷的高峰在开花、花芽形成及根系生长第一、第二次高峰期，需钾高峰则在果实成熟期。

另外，不同的果树对肥料的吸收情况也是有差异的。

2. 施肥时期

（1）基肥　基肥是以有机肥为主，配合部分速效性化肥。一般在秋季施基肥。秋季施基肥正值根系生长高峰期，有大量的新根发生，有利于根系的吸收，提高树体的营养贮备水平。

（2）追肥　追肥分根际追肥和根外追肥。根际追肥应用普遍，根外追肥主要是进行叶面喷肥。按追肥时期可分为花前追肥、花后追肥、春梢停长后追肥、果实生长后期追肥。

3. 施肥量

根据果树需肥情况和土壤理化性质等确定施肥量。

不同树龄的苹果和梨的施肥量，如表1-6，可供参考。

表1-6　苹果、梨施肥量参考表

树龄	基肥（千克/株）	硝铵（千克/株）	过磷酸钙（千克/株）	硫酸钾（千克/株）	草木灰（千克/株）
1 年	25～50				
2～4 年	25	0.25～0.5		0.5～1	
5～7 年	40～50	0.75～1.5	0.75～1.5	0.5～1	1.5～25
8～12 年	100～125	2.0～3.0	2.0～3.0	1～2	2～4
15～20 年	200～250	3.5～4.0	3.5～4.0	2.5～3.5	5
25 年以上	250 以上	5.0 左右	5.0 左右	2.5～3.5	5～7.5

4. 施肥方法

（1）土壤施肥　土壤施肥是应用最普遍的施肥方法，果树的基肥和大部分追肥都采用此法。即将肥料施在果树根系集中分布层，以利根系向深广扩展。

土壤施肥的具体方法包括：环状施肥、放射沟施肥、条状施肥、全园施肥、灌溉式施肥。

（2）根外施肥

1）叶面喷肥　表1-7列出了主要肥料的叶面喷肥方法。

表1-7　主要肥料的叶面喷肥

时别	种类及浓度	作用效果	备注
发芽前	2%～3%尿素	促进萌芽展叶，叶片、短枝发枝发育，提高坐果率	不能与草木灰、石灰混用
	3%～4%硫酸锌	矫正小叶病	用于易缺锌的果园
发芽后	0.3%尿素	促进叶片转绿，短枝发育，提高坐果率	可连续喷2～3次
	0.3%～0.4%硫酸锌	矫正小叶病，促进生长发育	出现小叶病时应用

时别	种类及浓度	作用效果	备注
花期	0.3%~0.4%尿素 15%腐熟人尿 0.3%~0.4%硼砂	提高坐果率	可连续喷2次
新梢旺长期	0.1%柠檬酸铁或 0.5%硫酸亚铁或 0.5%黄腐酸二胺铁	矫治缺铁黄叶病	连续喷2~3次
中期 (5~7月)	0.5%硼砂 0.5%氯化钙 0.5%硝酸钙 0.3%硫酸锰 0.6%钼酸铵	防治缩果病、苦痘病、水心病、果肉褐变病，促进花芽	多次喷施分化
果实发育后期	0.5%磷酸二氢钾 2%~3%过磷酸钙浸出液 4%草木灰浸出液 0.5%~1%硝酸钾 0.5%~1%硫酸钾	促进果实发育，增进果实品质，提高果实含糖量、增进着色，防治木栓病	草木灰浸出液不能和氮肥、过磷酸钙混用，喷施2~4次
采收后到落叶前	1%尿素 0.5%硫酸锌 0.5%硼砂 0.7%硫酸镁	延迟叶片衰老，增加树体营养贮备，矫正缺素病	连喷多次，大年后尤其重要

叶面喷肥时应注意的问题

（1）要严格控制浓度　氮肥如尿素、硝铵等为3%左右，但不能超过5%；钾肥如硫酸钾、氯化钾等同氮肥；草木灰为4%浸出液，过磷酸钙为2%浸出液。

（2）要避免药害　除了控制浓度外，叶面喷肥要预先试喷，观察有无药害，喷药时雾滴要细而匀，不要在叶片边缘积累药液，否则因蒸发浓缩使叶缘受害。

（3）要注意喷施时间　喷施时间宜在早晨或傍晚。

2）强力树干注射施肥　利用机具持续高压将果树所需要的肥料强行注入树体。强力树干注射施肥具有肥料利用率高、用肥量少、见效快、持效长、不污染环境的优点。强力树干注射施肥法目前多用于注射铁肥，以防治果树失绿症，以春季芽萌动前和秋季果实采收后效果最好。

5. 绿肥

种植绿肥既可培肥地力，又可防止水土流失。

（1）绿肥的作用

1）保护土壤　绿肥植物能减轻雨水和风对土壤的侵蚀，山地果园绿肥能减少径流，防止冲刷，起到护坡护梯的作用，风沙地区和盐碱地区种植绿肥作物能防风固沙，防止盐碱上升。

2）增加土壤可给态养分　绿肥含有多种营养元素，如500千克紫穗槐嫩枝叶中含氮6.6千克、磷1.5千克、钾3.95千克，仅氮素就相当于30多千克硫酸铵的含量。

3）增加土壤有机质，改善土壤理化性质，培肥土壤　绿肥含有丰富的有机质，一般占鲜重的10%～15%，翻压入土后必然能提高土壤有机质的含量，土壤有机质丰富便能增强土壤透性，进而微生物活动旺盛，硝化作用增强，肥力提高。

（2）绿肥植物的种植　我国绿肥资源丰富，种类繁多。紫穗槐适应性强，可在各类土壤中生长，若土壤条件好便可丰产。草木樨和沙打旺耐瘠薄，可在沙地种植；田菁耐盐碱，喜潮湿，地下水位高的果园也可种植；聚合草适应性广，热带、温带和寒带均可栽植。在选择绿肥种类时，应注意野生资源的利用。

（3）压青处理　利用果树行、株间种植绿肥作物，在其盛花期（此时植株含养分最多）将鲜体直接压青，其利用方式有以下几种：

1）就地翻压　将绿肥作物于盛花期用人工、畜力或压青机具就地翻入土中压青做肥，此法适用于成龄果园或矮化密植果园。

2）刈割集中埋压　将绿肥于盛花期用人工或机械刈割集中开沟埋于树下施肥沟中。每株果树的埋压量视树体大小、结果多少以及绿肥鲜体产量而定。压青沟的长度一般与树冠一侧等长，沟宽、沟深视树体大小而定，一般以30～40厘米为宜。压青沟的位置，最好每次或每年更换部位。此法适用于幼龄果园或株行距较大的果园。

3）就地覆盖　视绿肥生长情况和需要，定期刈割1～3次，所割鲜草，覆盖树盘或行间原地，可结合秋施基肥，将绿肥和有机肥一并埋入施肥沟中。覆盖厚度以15～20厘米为宜。此法适用于采用生草法或覆盖法管理的果园。

三、水分管理

1. 果树的需水特点

果树在不同物候期，对需水量有不同的要求。一般认为，保证果树生长前半期水分供应充足有利于生长与结果，而后半期要控制水分，保证及时停止生长进入休眠，做好越冬准备。一般在下述物候期，如土壤含水量低，必须进行灌溉。

（1）发芽前后到开花期　此期充足的水分可以促进新梢生长，加大叶量，并使开花和坐果正常，为当年丰产打下基础。春旱地区，此期充分灌溉更为重要。

（2）新梢生长和幼果膨大期　此期为果树需水临界期，此期充足的水分不但有利于开花坐果，而且有利于新梢的生长，解除新梢与幼果对水分的竞争，减少生理落果。

（3）果实迅速膨大期　此期也是花芽大量分化期，及时灌水，不仅可以满足果实膨大对水分的要求，同时可以促进花芽分化，为连年丰产创造条件。

（4）采果前后及休眠期　此期灌水，可使土壤中贮备足够的水分，有利于肥料的分解，从而促进果树翌春的生长发育。寒地果树在土壤结冻前灌 1 次封冻水，对果树越冬甚为有利，但对多数落叶果树来说，在临近采收期之前不宜灌水，以免降低品质或引起裂果。

2. 灌溉技术

（1）灌水量　最适宜的灌水量，应在 1 次灌溉中使果树根系分布范围内的土壤湿度达到田间最大持水量的 60%～80%。深厚的土壤，1 次需浸湿土层 1 米以上，浅薄的土壤，经改良后，应浸湿 0.8～1 米。常用的灌水量计算方法为：

1）灌水量　灌溉面积×土壤浸湿深度×土壤容重×（田间持水量 - 灌溉前土壤湿度）

2）灌溉前的土壤湿度　在每次灌水前均需测定，田间持水量、土壤容重、土壤浸湿深度等，可数年测定 1 次。

（2）灌水方法

1）沟灌　在果树行间，用犁开 20～25 厘米深的沟，顺沟灌水，待水渗后把沟培平，此法简便，适于成龄树，便于机械化。大面积的国有农场果园多用此法。

2）盘灌　在树盘范围内用土埂围成圆形灌水盘，灌水时把行间灌水沟的水引进灌水盘，灌后 2～3 天对灌水盘进行松土，以免土壤板结出现裂缝而加快蒸发。此法适于幼树灌水。

3）分区灌溉　在地表比较平坦的果园以 2～3 株为 1 小区，用土围成长方形的土埂，把水引入方格内。灌后同样要松土保墒。

4）喷灌　通过灌水沟或管道把水引到田间，然后由喷灌机把水喷到空中，成为雨一般的水滴散落下来。喷灌对地面平整度要求不高，节省劳力、节约用水，对土壤结构破坏作用小。通过喷水的办法，还可以起到防霜和防高温的作用。

5）滴灌　滴灌是通过水塔或水泵和管道组成滴灌系统，水以水滴或细小的水流直接浇灌于作物的根域。滴灌是现代化的灌水方法，具有不受地形限制、节约用水、不破坏土壤结构、自动化程度高、节省劳力的优点，同时因滴灌能使土壤湿度均衡，有利于果树生长发育和提高产量与品质。

3. 排水技术

（1）排水系统　果园排水包括明沟排水和暗沟排水。

（2）排水时期　水分过多的果园必须进行排水。可根据土壤水分测定或土壤水分张力计所反映的土壤水分含量来确定排水时间。

第六节 整形修剪

果树的整形修剪包括整形和剪枝两个部分，"修"是修整树形的意思，"剪"是剪截枝条的意思。两者合起来就是指整形和剪枝。在习惯上，常用整形和修剪两个名词，它们虽各自都有明显的特殊含义，但也有密切联系。

一、整形修剪的目的和依据

1. 整形修剪的目的

（1）提早结果，延长经济结果寿命　果树是多年生植物，一般结果和进入丰产比较迟。因此，早果早产，延长经济结果寿命，是果树栽培的重要目标。在果树修剪中，进行圃内整形，加速树冠形成；对树冠较直立的品种，开张主枝角度，幼树轻剪疏删；通过合理整形，保持合适的从属关系和主枝分枝角度，培养牢固的骨架；对老树进行重剪更新复壮，这些都有利于实现上述目标。

（2）克服大小年，提高产量　通过合理整形，构成果树立体结果。通过修剪调节生长势，促进或抑制花芽分化，调节生长枝与结果枝的比例，控制花芽数量等，都可以协调果树的生长与结果，达到克服大小年、提高产量的目的。

（3）通风透光，减少病虫害，提高果实品质　整形时降低树冠，甚至采用平面形树冠，可以改善光照，减少大风和采收时的机械伤，从而提高品质。修剪时，剪除病虫枝、密生枝，使树冠通风透光，减少病虫危害，则果实着色良好，机械伤减少，品质增进。此外，修剪时合理留结果枝和花芽，也可以增大果形，提高品质。

（4）提高工作效率，降低生产成本，减少物资消耗　果园很多管理工作，如打药、中耕除草、灌水施肥、果实采摘和树体管理等都要求有一定的干高、树高和冠形，这样才能做到规范化、机械化，提高劳动效率，降低生产成本，减少物资消耗。为满足以上要求也必须通过整形修剪等措施人为地控制树体的生长发育。

2. 整形修剪的依据

（1）种类品种的特性　不同树种、品种的结果习性差异很大，其修剪方法也应不同，根据果树的生长结果特性，因势利导，进行修剪，则事半功倍，效果良好。如对以顶花芽结果的苹果树，在幼树时要以疏枝为主，短截为辅。对腋花芽结果的桃树，在修剪时，对长果枝可剪去一段，留基部一部分花芽，使其结果。果树的种类和品种的萌芽力、成枝力情况，也是修剪的依据。对成枝力强的，应多疏枝少短截，防止树冠郁闭；对成枝力弱的则需促进抽枝，增加枝量。

（2）环境条件和栽培措施　果树的生长发育依外界的自然条件和栽培措施的不同而有很大的差异，应采取适当的整形修剪方法。例如我国北方栽葡萄，为了便于埋土防寒，多采用小冠低干；南方多雨地区栽葡萄，一般生长旺，病害多，宜采用大冠高干。梯田光照好，留枝量可多些；平地光照差，留枝量要少些。果农间作或结合绿化栽种果树，要采用高干大树形；矮化密植时则采用矮干小树形。栽培水平高，应轻剪，多留花芽；栽培水平低，应加重修剪，少留花芽。

（3）修剪反应　修剪反应是合理修剪的重要依据。修剪前要看去年修剪后枝条生长情况和全树的表现。果树的生长和结果的表现，就是最客观、最明确的回答。弄清修剪反应后，心中有数，有的放矢，就可以比较正确地进行修剪。

（4）经济要求　果树修剪不单考虑其是否有利于生长结果和丰产优质，同时要考虑是否节省劳力，是否降低能量、物资的消耗和提高经济效益，所以修剪要求尽可能简易省工。同时，要有利于果园其他操作管理，如干不太矮，以便于土壤管理和果园机械化；树不太高，以便于树冠管理和采收。这些都有利于提高果园的经济效益。

二、修剪的方法和作用

1. 短截

在一年生枝的上端剪去一段称作短截。根据短截的程度不同，可分轻短截、中短截、重短截和极重短截。

（1）轻短截　一般剪去一年生枝的1/4～1/3。轻短截对于局部的刺激作用较小，剪口附近的芽生长势较弱，但芽眼萌发率高，形成中、短果枝较多，易形成结果枝，全枝总生长量大，加粗生长快。有缓和营养生长、促进成花的作用。

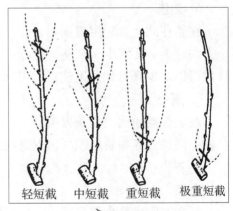

轻短截　中短截　重短截　极重短截

短截

（2）中短截　一般剪去一年生枝的1/3～1/2。中短截枝条芽眼萌发率较高，形成中、长枝较多，全枝生长量较大，有增强部分枝条营养生长的作用，但不利于花芽的形成。

（3）重短截　在一年生枝的中下部进行短截，一般剪去枝条长度的2/3～3/4，重短截对局部的刺激大，特别是全枝总生长量较小。可以使少数枝条加强营养生长，但花芽难以形成。

（4）极重短截　在一年生枝基部只留2～3个瘪芽短截。可以强烈地削弱其生长势和总生长量，既不利于营养生长，又不利于花芽的形成，一般是用作削弱生长势，为翌年分化花芽打基础。

2. 疏枝

在枝条过密的地方，将不必要的枝条由基部剪除，称为疏枝。疏枝一般对全树或一个大枝起削弱的作用，其削弱作用与疏枝多少和疏枝伤口的大小及距伤口的远近有关。适当的疏枝可以改善光照条件，有利于树冠内的枝条健壮生长和花芽分化。

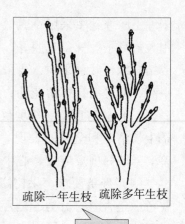

疏除一年生枝 疏除多年生枝

疏枝

3. 回缩

对多年生枝进行剪截，称为回缩。常用于控制树冠扩大和多年生枝换头以及老树更新。

4. 甩放

不做任何短截，任其自然生长，称为甩放。但是对于幼树骨干枝的延长枝或者背上直立生长的徒长枝一般不宜甩放，弱树也不宜多甩放。

5. 撑、拉、坠

为了加大基角，常采用撑、拉、坠的办法。撑就是利用木棍或石块把基角加大；拉是用绳子拉开主枝，增大基角、腰角和梢角；坠就是用石块拴在主枝上部，借以坠大基角、腰角和梢角。还可用里芽外蹬、双芽外蹬来加大腰角和梢角。

6. 刻伤

在腋芽的上方，用刀横切，切口深达木质部，这样就使养分和水分集中到切口下方的芽上，使其生长旺盛，这样可以不必短截，而使下部有计划地发生强枝，这样做可以减少修剪量，迅速扩大树冠。

7. 摘心

在生长期间摘去枝条先端的生长点称摘心。摘心能抑制枝条的加长生长，促进分枝，增加营养物质的积累，促进花芽分化，并有利于枝条的成熟。

8. 抹芽

在枝干上或较大伤口（锯口、剪口）附近常出现萌条，除了可利用的外，其余最好在木质化前全部抹掉，不要等到冬剪时去剪，因为萌条生长强旺，停止生长晚，浪费营养太多，又影响其他枝叶的光照。

9. 环剥

环剥即环状剥皮，把枝条的皮剥下一圈，来阻止有机营养向下输送，使环剥口以上的枝条中积累较多的有机养分，促进花芽的分化。

取下来的皮可顺贴于原处，也可倒贴，前者称环剥顺贴（置）皮，后者称环剥倒贴（置）皮，倒贴皮的效果好于顺贴皮。

环剥对缓和徒长枝的长势，促进成花结果，要比剪子修剪好得多。

10. 扭梢

对于生长过旺，但又不宜疏去的枝条，可以用扭梢的办法抑制其生长。扭梢是把枝条基部留一段扭伤，但不扭断。扭梢可以抑制生长，有利成花。扭梢时间同环剥。方法是用手捏住生长旺盛的新梢基部将其旋转180°，把枝条自扭伤处弯下来，别在其他枝上。

11. 拿枝

拿枝是用手对旺梢自基部到顶端捋一捋，伤及木质，略有声响，而不折断，有缓和生长、分化花芽和促进短枝的效果。对控制背上旺梢有明显作用。于6月下旬春梢（中、短梢）停止生长时，对旺梢拿枝，能使旺梢早停长，促发分枝或形成花芽。

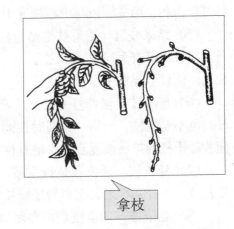

12. 晚剪

晚剪的目的主要是抑制旺枝的顶端优势，增加萌芽量，防止枝条下部光秃。晚剪是当旺枝顶端的芽萌发后，将萌发的这一部分嫩枝剪去，或者是对冬剪时已经短截修剪的枝条，待其萌芽生长之后，再将先端萌发的嫩枝剪1~2个。这样做可以促使下部的侧芽萌发，防止枝条下部光秃。对成枝力弱的品种采用晚剪以克服枝条下部光秃比较有效。

13. 复剪

在萌芽期能清楚地看见花芽时进行复剪，目的是调整叶芽和花芽的比例，克服大小年，大年树如果花芽留量过多时，可以适当疏除一部分花芽；小年树常因冬剪留枝过多，复剪时可将过密而无花芽的枝条疏去或回缩。

三、整形修剪过程

1. 树体结构

苹果疏散分层形树体结构。

（1）主干　由地表至第一主枝的一段树干称主干。主干高度大体是40~60

厘米。

（2）中心领导干 主干以上，着生主枝的中心干称作中心领导干。

（3）主枝 着生在中心领导干上的永久性骨干枝称作主枝。主枝的数目一般为5~7个。主枝与中心领导干间的角度是50°~70°。

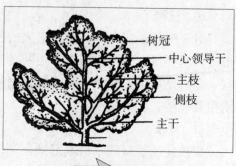

树体结构

（4）侧枝 着生在主枝上的永久性骨干枝称作侧枝。每一主枝上侧枝的数目为2~4个。基层（第一层）主枝较大，侧枝数目可多些，上层主枝较小，侧枝的数目可以少些。第一侧枝与中心领导干以及侧枝与侧枝间都要有适当的间距。

（5）结果枝组 结果枝组是直接着生在骨干枝上的一组营养生长和结果的枝条。结果枝组有大、中、小之分。主枝两端留中小枝组，中部的侧面和背下留大中枝组。侧枝上要留中小枝组。

（6）辅养枝 辅养枝一般是指着生在层间距位置上的较大的枝，但它不是主枝，也不是侧枝，而是一种临时性的过渡枝，主要用来弥补树冠空隙，提早结果。随着骨干枝的扩展而逐步缩小辅养枝，以至于改造成枝组。

（7）延长枝 延长枝是指主枝、侧枝、中心枝的先端，继续延长生长的一年生枝条，并分别称之为它们的延长枝。

（8）竞争枝 竞争枝是指在距离很近的地方，并生两枝，长势相当、并驾齐驱，称作竞争枝。

（9）层内距和层间距 同一层主枝之间的最大距离称作层内距，同一层的主枝要有一定的距离，一般为30~40厘米。层间距是指两层主枝之间的距离，也就是下层最上面的一个主枝和上层最下面的一个主枝之间的距离。第一层和第三层的层间距较大，一般为70~120厘米，第二层和第三层的层间距较小，一般为50~80厘米。

2. 整形修剪过程

现以苹果疏散分层形为例，来说明整形修剪的一般过程和方法，至于不同树种和品种整形修剪的特殊之处，请见有关章节。

苹果疏散分层形的整形修剪过程和具体方法：

（1）第一年（定植当年） 定植当年的修剪任务是定干，即确定树干的高度。苹果〔（3~5）米×（5~6）米〕定干高度为60~80厘米，定干时剪口芽以下20厘米左右为整形带，整形带内要有10个左右的饱满芽，以备翌年选留主枝。整形带以下的芽，强旺的要及早抹掉，弱小的应留下作辅养枝。

（2）第二年 第二年的修剪任务是选留中心干（枝）和第一层主枝1~3个。

选留中心枝要注意以下几点：

a. 要求粗壮、直立、居于中心位置。

b. 中心枝剪口芽的方向要根据中心枝偏离树冠中心轴的情况及当地主风向而定，做到使中心枝能位于树冠的中心。幼树中心枝在一株树中应保持最高的位置、最强的长势，当第三层主枝留定后，如果出现上强下弱现象时则可增大中心枝的弯度，使其弯曲上升。

c. 中心枝的剪留长度一般采用中短截或轻短截，但当第一层主枝不足 3 个时，中心枝的延长枝应适当重剪，以便翌年（第三年）在不太高的位置选留第二、第三主枝。

选留主枝应注意以下几点：

a. 第一主枝离地面的高度要符合干高的要求，并且方位最好在西南或南面。

b. 主枝与中心枝的夹角要适宜，一般为 50°~70°，角度过大主枝易弱，盛果期容易下垂，角度过小易与中心枝竞争，也易劈折。

c. 基部三主枝分布均匀，大致平分圆周角。

d. 不以临接芽作主枝，要留有 30~40 厘米的层内距，以免"掐脖"削弱中心枝现象出现。

修剪主枝时，剪留高度一般不能超过中心枝，以保证主从分明，剪口芽的方向多数是留外芽或侧芽，主要是为了开张角度或调整主枝间的远近关系。

（3）第三年　第三年的修剪任务是继续选留中心枝的延长枝，并选留辅养枝、侧枝和培养结果枝组。

a. 选留中心枝的延长枝：选留方法同第二年，修剪长度要符合层间距的要求。因为第四年要选留第二层主枝，中心枝的延长枝留得长与短，会直接影响第一层与第二层主枝间的层间距离，所以短截的程度必须考虑这一点。

b. 选留辅养枝：要多留一些辅养枝，辅养枝既可促进幼树树体发育，又可使果树提早结果。辅养枝的位置，可与主枝上下重叠，也可坐落在主枝的空间，与第一层主枝重叠时，可使第一层主枝向外开张，又可为第二层主枝，即第四、第五主枝落在第一层主枝的空间创造条件。对辅养枝的修剪，一般是较强的枝条第一年要重剪，削弱其长势，当它明显弱于主枝后再轻剪长放，促进成花。当辅养枝影响主枝时，可逐年回缩修剪，以致改为大中枝组甚至疏除。

c. 选留侧枝：选留的第一侧枝与中心枝要有一定的距离，稀植树一般要求40~50 厘米，过近容易形成关门枝，这样既不便于采摘、修剪等树体管理，也常因关门枝着生位置偏下，长势过强而削弱主枝的长势。如果第三年选留侧枝离中心枝太近，可在第四年选留。配备侧枝时，同一层各主枝上的同级侧枝最好分布在同一侧面，避免侧枝相互交叉。第一层主枝上的侧枝留 3~4 个，第二层的留 2~3 个，第三层的留 1~2 个。侧枝与侧枝也要错开，不要对生，以免主枝"掐脖"。侧枝间距离为 30～40 厘米，这样在主枝上、侧枝上配备结果枝和结果枝组才有空间。

　　d. 选留枝组：自选留侧枝开始，直至整形完毕，先后要在主枝上、侧枝上选留枝组。枝组的大小，主要由它着生的位置来确定。主枝基部的枝组要小，要控制长势，使它明显弱于侧枝；主枝中部的侧面或背下可分布大中枝组；主枝先端和侧枝上要分布中小枝组。幼树不可在主枝的背上或背斜利用强枝培养枝组，背上枝组可利用弱小枝来培养。

　　（4）第四年　除了重复第三年整形工作外，要选留第二层主枝。要求如下：

　　a. 保证需要的层间距，一般为 80～120 厘米。

　　b. 第四、第五主枝的垂直投影落在下层主枝的空间，使上下主枝错落开。

　　c. 主枝角度小于第一层，为 50°～60°，层内距 20～30 厘米。

　　（5）第五年和第六年　第五年和第六年的主要任务是选留第三层主枝 1～2 个，并重复上一年的整形修剪工作内容。选留第三层主枝的要求：

　　a. 角度同第三层。

　　b. 与第二层层间距 50～80 厘米，层内距 20～30 厘米。

　　第六年后，整形工作基本结束，骨架已形成，但仍需通过修剪继续扩大树冠。

第七节　花果管理

一、保花保果

目前造成果树单位面积产量低的主要原因是落花落果严重。

1. 落花落果的原因

大多数仁果类和核果类果树落果可分为前期落果和后期落果（采前落果）。

前期落果一般有 3 次高峰。

第一次落果（即落花）出现在花期刚结束后，子房尚未膨大时。其原因为：①花芽发育不良，花器官生活力弱，没有授粉受精能力；②花芽发育虽然良好，但因气候条件不良或花器官特性限制，没有获得授粉受精的条件。两者均未达到受精目的，因而造成早衰脱落。

第二次落果出现在花后 1～2 周。主要是由于授粉受精不良，促进坐果的激素不足或激素间不平衡；营养供应缺乏，使子房发育停止而脱落。

第三次出现在第二次落果后 2～4 周，大约在 6 月。此次落果又称"六月落果"。主要原因是：①贮藏营养少，对果实供应不足；②器官间（如果实与新梢、果实与果实等）的营养竞争，使营养消耗过多。在竞争中有些果实竞争能力弱，得不到充足的营养供应而脱落。

采前落果出现在采收前 3～4 周，随着果实成熟而落果加剧。此次落果因树种品种不同而有很大差异，也因营养条件、激素水平及环境条件差异而不同。

2. 提高坐果率的措施

（1）加强综合管理　加强综合管理，增加营养积累，保证供应，调节树体生长发育均衡，是果树提高坐果率的根本措施。首先应加强前一年夏秋季管理，保护叶片，提高光合速率和延长有效光合作用时间，增加糖类的积累，以及秋施氮肥，提高树体氮素营养的贮藏水平，增强碳氮营养的供应，这有利于花芽分化发育和开花坐果。其次应调节春季营养的分配，通过控梢、花期环剥等措施均衡树势，调节营养生长与生殖生长的平衡，增强营养的供应及有效分配，提高坐果率。此外，在花期前后喷施尿素、硼酸、硫酸锌、硫酸锰等均可提高坐果率。干旱时在花前灌水对开花坐果也很有利。

（2）保证授粉受精条件　保证授粉受精首先要合理配置授粉树，其次还可采用辅助授粉措施，提高坐果率。

辅助授粉的主要方法如下：

1）花期放蜂　利用蜂类等昆虫传粉是行之有效的方法，一个蜂群可保证 1/3～2/3 公顷果树授粉，经蜜蜂授粉可提高坐果率 20% 左右。

2）人工授粉　人工授粉分为点授、喷粉和液体授粉。人工点授即将事先采集好的花粉用毛笔等蘸取点在柱头上，一般每花序授 2 朵花即可。机械喷粉是将加入 50～250 倍填充剂（滑石粉或淀粉等）的花粉用喷粉器喷于花朵上。液体授粉即把花粉混入 10% 糖液中，用喷雾器喷于花朵上。为增加花粉活力可加 0.1% 硼酸。液体花粉配好后应在 2 小时内喷完。

3）高接花枝或挂花枝罐　当授粉品种缺乏时，在主要品种树冠上高接授粉品种，以便授粉，提高授粉率。也可以在开花初期剪取授粉品种的花枝，插在盛水的罐或瓶中挂在需授粉的树上，以代替授粉树。

（3）应用生长调节剂　在生理落果前或采收前是激素缺乏的时期，喷施生长调节剂可以改变树体内源激素的水平和动态平衡，以提高坐果率。如在花期喷施 10～25 毫克/升的生长素类可提高苹果和梨等的坐果率；在采前 3 周喷施 10～100 毫克/升的生长素类可减少苹果等的采前落果等。

（4）病虫害防治　加强对直接危害花器官和果实的各种病虫害的防治，可以减少落花落果，从而提高坐果率。

（5）其他措施　果实套袋、树冠上用塑料薄膜覆盖等措施可提高坐果率；防止风害，预防花期霜冻，避免干旱等也是保花保果的措施。

二、疏花疏果

在花量大、坐果过多的情况下，合理运用疏花疏果技术，控制结果数量，使树体合理负载，常常采用疏花疏果措施，这也是调节大小年和提高果实品质的重要措施。

疏花疏果主要采取人工疏花疏果和化学疏花疏果两种方法。

1. 人工疏花疏果

疏花疏果时期和次数依树种品种的不同而有所差异。

疏花比疏果更能减少养分消耗，具有促进枝梢生长、克服大小年的效果。如苹果在蕾期或花期去掉整个花序，留出花芽形成的位置，可以保持有花短枝和无花短枝的合理比例，有利于结果和当年的花芽分化。

疏果一般在6月落果之前完成。为了调整树体负载量，根据具体情况还可在6月落果之后再进行1次疏果。疏果时，先疏除弱枝上的果实、病虫果和畸形果，然后疏去过密过多的其他果实，留下适宜的果数。

2. 化学疏花疏果

化学疏花疏果主要是应用化学药剂疏花疏果。该项技术在国外已经成为果树生产上的一项常规管理措施，但在我国应用得较少。

常用的化学药剂主要有西维因、石硫合剂、萘乙酸、二硝基化合物等。

第八节　病虫害防治

病虫害防治是生产无公害果品的一项非常重要的内容，必须抓紧抓好。

一、防治原则和主要类型

1. 防治原则

以农业防治和物理防治为基础，生物防治为核心，按照病虫害的发生规律和经济阈值，科学使用化学防治技术，有效控制病虫危害。突出两个要点：一是经济的原则，不要见虫就打，见病就防；二是综合防治，化学防治是其他防治方法失败后的补救措施，最后落脚点是无公害，千方百计地避免污染。

2. 主要类型

（1）农业防治　采取剪除病虫枝、清除枯枝落叶、刮除树干翘裂皮、翻树盘、地面秸秆覆盖、科学施肥等措施抑制病虫害发生。

（2）物理防治　根据害虫生物学特性，采用糖醋液、树干缠草绳和黑光灯等方法诱杀害虫。在物理防治中，果品套袋是无公害果品非常重要的手段之一。果实一套袋，就将果实与外界环境隔开，果品不再受外界农药、空气等不良环境的污染，是一种事半功倍的好方法，各地要大力提倡，作为建立无公害果品生产基地必需的生产措施之一。

（3）生物防治　人工释放赤眼蜂，助迁和保护瓢虫、草蛉、捕食螨等天敌，土壤施用白僵菌防治桃小食心虫，利用昆虫性外激素诱杀或干扰成虫交配。

（4）化学防治 应用化学药物防止病害发生，是果树病害防治的重要手段。果树病害的化学防治，因防治月份的不同，可采用多种施药方式。依化学药剂及其作用机制不同，将其分为铲除剂、内吸剂、外科治疗等几类。

二、化学防治

化学防治是效果较快的一种方法，但必须谨慎使用。

1. 用药原则

根据防治对象的生物学特性和危害特点，允许使用生物源农药、矿物源农药和低毒有机合成农药，有限度地使用中毒农药，禁止使用剧毒、高毒、高残留农药。

2. 药品类型

农药包括杀虫杀螨剂、杀菌剂和植物生长调节剂。按照国家规定，将现有 3 类农药分为允许使用、限制使用和严禁使用 3 类。

（1）允许使用的农药品种及使用技术（见表 1-8 和表 1-9） 对允许使用的农药，每种每年最好使用 2 次，施药距采收期间隔应在 20 天以上。

（2）限制使用的农药品种及使用技术（见表 1-10）。

表 1-8 果园允许使用的主要杀虫杀螨剂

农药品种	毒性	稀释倍数和使用方法	防治对象
1% 阿维菌素乳油	低毒	5 000 倍液，喷施	叶螨，金纹细蛾
0.3% 苦参碱水剂	低毒	800～1 000 倍液，喷施	蚜虫，叶螨
10% 吡虫啉可湿性粉剂	低毒	5 000 倍液，喷施	蚜虫，金纹细蛾等
20% 灭幼脲悬浮剂	低毒	1 000～2 000 倍液，喷施	金纹细蛾，桃小食心虫等
20% 杀铃脲悬浮剂	低毒	2 000～3 000 倍液，喷施	桃小食品心虫，金纹细蛾等
50% 马拉硫磷乳油	低毒	1 000 倍液，喷施	蚜虫，叶螨，卷叶虫等
50% 辛硫磷乳油	低毒	1 000～1 500 倍液，喷施	蚜虫，桃小食心虫
5% 噻螨酮乳油	低毒	2 000 倍液，喷施	叶螨类
10% 浏阳霉素乳油	低毒	1 000 倍液，喷施	叶螨类
5% 唑螨酯悬浮剂	低毒	2 000～3 000 倍液，喷施	叶螨类
15% 哒螨灵乳油	低毒	3 000 倍液，喷施	叶螨类
99.1% 加德士敌死虫乳油	低毒	200～300 倍液，喷施	叶螨类，蚧类
苏云金杆菌可湿性粉剂	低毒	500～1 000 倍液，喷施	卷叶虫，尺蠖，天幕毛虫等
10% 烟碱乳油	低毒	800～1 000 倍液，喷施	蚜虫，叶螨，卷叶虫等
5% 氟虫脲乳油	低毒	1 000～1 500 倍液，喷施	卷叶虫，叶螨等
25% 噻嗪酮可湿性粉剂	低毒	1 500～2 000 倍液，喷施	介壳虫，叶蝉
5% 定虫隆乳油	中毒	1 000～2 000 倍液，喷施	卷叶虫，桃小食心虫

表 1-9 果园允许使用的主要杀菌剂

农药品种	毒性	稀释倍数和使用方法	防治对象
5%菌毒清水剂	低毒	萌芽前 30~50 倍液，涂抹，100 倍液，喷施	果树腐烂病，苹果枝干轮纹病
腐必清乳剂（涂剂）	低毒	萌芽前 2~3 倍液，涂抹	果树腐烂病，苹果枝干轮纹病
2%抗霉菌素 120 水剂	低毒	萌芽前 10~20 倍液，涂抹，100 倍液，喷施	果树腐烂病，苹果枝干轮纹病
80%代森锰锌可湿性粉剂	低毒	800 倍液，喷施	果树斑点落叶病、轮纹病、炭疽病
70%甲基托布津可湿性粉剂	低毒	800~1 000 倍液，喷施	果树斑点落叶病、轮纹病、炭疽病
50%多菌灵可湿性粉剂	低毒	600~800 倍液，喷施	果树轮纹病、炭疽病
40%氟硅唑乳油	低毒	6 000~8 000 倍液，喷施	斑点落叶病、轮纹病、炭疽病
1%中生菌素水剂	低毒	200 倍液，喷施	斑点落叶病、轮纹病、炭疽病
35%碱式硫铜悬浮剂	低毒	500~800 倍液，喷施	斑点落叶病、轮纹病、炭疽病
石灰倍量式或多量式波尔多液	低毒	200 倍液，喷施	斑点落叶病、轮纹病、炭疽病
50%异菌脲可湿性粉剂	低毒	1 000~1 500 倍液，喷施	斑点落叶病、轮纹病、炭疽病
70%乙膦铝锰锌可湿性粉剂	低毒	500~600 倍液，喷施	斑点落叶病、轮纹病、炭疽病
硫酸铜	低毒	100~150 倍液，灌根	根腐病
15%三唑酮乳油	低毒	1 500~2 000 倍液，喷施	白粉病
50%硫胶悬剂	低毒	200~300 倍液，喷施	白粉病
石硫合剂	低毒	发芽前 3~5 波美度，开花前后 0.3~0.5 波美度，喷施	白粉病、霉心病
腐植酸铜	低毒	5~10 倍液，涂抹	腐烂病
3%多抗霉素可湿性粉剂	低毒	1 000 倍液，喷施	斑点落叶病等
75%百菌清可湿性粉剂	低毒	600~800 倍液，喷施	轮纹病、炭疽病、斑点落叶病等

表 1－10 果园限制使用的主要农药品种

农药品种	毒性	稀释倍数和使用方法	防治对象
48% 乐斯本乳油	中毒	1 000～2 000 倍液，喷施	苹果绵蚜、桃小食心虫
50% 抗蚜威可湿性粉剂	中毒	1500～3 000 倍液，喷施	苹果黄蚜、瘤蚜等
25% 辟蚜雾水分散粒剂	中毒	800～1 000 倍液，喷施	苹果黄蚜、瘤蚜等
2.5% 三氟氯氰菊酯乳油	中毒	3 000 倍液，喷施	桃小食心虫、叶螨类
20% 甲氰菊酯乳油	中毒	2 000～3 000 倍液，喷施	桃小食心虫、叶螨类
80% 敌敌畏乳油	中毒	1 000～2 000 倍液，喷施	桃小食心虫
50% 杀螟硫磷乳油	中毒	1 000～1 500 倍液，喷施	卷叶蛾、桃小食心虫、介壳虫
10% 高效氯氰菊酯乳油	中毒	3 000～4 000 倍液，喷施	桃小食心虫
20% 氰戊菊酯乳油	中毒	2 000～3 000 倍液，喷施	桃小食心虫、蚜虫、卷叶蛾等
2.5% 溴氨菊酯乳油	中毒	2 000～3 000 倍液，喷施	桃小食心虫、蚜虫、卷叶蛾等

对限制使用的农药，每种每年最多使用 1 次，施药距采收期间隔应在 30 天以上。

（3）禁止使用的农药 包括甲拌磷、乙拌磷、久效磷、对硫磷、甲胺磷、甲基对硫磷、甲基异硫磷、氧化乐果、磷胺、克百威、涕灭威、灭多威、杀虫脒、三氯杀螨醇、克螨特、滴滴涕、六六六、林丹、氟化钠、氟乙酰胺、福美肿及其他砷制剂等。

（4）植物生长调节类物质的使用 在果树生产中应用的植物生长调节剂主要有赤霉素类、细胞分裂素类及延缓长生和促进成花类物质等。允许有限度使用对改善树冠结构和提高果实品质及产量有显著作用的植物生长调节剂，禁止使用对环境造成污染和对人体健康有危害的植物生长调节剂。

允许使用的植物生长调节剂主要种类有苄基腺嘌呤、6－苄基腺嘌呤、赤霉素类、乙烯利、矮壮素等。

技术要求：严格按照规定的浓度、时期使用，每年最多使用 1 次，安全间隔期在 20 天以上。

禁止使用的植物生长调节剂有比久、萘乙酸、2，4－三氯苯氧乙酸（2，4－D）等。

第二章 常见果树栽培技术

【知识目标】

1. 了解核桃、石榴、草莓、枣、杏、桃、梨、樱桃、猕猴桃、柿子等果树的生长结果习性。
2. 熟悉常见果树的优良品种及特性。
3. 熟悉果树管理技术。

【技能目标】

1. 熟练掌握常见果树整形修剪技术。
2. 熟悉掌握果树常见病虫害的防治方法。

第一节 核桃的栽培技术

一、核桃的生长结果习性

核桃是世界上栽培面积较大的树种之一。据联合国粮农组织统计：世界核桃的栽培面积在170万公顷以上，年产核桃为130万~150万吨。栽培面积较大的国家为中国、美国、土耳其等。我国的核桃栽培面积较大，在70万公顷以上，结果树为1.2亿株。产量最高的有云南、陕西、山西、河北、甘肃5省，占全国总产量的70%以上，是我国生产出口核桃的主要基地。

核桃以其丰富的营养和独特的风味名列四大干果之首，受到世界人民的喜爱。核桃仁味道鲜美，易于消化吸收，可直接食用；也可加工成核桃油、核桃营养粉、核桃乳饮料、核桃休闲小食品等产品。

核桃具有果材兼用的特点，种仁富含脂肪、蛋白质以及多种维生素及微量元素等，既可滋补健身，又有防病治病效果，故核桃又有营养果品和医疗果品之称。近年来核桃价格连年上升，主要原因有三点：一是国内消费市场需求的扩大。随着人民生活水平的日益提高，越来越多的人认识到核桃的营养价值和药用价值，消费比例上升。二是核桃加工业的兴起。核桃仁可制成食品、加工成油料等多种产品，使核桃消费量和需求量大幅度增加。三是国际市场需求量增加。由于核桃营养丰富、风味好，在国际市场很受欢迎。我国的核桃主要出口英国、德国、瑞士等国，出口量呈逐年上升之势。

(一) 核桃的生命周期

核桃树寿命长，几百年生大树仍能结实。根据核桃一生中树体生长发育特征，可划分为4个年龄时期。

1. 生长期

从苗木定植至开始开花结实之前称为生长期。这一时期的长短，因核桃品种或类型的不同差异较大。一般晚实型实生核桃为7~10年，早实型实生核桃生长期较短，播种后2~3年就可开花结果，有的甚至在播种当年就能开花。生长期的特征是树体离心生长旺盛，树姿直立。在栽培管理上要加强土肥水管理，迅速扩大树冠；同时对非骨干枝条加以控制或缓放，促使提早开花结实。

2. 生长结果期

从开始结果至大量结果以前称为生长结果期。这一时期，树体生长旺盛，枝条不断增加，随着结实量的增多，分枝角度逐渐开张，离心生长渐缓，树体基本稳定，晚实型核桃为7~20年。此期栽培的主要任务是加强综合管理，促进树体成形和增加果实产量。

3. 盛果期

从大量结果至产量开始明显下降前称为盛果期。主要特征是果实产量逐渐达到高峰并持续稳定，树冠和根系伸展都达到最大限度，并开始呈现内膛枝干枯，结果部位外移和局部交替结果等现象。这一时期是核桃树一生中产生最大经济效益的时期。栽培的主要任务是加强综合管理，保持树体健壮，防止结果部位过分外移，及时培养与更新结果枝组，以保持高额而稳定的产量，延长盛果期年限。

4. 衰老更新期

产量明显下降，骨干枝开始枯死，后部发生更新枝，称为衰老更新期。本期开始的早晚与立地条件和栽培条件有关。晚实型核桃从 80 ~ 100 年开始，早实型核桃进入衰老更新期较早。这一时期在加强土肥水管理和树体保护的基础上，有计划地更新骨干枝，形成新的树冠，恢复树势，以保持一定的产量并延长其经济寿命。

（二）核桃的生长习性

1. 核桃根系的生长特性

核桃属深根性果树，主根较深，侧根水平伸展较广，须根细长而密集。在土层深厚的土地上，晚实型核桃成年树主根可深达 6 米，侧根水平伸展半径超过 14 米，根冠比可达 2 或更大。核桃侧生根系主要集中分布在 20 ~ 60 厘米的土层中，占总根量的 80% 以上。一至二年生实生苗主根垂直生长速度很快，地上部生长较慢。据河北农业大学调查，1 年生核桃树主根生长的长度为干高的 5.33 倍，二年生树为干高的 2.21 倍。所以，有人说核桃是"先坐下来，后站起来"。三年生以后，侧根生长加快，数量增加。随树龄增加，水平根扩展加速，营养积累增加，地上枝干生长速度超过根系生长速度。

同品种和类型的核桃幼苗根系生长表现有较大的差别，在相同条件下，早实型核桃二年生苗木的主根深度和根幅均大于晚实型核桃。成龄核桃树根系生长与土壤种类、土层厚度和地下水位有密切关系，土壤条件和土壤环境较好，根系分布深而广。核桃具有菌根，当土壤含水量为 40% ~ 50% 时，菌根发育较好，有利于核桃树高、干径、根系和叶片的生长。

核桃的根系一年中有 3 次生长高峰。第一次在萌芽至雌花盛花期；第二次在 6 ~ 7 月；第三次在落叶前后。

因此，核桃栽培应选择土壤深厚、质地优良、含水充足的地点，有利于根系的生长发育，从而加速地上部枝干的生长，以达到早期优质丰产的目的。

2. 核桃枝的生长特性

核桃树的枝条可分为营养枝、结果母枝和结果枝、雄花枝 3 种。

（1）营养枝　又称生长枝，指只着生叶芽和复叶的枝条，可分为发育枝和徒长枝 2 种。发育枝是由上年的叶芽萌发形成的健壮营养枝，顶芽为叶芽，萌发后只抽枝不结果，它是形成骨干枝、扩大树冠、增加营养面积和形成结果母枝的主要枝类。徒长枝是由主干或多年生枝上的休眠芽（潜伏芽）萌发形成，分枝角度小，生长直立，节间长，枝条当年生长量大，但不充实。对徒长枝应加以控制，疏除或改造为结果枝组，是老树赖以更新复壮的主要枝类。

（2）结果母枝和结果枝　着生混合芽的枝条称为结果母枝，由混合芽萌发抽生的枝条顶端着生雌花的称为结果枝。晚实型核桃的结果母枝仅顶芽及其以下 2～3 个芽为混合芽。早实型核桃的粗壮结果母枝，其侧芽均可形成混合芽。由健壮的结果母枝上抽生的结果枝，在结果的同时仍能形成混合芽，可连年结实。

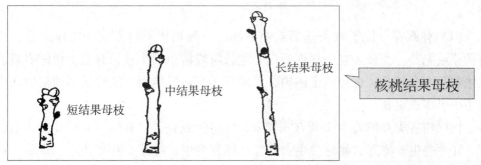

长结果母枝

中结果母枝

短结果母枝

核桃结果母枝

（3）雄花枝　是指除顶端着生叶芽外，其他各节均着生雄花芽的枝条，雄花枝顶芽不易分化混合芽。雄花枝生长细弱且短小，在 5 厘米左右，在树冠内膛，衰弱树和老树上雄花枝数量比较多。

核桃雄花枝

雄花枝萌芽
与开花状

核桃枝条的生长与树龄、营养状况、着生部位有关。生长期或生长结果期树上的健壮发育枝，年周期内可有两次生长（春梢和秋梢）；长势较弱的枝条，只有 1 次生长。2 次生长现象随着年龄的增长而减弱。

核桃树背后枝（倒拉枝）吸水力强，生长旺盛，易强于背上枝，是不同于其他树种的一个重要特性。在栽培中应注意控制或利用，以免扰乱树形，影响骨干枝生长。核桃枝条顶端优势较强，一般萌芽力和成枝力较弱，但因类群和品种的不同而不同，早实型核桃往往强于晚实型核桃。

3. 核桃芽的生长特性

（1）叶芽　萌发后只抽枝长叶的芽叫叶芽。营养枝顶端着生的叶芽芽体大，呈圆锥形或三角形（铁核桃）；侧生叶芽芽体较小，呈圆球形或扁圆形（铁核桃）。着生于枝条上端的叶芽可萌发抽枝，着生于枝中下部的芽常不萌发，成为潜伏芽。

（2）雄花芽　萌发抽生雄花序的芽叫雄花芽。雄花芽塔形，鳞片小，不能覆盖芽体，呈裸芽状，着生于顶芽以下 2～10 节，萌发后抽生葇荑花序。核桃雄花芽数量与类群或品种特性、树龄、树势等有关，老树、弱树、结果小年树上的雄花芽量大。雄花芽过多，消耗大量养分和水分，影响树势和产量，应加以控制和疏除。

（3）混合芽　萌发抽生结果枝的芽叫混合芽，也称雌花芽，晚实型核桃多着生于结果母枝顶端 1～3 节；早实型核桃健壮结果母枝的顶芽及以下各节位腋芽均可形成混合芽。混合芽芽体肥大，圆形，鳞片紧包，萌发后抽生结果枝，顶端开花结果。

（4）休眠芽　位于枝条基部或中下部，一般当年不萌发的芽叫休眠芽，也称潜伏芽或隐芽。当枝条受到损伤或向心生长阶段可萌发生枝，有益于树体更新。核桃休眠芽寿命较长，百年以上的树，其隐芽仍有萌发能力，故核桃树的树冠在生命周期中可多次更新。

核桃树各类芽的着生排列方式较多，可单生或叠生，有雌芽或叶芽单生的；雌芽、叶芽叠生；雄芽、雌芽叠生；叶芽、雄芽叠生；叶芽、叶芽叠生；雄芽、雄芽叠生等。叠生的双芽，着生在前者为副芽，后者为主芽。

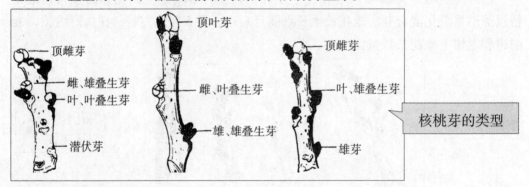

核桃芽的类型

4. 核桃叶的生长特性

（1）叶的形态　核桃叶片为奇数羽状复叶，顶端小叶最大，其下对生小叶依次变小。小叶的数量因种类不同而异，普通核桃一般为 5～9 片。复叶的数量与树龄大小、枝条类型有关。复叶的多少对枝条和果实的生长发育影响很大。据报道，着生双果的结果枝，需要有 1～6 个以上的正常复叶才能维持枝条、果实及花芽的正常发育及连续结果能力。低于 4 个复叶，不仅不利于混合花芽的形成，而且果实发育不良。

（2）叶的发育　在混合芽或叶芽开裂后数天，可见到着生灰色茸毛的复叶原始体，经 5 天左右，随着新枝的出现和伸长，复叶逐渐展开，再经 10～15 天，复叶大部分展开，自下向上迅速生长，经 40 天左右，随着新枝形成和封顶，复叶长大成形。10 月底叶片变黄脱落，气温较低的地方，核桃落叶较早。

（三）核桃的开花结果习性

核桃开始结果年龄因品种不同而不同。早实型核桃一般在定植后 2～3 年开始结果，晚实型核桃则要 8～10 年。幼树一般雌花比雄花早形成 1～2 年。

1. 花芽分化

（1）雌花芽的分化　雌花芽与顶生的叶芽为同源器官，雌花芽于 6 月下旬至 7 月上旬开始分化，10 月中旬出现雌花原基，约于冬季来临前雌花原基出现总苞原基和花被原基，至翌年雌花各器官才能分化完成，整个分化过程约需 10 个月。

（2）雄花芽的分化　雄花序与侧生叶芽为同源器官，雄花芽的分化比叶芽分化快，雄花芽从 4 月下旬至 5 月上旬开始分化，至翌年春才逐渐分化完成，从分化开始至开花散粉的整个过程约需 12 个月。雄花序在整个夏季大体没变化，呈玫瑰色，秋季变成绿色，进入冬季变成浅灰色。

雌先型与雄先型品种的雌花，在开始分化时期及分化进程上均存在着明显的差异。

2. 开花

核桃为雌雄同株异花序植物，在同一株树上雌花开花与雄花散粉时间常不能相遇，称为雌雄异熟。有 3 种表现类型：雌花先于雄花开放，称为雌先型；雄花先于雌花开放，称为雄先型；雌雄同时开放，称为同熟型。一般雌先型和雄先型较为常见，自然界中，两种开花类型的比例各占约 50%，但在现有优良品种中雄先型居多。雌先型的品种一般都是早实型核桃。

雌雄异熟除了品种的原因外，还受树龄和环境条件的影响。同一品种的幼树常常表现出更强的异熟性。另外，温度、水分、空气湿度、土壤湿度、土壤类型等因素也能影响雌雄异熟的程度。如冷凉的条件下，有利于雌花先开，而在湿度高的条件下，有利于雄花先开。这种雌雄异熟的特性对授粉有不良的影响，这是核桃低产的主要原因之一。因此，要求在核桃栽培中必须配置授粉树。可将雌雄花同时开放的品种混栽，或雌先开的品种配置雄先开的授粉树。山地冷凉地区选择雄花先开品种，而在较暖地区选择雌花先开品种。

核桃一般 1 年开 1 次花，但有的品种 1 年可开 2 次花，但 2 次花期不一致，开花早的 2 次果可以成熟，但果个小，开花晚的 2 次果则不能成熟。所以，2 次开花的习性不利于生产。

3. 坐果

核桃的雌花柱头不分泌花蜜，无蜜蜂和昆虫传播花粉，属风媒花，借助自然风力进行传粉和授粉。花粉的飞翔能力与风速和距离有关，因此配置授粉树要注意授粉树的距离，一般不远于 150 米。核桃花粉落到雌花柱头上约 4 小时后，花粉粒萌发并长出花粉管进入柱头，16 小时后可进入子房内，36 小时达到胚囊，36 小时左右完成双受精过程。核桃花粉的寿命在自然条件下只有 2～3 天，如果在低温条件下，可存放更长时间。核桃花粉的发芽率与其他果树相比比较低，这也是核桃低产的一个原因。

核桃坐果率一般为 40%～80%，自花授粉坐果率较低，异花授粉坐果率较高。核桃存在孤雌生殖现象，也就是说没有经过授粉和受精，也能结果，而且具有成熟的种子。但孤雌生殖能力的百分率因品种和年份不同而有所差别。授粉受精不良、花期低温、树体营养积累不足及病虫害等均可导致核桃落花落果。

（四）核桃果实的生长发育习性

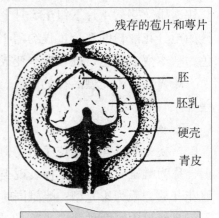

核桃雌花受精后第十五天合子开始分裂，经多次分裂形成鱼雷形胚后即迅速分化出胚轴、胚根、子叶和胚芽。胚乳的发育先于合子分裂，但随着胚的发育，胚乳细胞均被吸收，故核桃成熟种子无胚乳。核桃从受精至坚果成熟需 130 天左右。在郑州地区的观察，依果实体积、重量增长及脂肪形成，将核桃果实发育过程分为以下 4 个时期。

残存的苞片和萼片
胚
胚乳
硬壳
青皮

果实纵切简图（辽核 1 号）

（1）果实迅速生长期　5 月初至 6 月初，30～35 天，为果实迅速生长期。此期果实的体积和重量均迅速增加，体积达到成熟时的 90% 以上，重量为成熟时的 70% 左右。随着果实体积的迅速增长，胚囊不断扩大，核壳逐渐形成，但色白质嫩。

（2）果壳硬化期　6 月初至 7 月初，35 天左右，核壳自顶端向基部逐渐硬化，种核内隔膜和褶壁的弹性及硬度逐渐增加，壳面呈现刻纹，硬度加大，核仁逐渐呈白色，脆嫩。果实大小基本定形，营养物质迅速积累。

（3）种仁充实期　7 月上旬至 8 月下旬，50～55 天，果实大小定形后，重量仍有增加，核仁不断充实饱满，核仁风味由甜变香。

（4）果实成熟期　8 月下旬至 9 月上旬，果实重量略有增长，总苞（青皮）的颜色由绿变黄，表面光亮无茸毛，部分总苞出现裂口，坚果容易剥出，表示已充分成熟。

核桃大多数品种落花较轻，但落果比较重。雌花落花多在开花末期，花后 10～15 天，幼果长至 1 厘米左右时开始落果，2 厘米左右时达到高峰，至果壳硬化期（6 月下旬）基本停止。一般侧芽枝落果比顶芽枝多。

（五）核桃树生长发育对环境条件的要求

1. 海拔高度

在我国北部地区，核桃树多栽植在海拔 1 000 米以下的地方，秦岭以南多栽培在海拔 500～1 500 米处，云南、贵州地区，核桃树多生长在海拔 1 500～2 000 米的地方，而辽宁以南，由于冬季寒冷，核桃树多生长在海拔 500 米以下的地方。

2. 温度

普通核桃适宜生长在年平均温度 8～15℃、极端最低温度 ≥ -30℃、极端最高温度 ≤38℃、无霜期 150～240 天的地区。春季日平均温度 9℃ 开始萌芽，14～16℃ 开花，秋季日平均温度 <10℃ 开始落叶进入休眠期。幼树在 -20℃ 条件下出现"抽条"或冻死，成年树虽然能耐 -30℃ 低温，但低于 -28～ -26℃ 时，枝条、雄花芽及叶芽易受冻害。核桃展叶后，气温降至 -2℃ 时，会出现新梢冻害。花期和幼果期气温降至 2～ -1℃ 时受冻减产。生长期气温超过 38～40℃ 时，果实易发生日灼，核仁发育不良，形成空壳。核桃光合作用最适温度为 27～29℃，一年中的 5～6 月光合强度最高。

3. 光照

核桃属于喜光树种。在一年的生长期内，日照时数和强度对核桃的生长、花芽分化及开花结实影响很大，特别是进入盛果期的核桃树，更需要有充足的光照条件。全年日照时数在 2 000 小时以上，才能保证核桃正常发育。当光照时数低于 1 000 小时时，核桃仁、壳均出现发育不良。阴雨、低温易造成大量落花落果。核桃园边缘树结果好，树冠外围枝结果好。因此，在栽培核桃时应注意地势的选择，调整好株、行距并进行合理的整行修剪，以满足其对光照的要求。

4. 土壤

核桃属于深根系树种，其根系的生长需要有较深厚的土层（1 米），才能保持良好的生长发育。如果土层较薄，则影响根系的正常生长，易形成"小老树"，不能正常结果，早实型核桃会出现早衰或整株死亡。核桃适于在土质疏松、排水良好的沙壤土或壤土上生长，在地下水位过高和质地黏重的土壤上生长不良。核桃在含钙丰富的土壤上生长良好，核仁香味浓，品质好。核桃树对土壤酸碱度的适应范围为 pH 值 6.2～8.3，最适宜的 pH 值为 6.5～7.5，土壤含盐量应在 0.25% 以下，稍超过即影响生长结果，过高会导致植株死亡，氯酸盐比硫酸盐危害大。因此，应按栽种地区的土壤特点，选择适宜的品种。土层薄、土质差的地区，应在深翻熟化、提高土壤肥力的基础上，发展晚实型核桃品种，并注意实行覆膜覆草，加强管理，以提高效益。

此外，核桃树是喜肥植物，据有关资料，每收获 100 千克核桃，其根系需要从土壤中吸收 2.7 千克纯氮，氮肥能提高核桃的出仁率，氮、磷、钾肥不但能增加核桃的产量，而且能改善核桃仁的品质。但是在具体的生产过程中要注意，施氮肥要适量，过量的氮肥会使核桃树的生长期延长、延迟果实成熟和新梢停止生长的时间，对核桃树尤其是新梢安全越冬不利。

5. 水分

核桃树对土壤水分的要求比较严格，往往不同的种群和品种，对土壤中含水量的适应能力有很大的差别。在年降水量500~700毫米的地区，如有较好的水土保持工程，不灌溉也可基本上满足要求。新疆的早实型核桃，原产地的年降水量少于100毫米，引种到湿润和半湿润地区，则易患病害。核桃树可耐干燥的空气，但对土壤水分状况却比较敏感。土壤过干或过湿均不利于核桃树的成长和结实，土壤干旱，则阻碍根系对水分的吸收及地上部蒸腾，干扰正常的新陈代谢，导致落花落果，甚至叶片变黄而凋零脱落。土壤水分过多或积水时间过长，会造成土壤通气不良，使根系呼吸受阻而窒息腐烂，从而影响地上部的生长发育或植株死亡。若秋季雨水过于频繁，常常会引起核桃青皮早裂、坚果变黑。因此，建园要求山地核桃园要布设水土保持工程，以涵养水源；平地和洼地要布设排水设施，以保证涝时能排水。总的要求是核桃园的地下水位应在地表2米以下。若达不到此要求，可考虑起垄栽植满足此要求，否则不能建园。

6. 坡向或坡度

（1）坡向　核桃树适宜生长在背风向阳处。实践证明，同龄核桃植株，其他地理条件完全一致，只是坡向不同，其生长结果有明显的差异。表现为阳坡 > 半阳坡 > 阴坡。

（2）坡度　坡度的大小直接影响土壤冲刷的程度和成产的难易。坡度越大，土壤水肥的冲蚀量也越大，生产操作难度也越大；反之，则小。坡度较大时，应做相应的工程。核桃树适于在10°以下的缓坡、土层深厚而湿润、背风向阳的条件下生长。种植在阴坡，尤其坡度过大和迎风坡面上，往往生长不良，产量很低。坡度大时，应整修梯田进行水土保持，以免土壤被冲刷。山坡的中下部土层较厚而湿润，比山坡中上部生长结果好。

7. 风

适宜的风量、风速有利于授粉和增加产量。核桃一年生枝髓心较大，在冬春季多风地区，生长在迎风坡面的树易抽条、干梢，影响树体生长发育，不利于丰产树形的培养，栽培中应注意营造防风林。

二、核桃优良品种

核桃在黄河流域及以北地区种植，在长期栽培过程中，培育了许多品种，分早实和晚实两大类。早实型核桃原产地主要在新疆，各品种基本上都有新疆核桃的基因，其主要特点是栽植1~2年即可见果，但抗病较弱。晚实核桃栽植5~6年后才开始挂果，但抗病性较强。

（一）早实品种

1. 中核 1 号

由中国农业科学院郑州果树研究所选育而成。2004 年定为优系。

树势中庸，树姿直立，树冠半圆形，分枝力中等。雌先型，极早熟品种，7 月中下旬成熟。果枝率为 83.7%，侧生果枝率为 82.7%，每个果枝平均坐果 1.4 个。坚果椭圆形，单果平均重 11.6 克；壳面较光滑，缝合线平，成熟期坚果果顶易开口，壳厚 1.0 毫米左右。内褶壁退化，横隔膜膜质，极易取整仁。核仁充实饱满，仁乳黄色，味香甜而不涩。出仁率为 58%。抗旱，耐瘠薄，结果早。

该品种适应性较强，盛果期产量较高，大小年不明显。坚果光滑美观，品质上等，尤宜带壳销售或作生食用。较抗寒，耐旱，但抗病性较差。适宜在山丘土层较厚和干旱少雨地区集约化栽培。

2. 中核 2 号

由中国农业科学院郑州果树研究所选育而成。2004 年定为优系。

树势中庸，树姿开张，树冠半圆形，分枝力强。雌先型，早熟品种，在郑州地区于 8 月上旬成熟。侧生混合芽率为 84.3%，坐果率为 85%，以中短枝结果为主，早期丰产性强。坚果椭圆形，果顶平而微凹，果基扁圆。坚果平均单重 16.7 克，壳面刻沟浅而稀，较光滑，缝合线平，结合紧密，壳厚 1.0 毫米。内褶壁膜质，横隔膜不发达，极易取整仁，出仁率为 55.5%。核仁饱满，有香味，品质上等。

该品种适应性广，抗逆性强，早实，丰产稳产，核仁饱满、味香浓，品质优良。

3. 中核短枝

由中国农业科学院郑州果树研究所选育而成。2004 年定为优系。

树势中庸，树姿较开张，树冠长椭圆至圆头形。分枝力强，枝条节间短而粗。丰产性好。雌先型，于 9 月中旬成熟。结果枝属短枝型，侧生混合芽率为 92%，每个果枝平均坐果 2.64 个。坚果圆形，果基平，果顶平，纵径、横径、侧径平均为 3.32 厘米，平均单重 15.3 克。壳面光滑，缝合线较窄而平，结合紧密，壳厚 1.0 毫米。内褶壁膜质，横隔膜膜质，易取整仁。出仁率为 63.8%，核仁充实饱满，仁乳黄色，风味佳。

该品种适应性强，特丰产，品质优良，结果早，产量高，一级嫁接苗栽后当年见果，密植园 5 年每亩产量达 500 千克。适宜密植栽培。

4. 辽核 1 号

由辽宁省经济林研究所经人工杂交培育而成。1980 年定名。已在辽宁、河南、河北、陕西、山西、北京、山东和湖北等地大面积栽培。

树势较旺，树姿直立或半开张，树冠圆头形，分枝力强，枝条粗壮密集。丰产性强，有抗病、抗风和抗寒能力。雄先型，中晚熟品种。结果枝属短枝型，侧生混合芽率为90%，坐果率约60%。丰产性强，五年生树平均株产坚果1.5千克，最高达5.1千克。坚果圆形，果基平或圆，果顶略呈肩形，纵径、横径、侧径平均为3.3厘米，平均单重9.4克。壳面较光滑，缝合线微隆起或平，不易开裂，壳厚0.9毫米左右，内褶壁退化。可取整仁，出仁率为59.6%；核仁充实饱满，黄白色。

该品种长势旺，枝条粗壮，果枝率高，丰产性强；适应性强，比较耐寒、耐干旱，抗病性强。坚果品质优良。适宜在土壤条件较好的地方栽培和密植栽培。

5. 辽核3号

由辽宁省经济林研究所经人工杂交选育而成。1989年定名。已在辽宁、河南、河北、山西和陕西等地大量栽培。

树势中庸，树姿开张，树冠半圆形。分枝力强，尤其是抽生二次枝的能力强，枝条多密集。抗病、抗风性较强。雄先型，中晚熟品种。结果枝属短枝型，侧生混合芽率为100%，一般坐果率为60%，最高可达80%。丰产性强，五年生树株产坚果2.6千克，最高达4.0千克。坚果椭圆形，果基圆，果顶圆而突尖。纵径、横径、侧径平均为3.15厘米，坚果重9.8克。壳面较光滑，缝合线微隆，不易开裂，壳厚1.1毫米。内褶壁膜质或退化，可取整仁或1/2仁。核仁饱满，浅黄色，风味佳。出仁率为58.2%。

该品种树势中等，树姿较开张，分枝力强，果枝率及坐果率高，抗病性很强，坚果品质优良。适宜在我国北方核桃栽培区发展栽培。

6. 辽核4号

由辽宁省经济林研究所经人工杂交选育而成。1990年定名。目前已在辽宁、河南、山西、陕西、河北和山东等地大量栽培。

树势中庸，树姿直立或半开张，树冠圆头形，分枝力强。雄先型，晚熟品种。侧生混合芽率为90%，每果枝平均坐果1.5个。丰产性强，八年生树平均株产坚果6.9千克，最高达9.0千克。大小年不明显。坚果圆形，果基圆，果顶圆而微尖。纵径、横径、侧径平均为3.37厘米，坚果重11.4克。壳面光滑美观，缝合线平或微隆起，结合紧密，壳厚0.9毫米。内褶壁膜质或退化，可取整仁。核仁充实饱满，黄白色，出仁率为59.7%。风味好，品质极佳。

该品种果枝率和坐果率高，连续丰产性强，坚果品质优良。适应性、抗病性极强，抗寒、耐旱。适宜在北方核桃栽培区发展栽培。

7. 辽核5号

由辽宁省经济林研究所经人工杂产培育而成。亲本为新疆薄壳3号的实生株系20905（早实）×新疆露仁1号的实生株系20104（早实）。原代号为7244、60801。

1990 年定名。已在辽宁、河南、河北、山西、陕西、北京、山东、江苏、湖北和江西等地栽培。

树势中等，树姿开张，分枝力强，枝条密集，果枝极短，平均为 4 ~ 6 厘米，属短枝类型。树体矮化，五年生树高 2.04 米，干径粗 6.4 厘米，冠幅直径 2.5 米。侧芽形成混合芽率为 95% 以上。少二次枝，一年生枝呈绿褐色，节间极短，为 0.5 ~ 1.0 厘米。芽为圆形或阔三角形，雄花芽少。每雌花序着生 2 ~ 4 朵雌花，坐果率在 55% 以上，双果率为 54.5%，三果率为 27.3%，一果率和四果率只占 18.2%。果柄极短，为 0.5 ~ 1 厘米，青果皮厚 3.0 毫米左右。在辽宁大连地区，4 月下旬或 5 月上旬为雌花盛期，5 月中旬雄花散粉，属于雌先型。5 月下旬或 6 月上旬抽生二次枝，9 月中旬坚果成熟，11 月上旬落叶。抗病性强，果实抗风力强。坚果长扁圆形，果基圆，果顶肩状，微突尖。纵径为 3.8 厘米，横径为 3.2 厘米，侧径为 3.5 厘米，坚果重 10.3 克。壳面光滑，色浅；缝合线宽而平，结合紧密，壳厚 1.1 毫米。内褶壁膜质，横隔膜窄或退化，可取整仁或 1/2 仁。核仁较充实饱满，核仁平均单重 5.6 克，出仁率为 54.4%。核仁浅黄褐色，纹理不明显，风味佳。

该品种树势中等，树姿开张，分枝力强，果枝率高，丰产性特强；抗病，特抗风，坚果品质优良；连续丰产性强。适宜在我国北方核桃栽培区和有大风灾害的地区发展栽培。

8. 辽核 7 号

由辽宁省经济林研究所经人工杂交选育而成。

树势强壮，树姿开张或半开张。分枝力强，果枝率为 91.0%，中短果枝较多，1 年可抽生两次枝。雄先型。坐果率为 60%，双果较多。壳面光滑，壳厚 0.9 毫米，缝合线窄平，结合紧密。单果平均重 10.7 克。横隔膜退化，可取整仁，出仁率为 62.6%；仁色黄白，风味佳。

该品种早期产量高，无大小年现象。嫁接易成活，耐寒，抗病。适宜在我国北方核桃产区发展栽培。

9. 新纸皮

由辽宁省经济林研究所从实生核桃中选育而成。1980 年定名。已在辽宁、河南、河北、陕西、山西、北京、山东、湖北和四川等地栽培。

树势中庸，树姿直立或半开张，树冠圆头形。分枝力强。雄先型，晚熟品种。结果枝属短枝型，果枝率约 90%。坚果椭圆形，果基圆，果顶微突尖，纵径、横径、侧径平均为 3.63 厘米。坚果重 11.6 克。壳面光滑美观，缝合线平或仅顶部微隆起，结合紧密，壳厚 0.8 毫米左右，内褶壁膜质或退化，极易取整仁，出仁率为 64.4%。核仁充实饱满，乳黄色，风味佳。

该品种二次枝抽生结果枝的能力强。在较好的栽培条件下，表现丰产性强。坚果品质优良。适宜在我国北方核桃栽培区发展栽培。

10. 中林 1 号

由中国林业科学研究院林业研究所经人工杂交选育而成。1989 年定名。现已在河南、山西、陕西、四川和湖北等地栽培。

中林 1 号核桃树势较强，树姿较直立，树冠椭圆形。分枝力强，丰产性强。雌先型，中熟品种。侧生混合芽率为 90%，每个果枝平均坐果 1.39 个。丰产，高接在 15 年生砧木上，第三年最高株产坚果 10 千克。坚果圆形，果基圆，果顶扁圆。纵径、横径和侧径平为 3.38 厘米，坚果重 14 克。壳面较粗糙，缝合线两侧有较深麻点；缝合线中宽突起，顶有小尖，结合紧密，壳厚 1.0 毫米。内褶壁略延伸，膜质；横隔膜膜质。可取整仁或 1/2 仁，出仁率为 54%。核仁充实饱满，乳黄色，风味好。

该品种生长势较强，生长迅速，丰产潜力大。坚果品质中等，适生能力较强。核壳有一定的强度，耐清洗、漂白及运输，尤宜作加工品种。也是理想的材果兼用品种。

11. 中林 3 号

由中国林业科学研究院林业研究所经人工杂交培育而成。1989 年定名。现已在河南、山西和陕西等地栽培。

树势较旺，树姿半开张，分枝力较强。雌先型，中熟品种。侧花芽率在 50% 以上，幼树 2~3 年开始结果。丰产性极强，六年生树株产坚果 7 千克以上。坚果椭圆形，纵径、横径和侧径平均为 3.66 厘米，坚果重 11.0 克。壳面较光滑，在靠近缝合线处有麻点。缝合线窄而突起，结合紧密，壳厚 1.2 毫米。内褶壁退化，横隔膜膜质，易取整仁。出仁率为 60%。核仁充实饱满，乳黄色，品质上等。

该品种适应性强，品质佳。由于树势较旺，生长快，因而也可作农田防护林的材果兼用树种。

12. 中林 5 号

由中国林业科学研究院林业研究所经人工杂交培育而成。1989 年定名。现已在河南、山西、陕西、四川和湖南等地栽培。

树势中庸，树姿较开张，树冠长椭圆至圆头形，分枝力强，枝条节间短而粗，丰产性好。雌先型，早熟品种。结果枝属短枝型，侧生混合芽率为 90%，每个果枝平均坐果 1.64 个。坚果圆形，果基平，果顶平。纵径、横径和侧径平均为 3.22 厘米，坚果重 13.3 克。壳面光滑，缝合线较窄而平，结合紧密，壳厚 1.0 毫米。内褶壁膜质，横隔膜膜质，易取整仁。出仁率为 58%。核仁充实饱满，仁乳黄色，风味佳。

该品种适应性强，特别丰产，品质优良。核壳较薄，不耐挤压，贮藏运输时应注意包装。适宜密植栽培。

13. 中林 6 号

由中国林业科学研究院林业研究所经人工杂交培育而成。1989 年定名。现已在河南、山西和陕西等地栽培。

树势较旺，树姿较开张，分枝力强。侧生混合芽率为 95%，每个果枝平均坐果 1.2 个。较丰产，六年生树株产坚果 4 千克。坚果略为长圆形，纵径、横径和侧径平均为 3.7 厘米。坚果重 13.8 克。壳面光滑，缝合线中等宽度，平滑且结合紧密，壳厚 1.0 毫米。内褶壁退化，横隔膜膜质，易取整仁。出仁率为 54.3%。核仁充实饱满，仁乳黄色，风味佳。

该品种生长势较旺，分枝力强，单果多，产量中上等。坚果品质极佳，宜带壳销售。抗病性较强。适宜在华北、中南及西南部分地区栽培。

14. 香玲

由山东省果树研究所经人工杂交选育而成。1989 年定名。主要在山东、河南、山西、陕西和河北等地栽培。

树势中庸，树姿直立，树冠半圆形，分枝力较强。嫁接后 2 年开始形成混合花芽，3~4 年后出现雄花。雄先型，中熟品种。果枝率为 85.7%，侧生果枝率为 81.7%，每个果枝平均坐果 1.4 个。坚果卵圆形，基部平，果顶微尖。中等大，纵径、横径和侧径平均为 3.3 厘米，坚果重 12.2 克。壳面较光滑，缝合线平，不易开裂，壳厚 0.9 毫米左右。内褶壁退化，横隔膜膜质，易取整仁。核仁充实饱满，出仁率为 65.4%。核仁乳黄色，味香而不涩。

该品种适应性较强，盛果期产量较高，大小年不明显。坚果光滑美观，品质上等，尤宜带壳销售或作生食用。较抗寒，耐旱，抗病性较差。适宜在山丘土层较厚处和平原林粮间作田栽培。

15. 鲁光

由山东省果树研究所经人工杂交选育而成。1989 年定名。主要在山东、河南、山西、陕西和河北等地栽培。

树势中庸，树姿开张，树冠半圆形，分枝力较强。嫁接后 2 年开始形成混合芽，3~4 年混合芽出现较多。结果枝属长果枝型，果枝率为 81.8%，侧生混合芽率为 80.8%，每个果枝平均坐果 1.3 个。雄先型，中熟品种。坚果长圆形，果基圆，果顶微尖，纵径、横径和侧径平均为 3.76 厘米，坚果重 16.7 克。壳面光滑，缝合线平，不易开裂，壳厚 0.9 毫米左右。内褶壁退化，横隔膜膜质，易取整仁。核仁充实饱满，出仁率为 59.1%。仁乳黄色，味香而不涩。

该品种适应性一般，早期生长势较强，产量中等，盛果期产量较高。坚果光滑美观，核仁饱满，品质上等。适宜在土层深厚的山地、丘陵地栽植，亦适宜林粮间作。

16. 鲁香

由山东省果树研究所通过杂交选育而成。1989 年定为优系。

树势中庸，树姿开张，树冠半圆形。分枝力强。雄先型，早熟品种。侧生混合芽率为 86.3%，坐果率为 82%，以中短枝结果为主。早期丰产性强，嫁接在三年生本砧上，第二年株产坚果 0.75 千克，第四年平均株产坚果 3.5 千克。坚果倒卵形，果顶平而微凹，果基扁圆。纵径、横径和侧径平均为 3.57 厘米，坚果重 12.7 克。壳面刻沟浅、稀，较光滑，缝合线平，结合紧密，壳厚 1.1 毫米。内褶壁膜质，横隔膜不发达。可取整仁，出仁率为 66.5%。核仁饱满，有香味，品质上等。

该品种适应性广，抗逆性强，早实丰产，核仁饱满，味香浓，品质优良。

17. 岱香

由山东省果树研究所于 1992 年，用早实核桃品种辽核 1 号作母本，香玲为父本，进行人工杂交而获得。2003 年通过山东省林木品种审定委员会审定并命名。

坚果圆形，浅黄色，果基圆，果顶微尖。壳面较光滑，缝合线紧密，稍凸，不易开裂。内褶壁膜质，纵隔膜不发达。坚果纵径为 4.0 厘米，横径为 3.6 厘米，侧径为 3.2 厘米，壳厚 1.0 厘米，单果重 13.9 克。出仁率为 58.9%，易取整仁。内种皮颜色浅，核仁饱满，黄色，香味浓，无涩味；脂肪含量为 66.2%，蛋白质含量为 20.7%，坚果综合品质优良。

树姿开张，树冠圆头形。树势强健，树冠密集紧凑。分枝力强，侧花芽率为 95%，多双果和 3 果。雄先型。在山东省泰安地区，于 3 月下旬发芽，9 月上旬果实成熟。

该品种适应性广，早实，丰产，优质。在土层深厚的平原地，树体生长快，产量高，坚果大，核仁饱满，香味浓。

18. 岱辉

由山东省果树研究所从早实核桃品种香玲实生后代中选出的优良矮化核桃新品种。2003 年通过山东省林木品种审定委员会审定并命名。

树势强健，树冠密集紧凑。分枝力强，坐果率为 77%，侧花芽比率为 96.2%，多双果和 3 果。坚果圆形，纵径为 4.1 厘米，横径为 3.5 厘米，侧径为 3.8 厘米，壳厚 0.9 毫米。单果重 13.5 克，略大于香玲。仁浅黄色。果基圆，果顶微尖。壳面光滑，缝合线紧，稍凸，不易开裂。内褶壁膜质，纵隔不发达，易取整仁。核仁饱满，浅黄色，香味浓，不涩。出仁率为 59.3%。核仁脂肪含量为 65.3%，蛋白质含量为 19.8%。在山东省泰安地区，于 3 月下旬萌芽，4 月中旬雄花开放，4 月下旬为雌花期。9 月上旬果实成熟，果实发育期为 120 天左右。11 月上旬落叶，植株营养生长期为 210 天。

该品种产量高，坚果大，核仁饱满，适宜在土层深厚的平原地区栽培。

19. 岱丰

由山东省果树研究所从丰辉核桃实生后代中选出。2000 年 4 月通过山东省农作物品种审定委员会审定。

坚果长椭圆形，果顶尖，果基圆。果实中大型，纵径为 4.85 厘米，横径为 3.52 厘米，侧径为 3.8 厘米，平均坚果重 14.5 克。壳面较光滑，缝合线较平，结合紧密，壳厚 1 毫米，可取整仁。核仁充实、饱满、色浅、味香，无涩味。出仁率为 58.5%。核仁脂肪含量为 66.5%，蛋白质含量为 18.5%。坚果品质上等。

树势较强，树姿直立，树冠呈圆头形。枝条粗壮，较密集。混合芽肥大，饱满，无芽座。雌花多双生，腋花芽结实能力强。侧生混合芽比例为 87%，雄先型。嫁接后第二年开始结果，大小年不明显。适宜树形为主干疏层形。在修剪上，应注意及时回缩当年生结果枝，短截壮旺枝，疏除重叠、过密枝。在泰安地区，于 3 月下旬发芽，4 月上旬展叶，4 月中旬雄花开放，4 月 20 日左右雌花盛开。坚果于 8 月下旬成熟。

该品种适宜在华北及西部地区的山区和丘陵区栽培。

20. 绿波

由河南省林业科学研究所从新疆核桃实生树中选育而成。1989 年定名。主要在河南、山西、河北、陕西、辽宁、甘肃和湖南等地栽培。

树势较强，树姿开张，分枝力中等，有二次枝。树冠圆头形，连续丰产性强，适宜在土壤较好的地方栽植。雌先型，早熟品种。侧生混合芽率为 80%，每个果枝平均坐果 1.6 个，多为双果，坐果率为 68%。嫁接后 2 年形成雌花，3 年出现雄花，属短枝型。丰产，高接在八年生砧木上的四年生树，株产坚果 6.5 千克，最高达 15 千克。坚果卵圆形，果基圆，果顶尖。纵径、横径和侧径平均为 3.42 厘米，坚果重 11 克左右。壳面较光滑，有小麻点，缝合线窄而凸，结合紧密，壳厚 1.0 毫米。内褶壁退化，横隔膜膜质，可取整仁，出仁率为 59% 左右。核仁较充实饱满，黄色，味香而不涩。

该品种长势旺，适应性强，抗果实病害，丰产，优质，宜加工核桃仁。适于华北黄土丘陵区栽培。

21. 薄丰

由河南省林业科学研究所从河南嵩县山城新疆核桃实生园中选出。1989 年定名。主要在河南、山西、陕西和甘肃等地栽培。

树势强旺，树姿开张，分枝力较强。雄先型，中熟品种。侧生混合芽率在 90% 以上。嫁接后第二年即开始形成雌花，第三年出现雄花。坐果率在 64% 左右，多为双果。嫁接苗 2 年开始结果，四年生树株产坚果 4 千克，五年生树株产坚果 7 千克，六年生树株产坚果 15 千克。坚果重 13 克左右。壳面光滑，缝合线窄而平，结合较紧密，外形美观，壳厚 1.0 毫米。内褶壁退化，横隔膜膜质，可取整仁，出仁率为58%左右。味浓香。

该品种适应性强，耐旱，坚果外形美观，商品性能好，品质优良。适宜在华北、西北丘陵山区栽培。

22. **陕核1号**

由陕西省果树研究所从扶风县隔年核桃实生群体中选出。1989年定名。已在陕西、河南、辽宁和北京等地栽培。

树势较强，树姿半开张，树冠半圆头形，为短枝型品种。分枝力强，丰产性和抗病性均好。雄先型，中熟品种。侧生混合芽率为47%，每个果枝坐果1.36个。坚果近圆形，纵径、横径和侧径平均为3.48厘米，坚果重11.8克。壳面光滑，壳厚1.09毫米。可取整仁或1/2仁，核仁乳黄色，出仁率为60%。风味好。

该品种以短果枝结果，丰产，但坚果较小。适宜加工销售，可在西北、华北核桃栽培区栽培。

23. **陕核5号**

由杨卫昌等人从新疆早实核桃实生树中选出。在陕西陇县、眉县和商洛等地成片栽植。现已在河南、山西、北京、辽宁和山东等地栽植。

树势旺盛，树姿半开张。十四年生母树高8.3米。枝条长而较细，分布较稀。分枝力为1:4.6，侧生混合芽比例为100%。平均每个果枝坐果1.3个。雌先型。在陕西4月上旬发芽；4月下旬雌花盛开；雄花散粉始于5月上旬。9月上旬坚果成熟，9月下旬开始落叶。坚果中等偏大，长圆形。坚果重10.7克。壳薄，有时露仁，取仁极易，可取整仁，仁重5.9克，出仁率为55%。仁色浅，风味甜香，粗脂肪含量为69.07%。品质优良，较丰产，树冠垂直投影，核仁产量为143克/米^2。

该品种树体生长快，坚果品质优良，但早期丰产性较差，核仁常不充实。适宜在肥水条件较好的条件下栽植，或与农作物间种。

24. **西扶1号**

由原西北林学院从陕西扶风县隔年核桃实生后代中选育而成。1989年定名。在陕西、河南、河北、山西、甘肃和北京等地栽培。

树势中庸，树姿较开张，树冠圆头形。分枝力中等，丰产性及抗病性均强。雄先型，晚熟品种。侧生混合芽率为90%，长、中、短果枝比例为25:55:20。每个果枝平均坐果1.29个。坚果长圆形，果基圆形。纵径、横径和侧径平均为3.17厘米，坚果重12.5克。壳面光滑，缝合线窄而平，结合紧密，壳厚1.2毫米。内褶壁退化，横隔膜膜质，易取整仁，出仁率为53.0%。核仁充实饱满，味甜香。

该品种适应性强，早期丰产性好，有较强的抗性，适宜于在华北、西北及秦巴山区等地栽培。

25. **西林2号**

由原西北林学院从早实、薄壳、大果核桃实生后代中选育而成。1989年定名。

该品种主要栽培于陕西、河南和宁夏等地。

树势强健，树姿开张，树冠呈自然开心形。分枝力强，节间短。雌先型，早熟品种。侧生混合芽率为88%，每个果枝平均坐果1.2个，长、中、短果枝比为35∶35∶30。坚果圆形，纵径、横径和侧径平均为3.94厘米，坚果重14.2克。壳面光滑，略有小麻点。缝合线窄而平，结合紧密，壳厚1.21毫米。内褶壁退化，横隔膜膜质，易取整仁。核仁充实饱满，出仁率为61%。核仁呈乳黄色，味脆而甜香。

该品种生长势强，早实丰产，适应性较强。坚果个大均匀，品质优良，宜生食。适宜于华北、西北及平原地区栽培。

26. 晋香

由山西省林业科学研究所从祁县新疆核桃实生树中选育出。1991年定名。主要在山西、河南、陕西和辽宁等地栽培。

树势强健，树姿较开张，树冠矮小，半圆形，分枝力强。十四年生母树年产坚果12千克左右。嫁接苗2年结果，六年生树株产核桃4千克。坚果圆形，纵径、横径和侧径平均为3.57厘米，坚果重11.5克。壳面光滑美观，缝合线平，结合较紧密，壳厚0.82毫米。内褶壁退化，横隔膜膜质，可取整仁，出仁率为63%左右。仁饱满，乳黄色，味香甜。

该品种丰产性强，坚果美观，出仁率高，生食、加工皆宜。抗寒、耐旱、抗病性强，适宜矮化密植栽培。要求肥水条件较高，适宜在我国北方平原或丘陵区土肥水条件较好的地块栽培。

27. 晋丰

由山西省林业科学研究所从祁县新疆核桃实生树中选育出。1991年定名。主要在山西、河南、陕西和辽宁等地栽培。

树势中庸，树姿较开张，树冠半圆形，干性较弱而短果枝较多，分枝力为2.02，果枝率为84.38%，每个果枝平均坐果1.56个。雄先型。坚果圆形，中等大，单果平均重11.3克。壳面光滑美观，壳厚0.81毫米，微露仁，缝合线较紧。可取整仁，出仁率为67%。仁色浅，风味香，品质上等。

该品种丰产、稳产，需要注意疏花疏果。耐寒、耐旱、较抗病。

28. 薄壳香

由北京市农林科学院林果研究所从新疆核桃初生园中选出。1984年定名。主要栽培于北京、山西、陕西、辽宁和河北等地。

坚果长圆形，果顶凹。纵径、横径和侧径平均为3.58厘米，坚果重12.0克。壳面较光滑，有小麻点，色较深。缝合线较窄而平，结合紧密，壳厚1.2毫米。内褶壁退化，横隔膜膜质，易取整仁，出仁率为59%。核仁充实饱满，仁色浅，风味香，品质上等。

树势较旺，树姿较开张，分枝力中等。雌、雄花同熟，晚熟品种。侧花芽率为70%，幼树2~3年开始结果。丰产性较强，十八年生砧木，高接第二年开始结果，第三年株产量为3.7千克。该品种较耐干旱和瘠薄土壤，在北京地区不受霜冻危害。树干溃疡病及果实炭疽病、黑斑病发生率很低。在太行山区易受核桃举肢蛾的危害。

该品种适应性强，早期产量较低，盛果期产量中等。坚果品质特优，尤宜带壳销售，作生食用。适宜在华北地区栽培。

29. 京861

由北京市农林科学院林果研究所从引自新疆核桃种子的实生苗中选育而成。1989年通过北京市林业局鉴定。主要栽培于北京、山西、陕西、河南、辽宁和河北等地。

坚果长圆形，中等个大，平均单果重11.24克，最大单果重13.0克。壳面光滑美观，壳厚0.99毫米，缝合线紧，偶尔有露仁果；可取整仁。出仁率为59.39%。仁色浅，风味香，品质上等。

植株生长势强，树姿较开张，树冠圆头形，叶中大偏小，深绿色。雌先型。在晋中地区，于4月上旬萌芽，4月下旬雌花开放，4月底至5月初雄花开放，9月上旬果实成熟，11月上旬落叶。果实发育期为125天，营养生长期为215天。

该品种适应性较强，较抗寒，耐旱，不抗病。丰产性强，结果过多，果个易变小。适宜在华北干旱山区矮化密植栽培，但应注意科学栽培管理。

（二）晚实品种

1. 礼品1号

由辽宁省经济林研究所从新疆纸皮核桃的实生后代中选出。1989年定名。已在辽宁、河南、北京、河北、山西、陕西和甘肃等地栽培。

树势中庸，树姿开张，分枝力中等。雄先型，中熟品种。实生树六年生或嫁接树三年生出现雌花，六至八年生以后出现雄花，丰产性中等。果枝率为50%左右，每个果枝平均坐果1.2个，坐果率在50%以上，属长果枝型。坚果长圆形，基部圆，顶部圆而微尖。坚果大小均匀，果形美观。纵径、横径和侧径平均为3.6厘米，坚果重9.7克左右。壳面刻沟极少而浅，缝合线平且紧密，壳厚0.6毫米左右。内褶壁退化，可取整仁。种仁饱满，种皮黄白色。出仁率为70.0%。品质极佳。

该品种坚果大小一致，壳面光滑，取仁极易，出仁率高，品质极佳，常作为馈赠亲友的礼品。抗病、耐寒，适宜北方栽培区发展栽培。

2. 礼品2号

由辽宁省经济林研究所从新疆纸皮核桃的实生后代中选出。1989年定名。已在辽宁、河北、北京、山西和河南等地扩大栽培。

树势中庸,树姿半开张,分枝力较强。雌先型,中熟品种。实生树六年生或嫁接树四年生开花结果,高接后 3 年结果,结果母枝顶部抽生 24 个结果枝,果枝率 60% 左右,属中短果枝型,每个果枝平均坐果 1.3 个,坐果率在 70% 以上,多双果。丰产,十五年生母树年产坚果 14.6 千克,十年生嫁接树株产坚果 5.4 千克。坚果较大,长圆形,果基圆,顶部圆微尖。纵径、横径和侧径平均为 4.0 厘米,坚果重 13.5 克。壳面较光滑,缝合线窄而平,结合较紧密,但轻捏即开,壳厚 0.7 毫米。内褶壁退化,极易取整仁。出仁率为 67.4%。仁饱满,品质好。

该品种丰产抗病,坚果大,壳极薄,出仁率高,属纸皮类。适宜在我国北方核桃栽培区发展。

3. 晋龙 1 号

由山西省林业科学研究所从实生核桃群体中选出。1990 年定名。主要栽培于山西、北京、山东、陕西和江西等地。

幼树树势较旺,结果后逐渐开张。树冠圆头形,分枝力中等。嫁接后 2~3 年开始结果,3~4 年后出现雄花。雄先型。果枝率为 45% 左右。果枝平均长 7 厘米,属中短果枝型。每果枝平均坐果 1.5 个,坐果率为 65% 左右,多双果。坚果近圆形,果基微圆,果顶平。纵径、横径和侧径平均为 3.82 厘米,坚果重 14.85 克。壳面较光滑,有小麻点。缝合线窄而平,结合较紧密,壳厚 1.09 毫米。内褶壁退化,横隔膜膜质,易取整仁。出仁率为 61%。仁饱满,黄白色,品质上等。

该品种果型大,品质优,适应性强,二年生嫁接苗开花株率达 23%,抗寒,耐旱,抗病性强。适宜在华北、西北丘陵山区发展。

4. 晋龙 2 号

由山西省林业科学研究所从实生核桃群体中选出。1990 年定名。主要在山西、山东和北京等地栽培。

树势强,树姿开张,树冠半圆形。雄先型,中熟品种。果枝率为 12.6%,每个果枝平均坐果 1.53 个。嫁接苗 3 年开始结果,八年生树株产坚果 5 千克左右。坚果近圆形,纵径、横径和侧径平均为 3.77 厘米,坚果重 15.92 克。缝合线窄而平,结合紧密,壳面光滑美观,壳厚 1.22 毫米。内褶壁退化,横隔膜膜质,可取整仁,出仁率为 56.7%。仁饱满,淡黄白,风味香甜,品质上等。

该品种果型大而美观,生食、加工皆宜,丰产、稳产,抗逆性强。适宜在华北和西北丘陵山区发展。

5. 晋薄 1 号

由山西省林业科学研究所从晚实实生核桃中选出。1991 年定名。主要栽培于山西、山东和河南等地。

树冠高大,树势强健,树姿开张,树冠半圆形,分枝力强。中熟品种。每个雌花序多着生两朵雌花，双果较多。坚果长圆形。纵径、横径和侧径平均为 3.38 厘米，坚果重 11.0 克。壳面光滑美观，缝合线窄而平，结合紧密，壳厚 0.86 毫米。内褶壁退化，横隔膜膜质，可取整仁，出仁率为 63% 左右。仁乳黄色，饱满，风味香甜，品质上等。

该品种坚果品质极优，果形美观，壳薄、仁厚。生食与加工皆宜。高接 3 年开始结果，较丰产，抗性强。适宜在华北、西北丘陵山区发展栽培。

6. 晋薄 2 号

由山西省林业科学研究所从晚实实生核桃中选出。1991 年定名。主要栽培于山西、山东和河南等地。

树势中庸，树冠中大，树冠圆球形，分枝力较强。雄先型，中熟品种。以短果枝结果为主，每个雌花序多着生 2～3 朵花，双果、3 果较多。坚果圆形，纵径、横径和侧径平均为 3.67 厘米，坚果重 12.1 克。壳厚 0.63 毫米，表皮光滑，少数露仁。内褶壁退化，可取整仁，出仁率为 71.1%。仁乳黄色，饱满，风味香甜，品质上等。

该品种坚果品质极优，出仁率高，生食与加工皆宜。高接后 3 年开始结果。抗寒，耐旱，抗病性强。适宜在华北、西北丘陵山区发展栽培。

7. 纸皮 1 号

由山西省林业科学研究所从实生群体中选出。

树势较强，树姿开张，主干明显。雄先型。坚果长圆形，果形端正，顶部微尖，基部圆，缝合线平，壳面光滑。单果重 11.1 克，壳厚 0.86 毫米，可取整仁，出仁率为 66.5%。仁黄白色，味浓香，品质好。

该品种丰产稳产，品质好，出仁率高，适应性强。适宜在华北、西北地区栽培。

8. 西洛 1 号

由原西北林学院从陕西洛南县核桃实生园中选出。1984 年定名。主要在陕西、甘肃、山西、河南、山东、四川和湖北等地栽培。

树势中庸，树姿直立，盛果期较开张，分枝力较强。雄先型。晚熟品种。侧生混合芽率为 12%，果枝率为 35%，长、中、短果枝的比例为 40∶29∶31。坐果率为 60% 左右，多为双果。坚果近圆形，果基圆形。纵径、横径和侧径平均为 3.57 厘米，坚果重 13 克。壳面较光滑。缝合线窄而平，结合紧密，壳厚 1.13 毫米。内褶壁退化，横隔膜膜质，易取整仁，出仁率为 57%。核仁充实饱满，风味香脆。

该品种果实大小均匀，品质极优。适宜在秦岭大巴山区、黄土高原以及华北平原地区栽培。

9. 西洛 2 号

由原西北林学院从陕西洛南县核桃实生园中选出。1987 年定名。该品种已在陕西、河南、四川、甘肃、山西和宁夏等地栽培。

树势中庸。树姿早期较直立，以后多开张，分枝力中等。雄先型，晚熟品种。侧生混合芽率为 30%，果枝率为 44%，长、中、短果枝的比例为 40∶30∶30。坐果率为 65%，其中 85% 为双果。坚果长圆形，果基圆形。纵径、横径和侧径平均为 3.6 厘米，坚果重 13.1 克。壳面较光滑，有稀疏小麻点。缝合线平，结合紧密，壳厚 1.26 毫米。内褶壁退化，横隔膜膜质，易取仁，出仁率为 5%。核仁充实饱满，乳黄色，味甜香，不涩。

该品种有较强的抗旱、抗病性，耐瘠薄土壤。坚果外形美观，核仁甜香。在不同立地条件下均表现丰产。适宜于秦岭大巴山区、西北、华北地区栽培。

10. 秦核 1 号

由陕西省果树研究所主持的全省核桃选优协作组选出。

树势旺盛，丰产性强。长果枝型。坚果壳面光滑美观，纵径、横径和侧径平均为 3.7 厘米，坚果重 14.3 克，果壳厚 1.1 毫米，仁饱满，出仁率为 53.3%。秦核 1 号品质好，丰产稳产。适应性强。

11. 豫 786

由河南省林业科学研究所 1978 年选择获得的优良单株。1988 年定为优系，并在河南省核桃主要产区扩大试种。

树势中庸，树姿较开张，分枝力中等。雌先型，早熟品种。坐果率为 80% 左右，以短果枝结果为主，果枝短而细。嫁接后 3 年结果，5 年株产坚果 2 千克。坚果方圆形，纵径、横径和侧径平均为 3.6 厘米，坚果重 12 克左右。壳面光滑，缝合线平，结合紧密，壳厚 1.1 毫米。内褶壁退化，横隔膜膜质，可取整仁，出仁率为 56%。核仁充实饱满，色浅黄，味香甜而不涩。

该优系坚果品质优良，丰产，抗果实病害。适宜在西北、华北丘陵山区发展栽培。

12. 北京 746 号

由北京市农林科学院林果研究所从晚实核桃实生后代中选出。1986 年定名。该品种主要栽培于北京、山西、河北和河南等地。

树势较强，树姿较开张，分枝力中等。雄先型，中熟品种。每个母枝平均发枝 2.1 个。侧生混合芽率为 20% 左右，侧枝果枝率为 10% 左右。坐果率在 60% 左右，双果率为 70% 左右。高接后 2 年即形成混合花芽，3 年后出现雄花。坚果圆形，果基圆，果顶微尖。纵径、横径和侧径平均为 3.3 厘米，坚果重 11.7 克。壳面光滑，外观较好。缝合线窄而平，结合紧密，壳厚 1.2 毫米。内褶壁退化，横隔膜革质，易取整仁，出仁率为 54.7%。仁饱满，乳白色，风味佳，浓香不涩。

该品种抗病，适应性强。产量高，连续结果能力强。坚果中等大小，品质优良，出仁率高，宜带壳销售。适宜在华北地区栽培。

（三）国外优良核桃品种

1. 清香

产地日本。由日本的清水直江从晚实核桃的实生群体中选出。1984 年定名。

树势中庸，树姿半开张。幼树期生长较旺，结果后树势稳定。雄先型，晚熟品种。一般仅顶芽能够结实，结果枝占 60% 以上。连续结果能力强，坐果率在 85% 以上，丰产。发枝率为 1:2.3，双果率高。丰产性强，嫁接后 3 年结果，5 年丰产，亩产坚果 278 千克。坚果椭圆形，外形美观，单果重 14.3 克。缝合线紧密，极耐漂洗，壳厚 1.0 毫米。内隔膜退化，可取整仁。出仁率为 53% 左右。仁饱满，色浅黄，风味香甜，无涩味。

该品种树势强健，抗旱耐瘠薄，对土壤要求不严。开花晚，抗晚霜。中熟品种。对炭疽病、黑斑病抵抗能力较强。果型大而美观，核仁品质好，丰产性强。适宜在华北、西北、东北南部及西南部分地区大面积发展。

2. 强特勒

产地美国。为美国主栽早实核桃品种，1984 年引入我国。

树势中庸，树姿较直立，小枝粗壮，节间中等。发芽晚，雄先型。侧生混合芽率 90% 以上。适宜在年平均气温 11℃ 以上、生长期 220 天以上的地区种植。嫁接树第二年开始结果，4~5 年后形成雄花序。坚果长圆形，纵径、横径和侧径平均为 4.4 厘米，单果重 11 克，壳面光滑，色较浅。缝合线窄而平，结合紧密，壳厚 1.5 毫米，易取整仁，出仁率为 50%。核仁充实，饱满，色乳黄，风味香。

该品种适应性强，产量中等，核仁品质极佳，较耐高温。发芽晚，抗晚霜。适宜在有灌溉条件的深厚土壤上种植。

3. 彼得罗

产地美国。1984 年引入我国。

坚果大，长椭圆形，单果重 12 克。壳面较光滑，缝合线略突起，结合紧密，壳厚约 1.6 毫米。易取仁，出仁率为 48%。

该品种坚果较大，发芽晚，抗晚霜危害。为晚熟品种。适宜在生长期 200 天以上的地区栽培。

4. 维纳

产地美国。为美国主栽品种，1984 年引入我国。

树体中等大小，树势强，树姿较直立。侧生混合芽率在 80% 以上，早实型品种。雄先型，中熟品种。坚果锥形，果基平，果顶渐尖，单果重 11 克。壳厚 1.4 毫米，光滑。缝合线略宽而平，结合紧密。易取仁，出仁率为 50%。

该品种适应华北核桃栽培区的气候，抗寒性强于其他美国栽培品种。早期丰产性强。

5. 特哈玛

产地美国。1984 年引入我国。

树势较旺，树姿直立。雄先型，晚熟品种。坚果椭圆形，单果重 11 克。壳面较光滑，缝合线略突起，结合紧密，壳厚 1.5 毫米。易取仁，出仁率为 50% 以上。

该品种适宜作农田防护林。发芽较晚，可免遭春季晚霜危害。适合在北京及其以南地区栽培。

6. 希尔

产地美国。是美国 20 世纪 70 年代的主栽品种。1984 年引入我国。

坚果大，略椭圆形，单果重 12 克。壳薄，约 1.2 毫米，壳面较光滑，缝合线结合较紧密。易取仁，出仁率为 59%。该品种坚果较大，品质优良，树势旺盛，但落花较严重，丰产性差。适宜作防护林林果材兼用树种。

三、核桃的生产技术

（一）高接换优技术

目前生产上大面积栽培的核桃树中，实生树、老劣品种多，表现为品种混杂，产量低，品质劣。采用高接换优技术，可提早结实、提高产量和品质。

（1）高接时期　核桃高接换优以枝接法为主，一般以砧木芽萌动至叶片初展时进行为宜。具体时间各地可根据当地核桃物候期特点，选择适宜的高接时期。一般在 3 月下旬至 4 月中下旬。接穗要提早采集。

（2）接穗采集　接穗应采自优良早实品种，如日本清香、温 185、香玲、薄壳香、薄丰等。选择生长健壮、径粗 1 厘米以上、髓心小、光滑、无病虫的发育枝的中段或基段进行采集。采穗时间以落叶后至翌年 2 月中旬为宜。每个接穗保留 3 个饱满芽，用 95~100℃ 石蜡封严，按品种每 50 根或 100 根捆好，用湿沙或湿锯末埋住，厚度 15~20 厘米，10℃ 以下贮存备用。

（3）嫁接方法　砧木应选择五至二十五年生健壮的实生树或低劣品种，于嫁接前 7 天将原树冠锯好接头，锯头应距基部 20~30 厘米。同时于树干基部距地面 20~30 厘米处螺旋式钻 3~4 个锯口，深达木质部 1 厘米左右，以利伤流液流出。嫁接时再将砧木锯去干层，后将砧木外表皮削去一长舌状，接穗削成长 5~6 厘米的舌形削面，并用手捏离舌状部分的皮层与木质部，然后将木质部舌状部分插入砧木断面一侧的皮层与木质部之间，使接穗舌状外皮层敷于砧木皮层的舌状削面上，最后用塑料绑条严密绑扎。

（4）接后管理　接后 25~30 天，接穗陆续发芽，生长迅速。待新梢长至 20~30 厘米时，应绑设支柱引缚，以防风折，并随时剪除枝干上的萌蘖；没有成活的接穗，应选留位置合适、发生在砧桩上的萌蘖 2~3 个，于 7~8 月进行芽接。嫁接后 60 天检查成活率，并去除绑缚物。于晚秋或早春结合采集接穗，对砧木上嫁接成活的接穗枝条进行适当修剪。同时加强接后肥水管理和病虫防治。

（二）建园栽植技术

在建立核桃园前，慎重选择园地，一般以气候条件和土壤为重点。应选择坡度较缓、交通方便、光照充足、空气流畅、土层较厚、土壤肥力较高并富含有机质的地段建立核桃园。

（1）栽植方式　根据立地条件、栽培品种和管理水平而定。应以提高单位面积产量和土地利用率、便于管理为原则。早实核桃，可采用 3 米×3 米或 4 米×4 米的计划密植形式，当树冠郁闭、光照不良时，可间伐为 6 米×6 米或 8 米×8 米的株行距；晚实品种，在土层深厚、肥力较高的地块，可采用 6 米×6 米或 8 米×9 米的株行距；实行粮果间作的核桃园，株行距为 6 米×12 米或 7 米×14 米。

（2）栽植时期

可春栽也可秋栽，北方严寒地区，冬春季易发生冻害或抽条，以春栽为宜。冬季较寒冷地区，秋栽后和幼树期要做好埋土防寒工作。

（3）栽植技术　栽好幼树和提高栽植成活率是核桃建园的重要环节，也是达到早实、丰产、壮树的基础性工作，必须保证栽植质量，才能使幼树生长健壮，顺利通过发育阶段，为早产和丰产奠定基础。

1）整地挖穴　要提前做好土壤深翻熟化和提高肥力等准备工作。定植穴规格为 80 厘米×80 厘米×80 厘米，定植穴挖好后，将表土和土杂肥等混匀填入穴底，心土和速效性化肥放于穴的中上部。

2）苗木选择　要求苗木品种纯正，根系完整、生长健壮、无检疫性病虫害、抗逆性强。最好为二至三年生嫁接苗，苗高 1 米以上，干径不小于 1 厘米，须根较多，以保证成活和健壮生长。

3）栽植方法　苗木定植以前，应将其伤根及烂根剔除，然后放在水中浸泡 12～24 小时或用泥浆蘸根，使根系吸足水分，以保证成活。然后在整好的穴中部打窝定植，窝的大小视栽植苗而定。定植时要做到苗正、根系舒展，分层填土踏实，培土到与地面相平、踏实并打出树盘，充分灌水，待水渗后用细土封好。苗木栽植深度略高于原深度，嫁接口须露在外面，栽后 5～7 天再灌水 1 次。

（三）园地管理及整形修剪技术

（1）间作　核桃开始结果较晚，核桃园间作，既能增产也可促进核桃生长，提高产量。间作物的种类与树龄有关：幼龄期以间作瓜、薯类为宜；成龄树可间作谷子、中草药和绿肥作物等；老龄树可间作小麦及其他喜光作物。不宜种高秆作物。间作时树下要留出直径 1 米以上的树盘，同时要注意轮作。

（2）肥水管理 核桃对肥水要求高。一年中于萌芽前、落花后、7月上旬果实硬核期和土壤封冻前进行4次施肥，以厩肥、绿肥为主，配合施用适量复合肥。成年树每株需厩肥或绿肥100～200千克、人粪尿50～100千克。也可结合间作物管理进行施肥，4～5月，将沤制的绿肥或直接将绿肥植物的鲜枝叶及杂草铡碎后翻入沟内，可提高土壤肥力、促进生长、提高产量。

1）施肥时期 可于核桃树萌芽前（花前肥）进行，一般在3～4月，以速效氮肥为主；追施稳果肥：花谢后至5～6月，以多元复合肥为主；壮果促梢肥一般在秋梢萌发前追施，可将复合肥、有机肥等配合施用。

2）施肥方法 环状沟、放射状沟、条沟施肥法；山地、丘陵采用地膜覆盖配合穴施肥水等。

3）灌水 灌水是核桃增产的一项有效措施。可于开花前、果实迅速增大期、施肥后及封冻前等时期适时适量灌水。

（3）整形修剪

1）修剪时期 休眠期间，核桃树有伤流现象，其修剪时期以秋季为宜，有利于伤口愈合。幼树可从9月下旬开始，成年树在采果后的10月至11月中旬叶片尚未变黄开始落叶之前进行，或春季萌芽展叶后进行。

2）幼树整形 核桃树干性强，顶端优势明显。密度大或早实、干性差的品种多采用自然开心形整形：全树3～5个主枝，每个主枝选留4～6个侧枝。密度小或晚实、干性强的品种多采用疏散分层形，其整形方法为：干高50～70厘米，定植当年不做任何修剪，只将主干扶直，并保护好顶芽。待春季萌芽后，顶芽向上直立生长，作为中心干培养，顶芽下部的侧芽将萌发5～6个侧枝，选分布均匀、生长旺盛的3～4个侧枝作为第一层主枝，其余新梢全部抹去。第二年按同样的方法培养第二层主枝，保留2～3个主枝，与第一层主枝的层间距为60～80厘米。第三年选第三层主枝，保留1～2个主枝，与第二层相距50～70厘米。1～4年生主枝不用修剪，可自然分生侧枝，扩大树冠。一般5～6年成形，成形时树高4～5米。

3）结果树修剪 核桃进入结果初期，树冠仍在继续扩大，结果部位不断增加，易出现生长与结果的矛盾，保证高产稳产是这一时期修剪的主要任务。修剪上应注意利用好辅养枝和徒长枝，培养良好的枝组，及时处理背后枝与下垂枝。

进入盛果期后，更应加强结果枝组的培养和复壮。培养枝组可采用"先放后缩"和"去背后枝，留斜生枝与背上枝"的修剪方法。徒长枝在结果初期一般不留，以免扰乱树形，在盛果期可转变为枝组利用，背上枝要及时控制，以免影响骨干枝和结果母枝。下垂枝多不充实，结果能力差，消耗养分，应及早处理。

衰老树修剪，主要任务是对老弱枝进行重回缩，同时要充分利用新发枝更新复壮树冠，并及早整形，防止树冠郁闭早衰。结合修剪，彻底清除病虫枝。

（四）花果管理技术

（1）人工辅助授粉　核桃人工辅助授粉可提高坐果率10%～30%。在雌花柱头开裂呈倒"八"字形，柱头分泌大量黏液时，于9～10时进行人工辅助授粉。

（2）疏除雄花序　核桃在雄花和雌花发育过程中需要消耗大量的树体贮藏养分，尤其是在雄花序快速生长和雌花大量开放时，疏除过多的雄花可减少树体内养分和水分的消耗，促进雌花发育和开花坐果，提高产量和品质，有利于新梢生长和增强树势。疏除雄花的时期以早为宜，以雄花芽休眠期到膨大期疏除效果最好，待雄花序明显伸长以后再行"疏雄"效果较差。疏除雄花应根据雄花芽数量多少和与雌花芽的比例决定。如不进行人工辅助授粉，雄花就不宜疏除过多。对于混合芽较多、雄花芽较少的植株，应少疏或不疏雄花。疏雄花的方法可结合修剪，用带钩木杆将枝条拉下用手掰除。

（五）采后处理技术

（1）脱皮处理　可用5 000毫克/千克的乙烯利处理核桃青果；充分浸蘸后，放置在气温30℃、相对湿度80%的地方，放置5天后，核桃脱皮率在95%以上。

（2）漂白晾晒　将脱去青皮的湿核桃用清水洗净泥土和黑垢，然后进行漂白。其方法是：先用少量温水化开漂白粉，然后每千克漂白粉对水80千克，制成漂白液。也可用次氯酸钠水剂（每千克对水30～40千克）。把洗净的核桃放进漂白液或次氯酸钠液中，不断搅拌10～15分，当坚果外壳由青红色变成白色时，立即捞出，用清水冲洗。每份漂白液或次氯酸钠液可漂洗80千克核桃。将漂洗好的核桃薄摊于苇箔或平房上晾晒，晾晒中要经常翻动，需要8～10天，当核仁皮由乳白色变成金黄色，且中间隔膜易断时为晒干。

（六）核桃周年管理技术

核桃不同时期的管理技术要点如表2－1所示。

表 2-1 核桃园周年管理技术一览表

物候期	管理技术要点
休眠期	（1）清理核桃园：清扫枯枝落叶、落果、病虫果等并集中烧毁；深翻结合施有机肥，每亩施用量 3 000～4 000 千克 （2）防寒：灌封冻水、树干涂白、幼树根颈培土或埋土防寒等措施 （3）冬季积雪保墒：山地丘陵地区冬季降雪后要及时将雪堆在树干周围，以利保墒 （4）病虫害防治：萌芽前树冠喷 3～5 波美度石硫合剂；主干涂白（可用生石灰 5 千克、食盐 1 千克、水 20 千克和少许黏着剂，配制方法是先将生石灰用水化开，加入食盐和黏着剂，搅拌均匀，于 10 月中下旬或早春 2～3 月涂于幼树主干和成年大树 1.2 米以下的主干上） （5）疏雄：萌芽前 15～20 天进行人工疏雄，疏去全树雄花芽总量的 2/3～3/4
萌芽期开花期	（1）追肥：于花前每株追腐熟人粪尿 40～50 千克或碳酸氢铵 2.5 千克，施后灌水。山地、丘陵地核桃园可采用"地膜覆盖加穴贮肥水"的方法 （2）整形修剪：核桃树萌芽展叶后进行修剪 （3）提高坐果率：去雄花、人工辅助授粉、适量疏花疏果，以提高坐果率和果实品质 （4）花期调控：花期喷 0.2%～0.3% 硼砂溶液或 20 毫克/升赤霉素可提高坐果率 （5）病虫害防治（以核桃举肢蛾为例）：4 月上中旬深翻树盘，喷洒 25% 辛硫磷微胶囊水悬浮剂 100～200 倍液，以杀死越冬虫茧；5 月下旬至 6 月上旬用 50% 辛硫磷乳油 2 000 倍液在树冠下均匀喷布，杀死羽化成虫；6 月中旬观察产卵情况，当卵果率为 2%～4% 时，及时用 2.5% 溴氰菊酯乳油 3 000 倍液进行叶面喷布防治，结合病虫害防治进行多次中耕除草
果实发育期	（1）施肥灌水：于硬核期采用环状沟施磷、钾肥，结果树可每株施草木灰 2～3 千克或过磷酸钙 0.5～1 千克、硫酸钾 0.3～0.5 千克或果树专用肥 1～1.5 千克，施肥后要及时灌水，以满足树体生长需要和肥效的发挥，同时要根据生长情况及时进行根外追肥 （2）夏季修剪：于 5 月上旬，疏除树冠内膛徒长枝和外围下垂枝等，以改善通风透光和节约养分，促进花芽形成和果实生长 （3）病虫害防治：以核桃举肢蛾、黑斑病、炭疽病等为防治重点，最好进行综合防治。可于 5 月下旬至 6 月上旬，黑光灯诱杀或人工捕捉木橑尺蠖、云斑天牛成虫。5 月上旬用 50% 辛硫磷乳油 1 500～2 000 倍液在树冠下均匀喷洒，杀死核桃举肢蛾羽化成虫；7～8 月是核桃害虫的高发期，发现病虫要及时摘除并集中深埋或烧毁。同时要在主干上绑草把、树下堆石块瓦片等，诱杀成虫以便集中捕杀

物候期	管理技术要点
果实采收期	（1）适时采收：采收为9月中下旬（白露以后），采收时用长木杆打落。捡出脱皮的光核桃，带皮核桃经3～4天堆沤处理后青皮即可剥落 （2）晾晒包装：采收后的核桃可用清水洗净晒干，拣去欠熟、虫蛀、霉坏、破裂果等，用麻袋包装 （3）整形修剪：修剪时期，在采收后至叶片刚变黄时，以免造成伤流。修剪时，要使树冠骨架牢固、长势均衡，各类枝条剪留比例要适当，结果枝组配备合理，达到外围通风透光、内膛不空，使树体既有一定的经济产量，又能保持健壮生长 （4）施肥灌水：果实采收后每亩施3 000～5 000千克充分腐熟的有机肥、过磷酸钙70～75千克和碳酸氢铵25～30千克，并及时灌水 （5）病虫害防治：秋季果实采收后结合修剪剪除病虫枝等，以消灭病虫源，喷杀虫杀菌剂等以防病虫

四、核桃的病虫害防治技术

核桃树病虫害种类较多，但每年发生和对生产造成影响的主要有白粉病、褐斑病、黑斑病、核桃举肢蛾、核桃小吉丁虫等病虫。主要病虫害的症状与防治要点如下。

1. 核桃白粉病

（1）症状　危害叶片、幼芽和新梢，造成早期落叶，甚至植株死亡。华北地区于7～8月发病，发病初期叶片退绿或形成黄斑，严重时叶片扭曲皱缩，幼芽萌发而不能展叶，在叶片的正面或反面出现圆片状白粉层，后期在白粉中产生褐色或黑色粒点。

（2）防治要点　①加强管理，增强树势，提高抗病力。②落叶后至发芽前彻底清除果园落叶，集中烧毁。发病初期及时摘除病叶深埋。③发病初期及时喷洒50%硫黄悬浮剂500倍液或50%多菌灵可湿性粉剂800～1 000倍液或30%醚菌酯悬浮剂1 500～2 500倍液或12.5%的腈菌酯乳油3 000倍液，均有较好防效。

2. 核桃褐斑病

（1）症状　主要为害叶片和嫩梢。叶片染病：现灰褐色圆形至不规则形病斑，后期病部生出黑色小点，即病菌分生孢子盘和分生孢子。发病重的叶片枯焦，提早落叶。嫩梢染病：病斑黑褐色，长椭圆形略凹陷。苗木染病常形成枯梢。

（2）防治要点　①加强综合管理，多施有机肥和磷、钾肥，冬、夏剪结合，改善树体结构，通风透光。②清除病叶和结合修剪除病梢，深埋或烧毁。③萌芽前喷3～5波美度石硫合剂加80%的五氯酚钠200～300倍液。开花前后和6月中旬各喷1次1∶2∶200波尔多液或50%甲基硫菌灵可湿性粉剂800～1 000倍液。

3. 核桃黑斑病

（1）症状　主要危害果实，4～8月发病。果实受害初期表面出现褐色油浸状微隆起小斑，以后病斑逐渐扩大下陷、变黑，外缘有小油浸状晕圈。

（2）防治要点 ①培育抗病品种。②保持树体健壮生长，增强抗病力。③及时清除病果、病叶等。④萌芽前喷 3～5 波美度石硫合剂；5～6 月喷洒 1∶2∶200 波尔多液或 50% 甲基硫菌灵可湿性粉剂 800～1 000 倍液，于雌花开花前、开花后和幼果期各喷 1 次。⑤于发病初期或蔓延开始期喷洒 72% 农用链霉素可溶性粉剂 3 000 倍液，或 14% 络氨铜水剂 300 倍液，或 50% 甲霜铜可湿性粉剂 600 倍液，或 50% 琥胶肥酸铜可湿性粉剂 500 倍液，或 77% 氢氧化铜可湿性粉剂 400 倍液，或 20% 噻菌铜悬浮剂 500～600 倍液，连防 3～4 次。

4. 核桃举肢蛾

（1）症状 其幼虫危害核桃果实和种仁，受害果变黑皱缩，引起早期落果。一年发生 1～2 代，以老熟幼虫在树冠下 1～3 厘米深土中或杂草、石块、枯枝落叶中结茧越冬。6～7 月化蛹，产卵于两果相接处或萼洼、梗洼及叶柄上，初孵幼虫在果面爬行 1～3 小时后蛀入果实危害，8 月为脱果盛期。

（2）防治要点 ①可采用树上与树下相结合的防治方法。②冬春季细致耕翻树盘，消灭越冬虫蛹。③8 月上旬摘除树上被害虫果并集中处理；成虫羽化出土前可用 50% 辛硫磷乳剂 200～300 倍液对树下土壤喷洒，然后浅锄或盖上一层薄土；成虫产卵期每 10～15 天向树上喷洒 1 次 20% 氰戊菊酯 2 000 倍液，或 10% 联苯菊酯乳油 3 000～4 000 倍液。

5. 核桃小吉丁虫

（1）症状 又名串皮虫，是危害核桃的重要害虫。以幼虫在枝干的皮层内螺旋状取食，被害处枝干肿大，表皮变为黑褐色，直接破坏输导组织，导致大枝脱水干枯，严重时全株枯死。

（2）防治要点 ①加强栽培管理，增强树势，提高抗病虫能力。②采后至落叶前结合修剪剪除受害枝条，集中烧毁。③成虫发生期喷洒 2.5% 溴氰菊酯乳剂 3 000～4 000 倍液，或 20% 氰戊菊酯乳油 2 000～3 000 倍液。幼虫危害处易于识别者，可用药剂涂抹被害部表皮，并可用 80% 的敌敌畏乳油 5～10 倍液或 25% 喹硫磷乳油 8～12 倍液。

第三节 葡萄的栽培技术

一、葡萄的生长结果习性

（一）生长特性

（1）根 葡萄属深根性果树，垂直分布深 60～100 厘米，由于生产上多采用扦插繁殖，无性繁殖的葡萄根系无真根颈和主根，只有根干及根干上发出的水平根及须根。

葡萄的根为旋状肉质根，能贮藏大量营养物质，且导管粗，根压大，故葡萄较耐盐碱，春季易出现伤流。葡萄根系喜欢肥沃、疏松透气良好的土壤，大量根群分布层为 20～40 厘米，在土层深厚、肥沃及丘陵地区的葡萄根系会更加深广，根系水平分布随架式而不同。篱架的根系分布左右对称，棚架的根系偏向架下方向生长，架下根量占总根量的 70%～80%。葡萄根系的再生能力较强，还含有较多的单宁，能保护伤口。在老树园进行适当断根，可刺激根系复壮，但不宜年年深翻。果园空气湿度大时，枝蔓上能长出气根。

葡萄根的生长与葡萄种类、土壤温度有关。欧洲种葡萄的根在土温 12～14℃时开始生长，20～28℃时生长旺盛。全年有 2～3 个生长高峰，分别出现在新梢旺长后、浆果着色成熟期及采收后。春季根系的生长强度与提高坐果率、减少生理落果密切相关。采果后，根系有一个小的生长高峰及时施入基肥，对恢复树势、促进枝芽成熟、增强抗寒力大有好处。

（2）枝蔓　枝蔓指葡萄各年龄的茎。可分为主干、主蔓、侧蔓一年生枝（又称结果母枝）、新梢和副梢等。

从地面发出的茎称为主干，主蔓着生于主干上，埋土越冬的地区不留主干，主蔓从地表附近长出。主蔓上着生的多年生枝叫侧蔓，着生混合芽的一年生蔓叫结果母枝。结果母枝上的芽萌发后，有花序的新梢叫结果枝，无花序的叫营养枝。新梢叶腋间有夏芽和冬芽，夏芽当年萌发形成的二次枝称副梢。葡萄新梢由节和节间构成。节部膨大处着生叶片和芽眼，对面着生卷须或花序。节的内部有横隔膜，无卷须的节或不成熟的枝条多为不完全的横隔，新梢因横隔而变得坚实。节间的长短因种、品种及栽培条件而异。

葡萄植株枝蔓名称

葡萄新梢生长量大，每年有 2 次生长高峰，第一次以主梢生长为代表，从萌芽展叶开始，随气温升高，花前生长达到高峰。第二次为副梢大量发生期（7～9月），与夏季高温高湿有关。新梢开始生长时的粗细度反映了树体贮藏营养水平的高低，贮藏营养丰富，新梢开始生长粗壮，有利于花芽分化和果实发育。葡萄新梢不形成顶芽，全年无停长现象。

（3）芽　葡萄芽的种类有3种，即冬芽、夏芽和隐芽。

1）冬芽　是复杂的混合芽，其外披有一层具有保护作用的鳞片，鳞片内生有茸毛，芽内含有一个主芽和3~8个预备芽（副芽）。主芽居中，四周着生预备芽，主芽较预备芽分化深，发育好。秋季落叶时主芽具有7~8节，而预备芽仅3~5节。在节上一侧着生叶原始体，另一侧为花序或卷须或光秃。

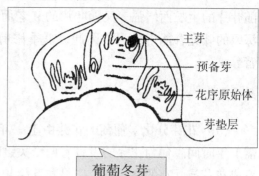

葡萄冬芽

大多数品种春季冬芽内的主芽先萌发，预备芽则很少萌发。当主芽受到损伤或冻害后，预备芽也萌发。有的品种主芽、预备芽同时萌发，在同一节上可出现双芽梢或3芽梢。冬芽中的预备芽多数无花序。生产上为了集中养分保证主芽新梢的生长，应及时抹去副芽萌发的新梢。冬芽在主梢摘心过重、副梢全部抹去、芽眼附近伤口较大时均可当年萌发，影响下年正常生长，但冬芽当年萌发可形成二次结果。

2）夏芽　在新梢叶腋形成，不带鳞片，为裸芽，具早熟性，在形成的当年萌发成副梢。及时控制多余的副梢，可节省营养消耗和改善架面光照。苗圃或幼树阶段，可利用副梢繁殖接穗或直接压条育苗和快速整形。大量副梢势必消耗养分，故处理副梢是葡萄夏季修剪的重要任务。

3）隐芽　着生于多年生枝蔓上的潜伏性芽，葡萄的隐芽寿命较长。受刺激后能萌发新梢，多数不带花序。

4）叶　葡萄叶为单叶互生，呈掌状，大部分为5裂，也有3裂和全缘叶，叶片较大，叶柄也较长。叶面或叶背着生茸毛，直立的叫刺毛，平铺呈绵毛状的叫茸毛。葡萄的叶片表面覆盖较厚的角质层，可防止叶片水分的蒸发，是其抗旱力较强的重要原因。叶片的形状、裂刻的多少与深浅、叶缘锯齿、叶柄洼的形状以及叶上茸毛的有无与多少都是鉴别品种的重要依据。

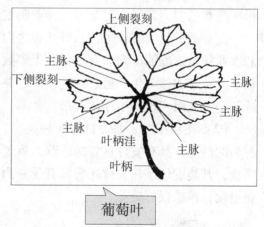

葡萄叶

在植株不同的生长阶段，叶片的表现及作用也有差异。新梢下部的叶片（1~8叶），是在年前的冬芽内形成的，展开后叶面积较大，其光合产物转化以单糖、氨基酸为主，有利于细胞的分裂和生长；而上部的片（第八片叶以上）是由新梢顶端生长点在当年分化发生的，一般叶面积较小，光合产物以双糖、蛋白质为主，有利于养分的积累。

叶片的光合能力强弱与叶面积的大小、叶色深浅和叶龄有关，单叶的光合能力随叶片的生长而增强，又随叶片的衰老而减弱，一般展叶后 30 天左右的叶及叶色深绿的叶光合能力最强。因此，夏季修剪保留一定量的副梢叶，有利于提高树体营养。

（二）结果习性

（1）花芽分化　葡萄的花芽由上一年新梢叶腋间的芽经花芽分化而形成，约需 1 年时间。葡萄花芽的发育有两个关键时期：一是始原基形成时期，是决定芽发育成花芽或叶芽的临界期；二是花芽生长、花序原基不断形成分枝原基的时期，是决定花序的分枝程度和大小的临界期。

葡萄花芽分化一般在主梢开花时开始，于花后 2 个月左右完成花序原基的分化，在此期间，营养条件适宜时，便可形成完整的花序原始体，否则，花序就不完整或者形成卷须。因此，花期也是葡萄花芽分化的第一个临界期。第二年春季芽萌动时，花序原始体继续分化和生长，渐趋完善，直至开花。在此期间，若营养物质充足，可促进花序分化增大，若营养不足时，则可能迫使其退化为卷须，这是葡萄花芽分化的第二个临界期。花序原始体分枝分化的多少，即花序的大小，花蕾发育是否完全，取决于这一时期的营养状况。如果在此期间营养条件不良，则上一年形成的花序原基轻则分化不良，胚珠不发育，并造成大量落花，重则花序原基全部干枯脱落。

冬芽中的预备芽也可能形成花芽，但分化的时间较主芽晚，西欧品种的预备芽形成花芽的能力较强，而东方品种群则较弱。

夏芽的分化时间较短，一般几天之内即可完成。但花序的有无和多少，因品种和农业技术措施的不同而有差异。大多数葡萄品种，通过对主梢摘心能促使夏芽副梢上的花芽加速分化；通过对主梢摘心并控制副梢的生长，可促使冬芽在短期内形成花序，从而实现一年结两次果。

（2）花和花序　葡萄花有 3 种类型，即两性花、雌能花和雄花。多数栽培品种为两性花，具有发育良好的雌蕊，雄蕊具有可育性花粉，而雌能花往往雄蕊发育不良，其高度低于柱头或花粉没有受精力（不育性）。野生葡萄雌雄异株，雌株雄花退化，雄株仅有雄花。

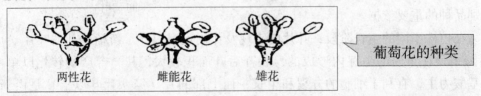

两性花　　雌能花　　雄花

葡萄花的种类

葡萄的花序为复总状花序，由 200～1 500 朵花组成。每朵花由花梗、花萼、花冠、雄蕊、花药（雌蕊）等组成，花冠呈帽状。花序在主轴上生出各级分枝，由于分化、发育过程及环境的影响，品种特性的制约，各级分枝力强弱不等，果粒长大后使果穗形成多种形状。

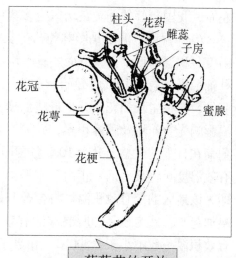

葡萄花的开放

葡萄的花芽一般着生于结果母枝的第三到第十一节，以第五到第七节最多。欧美杂交种的花芽着生节位更低，从第二节即有花芽。花芽萌发后抽生的每个结果枝可着生1～3个花序，多数位于第三节到第七节。结果枝平均着生的果穗数称为结果系数。

欧亚种葡萄花期的最适温度为25～30℃，花序基部和中部的花蕾先开，质量好，副穗和穗尖的花蕾后开。开花时，花冠基部5个裂片反卷脱落，露出雌雄蕊。花药开裂散出黄色花粉，借风力和昆虫传播花粉。花期长短随品种和气候而异，单个花序一般开花5～7天，单株一般为6～10天。

葡萄的卷须和花序是同源器官，均为茎的变态。欧洲种葡萄的卷须是每连生两节，间隔一节无卷须，称间歇性。美洲种的卷须是连续着生的。

（3）果实发育　　葡萄的果实富含汁液，谓之浆果。除65%～88%为水分外，其余为糖分、干物质及各种有机酸。葡萄开花后，经过授粉受精，花序发育成果穗，子房发育成浆果，花序梗发育成穗梗。果粒由果梗、果蒂、果刷、果皮（外果皮）、果肉（中果皮）、果心（内果皮）和种子组成。果刷的长短与果实的耐贮性有密切的关系，果刷长的不易落粒，耐贮运。多数品种果皮均附有一层果粉，果皮的厚度因品种而异，二次果的果皮往往较一次果厚，所以较耐贮运。

果粒中含种子1～3粒，种子较小，为扁圆形，外有坚实的种皮，内部组织疏松，含有丰富的脂肪、蛋白质和乳白色胚乳及位于喙部的胚。

葡萄果实的生长发育分为3个时期：第一期在坐果后5～7周，果实迅速生长，随后进入第二期，生长缓慢，持续2～3周，再进入第三期浆果后期膨大期，含糖量迅速提高，含酸量减少，果肉变软，持续5～8周，直到果实成熟。

葡萄有一个生理落果时期，一般在开花后1周左右开始。产生生理落果的原因，一是品种自身的生物学特性决定的，二是由于营养不足造成落果。

（三）环境条件

葡萄在生长发育过程中，对外界环境条件中的温度、光照、水分和土壤等因素有一定的要求，生产中也是以此为依据来选择品种、制定栽培技术措施。世界上葡萄栽培有一个特定的"黄金地带"，北半球是北纬30°～50°，多数集中在北纬40°

左右，我国较好的葡萄栽培区也多集中在北纬40°左右地区。

（1）温度　温度是影响葡萄生长和结果的最重要的因素，主要体现在日平均温度、积温和低温3个方面。日平均温度影响葡萄物候期的起止时间及进程，欧亚种葡萄当气温达10℃时开始营养生长，当日平均气温上升为12℃左右时，芽开始萌发。新梢生长和花芽分化最适温度为25～30℃，浆果成熟适温为18～32℃。积温影响光合作用及营养积累，并最终影响葡萄的生长发育与果实质量。由于欧洲种葡萄在日平均气温上升为10℃左右即开始萌芽，所以10℃以上的温度称为葡萄的有效温度。将某地区一年内昼夜平均气温高于10℃的天数的温度全部相加的总和，即为该地区的年有效积温。将葡萄开始萌芽期至浆果完全成熟期内全部的日有效积温加起来，即为该品种所要求的有效积温。葡萄经济栽培要求等于或大于10℃的有效积温一般不小于2 500℃，相当于无霜期在150～160天以上的地区。不同品种从萌芽到果实充分成熟所需大于等于10℃的有效积温不同（表2-1）。所以生产上必须根据当地有效积温选择品种。在具体应用时，还应考虑小气候和管理水平的影响，可使有效积温有200℃左右的变化幅度。

表2-1　不同成熟期品种对有效积温的要求

品种 （按成熟期分类）	从萌芽至成熟所需 的有效积温（℃）	代表品种	从萌芽至成熟 所需天数（天）
极早熟	2 100～2 500	早红、莎巴珍珠	<120
早熟	2 500～2 900	京秀、乍娜	120～140
中熟	2 900～3 300	巨峰、玫瑰香	140～155
晚熟	3 300～3 700	红地球、白羽	155～180
半晚熟	3 700以上	龙眼、秋红	>180

低温对葡萄的影响具有双重性。一方面葡萄需要一定量的低温以完成休眠，通常欧洲种葡萄要求7.2℃以下800～1 200小时；另一方面低温对葡萄也有伤害。冬季休眠期间，不同种类的葡萄耐受低温的能力不同。欧亚种葡萄的芽在冬季休眠期可忍受-20～-18℃的低温，但枝条的成熟度差，低温持续时间长，一般在-10℃时芽眼即可受冻，若-18℃低温持续3～5天，不仅芽眼受冻，枝条甚至较粗的枝蔓也会遭受冻害，若此低温来得较早，植株越冬休眠准备不足往往较粗主蔓也会冻伤。休眠期成熟枝蔓耐受低温的能力为：欧洲种-18～-16℃、美洲种-22～-20℃、山葡萄-50～-40℃；根系耐受低温的能力为：欧洲种-7～-5℃、美洲种-12～-11℃、山葡萄-16～-14℃。一般认为，冬季绝对低温低于-15℃的地区即需要埋土越冬，其中低于-21℃的地区应加覆盖物后再埋土或加大埋土的厚度。冬季50厘米深土层地温在-5℃以下的地区，最好选用抗寒砧木，进行嫁接栽培。

（2）水分　葡萄的根系发达，吸水能力强，既耐旱又耐涝，但幼树抗性差。由于其原产地气候为冬春季雨量充沛，夏秋季相对较干燥，而我国多数葡萄产区，春旱夏涝，年降水量多集中在 7~9 月。为此，必须做好前期灌溉，后期除少数干旱和半干旱地区外，还应做好排水。葡萄一般在萌芽期、新梢旺盛生长期、浆果生长期内需水较多。花期阴雨或潮湿天气则影响正常开花、授粉受精，引起严重的落花落果；浆果成熟期降水量大，会影响着色，引起裂果，加重病害发生，降低品质，还会导致贮运性能下降；葡萄生长后期降水过多，新梢生长结束晚，枝条成熟度差，不利于越冬。因此，生长后期应注意控制水分和果园排水。

（3）光照　葡萄是喜光植物，光照条件好，花芽分化加强，果实着色好，糖度高，风味浓。葡萄叶片的光饱和点为 $3 \times 10^4 ~ 5 \times 10^4$ 勒克斯，光补偿点为 $10^3 ~ 2 \times 10^3$ 勒克斯。光照条件不足时，枝条细弱节间长，组织不充实，花芽分化不良，产量低，品质差。葡萄对光的反应十分敏感，直接见光的外层叶可吸收 90%~95% 的光合有效辐射（380~710 纳米），光合作用达最高峰，而第二层叶的光照只有光饱和点的 1/3 左右，光合作用仅为高峰的 1/4，当光线达第三层叶时，光合有效辐射只有 1% 左右了，此时叶片光合产物的增加为零。

因此，栽培时应在架式、架向、株行距等方面注意创造良好的光照条件，并采用正确的整枝修剪技术。但光照过强，果穗易发生日灼，在管理上应适当利用叶片进行果穗遮光或果穗套袋。

（4）土壤　葡萄对土壤的适应性很强，除了极黏重的土壤和强盐碱土外，一般土壤均可种植。但以土层深厚肥沃、土质疏松、通气良好的砾质壤土和沙质壤土最好。沙地葡萄的含糖量较淤土地高 1%~2%，提前成熟，色泽鲜艳，香味也浓。戈壁石砾和河滩沙地，经过改良，多施有机肥，勤追肥多浇水，因其质地疏松，透气性好，早春温度回升快，昼夜温差大。因此，葡萄成熟早，色泽鲜艳，含糖高。

葡萄在土壤 pH 值为 6~7.5 时生长良好，超过 8.3~8.7 时，易发生缺素性黄叶病或叶缘干焦，需要施以硫酸亚铁校正，才能正常结果。土壤含盐量达 0.23% 时开始死亡，故重盐碱地栽葡萄前要先行改良土壤，还要注意洗碱排盐。

欧洲种葡萄喜富钙土壤，而美洲种葡萄在含钙多的土壤上易得失绿病，应选砾质土及排水良好的沙质土。

二、葡萄的主要种类与优良品种

（一）种类及品种群

葡萄是多年生落叶藤本植物。葡萄浆果中含糖 10%~30%，主要是葡萄糖和果糖，还含有有机酸、蛋白质以及多种维生素和氨基酸，这些都是人体所必需的。葡萄除鲜食外，主要用于酿酒，是水果中最优良的酿酒原料。全世界所产葡萄

80%用于酿酒，此外还可制汁、制干等。葡萄属于葡萄科、葡萄属。本属引入栽培的有20多个种，按照地理分布的不同可分别归属于3个种群：欧亚种群、东亚种群、北美种群。

1. 欧亚种群

经过冰川期后仅存留1个种，即欧亚种葡萄，起源于欧洲、亚洲的西部和北非。目前广泛分布于世界各地的优良品种多属于本种。其栽培历史悠久，已形成数千个栽培品种，其产量占世界葡萄总产量的90%以上。该种适宜日照充足、生长期长、昼夜温差大、夏干冬湿和较温暖的条件。抗寒性较差，抗旱性强，对真菌性病害抗性弱，不抗根瘤蚜。根据亲缘关系和起源地不同大致可分为3个生态地理品种群。

（1）东方品种群　分布于中亚和中东及远东各国，主要为鲜食和制干品种。生长势旺，叶面光滑，叶背面无毛或仅有刺毛。穗大松散呈分枝形，果肉肉质或脆质，抗热、抗旱、抗盐碱，但抗寒性、抗病性较弱，适于在降水少、气候干燥、日照充足、有灌溉条件的地区栽培。代表品种有白鸡心、无核白、无核黑、牛奶、龙眼、白木纳格等。

（2）西欧品种群　原产于法国、意大利、英国等西欧各国，大部分为酿造品种。生长势中庸，生长期短，叶背有茸毛，较抗寒。果穗较小，果粒紧密多汁。果枝率高，果穗多，产量中等或较高。代表品种有赤霞珠、白诗南、雷司令、黑比诺、法国蓝等。

（3）黑海品种群　原产于黑海沿岸和巴尔干半岛各国。多数为鲜食、酿造兼用品种，如白羽、晚红蜜等；少数为鲜食品种，如花叶白鸡心等。

2. 东亚种群

有40多个种，分布于中国、朝鲜、韩国、日本等地，绝大多数处于野生状态。不少种是优良的育种材料，比较重要的有山葡萄和蘡薁。

（1）山葡萄　分布在东北长白山、兴安岭和华北等山区，主要特点是抗寒力极强，根系可抗 $-16 \sim -14℃$ 的低温，成熟枝条可抗 $-40℃$ 以下的低温。

目前从中选育出的优良株系有长白山9号、长白山6号、通化1号、通化2号、通化3号等；经杂交育出的品种有北红、北玫、公酿1号、公酿2号等。

（2）蘡薁　又名葛藟，野生，分布于华北、华南和华中的山区。结实力强，果实黑紫色，粒小穗小，可酿酒入药。

3. 北美种群

源于美国和加拿大东部，约有28个种，在栽培上有价值的主要有美洲葡萄和河岸葡萄两种。

（1）美洲葡萄　植株生长旺盛，抗寒、抗病、抗根瘤蚜能力强。叶桃红色，被毡状茸毛，卷须连续性。果肉有草莓味，与种子不易分离。巨峰、康拜尔、白香蕉等均为本种与欧亚种的杂交种。

（2）河岸葡萄　耐热耐湿，抗寒抗旱，高抗根瘤和真菌病害，扦插易成活，与欧洲葡萄嫁接亲和力好，一般作为抗根瘤病的砧木。

（二）优良品种介绍

1. 有核鲜食品种

有核品种应选粒重6克以上的品种，按果实成熟时间分为早、中、晚品种。生产上的品种，是从萌芽到果实完全成熟需要不足110天的为极早熟品种；111～130天的为早熟品种；131～150天的为中熟品种；151～170天的为晚熟品种；170天以上的为极晚熟品种。现按顺序简介如下。

（1）红旗特早玫瑰　欧亚种。山东平度市红旗园艺场在玫瑰香葡萄园发现的极早熟芽变单株，其早熟、大粒、硬肉的优良性状稳定。2001年7月由青岛市科委组织国内葡萄专家鉴定并命名。目前已在东北、华北和西北等地引种试栽，均表现较好。

植株早春嫩梢、幼叶绿色略带紫红色，较光亮无茸毛；成叶中大，心脏形，有5个裂片，上裂刻中深，下裂刻浅，叶缘锯齿较钝；成熟枝条红褐色，节间中长，果穗多着生在第四节至第五节上。

果穗圆锥形，有副穗，平均穗重550克，最大穗重1 500克；果粒近圆形，着生紧密，与凤凰51品种果实形状相似；果顶有3～4条沟纹，疏果后自然果粒平均重6.5克，最大粒重8.5克；果皮紫红色，着色快，果肉细致稍脆，硬度适中，有玫瑰香味，含可溶性固形物15%以上，酸甜适口，品质极佳；果粒着生牢固，不落粒，耐贮运性强。采前保持土壤水分稳定，防止裂果。

植株长势中庸，芽眼萌发率75%以上，结果枝率80%左右，其中双穗率占70%以上，副梢结果能力强。丰产。

（2）玫瑰早　欧亚种。是河北科技师范学院与河北昌黎凤凰山葡萄研究中心合作，在1991年以乍娜为母本，郑州早红（玫瑰香×莎巴珍珠）为父本杂交育成。经过露地与温室的试栽观察，其生长结果表现都超过双亲，达到选育葡萄极早熟新品种的目标。2001年7月25日通过河北省品种鉴定，现已向华北、东北等地区推广。

早春嫩梢及幼叶为黄绿色，较薄，表面有光泽，叶背有少量茸毛；成叶心脏形，中等大，深绿色，平展，叶缘多呈波状，有3～5个裂片，上裂刻中深，下裂刻浅，叶缘锯齿双侧直，较锐，叶柄洼为宽拱形；两性花；成熟枝条扁圆形，暗红色。

自然果穗圆锥形，有歧肩，平均穗重650克，最大达1 630克；果粒着生较紧，大小整齐；果粒圆形，果顶似乍娜有3～4条浅沟纹，平均粒重7.5克，最大达12

克；果皮紫黑色，皮厚中等，果粉薄；果肉质地细致，较脆，含可溶性固形物18.2％，甜酸适口，有浓玫瑰香味，品质极佳；不裂果、不落粒，耐贮运。

植株长势中等偏强，结果枝率为75.5％，极丰产，但每亩产量控制在1 500～1 800千克为宜。抗逆性强于双亲。在河北昌黎地区，4月中旬萌芽，5月下旬开花，7月下旬浆果成熟，比早熟品种凤凰51和乍娜早7～10天成熟。从萌芽到浆果成熟需要95天左右，属极早熟品种。

（3）京秀　欧亚种。是中国科学院北京植物园1981年用潘诺尼亚与60－3（玫瑰香×红无籽露）杂交育成的早熟品种。1994年通过品种鉴定。在华北、东北、西北等地区均有较多栽培。在露地与设施栽培中生长，结果表现较好。

早春嫩梢黄绿色，无茸毛。幼叶较薄，无茸毛，阳面略有紫色，有光泽；成叶中大，心脏形，绿色，中厚，叶缘锯齿较锐，有5个裂片，上裂刻深，下裂刻浅，叶柄洼多为拱形；秋叶呈紫红色；两性花。

自然果穗圆锥形，平均重450克，最大在800克以上；果粒着生紧密，椭圆形，疏粒后果粒平均重6.5克，最大11克；果皮紫红色，肉质硬脆，味甜多汁，含可溶性固形物15％～17.5％，含酸量为0.46％；有玫瑰香味，品质极佳。

在北京、辽宁兴城地区萌芽期分别为4月下旬和5月上旬，开花期为5月下旬和6月上旬，果实成熟期为7月下旬和8月上旬，比乍娜提早7天成熟；从萌芽到果实成熟需110天左右，成熟后可延迟到国庆节时采收，不落粒，果肉仍然硬脆，品质更佳。北京保护地栽培，果实在6月中旬成熟。果刷长，果实牢固。耐贮运性强。

植株长势较强，结果枝率58.6％，丰产。抗病力较强，适于我国西北、华北及东北地区发展。适宜小棚架或篱架栽培，以采用扇形或双龙蔓树形整枝和中短梢混合修剪为宜。加强夏季管理，将过多、过小的花序及时疏剪。每亩产量控制在1 500千克左右，才能保持连年优质、丰产的目标。

（4）凤凰51号　欧亚种。是大连市农科所1975年用白玫瑰与绯红（乍娜）杂交育成的新品种。1988年通过大连市品种审定。现在东北、华北、西北等地区露地及保护地栽培，生长、结果表现良好。

早春嫩梢绿色，略带紫红色，密生灰白色茸毛，新梢生长弱，常分化双头枝是其特征。幼叶较厚，深绿色，稍带浅紫褐色，有中密茸毛；成叶中大，深绿色，心脏形，较厚；有5个裂片，裂刻均深，叶面无光泽，较平展；叶缘略向上翘，叶背密生灰白色茸毛，叶缘锯齿较钝，叶柄洼呈椭圆形；两性花。

自然果穗圆锥形，有歧肩，平均重462克，最大果穗重1 000克以上；坐果率高，果粒着生紧密；果粒近圆形，果顶有3～4条浅沟纹，疏果后，果粒平均重7.5克，最大粒重12.5克；果皮紫红色，较薄，果肉细致较脆，汁多，有浓玫瑰香味，含可溶性固形物15.5％，含酸0.55％，品质极佳；果实不落粒、无裂果，耐贮运性较强。

植株长势中等偏强，一年生枝条较直立，结果枝率58.8%，芽眼萌发率和结实力均高，丰产。适宜小棚架、篱架栽培和扇形或双龙蔓树形，以采用中短梢混合修剪为宜。春夏季管理要及时抹芽、定枝和摘心。

每亩产量控制在1 500千克左右为宜。要求早疏花序、修穗、疏粒，以保持连年优质、丰产。采收前注意调节土壤水分，防止裂果。

（5）90-1　1990年河南省洛阳农业高等专业学校从乍娜葡萄树上发现的早熟芽变，代号为90-1，群众称作早乍娜。经过转接和扦插繁殖的苗木进行的品种比较和区域试验证明，90-1早熟性状稳定，比普通乍娜提早成熟10天左右。2001年6月通过河南省品种鉴定。现已在河南、河北、山东、辽宁、天津等省、市推广。

早春嫩梢绿色，带有紫红条纹和稀疏的茸毛；幼叶紫红色，有光泽，叶的正反面都有稀疏的茸毛；成叶中大，心脏形，绿色，有5个裂片，上裂刻深，下裂刻浅；叶面无茸毛，叶背有稀疏茸毛，锯齿较大而中锐；叶柄洼拱形；两性花。

果穗圆锥形，平均穗重500克，最大可达1 100克；果粒着生中密，果粒近圆形，顶部有3～4条纵向浅沟纹；疏果后，平均粒重8.5克，最大达15克；果皮红紫色，中等厚，果粉薄，果肉硬脆，含可溶性固形物13.5%；每果粒含种子2～4粒，果肉与种子易分离，味清香适口，品质佳，耐贮运；植株长势较强，芽眼萌发率平均达71.6%，结果枝率52.3%；花序多着生在果枝的3～5节，副梢易结果，早果性强，丰产，抗逆性中等。

在河南洛阳和天津南郊地区，4月中旬萌芽，5月中下旬开花，7月上旬果实成熟，从萌芽至果实成熟需要75～80天，比普通乍娜提早10天成熟。属极早熟品种。

该品种适宜多主蔓自由扇形的篱架栽培和中短梢混合修剪。成熟期控制土壤水分，防止采前裂果。其他管理与乍娜相同。

（6）红香妃和香妃　红香妃是1996年中国农业科学院果树研究所在引入北京市林果研究所育出的香妃〔（玫瑰香×莎巴珍珠）×绯红〕苗中发现的一株红色芽变。经过高接和扦插的苗木结果后，芽变的红色性状稳定。经有关专家品评鉴定，认为果实的品质、丰产性、抗逆性均与香妃相近。已在辽宁、河北、山东、北京等地推广，表现较好。

早春新梢、幼叶浅红色，密生黄色茸毛；成叶中大，心脏形，叶色绿，比香妃略深，中等厚，5个裂片，上裂刻深，下裂刻中深，上下裂刻均比香妃略深；叶缘双锯齿，齿尖较锐，叶背茸毛较香妃多，叶柄洼窄拱形；两性花。

自然果穗圆锥形，平均450克，最大穗重520克，果粒着生中等紧密；果粒近圆形，疏果后平均粒重7.8克，最大粒重9.6克；果皮鲜紫红色，果粉较薄，皮薄肉脆，有浓玫瑰香味；含可溶性固形物 15.2%，含酸 0.45%，酸甜适口，品质极佳。

植株长势中庸，萌芽率较高（为75%左右），结果枝率62%。副芽及副梢结实力均较强，丰产。

在辽宁兴城，5月上旬萌芽，6月上旬开花，8月上旬浆果成熟，从萌芽至果实成熟需要 110 天左右。要及时疏穗、疏粒，每亩产量控制在 1 500 千克左右为宜。采收前注意调整土壤水分，防止裂果。该品种是适于设施栽培的优良品种。

（7）奥古斯特　欧亚种。是罗马尼亚用黄意大利和葡萄园皇后杂交育成的二倍体新品种。1996 年引入我国，经河北、辽宁、山东等地试栽，表现较好。

早春嫩梢绿色，带紫红色，有稀疏茸毛，幼叶黄绿色略带紫红色，叶面有光泽，叶背有稀疏茸毛；成叶中大，中等厚，心脏形，3～5 裂，上裂刻中深，下裂刻深，叶缘锯齿大而锐，叶主脉和叶柄均为紫红色，叶柄洼开张拱形；两性花。

自然果穗圆锥形，平均重580 克，最大穗重 1 500 克；果粒着生紧密，呈短椭圆形，疏果后，平均粒重 7.5 克，最大粒重 10.5 克；果皮绿黄色，果皮中等厚，果粉薄，果肉硬而脆，稍有玫瑰香味，果肉与种子易分离，含可溶性固形物 15.5%，含酸 0.43%，香甜适口，品质佳。

植株长势强，枝条成熟好。结果枝率在 55% 以上，丰产。副梢结实力强，2 次结果 9 月下旬成熟，品质佳。

该品种结果早，二年生树株产高达 5.2 千克。抗病性较强，抗寒力中等。不易脱粒，耐运输。

（8）郑州早玉　欧亚种。1964 年中国农业科学院郑州果树研究所育成，亲本为葡萄园皇后×意大利，经 20 多年的区试育成的早熟大粒鲜食品种。在郑州地区表现较好。

早春嫩梢幼叶紫红色，上表面有光泽，下表面有稀疏茸毛；成叶中大，近圆形，绿色，较平展；叶缘略上卷，5 裂，裂刻深，叶柄洼宽拱形，叶背有中密直立茸毛；两性花。

果穗圆锥形，平均穗重436.5 克，最大穗重 1 050 克；果粒着生紧密，果粒椭圆形，疏果后，平均粒重 6.5 克，最大达 13 克；浆果绿黄色，充分成熟时呈金黄色，透明，皮薄肉脆，含可溶性固形物为 15.5%～16.5%，味甜爽口，稍有玫瑰香味，品质佳。

树势中等，芽萌发率90% 以上，结果枝率 70%。副芽结实力强，早果性强，丰产。

在河南郑州地区，4月上旬萌芽，5月上中旬开花，7月上中旬成熟，从萌芽到浆果成熟需要 95 天，需有效积温为 2 158℃，属极早熟品种。成熟时应保持土壤湿度稳定，及时排水，防止裂果。

（9）玫瑰紫　属欧亚种。是玫瑰早姐妹系。经过露地与温室栽培观察，生长、结果表现较好。2001年7月通过品种鉴定。

早春嫩梢幼叶为黄绿色，较薄，略带浅红色晕，叶表光亮无毛；成叶深绿色，中大，较平展，有3～5个裂片，裂刻中深，叶缘锯齿较钝，叶柄洼宽拱形；两性花。

自然果穗圆锥形，有歧肩，果粒着生较紧，平均穗重550克，最大穗重达1 250克；果粒近圆形，果顶似乍娜有3～4条浅沟纹，平均粒重8.5克，最大粒重达13克；果皮紫红色，中厚，果粉薄，果肉细致较脆，有玫瑰香味，含可溶性固形物17.5%，酸甜适口，品质佳。

植株长势中庸，结果枝率91%，坐果率为64.2%，丰产。抗逆性与父本相似，较抗霜霉病。在河北昌黎地区，4月中旬萌芽，5月下旬开花，7月中旬果实成熟，比乍娜、凤凰51早5～7天成熟。从萌芽到果实成熟为90天左右，属极早熟品种。

（10）红双味　山东酿酒葡萄研究所用葡萄园皇后与红香蕉（玫瑰香×白香蕉）杂交育成。1994年通过省级品种鉴定。

自然果穗圆锥形，平均穗重506克，最大穗重608克；果粒着生紧密，成熟一致，果粒椭圆形，稀果后平均粒重6.2克，最大粒重7.5克；果皮紫红色，果粉中厚，肉软多汁；果实成熟前期以香蕉味为主，后期以玫瑰香味为主。含可溶性固形物17.5%～21%，品质佳。

植株长势中等，萌芽率70%以上，结果枝率62%。副梢结果力强，抗病力也较强，丰产。在山东济南地区，4月初萌芽，7月上中旬成熟，生长天数110天左右，需有效积温2 200～2 400℃，是极早熟优良品种之一。

（11）乍娜　欧亚种。又称绯红。美国用粉红葡萄和瑞必尔杂交育成，我国在1975年引入，是全国各葡萄产区露地和保护地栽培的主要早熟优良品种之一。

自然果穗圆锥形，平均穗重850克，最大达1 100克；果粒着生中密，果粒近圆形，果顶部有3～4条浅沟纹，平均粒重9克，最大达14克；果皮紫红色，中等厚，果粉薄；肉质细脆，清甜，微有玫瑰香味，含糖16.8%，含酸0.45%，品质中上等；果实耐贮运，贮后香味加浓。

该品种对黑痘病、霜霉病抗性较弱，适于干旱少雨地区栽培，我国华北、西北和东北地区栽培较多，较适于保护地栽培。注意预防早、晚霜害。枝条成熟度差，应在7～8月结合防病加0.3%磷酸二氢钾进行3～5次叶面喷肥，并加强夏季修剪和控制产量（每亩1 200～1 500千克），促进新梢成熟。

该品种从萌芽到浆果成熟需105天左右，需有效积温2 250℃左右。该品种结果枝率56%，丰产。采收前应保持土壤水分相对稳定，防止裂果。乍娜是早熟、大粒、脆肉育种的优良种质资源。

（12）京玉　欧亚种。由中国科学院北京植物园育成，亲本为意大利×葡萄园皇后，1992 年通过专家鉴定。

果穗圆锥形，平均穗重 684.7 克，最大穗重 140 克；果粒着生中密，椭圆形，疏果后，平均粒重 6.5 克，最大粒重 8 克；果实绿黄色，皮中厚，肉质硬而脆，汁多，微有玫瑰香味，酸甜适口，种子少而小，含可溶性固形物 13%～16%，含酸量 0.48%～0.55%，品质佳。

该品种从萌芽到果实成熟为 110 天左右；坐果率高，无裂果，不脱粒；较耐干旱，对霜霉病、白腐病抗性较强，易染炭疽病；果实较耐运输，是早熟、大粒、黄绿色、较抗病的优良品种之一。

（13）里扎马特　又称玫瑰牛奶，属欧亚种，二倍体。是苏联用可口甘与匹尔干斯基杂交育成。我国于 20 世纪 70 年代从日本引入，在我国华北、西北、东北等葡萄产区均有栽培，生长、结果表现较好。

自然果穗圆锥形，支穗多；较松散，平均穗重 1 000～1 500 克，最大穗重 1 800 克；果粒长圆柱形或牛奶头形，平均粒重 12 克，最大粒重超过 20 克；果皮玫瑰红色，皮薄肉脆，清香味甜，含糖 10.2%，含酸 0.57%，在华北干旱地区含糖在 16.5% 以上；该品种的特征是肉中有白色维管束；有种子 2～3 粒，品质佳，较耐贮藏和运输。

抗病性中等，易感白腐病和霜霉病。适于以棚架栽培和中长梢为主的修剪方法。夏季适当多保留叶片，防止果实日灼。8 月后每隔 10 天喷 1 次 0.3% 磷酸二氢钾，根施钙、镁、磷肥，以促进果实和枝条成熟。

（14）藤稔　欧美杂交种，四倍体。是日本用井川 682 与先锋育成。我国于 1986 年引入，全国各地栽培较多，表现较好。

自然果穗圆锥形，平均重 450 克，果粒着生较紧密；果粒大，整齐，椭圆形，平均粒重 15 克，最大粒重 28 克；果皮中等厚，紫黑色，果粉极少；肉质较软，味甜多汁，有草莓香味，含糖 17%，品质上等，8 月初成熟。

对黑痘病、霜霉病、白腐病的抗性较强。栽培管理与巨峰相同。果实较耐运输。果实可延迟到 10 月上旬采收，无脱粒和裂果现象，较适于露地、庭院和盆中栽培。注意疏剪花序和果粒，每亩产量以控制在 2 000 千克左右为宜。

（15）巨峰　欧美杂交种，四倍体，日本的主栽品种。1937 年大井上康用石原早生（康拜尔大粒芽变）与森田尼杂交育成。我国 1958 年引入，全国南北方各省、市都有栽培。

自然果穗圆锥形，平均穗重 550 克，最大穗重 1 250 克，果粒着生中等紧密；果粒椭圆形，疏果后，平均粒重 10 克，最大粒重 15 克；果皮中等厚，紫黑色，果粉中等厚，果刷较短；果肉有肉囊，肉质硬度适中，有草莓香味，味甜多汁，含可溶性固形物 17%～19%；适时采收品质上等，8 月上中旬成熟。

对黑痘病、霜霉病抗性较强，对灰霉病及穗轴褐枯病抗性较弱，抗寒力中等，适于小棚架栽培和中短梢修剪。对肥水和夏季修剪要求较高。结果新梢在花前 10 天喷施 0.2% 硼肥，花前 3～5 天在花序上留 5～6 片叶摘心，疏去过多花序和果粒，花期应控制灌水，花后应增施磷、钾肥，新梢适时摘心，对提高坐果率和促进花芽分化有显著效果。巨峰是大粒、紫黑色、有草莓香味的抗性育种宝贵的种质资源。

（16）玫瑰香　又称紫玫瑰，欧亚种，二倍体。由英国用黑汉与白玫瑰杂交育成，1900 年引入我国。在沈阳、山东有四倍体大粒芽变系栽培，是我国许多葡萄产区的主栽品种。

自然果穗圆锥形，平均穗重 350 克，最大穗重 820 克，果粒着生中密或紧密；果粒卵圆形，稀果后，平均粒重 6.2 克，最大粒重 7.5 克；果皮中等厚，紫红或紫黑色，果粉较厚，肉质稍脆多汁，有浓郁的玫瑰香味。含糖 18%～20%，含酸 0.5%～0.7%，香甜适口，品质极佳，出汁率 76% 以上。

树势中等，结果枝占 47%。在充分成熟的结果母枝上，从基部起 1～5 芽都能发出结果枝，每个结果枝大多着生 2 个花序，较丰产。每亩产量应控制在 1 500 千克。副梢结实力强，可利用其多次结果。在辽西地区充分成熟时正值国庆、中秋佳节，鲜果上市经济效益较好。

浆果耐贮藏与运输，对白腐病、黑痘病抗性中等，抗寒力中等。

（17）巨玫瑰　属欧美杂交种，四倍体。是大连农业科学院 1993 年用沈阳玫瑰与巨峰杂交育成，2002 年通过专家鉴定。已在辽宁、山东、河北等地区进行推广，生长及结果表现较好。

自然果穗圆锥形，有副穗，平均重 514 克，最大穗重 800 克；果粒着生中密，果粒椭圆形，平均粒重 9 克，最大粒重 15 克，果粒整齐；果皮紫红色，中等厚，果粉较薄，肉质稍脆，味浓甜多汁，含可溶性固形物 19%～23%，有浓玫瑰香味，品质极佳；果实种子少；较耐贮运。

植株长势强，枝条成熟良好，芽眼萌发率 82.7%，结果枝率 69.6%。定植后第二年开始结果，第三年丰产，每亩产量可达 2 000 千克左右。无裂果，不落粒。对黑痘病、炭疽病、白腐病和霜霉病等有较强的抗性。

适于小棚架和双龙干型树形栽培，冬剪时，应行中短梢修剪，注意修穗、稀粒，每亩产量应控制在 2 000 千克左右。

（18）红高　欧亚种。1988 年日本在意大利品种上发现的红色芽变，比红意大利果大、色艳。我国 2000 年引入，经山东平度、江苏张家港及辽宁西部地区栽培，生长、结果表现较好。

早春嫩梢及幼叶绿黄色，略带紫红色，幼叶正面有光泽，叶背密生黄白色茸毛；成叶中等大，绿色，较厚，肾脏形，叶面光滑，叶背有少量的茸毛，叶缘略上翘，有 5 个裂片，上下裂刻均深，叶缘锯齿较钝；叶柄洼为尖底宽拱形，与红意大利有区别；新梢生长较直立，节间较短，成熟枝条红褐色；两性花。

自然果穗圆锥形，有副穗，平均穗重 625 克，最大穗重 1 120 克；果穗整齐，果粒着生紧密；果粒短椭圆形，平均粒重 9 克，最大粒重达 15 克，比红意大利果粒重 1.5 克左右；果皮紫红色，中等厚，较韧，着色快而一致，果粉中等厚；果肉细脆，味甜多汁，含可溶性固形物 18.5%，有玫瑰香味；每果粒有种子 1～3 粒，2 粒为多，种子与果肉易分离，果实品质极佳。

植株长势中等，新梢成熟良好，结果枝率达 64%，每结果枝平均有果穗 1.3 个；丰产性好，抗逆性强，抗病性与红意大利相近，比红地球抗性强，要注意防治黑痘病和霜霉病，无裂果，不落粒，耐贮运。

从萌芽到浆果成熟需 160 天左右，有效积温 3 300～3 600℃。属中晚熟品种，在华北、西北及东北有发展前途。

（19）瑰宝　　由山西省农业科学院果树研究所用依斯比沙和维拉玫瑰杂交育成。1988 年通过省级品种鉴定，在果实性状和产量方面略优于玫瑰香。已在山西省大量推广，其他省、市也已引入试栽。

自然果穗圆锥形，平均穗重 450 克，最大穗重 1 700 克，果粒着生紧密；果粒短椭圆形，稀果后平均粒重 6.2 克，最大粒重 8.5 克；果皮紫红色，中等厚，较韧；果肉脆，味甜，有浓玫瑰香味，含可溶性固形物 17.5%～19.9%，品质上等，种子与果肉易分离。

从萌芽到浆果成熟需 120 天左右，有效积温约 3 007.8℃。

瑰宝结实力较强，芽眼萌发率 59.7%，结果枝率 48.3%。4 年生葡萄每亩产量 1 500 千克左右。

（20）红地球　　又称大红球、晚红、红提，欧亚种，二倍体。1980 年，由美国加州大学用（皇帝×L12－80）与 S45－48 杂交育成。美国加州主栽的晚熟、耐贮运品种。1987 年引入我国，在华北、东北、西北生长、结果表现较好。

早春嫩梢浅紫红色，幼叶浅紫红色，叶表光滑，叶背有稀疏茸毛，新梢中下部有紫红色条纹，成熟的一年生枝条为黄褐色；成叶中等大，心脏形，中等厚，5 裂，上裂刻深，下裂刻浅；叶正背两面均无茸毛，叶缘锯齿两侧凸，较钝，叶柄浅红色，叶柄洼拱形；两性花。

自然果穗长圆锥形，平均穗重 880 克，最大穗重可达 2 500 克；果粒着生松紧适度，果粒圆球形或卵圆形，平均粒重 14.5 克，最大粒重 22 克以上，果粒大小均匀；果皮中厚，果肉与果皮不易分离，紫红色至黑紫色，套袋后可呈鲜玫瑰红色；果肉硬脆，味甜适口，含可溶性固形物 16.3%～18.5%，无香味，品质佳；果刷粗长，着生牢固，拉力达 1 500 克不脱粒，果穗极耐贮运；果实在一般窖贮藏均能贮到翌年 5 月。

树势生长旺盛，枝条粗壮。结果枝率68.3%，每个结果枝平均有花序1.5个，其枝条基芽结实率较高。适用于中小棚架和棚篱架栽培，采用中短梢混合修剪。双龙蔓树形，每米长主蔓上两侧排开留3～4个结果母枝，每个结果母枝上留2～3个新梢，其中基部1个作预备枝（营养枝），其余2个作结果枝。全株花序够用时，将预备枝花序疏掉，结果枝与营养枝比保持2∶1较适宜。幼树新梢易贪青徒长，因此，注意适时摘心和加强肥（磷、钾）水管理。果实采收后，每年每亩要施优质有机肥5 000千克和腐熟的鸡粪或羊粪1 000千克。每亩产量控制在1 500～2 000千克，才能保持连年果实优质、高产，果实9月中旬成熟。

（21）美人指　欧亚种，二倍体。是日本植原葡萄研究所于1984年用尤尼坤与巴拉底2号杂交育成。1994年由江苏张家港引入。现已在河北、辽宁地区栽培，表现较好。

植株春季枝条嫩梢黄绿色，稍带紫红色，无茸毛；幼叶黄绿色稍带紫红色，有光泽；成叶中大，心脏形，黄绿色，叶缘锯齿中锐，叶柄中长，浅绿色，略带浅红色，叶柄洼窄矢形；两性花；成熟枝条灰白色。

自然果穗长圆锥形，平均穗重480克，最大穗重为1 750克；果粒着生松散，果粒平均重15克，最大粒重20克；粒形如手指尖节形状，纵径5.6厘米，横径1.8厘米，果实纵、横径之比为3∶1，即果粒呈长椭圆形；粒尖部鲜红或紫红色，光亮，基部色泽稍浅，像用指甲油染红的美人手指头，故称美人指。果肉甜脆爽口，皮薄而韧，不易裂果，含可溶性固形物16%～18%，品质佳；果实耐拉力强，不落粒，较耐贮运。

从萌芽到浆果成熟需145天左右。

生长势极旺，枝条粗壮，较直立易徒长。因此，要多施磷、钾肥，控制氮肥和灌水，促使枝条充实成熟，增强树体抗性。适宜棚架栽培和中长梢混合修剪。在我国西北、华北和东北的中南部降水量偏少地区发展较好。应注意预防黑痘病、灰霉病、白腐病和白粉病。该品种除适宜露地栽培外，还适宜盆景栽培。

（22）红意大利　又称奥山红宝石，欧亚种。是黄意大利（比坎×玫瑰香）的红色芽变。在日本1984年定名登记，1985年引入我国，1989年被辽宁省评为优质水果。

自然果穗呈圆锥形，平均穗重650克，最大穗重1 500克，果粒着生中密；果粒短椭圆形，平均重8.2克，最大粒重12.5克，比意大利果粒重1～2克，果皮呈玫瑰红色至紫红色，果粉少，果皮中厚，肉质细脆，成熟后果粒晶莹透明，美如红宝石；有玫瑰香味，含可溶性固形物17.5%，含酸0.62%，品质极佳；耐贮运，较红地球抗病。

树势较旺，在中短梢冬剪时，芽眼萌发率达80%，结果枝率64%，丰产，果粒成熟较一致。一般每亩产量以控制在1 500千克左右为宜。

（23）达米娜　欧亚种。是罗马尼亚格拉卡葡萄试验站用比坎与玫瑰香杂交育成。1985 年发表，1996 年引入我国。经河北、辽宁试栽，生长、结果及抗性表现较好。

自然果穗圆锥形或圆柱形，平均穗重 500 克，最大穗重 650 克；果粒着生较紧密，果粒短圆锥形或近圆形，平均粒重 8 克，最大粒重 14.5 克；果皮中等厚，紫红色，果粉多，果肉硬度中等；味甜，有玫瑰香味，含可溶性固形物 16%，品质极佳。

植株生长中庸，结实力强，结果枝率 45%。较丰产。每亩产量控制在 1 500 千克为宜。其抗逆性比红地球强，果实较耐贮运，是有发展前途的抗性较强、果肉硬度适中、有浓玫瑰香味、耐贮运的中晚熟优良品种之一。

（24）泽香　欧亚种。1956 年山东平度市洪山园艺场利用玫瑰香为母本，龙眼为父本杂交选育而成。1979 年发表，1982 年经品种鉴定后推广。该品种集中分布在山东大泽山地区，成为该地区主栽品种。1995 年获全国第二届农业博览会金奖。

自然果穗圆锥形，平均穗重 450 克，最大穗重 820 克，果粒着生稍紧密；果粒圆形或短椭圆形，疏果后平均粒重 6.2 克，最大粒重 8 克以上；果皮绿黄色，充分成熟金黄色，成熟一致；皮薄肉软，含可溶性固形物 15.6%，酸甜适度，清爽可口，有玫瑰香味；无裂果、无落粒，较耐贮运，品质上等，植株长势中强，芽眼萌发率 72.5%，结果枝率 68.4%，极丰产；早果性好，栽后第二年 85% 以上开花结果，最高株产达 3.5 千克。

从萌芽至浆果成熟需 162 天，有效积温 3 300℃左右。该品种适应性强，耐旱、耐瘠薄，抗病性和抗寒性都强于亲本。在大泽山地区简易防寒即可安全越冬。

（25）香悦　欧美杂交种，四倍体。由辽宁省园艺研究所 1981 年用紫香水和玫瑰香两个四倍体芽变杂交育出的品种。1998 年在辽西试栽，经观察该品种适应性强，生长与结果表现较好。

自然果穗圆锥形，平均穗重 560 克，最大穗重 1 080 克；果粒着生较紧密，果粒近圆形，平均粒重 9.2 克，最大粒重 14 克；果皮紫黑色至蓝黑色，果肉硬度中等，味甜多汁，有浓玫瑰香味，含可溶性固形物 14.8%；每个果粒含种子多为 2 粒，种子与果肉易分离；品质极上等。

植株长势强，早果性好，结果枝率达 65%，丰产。在辽宁兴城与沈阳地区，萌芽期分别为 4 月下旬和 5 月上旬，6 月上中旬开花，9 月上旬果实成熟，果实生育期为 125 天左右。该品种的栽培技术与巨峰等欧美杂交种相同。果实不裂果、不落粒，较耐贮运。在我国南北方均可栽培。

（26）甲斐路及其早熟芽变系　欧亚种。1955 年由日本植原亚藏用粉红葡萄与新玫瑰杂交育成，1985 年引入我国。在日本是有发展前途的晚熟耐贮运品种。在辽西、华北南部地区表现较好。

自然果穗长圆锥形，平均穗重 650 克，最大穗重 820 克；果粒着生松散，果粒呈长椭圆形，平均粒重 8.5 克，最大粒重 12.8 克。果皮厚而韧，鲜红或紫红色，果肉硬，甜脆多汁，含糖 18%～20%，有玫瑰香味，品质上等；不裂果、无脱粒，果实耐贮运。

甲斐路在日本栽培过程中，选出 3 个早熟芽变品系，即早熟甲斐路、赤岭、石榴红（又称加涅特），其果实成熟期都比甲斐路提早 10～20 天，其他性状均与其相似。本品种的早熟芽变系适于我国的西北、华北地区及辽宁省发展。

2. 无核品种

应选自然粒重 4 克以上的品种。

（1）无核早红　1986 年由河北省农业科学院昌黎果树研究所与昌黎农民技师周利纯合作利用二倍体的郑州早红与四倍体巨峰杂交育成的三倍体新品种。1990 年初选，代号 8611。1998 年通过省级品种审定，并定名为无核早红。现已在河北、山东、辽宁、山西等地栽培，表现较好。

自然果穗圆锥形，平均穗重 190 克，果粒近圆形，平均粒重 4.5 克，无核率达85%，其余均败育瘪籽；用赤霉素处理后，平均穗重 410 克，最大穗重 1 100 克；果粒平均重 9.7 克，最大粒重 19.3 克，无核率则达 100%；粒形由近圆形变为短椭圆形；果皮及果粉均厚，紫红色，果肉脆，含可溶性固形物 14.5%，不裂果，无落粒，品质佳。

生长势强，结果枝率在 61.6% 以上，结果系数 2.23。副梢结实力强，二次果在昌黎地区可正常成熟。

从萌芽至浆果成熟需 100 天左右，比巨峰提早 30 天左右成熟，属早熟品种。

（2）奥迪亚无核　欧亚种。由罗马尼亚用利必亚与波尔莱特杂交育成。1996 年引入我国，经过山东、山西、河北、辽宁等地栽培，生长、结果表现均好。

果穗圆锥形，平均穗重 350 克，最大穗重 420 克；果粒着生紧密。果粒椭圆形，自然粒重平均 4.5 克，最大粒重 5.2 克；果皮紫黑至蓝黑色，有灰白色果粉，果肉较硬而脆，含糖量 16.5%，酸甜适口，味浓甜，品质佳，较耐贮运。

植株长势较强，新梢粗壮，适宜小棚架和"T"形架栽培，采用自由扇形和"V"形的树形和中短梢为主的修剪方法较好。枝条芽眼萌发力和结果力均强，丰产。果实成熟期易感白腐病和灰霉病，要及时喷药防治。果实鲜食、制罐均可。

（3）金星无核　又称维纳斯，欧美杂交种。美国用 Alden 与 N. Y46000 杂交育成。1977 年发表，我国 1988 年引入。在我国南北方均有栽培。

自然果穗圆锥形，平均穗重 260 克，最大穗重 500 克；果粒着生较紧，大小均匀。果粒近圆形，平均粒重 4.2 克，最大粒重 4.5 克；果皮蓝黑色、较厚，肉质偏软，含可溶性固形物 17%，含酸 0.97%；果刷长，无裂果、脱粒现象，品质中上等。

从萌芽到果实成熟为 110 天左右，果实较耐贮运。

树势较强，结果枝率 90%，双穗率达 74.7%，副梢结实能力强，三年生株产 15.1 千克。适于短梢修剪和小棚架栽培。植株抗寒、抗病性均强，丰产，是南、北方早熟优良无核品种之一，也是葡萄无核抗性育种的宝贵资源。

（4）夏黑无核　欧美杂交种。日本于 1968 年用巨峰与汤姆森无核杂交育成。新品种登记号为 9732，由江苏张家港市 2000 年引入。现已在江苏、山东、河北、辽宁等地试栽。

植株生长用贝达砧木表现强旺，新梢可达 1 米。节间中长，成熟枝条深褐色。

自然果穗圆锥形，有歧肩，平均穗重为 450 克，最大穗重达 520 克；果粒平均重 3.5 克，近圆形，用赤霉素处理后，粒重平均达 7.5 克，穗重达 608 克；果皮紫黑色至蓝黑色，成熟后着色一致，皮厚而脆，果粉厚，果肉硬度适中，果汁紫红色，味浓甜，有草莓香味，无籽，含可溶性固形物 20%～22%，品质上等。

（5）瑞锋无核　欧美杂交种。1993 年北京市农林科学院林业果树研究所在先锋品种植株上发现的芽变枝。2004 年通过北京市品种审定。

嫩梢和叶背茸毛比先锋密，花蕾也大，开花时，花帽不能自然脱落。其插条及芽接苗 1994 年均已开花结果，在自然条件下果实无核率在 98% 以上，极少数有残核，食用无感觉。果穗圆锥形，平均重 246.6 克，果粒着生疏松。果粒近圆形，平均重 5.57 克，果皮蓝黑色，果粉厚，果肉硬度似先锋。含可溶性固形物 17.9%，可滴定酸 0.62%，略有草莓香味。品质中上等。用赤霉素处理坐果率高，平均穗重达 845 克，最大穗重 1 065 克，果粒平均增大到 14.2 克，最大粒重 23 克。果皮红紫色，果肉硬度中等，肉质脆且多汁，有草莓香味，可溶性固形物达 16.8%，可滴定酸 0.51%，无核率 100%。无落粒、无裂果，品质优。

枝蔓管理及抗逆性与先锋相同。从萌芽到果实成熟 130 天，属中晚熟品种。

（6）碧香无核　欧亚种。是吉林省松原市新庙镇果农初明文在 1994 年用 1851×莎巴珍珠育成，原名旭东 1 号。经过吉林农业技术学院神农研修中心独家买断和 4 年系统的研究与鉴定，碧香无核在本地区表现抗寒，抗病性强，品质优，丰产。2003 年经吉林省作物品种委员会专家组审定通过。

自然果穗圆锥形，带双歧肩，平均穗重 600 克，最大穗重 1 200 克，果粒着生密度适中；果粒近圆形，平均粒重 4 克，疏穗疏粒后粒重可达 6 克；果皮薄，黄绿色，有弹性，果粉薄，果肉细脆；果皮与果肉不易分离，自然无核，含可溶性固形物 22%，含酸量为 0.25%，味甜，有浓玫瑰香味，品质极佳；不落粒，无裂果，较耐贮运。

贝达根的嫁接树长势中等，萌芽率 80%，结果枝率 70%，坐果率高，丰产。小棚架（4 米×0.5 米）栽培，每亩产量应控制在 1 500～2 000 千克。

在北方冬季防寒地区适宜小棚架栽培（行株距 5 ~ 6 米 × 0.6 ~ 1.2 米）和双龙干或自由扇形整枝。其生长季节的土、肥、水和枝蔓管理与白鸡心无核品种相同。

从萌芽到浆果成熟为 90 天左右，其有效积温大于 2 400℃，属极早熟品种。

该品种抗病性强，在露地和设施中栽培很少发生黑痘病、白腐病和霜霉病。

（7）黑奇无核 又称幻想无核、神奇无核，欧美杂交种。由美国加利福尼亚州 1982 年用 B36 - 27 × P64 - 18 育成，1988 年通过鉴定。1997 年引入我国。

自然果穗圆锥形，平均穗重 520 克，最大穗重 720 克，果粒着生松紧适度；果粒椭圆形，平均粒重 6.5 克，最大粒重 8.2 克；果皮紫黑至蓝黑色，中等厚，有果粉，果肉淡绿色，肉质硬脆，含可溶性固形物 18%，有玫瑰香味，品质较佳；果刷长，无落粒，较耐贮运。

该品种树势强旺，冬剪应采用中长梢混合修剪，加强夏季管理和追施磷、钾肥，促进枝条充实、成熟，少施氮肥，防止贪青徒长。采用环剥法可提高坐果率和增大果粒。本品种适应性强，适宜我国华北、东北、西北地区栽培。华南、华中采用 SO₄、5BB 砧木生长结果较好，是有发展前途的大粒、黑色无核优良品种。

（8）白鸡心无核 又称森田尼无核、世纪无核，欧亚种。由美国加利福尼亚州大学用 Gold 与 Q25 - 6 杂交育成。1981 年发表，我国 1983 年从美国引入。在我国东北、华北、西北等地均有栽培，表现较好，很有发展前途。

自然果穗圆锥形，平均穗重 829 克，最大穗重 1 361 克，果粒着生紧密；果粒长卵圆形，平均粒重 5.2 克，最大粒重 6.9 克，用赤霉素处理可达 8 克；果皮绿黄色，皮薄肉脆，浓甜，含可溶性固形物 16%，含酸 0.83%，微有玫瑰香味，品质极佳。

树势强，枝条粗壮，应注意控制新梢徒长。冬剪以采用中长梢修剪为宜。结果枝率 74.4%，每个结果枝着生 1 ~ 2 个果穗，双穗率在 30% 以上，果穗多着生在第五至第七节。三年生株产 12.8 千克，丰产。果实成熟一致，副梢有二次结果能力，在兴城能正常成熟。较抗霜霉病、灰霉病，但易染黑痘病和白腐病。

该品种果粒着生牢固，不落粒，不裂果，耐贮运。是适合华北、西北和东北地区发展的大粒、无核鲜食和制罐的优良品种，应积极推广。

（9）昆香无核 欧亚种。由新疆石河子葡萄研究所用葡萄园皇后与康耐诺杂交育成。1982 年选出，2000 年通过品种鉴定。

嫩梢及幼叶紫红色，有中等密度茸毛，有光泽；成叶心脏形，中等大，叶表有泡状皱，下表皮有刺毛，中等密，叶缘微上卷，叶片 5 裂，锯齿中等锐；叶柄洼开张，矢形；两性花。

果穗圆锥形，平均穗重 465 克，最大穗重 600 克，果粒着生中密；果粒椭圆形，金黄色，平均粒重 4.5 克，果粉少，果皮薄；果肉硬而脆，味甜，有浓玫瑰香味，无种子，含可溶性固形物 20%，可滴定酸 0.54%，在新疆可室内自然阴干，干后仍有玫瑰香味。

植株长势中等。芽眼萌发率为64%，结果枝率为34%。每果枝平均有果穗1.22个，果穗多着生在第四至第五节位。产量中等，早果性好。

在石河子地区5月中下旬萌芽，6月下旬开花，8月下旬浆果成熟，从萌芽到浆果成熟需120天。属于早熟品种。

该品种是制干、鲜食的优良品种，有玫瑰香味，品质上等。适宜棚、篱架栽培和中短梢混合修剪，北方各省应引种试栽、推广。

（10）水晶无核　欧亚种。由新疆石河子葡萄研究所于1977年用葡萄园皇后与波来特杂交育成。1984年选出，2000年12月通过品种审定。

嫩梢、幼叶黄绿色，带紫红色，有稀疏茸毛；成叶心脏形，中等大，平展，有光泽，叶背有稀疏刺毛；叶片浅3裂，锯齿中锐；叶柄洼开张，呈拱形；两性花。

果穗圆锥形，平均穗重700克，最大穗重1400克，果粒着生中等紧密；果粒长圆形或柱形，平均粒重5.5克，最大粒重9克；果皮黄绿色，果粉中等厚，皮薄，肉硬脆、半透明，汁液中多，味酸甜，无核；含可溶性固形物20%~22%，可滴定酸0.55%，是鲜食、制干兼用优良品种。

植株长势强，芽眼萌发率达82.3%，结果枝率达62.6%，丰产性好。

从萌芽到浆果成熟为120天，属中早熟品种。抗病性中等偏强，适宜棚架栽培和中长梢混合修剪。

（11）蜜丽莎无核　又称梅里莎无核、莫利莎无核或蒙丽莎无核，欧亚种。1998年由美国用克瑞森无核和B40-28的杂交后代，利用杂种胚挽救技术，使克瑞森无核的胚正常发育而获得的植株。父本B40-28是一个白色无核品系，含有黑玫瑰、意大利和玫瑰香等品种的血缘。我国1999引入，在河南、山东、河北、辽宁栽培，表现较好。

自然果穗圆锥形，平均穗重450克，最大穗重520克；有单歧肩，果粒着生中等紧密，椭圆形，疏果后自然果粒平均重5.6克，最大粒重7.8克，环剥处理后粒重可增加1~2克，果皮黄白色，中等厚，果皮与果肉不易分离；果肉稍硬而脆，味甜爽口，含可溶性固形物18%，充分成熟有玫瑰香味，品质佳，丰产；果粒成熟不一致，可延迟采收，耐贮运。

植株长势较旺，适于小棚架栽培和中长梢修剪。

（12）黎明无核　欧亚种。美国用Gold与波尔莱特杂交育成。1986年从美国加州引入我国，在辽宁、河南、河北及山东等地区试栽，生长、结果表现较好。1996年12月通过辽宁省农作物品种审定委员会审定。

自然果穗圆锥形，平均穗重437.5克，最大穗重800克；果粒着生紧密，果粒近圆形，无核，平均粒重5.8克，最大粒重7.2克；果皮黄绿色，果粉薄，果肉硬脆，香甜适口，含可溶性固形物18.5%，品质上等；果实较耐贮运。

植株长势偏强，枝条粗壮，秋季易成熟。结果枝率 67.5%，果实成熟一致。抗病性和抗寒性较强，丰产，四年生平均株产 15.4 千克，每亩产量达 1 709 千克。

该品种适于小棚架或 T 形架栽培，采用中长枝混合修剪，每平方米留 9 ~ 12 个新梢，结果枝与营养枝比例为 3∶1。其他肥、水、病虫管理与白鸡心无核相同。

（13）优无核　又称上等无核、超级无核、黄提无核，欧亚种。由美国加利福尼亚州用绯红与未定名的无核品种杂交育成。1990 年引入我国，现已在河北、辽宁、山东、新疆等地试栽，生长、结果表现较好。

自然果穗圆锥形，平均穗重 800 克，最大穗重 1 200 克，果粒着生较紧密；果粒短椭圆形或近圆形，平均自然粒重 6.5 克，最大粒重 7.2 克，经赤霉素处理后粒重达 10.3 克；果皮绿黄色，充分成熟浅黄色，外观美丽，皮薄肉脆，质细多汁，味甜，含可溶性固形物 16%，稍有玫瑰香味；粒大、无核，品质优；果粒耐拉力强，抗压，无裂果，耐贮运力强；在常温下，可存放 30 ~ 45 天，在 0℃条件下，可贮至翌年 4 月。

树势较旺，幼树一般三年生开始结果，要及时摘心，防止新梢徒长。结果枝率 58%，结果系数 1.3，丰产。适应性较强，抗干旱，花期控水，采用环剥可提高坐果率。花序多着生在第五至第六节位，适宜中长梢混合修剪。在小棚架上，行距 4 ~ 5 米，株距 0.6 ~ 1.2 米，采用留 1 ~ 2 条龙蔓型树形，在加强肥水和夏季管理的条件下，栽后第二年有 60% 结果，平均株产 2.8 千克，高产株达 5.1 千克。三年生平均每亩产量在 1 500 千克以上。本品种是无核品种中果粒最大的，应试栽、推广。

从萌芽到浆果成熟为 120 天左右。该品种抗病性似玫瑰香，注意防治黑痘病、白腐病和霜霉病，按时喷多菌灵、瑞毒霉及乙膦铝等药，交替使用可收到较好的防治效果。

（14）红宝石无核　又称鲁比无核，欧亚种。1968 年由美国加利福尼亚州大学用皇帝 × pirovran 075 育成。1983 年引入我国，在全国各省市栽培结果表现较好。

自然果穗圆锥形，平均穗重 650 克，最大穗重 1 500 克以上；果粒着生中密，果粒呈短椭圆形，平均粒重为 4.2 克，最大粒重 5.5 克；果皮紫红色，有深紫色条纹，皮薄肉脆，味甜爽口，含可溶性固形物 17.5%，品质上等。

植株长势强，丰产。三年生葡萄每亩产量 1 500 千克以上。果穗多着生在第四至第五节位。抗霜霉病性较强，但要注意防治黑痘病。在肥水正常管理条件下，容易获高产。果实耐贮运性中等。成熟期保持土壤湿度稳定，逢雨时易出现裂果。

（15）克瑞森无核　又称绯红无核，欧亚种。1983 年由美国加利福尼亚州用无核白为第一代亲木，进行 5 代杂交工作，1983 年最终用晚熟品系 C33 - 99 与皇帝杂交育成晚熟、红色的无核品种，有玫瑰香、阿米利亚、意大利等品种的血缘。

美国在 1988 年通过鉴定，1989 年开始推广。我国于 1998 年引入，已于河北涿鹿、山东平度、内蒙古乌海、河南、辽宁兴城等地区试栽，表现较好。

自然果穗圆锥形，平均穗重 500 克，最大穗重达 1 000 克；单歧肩，果粒着生中密或紧密，椭圆形，平均粒重为 4.2 克，最大粒重 6 克；果皮紫红色，着色一致，有较厚白色果粉，比较美观，果皮中厚，果皮与果肉不易分离；果肉浅黄色，半透明，肉质细脆，清香味甜，含可溶性固形物 18.8%，含可滴定酸 0.75 毫克/100 毫升，糖酸比大于 20∶1，品质极佳；每粒浆果有 2 个败育种子，食用时无感觉；果实耐拉力比红宝石无核强，且不裂果，果实较耐贮运。

克瑞森无核对赤霉素花期处理比较敏感，要掌握好处理的时间和浓度，一般用赤霉素处理和环剥能使果粒增重 1 ~ 2 克。该品种应用贝达砧木嫁接成活率较高，适应性和抗病性均强。

植株长势旺，要加强夏季修剪和控制氮肥，适合用小棚架栽培和龙干形或自由扇形，采用中长梢混合修剪。

三、葡萄的生产技术

（一）架式与整形修剪

1. 架式

葡萄属蔓性果树，除少数品种枝条直立性较强，可以采取无架栽培外均须设架，才便于管理。架式可分为篱架、棚架和柱式架。

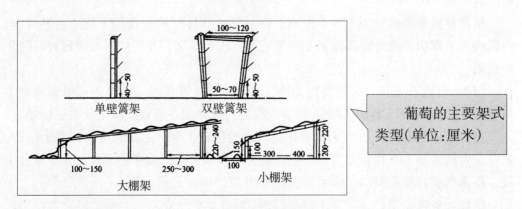

葡萄的主要架式类型（单位：厘米）

（1）篱架　架面垂直于地面，葡萄分布在架面上。沿行向（一般为南北向）每隔 6 ~ 8 米设 1 根立柱，上拉数道铁丝引缚枝蔓。国内外大面积生产中应用较多。这种架式通风透光好，管理简便，适合机械化生产，适于平地、缓坡地采用。篱架又可分为单壁篱架、双壁篱架、宽顶篱架等。

（2）棚架　有大棚架、小棚架之分。其中倾斜式大棚架架长 6 米以上，6 米以下为小棚架。小棚架用料少，密植早丰产，便于寒冷地区下架埋土防寒，但机械耕作不便；漏斗式大棚架，葡萄栽在架中央，支架向四周伸展呈漏斗式圆形，外高内低，直径 10 ~ 15 米。仅在河北宣化等地庭院中采用；水平式棚架，架面高 3 米以上，病害轻，适于高温高湿不防寒的地区使用，也可以实行机械化耕作，但抗风能力较差；独龙架多在干旱丘陵地采用，架材容易就地取材；拱形棚架一般在观光葡萄园、庭院中，形成葡萄长廊，造价高，管理不便，在大面积生产中很少采用。

（3）柱式架　国外不防寒地区用得较多。它以 1 根木棍支持枝蔓，植株一般采用头状整枝或柱形整枝，结果母枝剪留 2 ~ 3 个芽，新梢在植株上部向下悬垂。当主干粗度在 6 厘米以上，能直立生长时，可以把木棍去掉，成为"无架栽培"。柱式架简单，省架材，但通风透光较差。

葡萄栽培中架式较多，各种架式的性能详见表 2 - 2。

表 2 - 2　葡萄主要架式性能表

架式名称	特点	存在问题	采用树形	适用条件
单壁篱架	通风透光、早果丰产、管理方便、利于密植，果实品质好	架面小，不适宜生长旺盛的品种，结果部位易上移	扇形、水平形、龙干形、"U"形整枝	密植栽培、品种生长势弱、温暖地区
双篱离架	架面扩大、产量增加	费架材，不便作业，病害重，着色差，对肥水条件和夏季植株要求较高	扇形、水平形、U形整枝	小型葡萄园
宽顶篱架（"T"形架）	有效架面大、作业方便、产量增加、光照条件好、品质好	树体有主干，不便埋土防寒，在埋土防寒地区不宜采用	单干双臂水平形	适合生长势较强的品种，不需要埋土越冬的地区
小棚架	早期丰产、树势稳定、便于更新	不便机耕	扇形、龙干形	适合生长势中等品种，需要冬季埋土的地区
倾斜式大棚架	建园投资少，地下管理省工	结果晚，更新慢，树势不稳	无主干，多主蔓扇形、龙干形	寒冷地区、丘陵山地、庭院栽培、品种生长势强

2. **整形修剪**

葡萄枝梢生长量大，蔓性强，叶大喜光，做好整形修剪十分重要。其目的是使枝蔓、叶片和果穗均匀分布于架上，从而可以获得更好的光照、温度、湿度，有效地促进生长，及时控制营养消耗，达到优质、高产之目的。

（1）整形　合理的树形能充分利用树体的内在因素和环境条件，使树形与生长结果统一，实现方便管理，降低成本，提高经济效益。整形成败的关键是蔓要伸展顺畅，结果部位分布均匀，并能得到不断更新复壮。

生产上常用的树形大致可分为3大类。

a. 扇形整枝　扇形整枝为葡萄产区采用得较多的一种树形。依主干有无可分为有主干扇形和无主干多主蔓扇形。无主干多主蔓扇形又分为两种，主蔓上留侧蔓的自然扇形和不留侧蔓的规则扇形。在冬季埋土防寒地区，植株每年需要下架和上架，枝蔓要细软些，以便压倒埋土防寒，多采用无主干多主蔓扇形。其基本结构是植株由若干较长的主蔓组成，在架面上呈扇形分布。主蔓上着生枝组和结果母枝，较大扇形的主蔓上还可分生侧蔓。

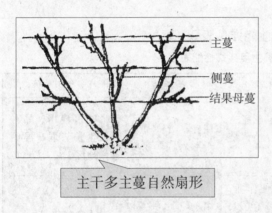

主干多主蔓自然扇形

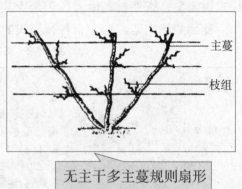

无主干多主蔓规则扇形

篱架式栽培通常采用无主干多主蔓扇形，其主蔓数量由株距确定。在架高2米、行距1.5米的情况下，每株留3～4个主蔓，每个主蔓上留3～4个枝组。该树形单株主蔓数量较多，成形快，能充分利用架面，达到早期丰产，同时主蔓更新复壮容易，便于埋土防寒。在修剪时应注意两点：一是要灵活掌握"留强不留弱"和"留下不留上"原则。因为结果好的强枝往往在架面上部，而下部枝往往生长细弱，如果过分强调当年产量而使上部强枝留得较多，则极易造成枝蔓下部光秃，所以修剪中应注意上部强枝不能全留，修剪手法上要"堵前促后"，并以较强的枝留作更新预备枝，使结果部位稳定，主蔓不易光秃。二是要适时更新主蔓，尽量少留侧蔓，一般6～8年要轮流更新1次主蔓，使主蔓保持较强的生产能力。

无主干多主蔓扇形的基本整形过程如下。

第一年春天，苗木留3～4个芽短截后定植。萌芽后选留3～4壮梢培养，其余全部除去。当新梢长80厘米以上时，留50～60厘米摘心，以后对新梢顶端发出的第一副梢留20～30厘米摘心，并疏除其余副梢。同样对副梢上发出的2次副梢留3～5片叶摘心，3次副梢留1～2片叶摘心。冬剪时，对壮枝留50厘米短截，成为主蔓。弱枝留30厘米短截，下一年继续培养主蔓。

第二年夏季，主蔓上发出的延长梢达70厘米时，留50厘米左右摘心，其余新梢留30厘米摘心，以后可参照第一年的方法摘心。冬剪时主蔓延长蔓留50厘米短截。其余枝条留 2~3 个芽短截，培养结果枝组。上一年留 30 厘米短截的待培养主蔓，当年可发出 2~3 根新梢，夏季选其中 1 根壮梢在其长到 40 厘米时留 30 厘米摘心，其上发出的健壮的副梢做主蔓延长梢处理，冬剪留 50 厘米，其余副梢按培养枝组的方法处理。

第三年继续按上述原则培养主蔓和枝组，直到主蔓具备 3~4 个结果枝组为止。

多主蔓规则扇形的各主蔓和结果部位呈规则状扇形分布，如多主蔓分组扇形、多主蔓分层扇形。前者是以长、短梢结果母枝配合形成结果部位（枝组），适于生长势较强的品种和肥水条件较好的葡萄园；后者主要是以短梢结果母枝形成结果部位（枝组），对于树势中庸的品种较适合。规则扇形与自由扇形相比较，结果部位严格分层，修剪技术简单，工作效率高。

b. 龙干式整枝 我国河北、辽宁等北方各葡萄产区常用的一种整形方式。适于棚架和棚篱架。该整枝方式技术简单易行，结果部位也较稳定，产量稳定，果实品质好。

龙干形有一条龙（干）、二条龙（干）和三条龙（干）之分。龙干结构是从地面直接选留主蔓，引缚上架，在主蔓的背上或两侧每隔 20~30 厘米着生一个似"龙爪"的结果枝组，每个枝组着生 1~3 个短结果母枝，多用中短梢修剪。修剪时一要掌握好龙干的间距（50~70 厘米），肥水足、生长势强的品种，间距宜大些，反之，则可小些；二要严格控制夏季修剪，防止空蔓，并经常注意留好结果部位的更新枝。

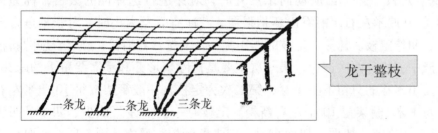

一条龙 二条龙 三条龙

龙干整枝

二条龙干形的基本整形过程如下。

第一年，定植时留 2~3 个芽剪截，萌发后选健壮新梢用以培养主蔓。当新梢长至 1 米以上时摘心，其上副梢可留 1~2 片叶反复摘心。冬剪时，主蔓剪留 10~16 个芽。

第二年，主蔓发芽后，抹去基部 35 厘米以下的芽，以上每隔 20~30 厘米留一壮梢，夏季新梢长到 60 厘米以上时，留 40 厘米摘心。以后对其上的副梢继续摘心，冬剪时留 2~3 个芽短截。对一主蔓延长梢可留 12~15 节摘心，冬剪剪留 10~15 个芽（长 1~1.4 米）。

第三年，在第二年留的结果母枝上，各选留 2~3 个好的结果枝或发育枝培养枝组，方法是在9~11片叶时摘心，及时处理副梢，并使延长蔓保持优势，继续延伸，布满架面。冬剪时可参考上年方法。一般3~5年完成整形任务。

c. 水平整枝　水平整枝在篱架上应用较多。冬季不下架防寒地区多采用有主干水平整枝，其树形可分别采用单臂、双臂、单层、双层、低干、高干等多种形式。双臂水平整枝可细分为几种类型。冬季埋土防寒地区则必须使用无干水平整枝。

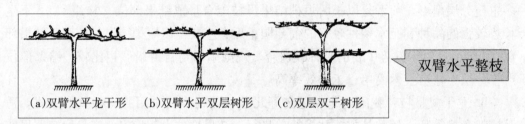

(a)双臂水平龙干形　(b)双臂水平双层树形　(c)双层双干树形

双臂水平整枝

双臂单层水平整形方法是：在定植当年留1个新梢作主干培养，当新梢长至25~30厘米时摘心，摘心后留顶端2个副梢继续延伸，待新梢达10片叶后再摘心，培养为2个主蔓。冬剪时各留8个芽短截。第二年夏季抹芽定枝时，新枝蔓上每米留6~7个结果新梢，间距15厘米。冬剪留2~3个芽短截成为结果母枝。第三年夏季结果母枝发芽后，选留2个新梢分别作为结果枝和预备枝培养结果枝组，冬剪时分别留2~3个芽和4~6个芽。以后每年对结果枝组更新修剪。

（2）基本修剪方法

1）抹芽、定枝　当芽已萌动尚未展开时，对芽进行选择性的去留，称为抹芽。而新梢长10厘米左右，能看出新梢强弱、花序有无及大小时，对新梢进行选择性的去留，叫作定枝。抹芽、定枝的作用主要是节省营养消耗，确定合理的新梢负载量。生产中一般分两次进行，第一次主要是抹除畸形芽和不需要留下的隐芽，同一节位上发出多芽的只留下一个芽；第二次为定枝，一般篱架按每10厘米左右留一新梢，每1米^{2}棚架留10个左右新梢。定枝时一般掌握"四少、四多、四注意"，即地薄、肥水差、树弱、架面小时，应少留新梢；反之，则多留；一要注意新梢分布均匀，二要注意多留壮枝，三要注意主蔓光秃处利用隐芽发出的枝填空补缺，四要注意成年树选留萌蘖培养新蔓。

2）新梢摘心与副梢处理　即掐去新梢嫩尖，抑制延长生长，使开花整齐，叶、芽肥大，分化良好。新梢摘心与副梢处理是葡萄夏季修剪的基本内容，其主要目的是控制枝梢生长，改善架面光照条件，促进养分积累，保证花果发育。具体方法因枝梢类型而异。

结果枝摘心应在开花前3~5天进行，在花序上留4~6片叶摘心，具体可选择达到成年叶1/2大小叶片的节间作为摘心部位。对副梢的管理常采取以下方法：先端1~2个副梢留3~4片叶反复摘心，其余的穗上副梢留1~2片叶反复摘心，或留 1 片叶摘心并掐去叶腋芽防止萌发二次副梢。对于果穗下的副梢则应全部除去。发育枝摘心应根据其具体作用而分别对待。培养主蔓、侧蔓的发育枝可在生长为 80 ~ 100 厘米时摘心，以后先端 1 ~ 2 个副梢及二次副梢均留 4 ~ 6 片叶摘心，其余副梢可参照结果枝果穗以上副梢的处理方法。培养结果母枝的新梢可留 8 ~ 10 片叶摘心，预备枝上的新梢也应根据需要摘心，它们发出的副梢亦按上述方法处理。此外，易发生日灼病的地区采用篱架栽培时，还要保留花序处及其上的 1 个副梢，留 2 片叶反复摘心，可为果穗遮阴，以减少日灼。

3）疏花序、掐花序尖和疏果　在花前进行疏花序和掐花序尖，在花后 2 ~ 4 周进行疏果，一般用于大穗型的鲜食葡萄品种。对于巨峰葡萄一般经过疏果后，每穗仅保留 35 ~ 40 个果粒，单粒重保持 10 ~ 12 克。中国农业大学在牛奶葡萄上的初步试验表明，牛奶葡萄在花序整形的基础上通过花后疏果，疏去 1/4 ~ 1/2 果量，使每穗果粒保持在 80 ~ 100 粒，能显著地改进果穗与果粒的外观。对于瘠薄沙地上栽培的玫瑰香葡萄，于花期掐去 1/4 ~ 1/3 花序尖，可提高穗重，增产 3% ~ 9%。对成熟期易裂果的乍娜葡萄采取果穗与新梢比为 1 : 2 时，再配合水分管理，可明显减少裂果。

4）短截　是葡萄冬季修剪中使用最多的剪法，往往是"枝枝短截"。根据结果母枝的剪留芽的多少，可将短截分为 5 种基本剪法，即超短梢修剪（剪留 1 个芽）、短梢修剪（剪留 2 ~ 4 个芽）、中梢修剪（剪留 5 ~ 7 个芽）、长梢修剪（剪留 8 ~ 12 个芽）、超长梢修剪（剪留 12 个芽以上），具体又可根据品种特性、架式树形、夏季摘心强度等灵活运用。一般长梢或超长梢修剪方法适合于结果部位较高、生长势旺盛的东方品种群葡萄，多用于棚架。它能保留较多的结果部位，形成较高产量，但萌芽率和成枝率较低，结果部位外移快。因此，在生产上采用长（或超长）梢修剪时，必须注意配备预备枝，以便回缩结果部位。而短梢修剪萌芽率和成枝率极高，枝组形成和结果部位稳定，适于结果部位低的西欧品种群和黑海品种群及篱架栽培。中梢修剪的效果介于两者之间，多在单枝更新时使用。

5）绑缚枝蔓　按树形要求将枝蔓定向、定位绑缚在架面铁丝上，使其在架面上均匀分布，充分利用光能。通过控制绑蔓的方位，可有效调节枝蔓生长势。如扇形整枝，将生长势较弱的主蔓绑缚于正中，使其生长势转强，而生长势较强的绑缚于两侧。

对中长梢修剪的结果母枝可适当绑缚，采用垂直绑缚、倾斜绑缚、水平绑缚、弓形绑缚等方式，可抑强扶弱，对弱枝垂直绑缚或倾斜绑缚，对强枝水平或弓形绑缚，可有效地防止结果部位的上移。短梢修剪的结果母枝不必绑缚。新梢长 40 ~ 50 厘米时进行引缚固定，使其均匀分布于架面。除长势较弱的新梢和用于更新骨干枝的新梢可直立向上绑缚外，一般要保持一定倾斜度，切忌紧贴密挤架面。长势强的新梢，拉成水平状绑缚。部分新梢可自由悬垂。新梢上除靠近铁丝的卷须可以引导利用外，其余均应疏除。

绑缚材料可用马蔺、麻绳、布条或塑料绳。结扣要既死又活，使绑扎物一端紧扣铁丝不松动，另一端在枝蔓、新梢上较松，留有枝蔓加粗生长的余地。

6）更新复壮　枝组的更新有单枝更新和双枝更新两种方法。对于以短梢为主的单枝更新法，结果母枝一般剪留 3～4 节，将母枝水平引缚，使其中上部抽生的结果枝结果，基部选择一个生长健壮的新梢，培养为预备枝，如预备枝上有花序应摘除。冬剪时，将预备枝以上部位剪去，以后每年反复进行。此法适用于母枝基部花芽分化率高的品种。对于双枝更新法，其修剪方法指在一个枝组上通常由一个结果母枝和一个预备枝组成，结果母枝长留（采用长中梢修剪）；另一个母枝作预备枝短留（留 2～3 个芽）。结果母枝抽梢结果后，冬剪时将其缩剪掉，留下预备枝上两个健壮的一年生枝，上面一个用作结果母枝，采用长中梢修剪，下面一个作预备枝，剪留 2～3 个芽，每年反复更替进行。此外，生产上还应注意衰弱的主蔓及植株的更新复壮。

（二）土、肥、水管理

1. 土壤管理

目前大部分葡萄园的土壤耕作制度仍以清耕法为主，一年内根据杂草发生和土壤进行几次中耕。在幼龄葡萄园可进行间作，一般认为甘薯是较好的间作物，由于它栽种时间晚，前期生长缓慢，对葡萄的早期生长影响较小。常见间作物还有花生、绿豆和草莓。生长季土壤管理采用膜覆盖技术。

2. 施肥技术

葡萄是一种喜肥、水的果树，且生长量大，对肥、水反应敏感，葡萄生长发育需要多种元素，有氮、磷、钾、钙、镁、硼、锌等，钾和钙尤其不可少，所称为钾质、钙质果树。施肥应掌握以有机肥为主、化肥为辅，以秋施基肥为主，配合生长期追施速效肥料。

秋季基肥施用量比较大，每公顷施基肥 75 000 千克，以有机肥加草木灰和钙、镁、磷肥为好，也可用炕土、老墙土和鸡粪等。秋施基肥多用沟施（离植株 50 厘米以外，在防寒地区常在防寒取土沟内施入基肥，深 40～70 厘米，以当地葡萄细根大量分布深度为准）或撒施（应结合耕翻，不浅于 15 厘米，但长期撒施易引起根系上移，不抗旱）。挖穴栽植的及篱架栽培的幼树应先在株间开沟施肥。以后再进行行间开沟施肥。棚架栽培的葡萄大部分根系分布于架下，所以施肥的重点部位应放在架下。无论是篱架或棚架，至少要间隔 2～3 年才可在同一施肥部位再施入基肥。

葡萄开花期是年生育过程中需肥最多的时期，也是肥水矛盾最剧烈的时期。必须追施以氮为主的尿素（每公顷 300 千克）及根外喷施 0.2%～0.5% 硼砂溶液。

浆果生育期也是需要大量肥料的重要时期，在浆果生育期可地下追施腐熟人粪尿或复合化肥加过磷酸钙，并辅以根外追肥。绿色葡萄食品生产施肥应以有机肥为主，配合生物肥，重视施用磷肥和钾肥。尽量少用氮素化肥，生长期间不用尿素等氮素化肥，防止肥料分解，形成亚硝酸盐等有害物质。

3. 水分管理

葡萄浆果中含水分量在80%以上，栽培中合理浇水可促进生长，减少落果，防止日灼和裂果，可使浆果色泽鲜艳，穗重、粒重加大，提高产量和品质。葡萄生长前期和6月浆果迅速膨大期对水分的反应最为敏感。前期缺水，新梢生长不良，叶小，花小，坐果率降低，浆果膨大初期缺水，果粒明显滞长，即使过后有充足的水分供应，也难以使浆果达到正常大小，直接影响当年产量和质量。一般认为，葡萄是比较耐旱的。但当水分供应不足时，叶片上气孔关闭，光合能力下降。严重缺水时，新梢梢尖呈直立状，卷须先端干枯，叶缘发黄、出现萎蔫，老叶黄落，浆果皱缩。在果实成熟期轻微缺水可促进浆果成熟和提高果汁中糖的浓度，但严重缺水则会延迟成熟，并使浆果颜色发暗，甚至引起日灼。浆果成熟期水分过多、会导致含糖量和品质的降低，部分品种还会引起裂果。我国北方早中熟品种成熟时正值雨季，如降水量过大应采取相应的排水措施。

葡萄的需水量受多种因素制约，一般掌握为田间最大持水量的60%～80%，下降为60%以下时就应浇水。无灌溉条件的果园应注意保墒，可地面覆盖或加强中耕松土，使园地经常保持疏松无草状态。

灌水方法从节水及利于果树生长方面来看，采用滴灌为好，有些地区已开始应用，滴灌也是以后果树灌溉发展的方向。

（三）周年生产技术要点

1. 树液流动期

一般早春30～40厘米以下土壤温度为6～9℃时，树液开始流动，根的吸收作用也逐渐加强，从春季树液开始流动到萌芽为止这段时期称为树液流动期，一般在3月下旬至4月上旬。此时植株的主要特征是从伤口分泌伤流液，若折断或剪截枝蔓，易从伤口流出透明树液，影响生长结果。这一时期葡萄园的生产目标是清除越冬病虫，土壤提温保湿，促进根系生长。

（1）适时出土上架　出土过早，根系尚未开始活动，枝芽易被抽干；出土过晚，则芽在土中萌发，出土上架时很容易被碰掉。葡萄出土最好1次完成，在有晚霜危害的地区应分两次撤除防寒物。出土时要求尽量少伤枝蔓。

出土后将主蔓基部的松土掏干净，刮除枝蔓老皮，并将其深埋或烧掉，以消灭越冬病原和虫卵。枝蔓上架时要均匀绑在架面上，主侧蔓应按树形要求摆布，注意将各主蔓尽量按原来的生长方向拉直，相互不要交错纠缠，并在关键部位绑缚于架上。

（2）喷药保护　出土后至萌芽前，喷 1 次 3～5 波美度石硫合剂，以防治各种越冬病虫。

（3）施肥灌水

1）补充基肥　如果秋季未施基肥，应在此期施入基肥。

2）催芽肥　葡萄是喜肥、水的果树，且生长量大，对肥、水反应敏感。第一次追肥在芽萌动期进行，宜追施尿素、碳酸氢铵等，并配合少量磷、钾肥。

3）及时灌水　若此时持水量低于田间持水量的 60%，可在萌芽前、萌芽后各灌 1 次水。

2. 萌芽与新梢生长期

萌芽与新梢生长期从芽眼膨大、鳞片裂开露出茸毛到新梢加快生长，开花前为止。这一时期葡萄对肥、水的需求量大，是奠定当年生长、结果的关键阶段。

（1）抹芽　是葡萄发芽后的第一项夏剪工作。一般要分 2～3 次进行，以节省养分并为定梢打下基础。葡萄的芽萌动后 10～15 天，对芽眼发出的双生芽、三生芽等，每芽选留 1 个饱满芽，其余的全部抹除。10 天左右再进行 1 次。同时，追施复合肥，一般每公顷可施氮磷钾复合肥 250～300 千克，最迟在花前 1 周施入。追肥后灌水并进行中耕除草。

（2）定梢定果　当新梢长至 10～15 厘米，能辨认出有无花序和花序大小时进行定梢。一般可根据枝蔓长势定梢，长势一般的结果母蔓可留 1～2 个新梢，健壮的留 3～4 个新梢。棚架采取长梢和极长梢修剪的可留 7～8 个，甚至 10 个以上新梢。新梢的间距以不小于 10 厘米为宜。新梢长 20 厘米以上时开始疏花序定果，即按负载量要求疏花序，一般壮枝留 1～2 个花序，中庸枝留 1 个花序，延长枝及细弱枝不留花序。

（3）花序整形　花序整形的主要内容是掐穗尖和疏副穗，可在花前 5～7 天与疏花序同时进行。对花序较大的品种，要掐去花序全长的 1/5～1/4；对副穗明显的品种，应将过大的副穗剪去，从而使果穗紧凑，果粒大小均匀一致。

（4）摘心去卷须　开花前 3～5 天开始摘心，结果枝在花序上留 4～8 片叶摘心，同时要及时摘除卷须。

（5）病虫害防治　此期主要防治黑痘病、霜霉病、绿盲蝽等病虫害。可喷 50% 多菌灵可湿性粉剂 600～800 倍液，25% 甲霜灵可湿性粉剂 800～1 000 倍液或 20% 甲氰菊酯乳油 2 000～2 500 倍液等。

3. 开花期

葡萄开花期短而集中，消耗营养多，因而花期是全年管理的关键时期。生产上常利用新梢摘心控制新梢生长，缓和营养供求矛盾。

（1）新梢摘心　新梢摘心的时间，对落花落果重的品种，要求在开花前 1 周进行，对坐果率高的品种可在始花期或花后 1 周进行。对结果枝在花穗以上留 7～

9 片叶摘心；对发育蔓的摘心应根据整形需要来定，作为延长蔓的可留 15~20 片叶摘心；作为翌年结果母蔓的可留 8~12 片叶摘心；对幼龄树的强旺新梢可留 4~5 片叶重摘心。

（2）花期喷硼　落花落果严重的品种，在开花前 2 周喷 0.3% 硼砂，隔 1 周再喷 1 次，可提高坐果率。

4. 果实发育期

果实发育期从子房开始膨大到浆果着色前为止。此期延续时间差异很大，一般早熟品种需要 35~60 天，中熟品种需要 60~80 天，晚熟品种需要 80 天以上。

这一时期浆果迅速生长，植株营养矛盾突出，落果严重，环境高温高湿，病虫害发生频繁，生产管理的主要任务是提高树体营养水平，改善通风透光条件，及时控制枝梢生长，集中防治病虫害。

（1）疏果套袋　花后 20 天左右疏果粒，疏除小粒果、畸形果、病虫果、碰伤果，然后将果穗摆顺。一般小粒果、着生紧密的果穗，以穗重 250~300 克为标准；中粒果、松紧适中的果穗，以穗重 300~400 克为标准；大粒果、着生稍松散的果穗，以穗重 400~500 克为标准。

疏粒结束后，全园喷 1 次杀菌剂，如代森锰锌或石灰半量式波尔多液，重点喷布果穗。待药液干后即可开始套袋。套袋应根据果穗大小、果实颜色选择不同规格的葡萄专用袋，先用手将纸袋撑开，然后由下往上将整个果穗装进袋内，再将袋口绑在穗梗或穗梗所在的结果枝上，用封口丝将袋口扎紧，防止害虫及水进入袋内。注意套袋时不能用手揉搓果穗。

（2）追肥灌水　花后 1 周左右追施壮果肥，一般每公顷施尿素 250 千克、钾肥 150 千克、硫酸钾复合肥 400 千克效果较好，施肥后灌水。同时结合防病喷施 0.2% 尿素叶面肥或喷施 0.2%~0.3% 磷酸二氢钾，连续喷施 3~4 次，对提高果实品质有明显作用。

（3）病虫害防治　病虫害发生频繁，重点防治黑痘病、霜霉病、炭疽病、白粉病、螨类、叶蝉、葡萄虎天牛、透翅蛾等。

果粒膨大期喷 42% 代森锰锌悬浮剂 600~800 倍液，防治黑痘病、霜霉病。在白粉病发病初期喷醚菌酯、宁南霉素等，每隔 10 天连喷 2~3 次。

如有害虫发生，喷施 50% 辛硫磷乳油 1 000~1 500 倍液，或 20% 甲氰菊酯乳油 1 500~2 000 倍液，或 10% 高效氯氰菊酯乳油 3 000~4 000 倍液等杀虫剂防治。

5. 果实成熟期

果实成熟期一般是从有色品种开始着色、无色品种开始变软起到果实完全成熟为止。此期果粒不再明显增大，浆果变得柔软有光泽，有色品种充分表现出其固有色泽，白色品种呈金黄色或白绿色，果粒略呈透明状，同时果肉变软而富于弹性，达到该品种固有的含糖量和风味。这一时期的生产管理任务主要是改善光照条件，防止后期徒长，防治病虫，保护叶片，提高浆果品质。

（1）熟前追肥　在晚熟品种成熟前，要控制氮肥，增施磷、钾肥。可在着色初期每亩施磷肥60千克、钾肥40千克，浅沟或穴施均可，施肥后覆土灌水。同时喷2~3次0.2%~0.3%磷酸二氢钾、氨基酸钙，以提高品质和耐贮性。

（2）摘袋增色　无色品种套袋后可不摘袋，带袋采收。有色品种可根据品种着色特性确定是否带袋采收。如果袋内果穗着色良好，已经接近最佳商品色泽，则不必摘袋，否则会着色过度。若袋内果穗着色不良，可在采收前10天左右将袋下部撕开，以增加果实受光，促进良好着色。去袋后适当疏掉遮光的枝蔓和叶片，促进果实着色和新梢成熟。

（3）枝蔓管理　及时处理结果枝、营养枝上的副梢，顶部副梢留3~4片叶反复摘心，其余副梢做"留一叶绝后"处理，以促进枝蔓成熟。

（4）病虫害防治　重点防治白腐病、炭疽病、霜霉病。42%代森锰锌悬浮剂600~800倍液或75%百菌清可湿性粉剂600~800倍液对这4种病害均有效果。对白腐病、炭疽病有效的药剂有50%福美双可湿性粉剂600~800倍液或10%苯醚甲环唑水分散粒剂1 500~2 000倍液，对霜霉病有效的药剂有66.8%丙森锌·缬霉威可湿性粉剂500~700倍液，或72.2%霜霉威盐酸盐水剂600~800倍液，或72%霜脲氰、代森锰锌可湿性粉剂600~800倍液等。以上杀菌剂应交替使用。

（5）采收　鲜食葡萄一般在浆果接近或达到生理成熟时就应及时采收。生理成熟的标志是有色品种充分表现出该品种固有的色泽，无色品种呈金黄色或白绿色，果粒透明状。同时大多数品种果粒变软而有弹性，达到该品种的含糖量和风味。酿造用葡萄一般根据不同酒类所要求的含糖量，按酿造部门要求，测定糖酸比进行采收。

6. 落叶休眠期

葡萄自落叶开始即进入休眠期，一直到第二年春季树液开始流动时为止。北方葡萄的休眠期多在11月上旬至翌年4月下旬，即气温下降到8~10℃时就进入休眠。此期气候寒冷干旱，树体生理活动极为微弱，欧洲种葡萄经过7.2℃以下800~1 200小时的低温可通过自然休眠，然后转入被迫休眠。在该期主要进行的管理工作包括：秋施基肥、冬季修剪和埋土防寒。

（1）秋施基肥　基肥在葡萄采收后及早施入，通常用腐熟的有机肥如厩肥、堆肥等作为基肥，并加入少量速效性肥料如尿素和过磷酸钙、硫酸钾等。基肥施用量占全年总施肥量的50%~60%。

（2）冬季修剪　一般在落叶后至封冻前进行。需埋土防寒地区，应在土壤封冻前结束，下架埋土；不需防寒的葡萄也可推迟到2月底前结束。

（3）越冬防寒　葡萄枝蔓、芽眼可耐-19~-15℃低温，根系抗寒力比枝芽差，遇-7~-5℃低温就要受冻。一般认为，年绝对低温的多年平均值为-15℃，等值线是葡萄冬季埋土越冬还是露地越冬的分界线。种植在 -15℃ 等值线以北的地区需埋土保护越冬。

埋土防寒的时间应在落叶后至土壤封冻前。埋土方法分地下埋土防寒、地上埋土防寒和半埋土防寒 3 种。方法是先将下架葡萄枝蔓尽量拉直，不得有散乱的枝条，除边际第一株倒向相反外，同行其他植株均顺序倒向一边，后一株压在前一株之上，如此株株首尾相接，形成一条龙，捆扎稳固，以便埋土和出土。无论采用何种防寒法，埋土时都应在植株 1 米以外取土，以免冻根。土堆的宽度与厚度根据当地气候条件决定。埋土时土壤应保持一定湿度。

（四）葡萄周年管理要点

葡萄园周年管理的时期与管理内容如表 2 - 3 所示。

表 2 - 3 葡萄园周年管理历

月份	物候期	主要管理内容
3~4	萌芽期	（1）撤去防寒土 （2）上架 葡萄刚出土时枝条柔软，应尽快上架。按树形要求绑好枝蔓 （3）灌水追肥 上架后发芽前追施催芽肥，施用量占全年的 10% ~ 15%，施肥后灌 1 次透水，如春旱 4 月下旬再灌 1 次。灌水后中耕 （4）喷药 萌芽前，喷 3~5 波美度石硫合剂，防治黑痘病、白腐病及红蜘蛛、介壳虫等病虫害 （5）抹芽 展叶初期进行第一次抹芽。老蔓上萌发的隐芽、结果母枝基部萌发的弱枝、副芽萌发枝除留作更新枝外，其余全部除去
5	花期	（1）绑梢定枝 新梢长到 40 厘米左右时要绑缚，结合这次绑梢进行定枝、去卷须，以后根据新梢生长随时绑缚 （2）追肥灌水 二年生的树喷 1~2 次磷酸二氢钾或尿素，三年生以上的树每株施硫铵或硝铵 100 ~ 150 克、硫酸钾 100 ~ 200 克或氯化钾 50 克，穴施，施后灌透水，中耕除草 （3）喷药 开花前喷 1:(0.3 ~ 0.5):240 石灰少量式波尔多液或 42% 代森锰锌悬浮剂 600 ~ 800 倍液 （4）结果枝摘心和副梢处理 对易落花落果的品种，如巨峰、玫瑰香等应在花前摘心，同时对副梢进行处理，一般在花前 4~7 天进行。果穗紧密品种落花后摘心 （5）疏穗和掐穗尖 树势弱、花序多的树可疏除过多的花序，较弱枝的双穗果可疏去一个花序；对容易落花和出现大小年的品种，可在花前 1 周左右掐去穗长 1/5 ~ 1/4，并剪掉歧肩和副梢

月份	物候期	主要管理内容
5	花期	（6）掐穗尖　对容易落花和出现大小年的品种，可在花前3~5天掐去花序末端1/5~1/4，并剪掉歧肩和副梢 （7）喷硼　花前3~5天喷0.2%的硼砂液
6	幼果期	（1）夏剪　摘心、绑缚、疏花序、掐穗尖、去卷须等 （2）喷药　6月上旬落花坐果后，每15~20天即用200倍石灰少量式波尔多液或与50%多菌灵600~800倍液轮换喷施，直至采前1个月停喷。结合进行0.2%的磷酸二氢钾根外喷肥 （3）追肥灌水　落花后10天左右施复合肥，每株可施硫铵500克、磷矿粉500克。施肥后灌水，再中耕除草 （4）灌水　6月中下旬如果降水少、土壤干燥时，应灌水，灌水后及时中耕除草
7	果实膨大期	（1）7月上中旬追施磷、钾肥　每株可施硫酸钾200~300克。施肥后灌小水，遇大雨则不灌，并要及时排水 （2）喷药　7月中旬喷药，内容同6月下旬。白腐病危害的果园应用10%苯醚甲环唑水分散粒剂2 000~2 500倍液和200倍液石灰少量式波尔多液交替施用，隔10天1次 （3）除草　7月上中旬到8月不进行中耕松土，以免土温升高，但要及时拔草，带出园外沤肥 （4）摘心　7月下旬对发育枝、预备枝、所留的萌蘖枝都进行摘心，对副梢留1~2片叶进行摘心。降水多时及幼龄树可适当晚些摘心
8~9	着色成熟期	（1）喷药　8月上旬防霜霉病喷66.8%丙森锌·缬霉威可湿性粉剂500~800倍液或72%霜脲氰·代森锰锌可湿性粉剂600~800倍液。退菌特应在采收前15~20天停止使用 （2）摘叶　8月中旬果实着色后，摘除果穗周围遮光叶片促进着色 （3）采收　如市场需要，巨峰、玫瑰香等鲜食品种果实达八成熟时即可采收上市 （4）采后追肥灌水　9月中旬果实采收后，高产园应施秋肥，以鸡粪作为秋肥较好，也可每株施硫铵100~150克，如土壤干燥，应灌水并及时中耕除草
10~2	落叶休眠期	（1）施基肥　10月中下旬施基肥，以有机肥为主，过磷酸钙和硫酸钾也同时施入，并施入少量氮肥。施肥后灌封冻水 （2）冬季修剪　10月下旬至11月上旬埋土防寒前完成 （3）刮皮　六年生以上的老树，刮除老翘皮，集中烧掉 （4）下架防冻害　下架后，寒冷地区埋土清园

四、葡萄的病虫害防治技术

葡萄是一种容易发生多种病害而虫害较少的果树。病害常导致枝、叶、果、根受害，严重时整株死亡。因此病虫害防治是葡萄生产中的重要环节。主要病害有葡萄炭疽病、葡萄霜霉病、葡萄黑痘病、葡萄白粉病等，虫害较少，常见的有葡萄二黄斑叶蝉、葡萄十星叶甲等。

（一）葡萄炭疽病

1. 症状

葡萄炭疽病主要危害果实，也侵染穗轴、当年的新枝蔓、叶柄、卷须等绿色组织。在幼果期，得病果粒表现为黑褐色、蝇粪状病斑，但基本看不到发展，等到成熟期（或果实呼吸加强时）发病。成熟期的果实得病后，初期为褐色、圆形斑点，而后逐渐变大并开始凹陷，在病斑表面逐渐生长出轮纹状排列的小黑点（分生孢子盘），天气潮湿时，小黑点变为小红点（肉红色），这是炭疽病的典型症状。严重时，病斑扩展到半个或整个果面，果粒软腐，或脱落或逐渐干缩形成僵果。

2. 防治要点

（1）消灭越冬菌源　结合冬季修剪，把植株上的穗柄、架面上的副梢、卷须剪除干净，集中烧毁或深埋。芽萌动后展叶前，喷 5 波美度石硫合剂，或 50% 退菌特 200 倍液等铲除剂。

（2）果穗套袋　于 5 月下旬、6 月上旬幼果期（田间分生孢子出现前），对果穗进行套袋。套前可喷 50% 福美双可湿性性粉剂 500～800 倍液或 42% 代森锰锌悬浮剂 600～800 倍液，然后将纸袋套好扎紧。

（3）药剂防治　葡萄炭疽病有明显的潜伏侵染现象，应提早喷药保护，病前喷施保护性杀菌剂，发病后喷施内吸性杀菌剂，发病盛期保护性杀菌和内吸性杀菌剂并用。喷药重点部位是结果母枝，其次是新梢、叶柄、卷。不同药剂应轮换使用，以延缓病菌产生抗性，提高防治效果。防治葡萄疽病较好的药剂有：

1）保护性杀菌剂　在发病前或发病初期用保护性杀菌剂喷雾，可用 42% 代森锰锌悬浮剂 600～800 倍液，或 50% 福美双可湿性粉剂 500～800 倍液，或 75% 百菌清可湿性粉剂 600～800 倍液，或 25% 吡唑醚菌酯乳油 2 000～4 000 倍液喷雾。

2）内吸性杀菌剂　①10% 苯醚甲环唑水分散粒剂在葡萄幼果期和膨大期喷施，对葡萄炭疽病有较好的防治效果，且对葡萄安全。葡萄幼果期的使用浓度以 2 000～2 500 倍为宜；葡萄接近成熟，田间发病后，使用浓度 1 500～2 000 倍。②在葡萄转色期至成熟期，可用 25% 丙环唑乳油 7 000～8 000 倍液喷雾，或用 40% 氟硅唑乳油 8 000～10 000 倍液喷雾。

（二）葡萄霜霉病

1. 症状

主要危害叶片，也能侵染新梢、花序和幼果。叶片受害，染病初呈半透明，边缘不清晰的淡黄绿色油浸状斑点后扩展成黄色至褐色多角形斑。空气潮湿时，病斑背面产生一层白色的霉状物，后期病斑变褐焦枯，病叶易提早脱落。花及幼果感病，呈暗绿色至深褐色，并生出白色霜状霉层，后干枯脱落。果实长到豌豆粒大时感病，最初呈现红褐色斑，然后僵化开裂。

2. 防治要点

药剂保护。波尔多液是防治此病的良好保护剂，发病前喷半量式 200 倍波尔多液，以后喷等量式 160～200 倍波尔多液，每 15～20 天 1 次，连喷 2～3 次。发现霜霉病中心病株后开始喷洒 66.8% 丙森锌·缬霉威可湿性粉剂 500～700 倍液，或68.75% 氟吡菌胺·霜霉威悬浮剂 600～800 倍液，或 72.2% 霜霉威盐酸盐水剂600～800 倍液，或 60% 氟吗啉·代森锰锌可湿性粉剂 500～800 倍液，或 72% 霜脲氰·代森锰锌可湿性粉剂 600～800 倍液，或 69% 烯酰吗啉·代森锰锌水分散粒剂600～800 倍液，隔 7～10 天喷一次药。喷雾应均匀周到，叶片正面和叶片背面都要喷洒，重点喷洒叶片背面。不同药剂应轮换使用，以延缓病菌产生抗性，提高防治效果。

（三）葡萄黑痘病

1. 症状

主要为害葡萄的绿色幼嫩部分，如幼果、叶片、叶柄、果梗、嫩梢等。黑痘病从萌芽到生长后期均可发生，春夏季为害严重。幼果染病初现深褐色圆形小斑点，后渐扩大为圆形或不规则形。病斑中央灰白色，上生黑色小点，边缘具紫褐色晕圈，似"鸟眼状"，病斑多时可连成大斑，后期病斑硬化或龟裂，病斑局限于果皮而不深入果肉，病斑硬。叶片染病，出现疏密不等的褐色圆斑，初病斑中央灰白色，后穿孔呈星状开裂，外围具紫褐色晕圈。幼叶染病，叶脉皱缩畸形，停止生长或枯死。新梢、枝蔓、叶柄或卷须染病，初呈褐色不规则小短条斑，后变为灰黑色，边缘深褐色或紫色，中部凹陷龟裂，严重时嫩梢停止生长，卷曲或萎缩死亡。

2. 防治要点

（1）春天芽萌动时 可喷 1 遍 5 波美度石硫合剂，或硫酸亚铁硫酸液（10%硫酸亚铁 + 1% 粗硫酸），也可喷 10%～15% 硫酸铵溶液，以铲除枝蔓上的越冬菌源。

（2）葡萄开花前或落花后及果实至黄豆粒大时 发病前或发病初可用 75% 百菌清可湿性粉剂 600～800 倍液，或 70% 丙森锌可湿性粉剂 500～700 倍液喷雾。发病后可用5%霉能灵可湿性粉剂800～1 000倍液，或50%多菌灵可湿性粉剂600～800陪液，或50%甲基硫菌灵可湿性粉剂600～800倍液喷雾，注意交替用药。

（四）葡萄白粉病

1. 症状

危害葡萄所有的绿色部分。果粒发病，果面产生一层白色粉质霉层，即病原菌的菌丝体、分生孢子梗及分生孢子，粉斑下产生褐色网状花纹，果实停止生长，畸形、不能成熟。叶片受害，叶面上长出白色粉斑，可蔓延到整个叶表面，影响光合作用，最后叶片卷缩、焦枯，新梢、穗轴、果梗、叶柄受害，表面呈现黑褐色网状花纹，其上生稀少的白粉层，受病的穗轴、果梗变脆，极易折断。

2. 防治要点

对重病园或易感品种必须加强药剂防治。石硫合剂、甲基硫菌灵、硫黄胶悬剂等硫制剂都是防治白粉病比较理想的药剂。春天葡萄芽萌动后，喷3～5波美度石硫合剂，可铲除越冬病菌。发病初期可喷0.2～0.3波美度石硫合剂或50%硫菌灵可湿性粉剂500倍液或70%甲基硫菌灵可湿性粉剂1 000倍液，或30%醚菌酯悬浮剂1 500～2 500倍液或12.5%腈菌唑乳油3 000倍液，进行防治。

（五）葡萄扇叶病毒病

1. 症状

叶片皱缩、畸形、叶柄开张很大，叶主脉由原来的5条变成6～10条，呈扇状，叶缘锯齿变尖锐，枝条发育异常，常见双生枝、扁平枝，节间长短不一，有时两节极为靠近。

2. 防治要点

最好用专业机构提供的无病毒苗木，在未种过葡萄的土地上建园。发现病毒植株要及时清除烧毁，并对该穴及其周围土壤进行消毒，以杀灭可能带毒的线虫。并注意刀剪的消毒，以避免人为传播。

（六）葡萄二黄斑叶蝉

1. 症状

全年以成虫、若虫聚集在葡萄叶的背面吸食汁液，受害叶片正面呈现密集的白色小斑点，严重时叶片苍白，致使早期落叶，影响枝条成熟和花芽分化。

2. 防治要点

掌握第一代若虫盛发期是药剂防治的关键时期，一般喷90%敌百虫800～1 000倍液或50%辛硫磷乳油2 000倍液，或80%乙酰甲胺磷乳油2 000倍液，均有良好的防治效果。

（七）葡萄十星叶甲

1. 症状

以成虫及幼虫啮食葡萄叶片或芽，造成叶片孔洞或缺刻，残留一层茸毛和叶脉，严重的可把叶片吃光，残留主叶脉。成虫每个翅鞘上各有 5 个圆形黑色斑点。

2. 防治要点

（1）农业防治　冬季清园和翻耕土壤，杀灭越冬卵；利用成虫、幼虫的假死性清晨振动葡萄架，使成虫和幼虫落下，集中消灭。

（2）药剂防治　4～5 月在卵孵化前施药，用 50% 辛硫磷乳油处理树下土壤，每公顷用 7.5 千克，制成毒土，撒施后浅锄；低龄幼虫期和成虫产卵期树冠喷 10% 高效氯氰菊酯乳油 3 000～4 000 倍液，或 2.5% 三氟氯氰酯浮油 2 000 倍液或 10% 联苯菊酯乳油 3 000 倍液防治。

第四节　石榴栽培技术

石榴属于石榴科石榴属植物，是一种集生态、经济、社会效益，观赏价值与保健功能于一身的优良果树，有"九州名果"之称。石榴是中亚古老果树之一，于两汉时期，沿丝绸之路传入我国，距今已有 2 000 多年的栽培历史，目前在我国 20 多个省、市、自治区有栽培。石榴树生长健壮，耐干旱、耐瘠薄、好栽培、易管理，对土壤、气候适应性强，山地、丘陵、平原、沙土、黏土等均可选择适宜品种进行栽培。目前，我国石榴品种约有 240 个。其中软籽（核）类品种 20 多个，除具备普通石榴的优良特性外，由于其籽（核）软，可咀嚼吞咽，更是果品中的极品。

一、石榴的主要种类与优良品种

（一）鲜食优良品种

1. 突尼斯软籽

系中国林业部 1986 年从突尼斯引进我国的优良品种，历经多年的栽培试验和观察，其各方面性状均表现优异，尤以成熟早、籽粒大、色泽艳、果个大、果红美观和果仁特软等特点更为突出，经济效益十分显著，值得生产上发展和推广。

果实圆形，微显棱肋。平均单果重 406.7 克，最大单果重 650 克。近成熟时果皮色由黄变红，成熟后外围向阳处果实全红，间有浓红断条纹，背阳处果面红色占 2/3。果皮光洁明亮，个别果有少量果锈，外皮薄，平均厚 0.3 厘米，外观诱人。单果有籽 514 粒，籽粒红色，软籽，百粒重 56.2 克。出籽率为 61.9%，肉汁率为

91.4%。含糖 15.05%，含酸 0.29%，含维生素 C 1.97 毫克/100 克，风味甘甜，质优，成熟早。比对照石榴品种河阴软籽早熟 20 天以上。

树势中庸，枝较密，成枝率较强，四年生树的树冠和冠高分别为 2 米与 2.5 米。幼嫩枝红色四棱，老枝褐色，侧枝多数卷曲，幼叶紫红色，叶狭长，椭圆形，浓绿，枝刺少。花瓣红色，有 5~7 片。总花量较大，完全花率约 34%，坐果率在 70% 以上。萼筒圆柱形，较低，萼片 5~7 个，果个在 500 克以上的萼片是闭合形，500 克以下的多为开张形。单果有心室 4~6 室。

该品种在郑州地区萌芽期为 3 月底至 4 月上旬，旬平均气温在 11℃ 时开始萌芽。4 月下旬，旬平均气温在 14℃ 时现蕾，5 月上旬进入初花期，盛花期在 5 月 20 日至 6 月 15 日，7 月 15 日以后开花基本结束。就整个果园而言，整个生长期都陆续见到石榴开花的现象。果实于 9 月中上旬完全成熟，11 月上旬气温降到 11℃ 时，开始落叶。

该品种结果早，健壮树二年生即可开花结果，以中长枝结果为主，完全花与败育花之比接近 2:3。早实性与丰产性根据多年的观察对比看出，突尼斯软籽石榴不论是嫁接苗还是扦插苗或是大树换头改接，均表现出早实丰产的优良特性。1 年生突尼斯软籽石榴栽植第二年可部分开花结果，3 年平均株结果 5 千克左右，在直径 6 厘米粗大树上换头改接，第二年可结果 8 千克左右，按每亩定植 110 株计算，三年生树每亩可产石榴 550 千克，换头改接的大树三年后亩可产石榴 880 千克。

突尼斯软籽石榴抗旱，抗病，适应范围广，择土不严，无论平原、丘陵、浅山坡地，只要土层深厚，均可生长良好。新栽一年生幼树抗寒性稍差，温度低于 -10℃ 时，易受冻害，二年生以上的树抗寒增强。

实践证明，突尼斯软籽石榴如搞大树换头改接后，当年树冠基本复原，并带有少量的完全花开放。第二年挂果，3~4 年平均株产量为 15~20 千克，按亩栽植 110 棵计算，产量为 1 500~2 200 千克。扦插苗栽植后，3 年挂果，3~5 年每亩能产 1 500 千克以上。

2. 中农黑籽甜石榴

该品种树势强健，耐寒抗旱，抗病。树冠大，半圆形，枝条粗壮，多年生枝灰褐色，枝条开张性强。叶大，宽披针形，叶柄短，基部红色，叶浓黑绿带红色。树冠紧凑。

果实近圆球形，果皮鲜红，果面光洁而有光泽，外观极美观。平均单果重 550 克，最大单果重 1 200 克。籽粒特大，百粒重 68 克。仁中软，不垫牙，可嚼碎咽下。籽粒紫黑玛瑙色，呈宝石状，颜色极其漂亮诱人，汁液多，味浓甜。皮薄，可用手掰开，11~12 心室出籽率为 85%，出汁率为 89%。籽粒一般含糖 16%~20%，在种植条件较好的地区，光照好、温差大的地方，籽粒含糖量可高达 22%，含酸量为 0.7%，品质特别优良。果实于 9 月下旬成熟，耐贮藏，在常温下可存放到翌年 3~4 月，是极有发展潜力的石榴品种之一。

该品种比其他石榴品种适应性更强。适宜温暖气候，喜光照，对土壤要求不严，抗旱，耐瘠薄。抗寒性更强，在不低于 -17℃的低温下可正常生长。气温低于 -17℃时需埋土越冬。在全年 ≥10℃的年积温超过 3 000℃的地区，均可种植。建园时以土层深厚、排水良好的沙壤土或壤土为宜，pH 值在 4.5~8.2 均可。耐涝力一般。在陕西、四川、山西、河北、北京、河南、山东、江苏、安徽、云南、浙江和广东等地区均可以正常生长。

3. 豫大籽

该品种树势较旺，成枝力较强。三年生树，冠幅和冠高分别为 2 米和 2.5 米。幼嫩枝红色或紫红色，四棱，老枝褐色，刺较少。幼叶紫红色，成龄叶片较厚，浓绿，狭长。花红色，花瓣 5~8 片。总花量大，完全花率为 35% 左右。完全花与败育花之比接近 2:5，坐果率在 70% 以上。萼筒圆柱形，细长，有萼片 4~7 枚。

果实近圆球形，棱肋较明显，果个整齐，单果重多在 250~600 克，最大单果重可达 850 克。成熟时果皮向阳面由黄变红，光洁明亮，无锈斑。外皮薄，平均厚 0.2~0.3 厘米。籽粒红色，特大，百粒重 75~90 克。据河南省农业科学院信息所查新办公室进行科技查新，发现该品种果实籽粒的百粒重，是国内现有石榴品种中百粒重最大的。果实出汁率在 90% 以上。据农业部果品及苗木质量监督检验测试中心（郑州）检测分析，豫大籽石榴可食率为 67.1%，含氨基酸 44.24 毫克/100克，可溶性固形物 15.5%，总酸 0.56%，总糖 12.45%，维生素 C 7.15 毫克/100克，糖酸比为 22:1。汁多，风味甜酸，品质优良。果实于 10 月上中旬成熟。

结果早，健壮树二年生即可开花结果，四至五年生即进入盛果期。结果部位以短果枝结果为主。根据多年观察对比，豫大籽石榴无论是嫁接苗、扦插苗，或是改接换头的大树，均表现出早实、丰产的优良特性。豫大籽石榴栽植后，第二年可部分开花结果，三年生树 100% 开花结果，平均每株结果 5 千克左右，每亩按栽植 110 株计算，三年生树每亩结果 550 千克；四年生平均株产量 10 千克以上，每亩结果 1 100 千克；五年生树平均株产果 20 千克以上，每亩结果 2 200 千克。四至五年生即进入盛产期。大树改接换头，第二年即可结果，恢复原产量。

在郑州地区，4 月上旬平均气温达 11℃时开始萌芽，4 月下旬旬平均气温在 14℃时现蕾，5 月上旬进入初花期，盛花期在 5 月 20 日至 6 月 15 日，7 月 15 日以后开花基本结束。10 月上中旬果实成熟，果实发育期为 90~110 天。10 月下旬落叶。

豫大籽石榴抗旱，适应范围广，择土不严，无论平原、丘陵或浅山坡地，只要土层较厚，就可生长良好。特别是它抗寒性、抗裂果性好。2009 年冬，郑州地区比较寒冷，1 月平均温度为 2.8℃，当地的豫石榴 1 号、豫石榴 3 号、粉红甜和天红蛋石榴等均有冻害，而豫大籽石榴却没有一株发生冻害现象。据连续多年观察，正常年份基本无病果，虫果很少。在荥阳、灵宝两个试验区，冬季幼苗不需要采取任何防寒措施即可安全越冬。该品种在房前屋后半阴半阳处栽培，可正常生长发育。

豫大籽石榴耐贮藏，常温下可贮藏 100 天左右，低温冷藏可贮藏至翌年 5～6 月。

4. 豫石榴 1 号，豫石榴 2 号，豫石榴 3 号

（1）植物学特征及果实经济性状

1）豫石榴 1 号　该品种树形开张，枝条密集，成枝力较强。五年生树冠幅与冠高分别为 4 米和 3 米。幼枝紫红色，老枝深褐色。幼叶紫红色，成叶窄小，浓绿。刺枝坚锐，量大。花红色，花瓣 5～6 片，总花量大，完全花率为 23.2%，坐果率为 57.1%。果实圆形，果形指数为 0.92，果皮红色。萼筒圆柱形，萼片开张，5～6 裂。平均单果重 270.5 克，最大单果重 672 克。单果有 9～12 心室，籽粒玛瑙色，出籽率为 56.3%，百粒重 34.4 克，出汁率为 89.6%。含可溶性固形物 14.5%，含糖 10.40%，含酸 0.31%，糖酸比为 29∶1，风味酸甜。成熟期为 9 月下旬。五年生平均株产量 26.6 千克。

该品种抗寒，抗旱，抗病，耐贮藏，抗虫能力中等。适生范围广，不择土壤，不择立地条件，即在平原沙地、黄土丘陵或浅山坡地均可生长良好。适宜栽植密度（2～3）米×（3～4）米。

2）豫石榴 2 号　树形紧凑，枝条稀疏，成枝力中等。五年生树的冠幅和冠高分别为 2.5 米和 3.5 米。幼枝青绿色，老枝浅褐色。幼叶浅绿色，成叶宽大，为深绿色。刺枝坚韧，量小。花冠白色，单花 5～7 片。总花量小，完全花率为 45.4%，坐果率为 59%。果实圆球形，果形指数为 0.90，果皮黄白色，洁亮。萼筒基部膨大，有萼片 6～7 片。平均果重 348.6 克，最大单果重 850 克。单果有 11 心室。籽粒水晶色，出籽率为 54.2%，百粒重 34.6 克，出汁率为 89.4%，含可溶性固形物 14.0%，糖量 10.9%，酸量 0.16%，糖酸比为 68∶1，味甜。果实成熟期为 9 月下旬。五年生树平均株产果 27.9 千克。

该品种抗寒，抗旱，抗病虫能力中等，适生范围广。适宜栽植密度为（2～3）米×（3～4）米。

3）豫石榴 3 号　树形开张，枝条稀疏，成枝力中等。五年生树的冠幅和冠高分别为 2.8 米和 3.5 米。幼枝紫红色，老枝深褐色。幼叶紫红色，成叶宽大，深绿。刺枝绵韧，量中等。花冠红色，有花瓣 6～7 片。总花量少，完全花率为 29.9%，坐果率为 72.5%。果实扁圆形，果形指数为 0.85。果皮紫红色，果面光洁。萼筒基部膨大，有萼片 6～7 片。平均单果重 281.7 克，最大单果重 536 克。单果有 8～11 心室。籽粒紫红色，出籽率为 56%，百粒重 33.6 克，出汁率为 88.5%。含可溶性固形物 14.2%，糖 10.9%，酸 0.36%，糖酸比为 30∶1，味酸甜。

成熟期为 9 月下旬。五年生树平均株产果 23.6 千克。

该品种抗旱，耐瘠，抗病，耐贮藏。适生范围广。但抗寒性稍差。适宜栽植密度为（2~3）米 ×（3~4）米。

（2）结果习性　豫石榴 1 号，豫石榴 2 号，豫石榴 3 号，完全花率分别为 23.2%，45.4% 和 29.9%；坐果率（坐果数/完全花 ×100%）分别为 57.1%，59.0% 和 72.5%。前期（6 月 15 日前）完全花率高，相应的果品商品价值也高。结果母枝一般为上年形成的枝条。结果枝在结果母枝上抽生，长 1~30 厘米，有叶 2~20 片，顶端形成花蕾 1~9 个，一般顶生花蕾发育完全，开放后易坐果；其他花蕾凋萎；也有 2~3 个发育的。石榴枝多一强一弱对生；强结果枝上的结果枝比例在 83% 以上，而弱结果母枝上的结果枝仅为 16% 左右。

（3）物候期　豫石榴的 3 个品种，种芽自南向北萌动期为 3 月 31 日至 4 月 5 日；落叶期自北向南为 11 月 5 日至 15 日。花期较长，有 90 天左右。初花期在 5 月 20 日前后；盛花期在 5 月下旬至 6 月 20 日，约 25 天。果实成熟期为 9 月下旬，果实发育期 120 天左右。

（4）适应性和抗逆性　适应土壤 pH 值 5.5~5.8。在豫东沙地、豫西黄土丘陵、豫北太行山地和豫南低山丘陵土肥水较差条件下，植株生长势中庸，丰产性和果实优良品质可以表现出来；在高肥力地区，丰产效果更为突出。豫石榴 1 号和豫石榴 2 号，正常年份在河南省各地都可安全越冬。豫石榴 3 号在个别年份有冻害发生。3 个品种对石榴干腐病均有良好的抗性。感病指数在 15.2%~17.4%。对石榴主要蛀果害虫桃蛀螟，豫石榴 1 号和豫石榴 3 号的抗性中等，豫石榴 2 号抗性较弱。

（5）丰产性　扦插苗栽后第三年结果，第五年逐渐进入盛果期。多年多点区域适应性试验结果表明，3 个品种栽后第四年的株产量分别为 6.5 千克、6.8 千克和 4.4 千克，第五年分别为 25.6 千克、27.9 千克和 23.6 千克。初果期前 3 年的平均株产量分别为 12.9 千克、13.3 千克和 10.0 千克。早期丰产性状突出。石榴树寿命较长，盛果年限在 50 年以上。

5. 河阴软籽

该品种主产于河南荥阳。树势强健，树姿较开张，嫩梢红色，花红色，单轮着生，花柱黄绿色。平均单果重 324 克，最大单果重 861 克，果实扁球形，果形指数为 0.83。底色绿黄，阳面有红晕。果皮厚 4.2 毫米左右，坚韧，用手不能剥皮。籽粒淡红至鲜红色，籽粒大而长，平均粒重 48~65 克，仁极软。可食率为 58.6%，出汁率为 91.4%。含可溶性固形物 15%~18%，总糖 13.09%，总酸 0.37%，糖酸比为 35∶1，含维生素 C 7.04 毫克/100 克。酸甜味浓，有香气，品质上等。成熟前无落果，有极轻裂果。极耐贮藏。常温下采用塑料薄膜小包装的果实，可贮至翌年 4 月。5 月 5 日开花，10 月中旬果实成熟，11 月上旬落叶，为晚熟品种。抗寒性强，抗病性强，适应性广，可自花结实，丰产稳产，最高株产量在125千克以上。

6. 软籽-1

软籽-1石榴新品系，是从农家软籽石榴的变异单株系统中培育而成。在高水肥地，第一年生长定植苗，第二年见果，第三年收益，初结果前三年平均株产果8.6千克，盛果期平均株产量为26.8千克。

软籽-1石榴新品系，苗期长势不强，干性弱，枝条柔软，开张角度大，叶片短宽，叶色较深。

定植后，平茬苗或缓苗后在中干上抽生的枝条干性强。六年生树高3.4米，冠径为3.0米。成龄树长势中庸偏弱，枝条稀疏，分枝角度大，平展或下垂，刺枝少。叶片宽大，最大叶长达8厘米，宽达3.3厘米。幼叶浅绿色，成叶深绿色。花红色，萼片多6裂，萼筒短，萼片闭合。果皮黄青色，向阳面浅红色或有红晕，果面观感较好，有点状果锈。果皮中厚，为2.5～3.5毫米。单果有9～11心室。籽粒红玛瑙色，百粒重33～36克。籽软，仁小，可食，口感甜，无酸味，含糖量在10%以上。果实成熟期在河南为9月中下旬。坐果晚的三茬果，如推迟到10月上旬采摘，风味亦佳。

植株抗寒性、抗病性、抗虫性和耐贮性较好，是一个果实优质，早果综合性状优良的品系。

软籽-1石榴新品系3月下旬前后发芽，11月上中旬落叶，年生育期为220～230天。该品系在河南多数地区和多种土壤均可栽培。但土壤含盐总量超过0.5%时，则影响生长发育。

7. 泰山红

泰山红石榴原产于山东泰安，是选育出的个大、味美、色艳与适应性强的品种。

泰山红石榴主要靠营养繁殖。一般栽后2～3年开花结果。果实大，近圆形，纵横径为8厘米×9厘米。单果重400～500克，最大果重750克。果皮鲜红，果面洁净而有光泽，外形极美观。萼片5～8裂，多为6裂。幼树期萼片开张，随果实发育逐渐闭合。果皮中厚，为0.5～0.8厘米，质脆。籽粒鲜红色，粒大肉厚，平均单粒重54克。果汁含可溶性固形物17%～19%，味甜微酸，仁小半软，品质风味极佳。成熟期遇降水无裂果现象。果实较耐贮藏。在泰安地区，果实于9月下旬至10月上旬成熟。盛果期长短因栽培管理条件不同而异，一般在20年左右，其寿命在100年以上。

枝条一般比较细弱。腋芽明显。枝条先端成针刺，对生。泰山红石榴的一年生枝长短不一，有短枝、长枝和徒长枝之分。长枝和徒长枝生长旺盛，先端自枯或成针刺，没有顶芽。侧芽可抽生二次枝和三次枝，部分二次枝顶芽形成混合芽，翌年抽枝结果。短枝生长较弱，基部数叶簇生，先端有一个顶芽。如果当年营养适宜，顶芽即成混合芽，成为结果母枝，翌年抽枝结果，如营养不良，则仍为叶芽。

顶芽为混合芽的枝为结果母枝。结果母枝多为春季生长的一次枝或初夏所生的二次枝，生长停止早并发育成充实的短枝，翌年发出带 1～5 朵花的短小新梢，即结果枝。结果枝的顶生花坐果好，腋生的花坐果较差。腋生花结果时，本果枝仍可加长。如顶端坐果，则果枝不能加长生长，往往比其他枝条粗壮。于结果翌年其下部的分枝再形成生长枝或结果母枝。有些果枝也能坐 2～3 个果，由于结果枝一年多次抽生，使开花期长 2～3 个月，故有头次花、二次花、三次花之别。头次花多为筒状花，子房发达，结果可靠；二次花和三次花多为钟状花，子房发育差，经常凋落不实。

泰山红石榴喜欢温暖的气候。生长期内的有效积温在 3 000℃ 以上，但在冬季休眠期，能耐一定的低温。在建园时，应避开冬季最低温度在 -16℃ 以下的地方，以建在背风向阳山坡中上部位的山窝中为最好。

泰山红石榴适应性较强，较耐干旱，但在生育季节需要有充足的水分。降水充足的年份，花开得整齐，如水分不足，则易出现干果及落果现象。果实成熟以前，以天气干燥为宜。在花期有降水，对授粉不利，影响坐果。

泰山红石榴对土壤要求不严格。一般以沙壤或壤土为宜，过于黏重的土壤则影响生长和果实品质。对土壤酸碱适应性也较强，在 pH 值为 4.5～8.2 的偏酸性或微碱性土壤上均可正常生长。

8. 状元红

状元红甜石榴，又名大红袍、大红皮。属大型果，果实呈扁圆形，果肩齐。表面光亮，果皮呈鲜红色，向阳面棕红色，并有纵向红线，条纹明显。梗洼稍凸，有明显的五棱。萼洼较平，到萼筒处颜色较浓。果型指数约为 0.95。一般单果重 750 克左右，最大单果重可达 1 250 克。果皮厚 0.3～0.6 厘米，较软，有心室 8～10 个，含籽 520～940 粒，多者在 1 000 粒以上。百粒籽重约 56 克。籽粒呈水红色、透明，含可溶性固形物为 16%，汁多味甜。初成熟时有涩味，存放几天后涩味消失。皮重约占 52%，可食部分为 48% 左右。属早熟品种。树体中等，一般树高 4 米，冠幅约 5 米。干性强，较顺直，萌芽力、成枝力均较强。主干和多年生枝扭曲，其上瘤状突起较小，皮呈深灰色，老皮翘起成片状脱落，脱皮后主干呈灰白色，皮孔较为明显。多年生枝呈深灰色，当年生枝为浅灰色，向阳面带红晕，较直立而硬脆。易形成针刺状二次枝，停止生长后顶端转化为针刺。叶片浅绿色，绝大多数为纺锤形，一般叶长约 7.5 厘米，叶宽约为 2.5 厘米，叶端急尖，叶基楔形，叶柄长约 1.1 厘米，弯曲弧度较大。枝条先端叶片呈披针形，叶缘向正面纵卷，叶尖弯曲。花瓣 6 片，红色，萼筒短小，呈闭合状态。其特点是：耐干旱，果实艳丽，品质极佳，丰产，但抗病虫害能力弱，果实成熟遇降水易裂果，不耐贮运。可适当发展。

9. 特大籽巨籽蜜

该品种的主要特性是幼树生长期旺盛，移栽后第二年开花结果率在90%以上，单株结果一般为3~5个，比青皮甜、红皮甜、泰山红等早结果1~2年；而且自花授粉率高，坐果率也高。一般栽后4年平均株产果11.4千克，六至七年生树平均株产果22.6千克。平均单果重500~600克，最大单果重1600克。果实近圆形，果面鲜红，平滑，光泽。果皮黄白色，厚度为0.4厘米左右。籽粒特大，平均百粒重69克，是该品种主要优良性状之一，比大马牙、青皮甜、红皮甜百粒重平均高16.3~28.6克。籽粒深红色，软仁，味浓甜，多汁，含可溶性固形物22.6%，品质上等。果实于9月上旬成熟。适应性强，抗旱，耐瘠薄，比大马牙、青皮甜、红皮甜抗冻害力强。

10. 青皮软籽

青皮软籽石榴在四川省会理县栽培已有悠久历史，早在清乾隆二十三年（1758年）编写的《会理州志》物产卷中就有记载。

树冠半开张，树势强健，刺和萌蘖少。嫩梢叶面红色，幼枝青色。叶片大，浓绿色，叶阔披针形，长5.7~6.8厘米，宽2.3~3.2厘米。花大，朱红色，花瓣多为6片，萼筒闭合。果实大，近圆球形，平均单果重610~750克，最大单果重1050克。果皮厚约0.5厘米，青黄色，阳面红色，或具淡红色晕带。单果有心室7~9个，籽粒300~600粒，百粒重52~55克。籽粒马齿状，水红色，仁小而软，可食率为55.2%，风味甜香，含可溶性固形物15%~16%，糖11.7%，酸0.98%，维生素C 24.7毫克/100克。风味甜香，品质优良。当地于2月中旬萌芽，3月下旬至5月上旬开花，7月末至8月上旬果实成熟。裂果少，耐贮藏。单株产量为50~150千克，最高达250千克。以果大、色鲜、皮薄、粒大、汁多、仁软和香甜（带有蜂蜜味）味浓为突出特点，在四川省所有栽培品种中占首位。

青皮软籽石榴适应性强，对气候土壤要求不严，在海拔650~1800米，年均气温为12℃以上的热带、亚热带地区均可引种种植。

11. 大绿籽

该品种原产于四川省攀枝花。它与浙江义乌的银榴、江苏洞庭山的大红钟，云南蒙自的厚皮甜砂籽和甜绿籽，云南巧家的铜壳，云南会泽的火炮，四川会理的青皮软籽，河南封丘的河阴软籽，山东枣庄的大青皮甜，山东泰安的泰山红，陕西临潼的天红蛋，山西临猗的江石榴，新疆叶城的叶城甜和安徽怀远的玉石榴等石榴品种相比，其果实的皮薄、百粒重和软度、可食率及口感均列前茅，可溶性固形物较高。它的平均单果重为360克，果皮厚0.19厘米，籽粒淡绿色，每果平均有籽778粒，籽粒百粒重72.6克，风味甜，汁多。含可溶性固形物14.5%，仁较软，可食率为67.6%，较抗桃蛀螟危害。

12. 玛瑙籽

安徽怀远县名贵品种之一。树势强健，发枝力强，枝条粗壮。叶倒卵圆或长椭圆形。色深绿，对生，叶下着生两小叶，叶腋间在对生的针状枝。果实主要着生在一年生结果母枝中上部。果实圆球形，有明显的五棱，底部稍尖，果大皮薄，红色，有少量紫褐色果锈。籽粒特大，玉白色带有红点，具玛瑙光泽，汁多味浓甜，籽较软，品质上等。果实于 9 月下旬至 10 月上旬成熟。极耐贮藏。平均单果重 228 克，最大单果重 395 克。籽粒百粒重 76.8 克。含可溶性固形物 17.2%，总糖 13.97%，酸 0.58%，维生素 C 13.4 毫克/100 克果肉，可食部分占 64%。

本品种适应性强，对土壤要求不严，丰产稳产，成年树一般平均株产果 40 ~ 60 千克。

13. 软籽

安徽濉溪县著名品种。树势中庸，根萌蘖力强。叶小，窄，披针形。果实扁圆形，中大，有明显的 4 ~ 5 条棱，果梗极短，皮极薄，青黄色。向阳面显浅红色，果底黄铜色，有小红点，果面光滑无锈。籽粒晶莹，青白色或淡黄色。籽粒大，籽小而绵软，食用无垫牙感。汁多味浓甜。果实于 8 月底至 9 月初成熟，耐贮藏。但因果皮娇嫩、不抗挤压，故不耐运输。平均单果重 165 克，最大单果重 350 克。籽粒百粒重 61.4 克，含可溶性固形物 17.4%，糖 13.79%，酸 0.43%，维生素 C 12.9 毫克/100 克果肉，可食部分占 63%。适应性弱，抗病虫力弱，遇降水后易裂果。一般成年树株产果 25 千克左右。

14. 抗寒红皮甜

该品种树体较矮小，树冠半开张。四年生树高最低为 1.5 米，一般为 2 米左右。主干和多年生大枝呈青灰色，新梢呈青绿色，枝上有小刺。叶片中等大，对生或簇生，倒卵形，质厚，尖端圆钝，叶基渐尖，叶脉淡黄色，叶面和叶背无毛，叶色深绿，表面有浓厚蜡质层，叶缘有波纹。花冠较大，单层花，红色，败育花少。三年生树开始结果。

果大，近圆形，有 5 ~ 7 个不明显棱。平均单果重 500 克，最大单果重 950 克。果皮较厚，组织松软，阳面鲜艳粉红色，底色黄。萼片 6 裂，半开张。心室 6 ~ 7 个，粒大，平均每果有籽 757 粒。籽粒红色，硬仁，平均百粒重 35 克，味甜，含可溶性固形物 16% ~ 18%。果实成熟后遇雨不裂果。耐贮运，塑料袋包装可贮至翌年 5 月。

该品种在山东郯城县，3 月下旬至 4 月上旬发芽，5 月中下旬开花（头花），8 月中旬果实成熟，果实发育期 90 天左右。10 月下旬落叶。

该品种在山东郯城县，冬季幼苗不需采取任何防寒措施可安全越冬，在 - 17℃ 时无冻害。该品种在房屋后半阴半阳处栽培可正常生长发育。正常年份病果率低于 4%，虫果率低于 2%。因此，该品种抗寒性、耐阴性、抗盐碱性和抗病虫能力均较强。

该品种在山东省郓城县试栽 300 平方米，株行距为 2 米 × 2 米。其三年生树株产量为 3.5 千克，四年生树株产量为 25 千克，五年生树株产量为 35 千克。

15. 胭脂红

为广西梧州地区的优良品种，树势强健，植株高大；果实大，果顶为罐底形，果皮厚，上部带粉红色；籽粒淡白色，味甜，并有特殊香气，品质优良；高产，抗病虫，最高株产量在 75 千克以上。

16. 大白甜

主产于河南开封。树体小，花粉白色，花瓣 5 ~ 7 片。萼筒短，萼片 5 ~ 8 片，开张或半闭。果实大，球形，纵径为 10.24 厘米，横径为 9.03 厘米。平均单果重 335 克，最大单果重 750 克。果皮白黄色，有点状褐色锈。单果有心室 11 个左右，每果有籽粒 408 ~ 680 粒。籽粒大，百粒重 36.3 克，出汁率为 90.63%。可食部分占 54.45%。含糖 10.9%，酸 0.156%，风味甜，品质上等。果实于 9 月下旬成熟，耐贮藏运输。

大白甜石榴

17. 大红甜

主产于河南开封。树体中大，花红色，花瓣 5 ~ 6 片，一般为 6 片。萼筒呈圆柱形，萼片 5 ~ 7 片，一般 6 片。果大型，圆球状，纵径为 8.3 厘米，横径为 8.2 厘米。平均单果重 254 克，最大单果重 600 克。果皮红色，有密集点状果锈。子房 9 ~ 12 室，每果有籽粒 309 ~ 329 粒。籽粒大，红色，百粒重 35.5 克，出汁率 88.7%。可食部分占 50.6%。籽粒含糖 10.11%，酸 0.342%，风味甜，品质上等。果实于 9 月中下旬成熟，耐贮藏运输。

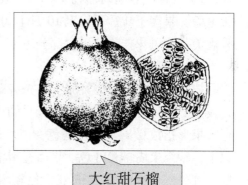

大红甜石榴

18. 河阴铜皮

主产于河南荥阳。树势中等强健，树姿开张。嫩梢红色，针刺枝极多且硬。叶片较大。花鲜红色，花瓣单轮着生，花柱绿色。平均单果重 350 克，最大单果重 1 271 克。果实扁球形或球形，果形指数为 0.93。果皮绿黄色，阳面有红晕，外观美丽。果皮厚 4 ~ 4.5 毫米，坚韧，用手不能剥皮。籽粒鲜红至黑紫色，籽粒较大，平均百粒重 36.7 ~ 56.3 克。籽小而软，可食率为 56.5%，出汁率为 89.1%。含可溶性固形物 17% ~ 21%，总糖 13% ~ 18%，酸量 0.32%，糖酸比为 47∶1，含维生素 C 8.84 毫克/100 克果汁。味浓甜而香，风味纯正，无涩味，品质极上等。成熟前不落果，基本不裂果。常温下塑料袋小包装果实可贮至翌年 4 月，冷库可贮至翌年 10 月。5 月 5 日开花，10 月上中旬成熟，为晚熟品种。11 月上旬落叶。树体耐 – 18℃ 以上低温。抗病性强，适应性广。栽后 2 ~ 3 年结果，4 ~ 5 年丰产。能自花结实，丰产稳产，最高株产量达 180 千克。

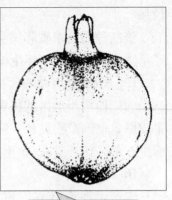

河阴铜皮石榴

19. 关爷脸

为河南孟州的优良品种。该品种树势强健，树姿开张。结果早，丰产。定植后第五年每亩产量可达 1 500 千克。横径平均为 9.15 厘米，纵径为 7.49 厘米。平均单果重 368 克，最大单果重 600 克以上。梗洼极浅。萼筒长 2 厘米左右，萼片 6 ~ 8 片，开张或半开张，少有闭合。果皮厚度 3.7 厘米，较光滑，红色或红色条纹。子房 6 ~ 9 室，每果有籽 369 ~ 554 粒，籽粒鲜红或红色，百粒重 30.8 ~ 38.8 克，粒大仁小，出汁率为 78.15%。含可溶性固形物 15.1%，味甜酸爽口，品质

关爷脸石榴

极上等。果实于 9 月下旬至 10 月上旬成熟，较耐贮存。该品种结果早，丰产性好，外观美丽，风味佳美，可食部分占 49.58%，是很有发展前途的品种。

20. 河阴粉红甜

树势较强健，树姿开张。枝条稀疏，嫩梢紫红色，针刺枝少，且针刺枝软。叶片较大。花鲜红色，花柱黄色。平均单果重 283 克，最大单果重 575 克。果实扁球形，果形指数 0.84。果皮底色黄白色，阳面有红晕或红色条纹，红色占全果面 3/4 以上，整个果皮呈粉红色。果面光滑洁净，果皮厚 3 毫米，糠脆，易用手剥皮。籽粒鲜红色，百粒重 27 ~ 35 克，仁较软或中等，可食率为 44%，出汁率为 88.6%，含可溶性固形物 15.2%，还原糖 11.2%，酸 0.36%，酸甜爽口，有香气，品质上等，栽后 2 ~ 3 年结果，4 ~ 5 年丰产，能自花结实，成熟前不落果，但有较重的裂果现象，尤其成熟前多雨年份，裂果率在 80% 以上。应在裂果 5% 左右时提前采收。抗病性中等。耐贮性一般，贮藏过程中，果皮易皱缩，红色易退。5 月 5 日开花，8 下旬至 9 上旬成熟，为早熟品种，11 月上旬落叶。抗寒性强，适应性广。

21. 河阴红月

该品种又叫软籽红甜。树势中庸，树姿开张。嫩梢红色，针刺枝较少且较软。花红色，花瓣单轮着生，花柱黄色。平均单果重 291 克，最大单果重 672 克。果皮

底色黄白，几乎全果面着鲜红色，外观美丽。果皮光滑，果皮厚2.5毫米。籽粒鲜红色，百粒重35～45克，仁极软，是红皮石榴中最软者。可食率为57.7%，出汁率为88.6%。含可溶性固形物15.7%～18.2%，还原糖12.7%，总酸0.368%，糖酸比为31.6:1，酸甜味美，品质极上等，成熟前不落果，但采前遇降水有裂果。较耐贮藏。5月5日开花，9月上中旬果实成熟，为早中熟品种，多数年份赶上中秋节上市。栽后2年结果，4年丰产，早果丰产性特别好。

22. 河阴红灯

树势强健，树姿直立。嫩梢红色，针刺枝中等多。叶片大而厚，叶色深绿。花极大，鲜红色，花瓣单轮着生。平均单果重420克，最大果重1 300克。果实扁球形或近球形，果形指数为0.87，萼筒粗大。全果面鲜红，光洁亮丽，非常美观。果皮厚3.5～4毫米，较坚韧。籽粒大，鲜红色，百粒重40～55克。仁中等软硬，可食率为56.1%，出汁率为89.6%。含可溶性固形物15%～18%，酸0.246%，风味浓甜微酸，有香气，品质上等至极上等。成熟前不落果，不裂果，耐贮藏，常温下塑料薄膜小包装果实可贮至翌年3月。5月5日开花，9月上中旬果实成熟，为中熟品种，比泰山红的成熟期早10～15天，多数年份可赶上中秋节销售。11月中旬落叶。抗病性强，抗寒性强，适应性广。栽后3年结果，5～6年丰产，自花结实，丰产稳产。

23. 河阴大红袍

树势中庸，树姿开张。嫩梢红色，针刺枝中等多，较软。花柱黄绿色，平均单果重171克，最大单果重350克。果实扁球形，近果柄处较尖。果皮全面大红色，无果锈，外观美丽。果皮厚4.7毫米，坚韧。籽粒鲜红色，百粒重26.9克。仁硬，可食率为34.6%，出汁率为82%。含可溶性固形物14.5%，总糖12.1%，总酸0.37%，风味酸甜，品质上等。成熟前不落果，不裂果，常温下塑料薄膜小包装果实可贮至翌年3月，5月5日开花，9月上中旬果实成熟，11月上旬落叶。抗寒性强，抗病性强。

24. 河阴软籽大白甜

树姿强健，树姿半开张。嫩梢黄绿色，针刺枝多。叶片大，花黄白色，花瓣单轮着生，花柱黄色。平均单果重227克，最大单果重561克。果实扁球形或球形，全果面黄白色。果皮厚3.5～4毫米，糠脆。籽粒白色，百粒重33～40克。含可溶性固形物15%～18%，总糖13.4%，总酸0.33%。酸甜味浓，有香气，品质极上等。仁软，是白色石榴中最软者，可食率为54%，出汁率为89.8%。成熟前不落果，但有裂果，耐贮性一般。5月5日开花，8月下旬至9月上中旬果实成熟，为早熟品种，应及早采收。11月上中旬落叶。栽后2～3年结果，4～5年丰产，可自花结实，年年丰产。抗寒性强，抗病性强，适应性广。

25. 河阴月亮白

树势强健，树姿半开张。嫩梢红色，无针刺枝。叶片较窄长。花鲜红色，花瓣单轮着生。平均单果重 380 克，最大单果重 800 克。果实扁球形或近球形。果皮底色绿白，充分成熟时黄白，部分果实阳面有红晕。果皮光洁亮丽，果皮厚 3.5 毫米，坚韧。籽粒水红至鲜红色，百粒重 40～50 克，仁小而较软，可食率为 56%，出汁率为 89%。含可溶性固形物 16%～17%，酸量 0.40%，酸甜味浓，品质上等至极上等。成熟前不落果，不裂果，极耐贮藏，常温下塑料薄膜小包装果实可贮至翌年 4 月。5 月 1 日前后开花，9 月中下旬果实成熟。成熟的石榴可在树上挂至 10 月底，11 月中旬落叶。栽后 2～3 年结果，4～5 年丰产。能自花结实，丰产性强。抗病性强，抗寒性较弱。幼树需主干埋土越冬。该品种是红花白石榴，且无针刺，不裂果，耐贮藏。

26. 河阴早果红牡丹花甜

树势中等强健，树姿开张。嫩梢红色，无针刺枝。花极大，鲜红色，花瓣 61～129 片，呈千层排列，似牡丹花瓣，花柱黄色。平均单果重 208 克，最大单果重 333 克。果实球形。果皮底色黄绿，阳面有红晕。果皮厚 4～4.5 毫米，籽粒鲜红色。百粒重 25 克，可食率为 43%，出汁率为 78.9%。含可溶性固形物 14.7%，还原糖 11.3%，酸 0.14%，风味酸甜，仁较硬，品质中上至上等。成熟前不落果，基本不裂果。5 月 5 日前后开花，直至 9 月下旬果实成熟时开花终了，花期长达 5 个月，11 月上中旬落叶。果实耐贮藏。栽后 2 年开花，5 年丰产，是观花观果的优良观赏品种。

27. 大钢麻子

河南地方品种。一年生枝灰黄色，先端微红。叶表绿色，叶片大，长椭圆形，先端圆。花冠红色，花瓣与花萼同数。果皮黄绿底色，阳面红，果锈黑褐色，呈零星或片状分布。平均单果重 275 克，最大单果重 550 克。果皮薄，籽粒鲜红，成熟籽粒针芒粗而多，故称大钢麻子。籽大仁小，汁多味酸甜。耐贮藏。于 9 月下旬果实成熟。

28. 马牙黄

河南地方品种。花红色，为 5～7 片。果实长圆形。萼片 5～6 片，开张。果实纵径 8.5 厘米，横径 7.5 厘米。平均单果重 192 克，最大单果重 241 克。果面有棱痕，果皮蜡黄色，阳面有斑块状红晕。子房 6～10 室，籽粒红色，较长。单果有籽 330～515 粒，百粒重 36.9 克，出汁率为 77.6%，可食率为 56.67%。含糖 8.42%，酸量 0.399%，味酸甜。可作为山地水土保持树种栽培。

29. 薄皮

河南地方品种。花冠红色，萼筒柱形，萼片 6～7 片，微反卷。果实圆球形，有稀疏果锈。皮薄，红黄色，易裂果。纵径为 8 厘米，横径为 7 厘米。平均单果重 168

克，最大单果重 202 克。心室 8~9 个，籽粒水红色。单果有籽 292~356 粒。百粒重 30 克，出汁率为 89.66%，可食率为 61.6%，含糖 12.4%，酸量 0.37%，味酸甜。

30. 白皮甜

白皮甜，又称三白石榴、白石榴，为山东枣庄峄城品种。树体较小，树冠不大，树冠开张，呈扁圆形。干皮粗糙，幼枝细长而软，新梢灰色或灰白色，叶片披针形。枝先端叶呈线形，黄绿色或淡绿色，叶缘具有小波纹，向正面纵卷，叶尖扭曲。

果实圆球形，中大。单果重 150~270 克。果皮黄白色，稍有黄色斑点。每果有籽粒 327~460 粒，百粒重 23~40 克。籽白色，少数为水红色，味甜，核软，含糖 11.5%~15.5%，品质上等。果实于 8 月中旬成熟。因该品种花白，皮白，籽亦白，故名"三白"石榴。

31. 青皮岗榴

青皮岗榴为山东枣庄峄城品种。树体较小，树冠不开张。枝干弯曲生长，针刺少，小枝较多。多年生枝灰色，一年生枝灰白色，较直立。叶片长椭圆形或披针形。淡绿色，叶缘有波纹，叶尖向背面卷曲。

果实扁球形，个大。单果重 265~335 克。果面光滑，黄绿色，阳面有红晕，萼 6 裂。果皮厚 2~3 毫米。每果有籽粒 276~601 粒，百粒重 28~40 克。籽粒淡红色，汁多而纯甜，含糖 12%~16%，品质极上等。果实于 9 月上中旬成熟，较耐贮藏。产量较稳定。

32. 冰糖籽

冰糖籽，又称冰糖冻石榴。树体较小，树冠较开张。多年生枝灰色，一年生枝条灰绿色，较直立。芽多而大。叶片披针形，质薄，色淡。枝条连续结果能力强，丰产性强。

果实近球形，中大。平均单果重 230 克，最大单果重 410 克。果面较光洁，黄绿色。萼筒较短。果皮薄，1.5~2 毫米厚。每果中有籽粒 420~632 粒。籽粒白色，汁甜爽口，含糖 13%~16.5%，品质极上等。果实于 8 月底成熟。

33. 软仁

软仁石榴，又称软籽石榴。是山屯枣庄峄城石榴中的珍稀品种，树体较小。树势较弱，枝条紊乱，针刺少。果实近球形，较大，单果重 210~430 克，最大单果重 500 克。果面黄绿色，阳面有红晕，并有褐黑色的斑点连成片状。果皮厚 2.5~3.0 毫米，每果平均有籽粒 217 粒，白色或粉红色，三角形，中大，排列紧密，味甘甜，仁软，含糖 10%~13%，品质中上等。果实于 8 月下旬成熟。

34. 青皮谢花甜

青皮谢花甜，为山东枣庄市石榴品种。树体稍大，树冠开张。多年生枝深灰色，具纵裂纹，较粗糙，一年生枝浅灰色。叶片较大，倒卵形或椭圆形，平展，质薄，浓绿色，叶尖圆锐，叶基渐尖，呈披针形。

果实中大型至大型，基部突起呈卵形。平均单果重 210～315 克，最大单果重 550 克。萼筒细短，萼片 6 裂，开张或反卷，果皮绿黄色，向阳面稍有红晕。每果有籽粒 469～711 粒，百粒重 20～38 克。籽粒淡红色，味清香，含糖 10.5%～15%，酸甜适口，品质上等。在籽粒膨大初期就无涩味。果实于 8 月底至 9 月上旬成熟。结果早，结果能力强，丰产性好，品质优良，可提前上市。

35. 枣辐软籽 9 号

枣辐软籽 9 号，系枣庄软籽石榴经连续 3 次辐射育种而成的新品种。树势较软籽石榴略强，叶片较大，单果重 260 克左右。果皮黄绿色，阳面带红晕。籽粒白色透明，粒特大，味甜美而仁软可食，含糖量 16%，品质极上等。耐贮运，丰产性好。

36. 临潼天红蛋

临潼天红蛋，又名大红甜、大红袍。产于陕西临潼市城关及骊山老母殿，为陕西临潼最佳品种。树势强健，树冠半圆形。耐寒，抗旱，抗病。枝条粗壮，抽枝力强，枝条灰褐色，茎刺少，较硬。叶小，长椭圆形或阔卵形，浓绿色。花浓红色。

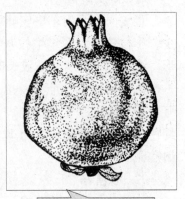

临潼天红蛋石榴

果实大，近圆球形，平均单果重 300 克，最大单果重 715 克。果实美观，成熟时果有纵棱。果皮较厚，底色黄白，彩色浓红，光洁鲜艳，红嫩美丽。深熟时果面易老化，出现浅度稠密的红小裂纹，貌似果锈。萼片多抱合。籽粒大，色浓红，汁液极多，风味浓甜而香，近核处的放射状针芒极多。含可溶性固形物 15%～17%，品质极上等。

该品种在陕西临潼于 3 月下旬萌芽，5 月中旬开花，9 月上中旬果实成熟。采收前及采收期遇连阴雨时易裂果。

该品种果大，色艳，质优，稳产，是一个很有发展前途的品种。

37. 净皮甜

净皮甜，又名粉红石榴、大叶石榴、红皮甜和粉皮甜等。产于陕西临潼，是当地主栽品种之一。树势强健，耐瘠薄，抗寒，耐旱，树冠较大。枝条粗壮，灰褐色，茎刺少。叶大，长披针形或长卵圆形。初萌新叶绿褐色，后渐转绿终为浓绿色。萼筒和花瓣均为红色。

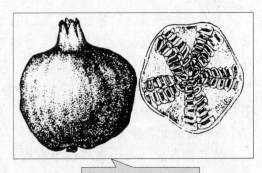

净皮甜石榴

果实大型，圆球形，平均单果重 240 克，最大单果重 690 克。果实鲜艳美观。

果皮薄，果面光洁，底色黄白，具粉红或红色彩霞。萼片 4~8 裂，多为 7 裂，直立，开张或抱合，少数反卷。籽粒为多角形，种仁小，有软籽和硬籽两种（个）品系。籽粒粉红色，浆汁多，风味甜香。近核处初有放射状针芒。含可溶性固形物 14%~16%。品质上等。

该品种在临潼产地 3 月下旬萌芽，5 月中旬开花，9 月上中旬果实成熟，采前及采收期遇雨（阴雨或连阴雨）易裂果。可适量发展。

38. 御石榴

御石榴主要分布于陕西乾县、礼泉一带。树势强健，枝梢直立，发枝力强，树冠呈半圆形。主干主枝上多有瘤状突起物，多年生枝灰褐色，一年生枝浅褐色。叶片长椭圆形，较小，浓绿。

御石榴

御石榴的果实为极大型，圆球形。平均单果重 750 克，最大单果重 1 500 克。萼筒粗大而高，萼片 5~8 裂，直立抱合。果实表面光洁，底色黄白，阳面浓红色，果皮厚。籽粒大，红色，汁液多，味酸甜，品质中上等。该品种在原产地于 4 月中旬萌芽，5 月中旬开花，10 月上旬果实成熟。其果皮容易开裂。果实较耐贮藏。

39. 鲁峪蛋

鲁峪蛋，又名绿皮、冬石榴。树势强壮。该品种原产于陕西省临潼市。抗旱，耐寒，耐瘠薄。树冠较大。枝条粗壮，直立，茎刺少，多年生枝条灰褐色。叶片大，长椭圆形，或阔卵圆形，深绿色。花瓣鲜红色。果实圆球形，单果重 250~350 克，最大单果重 455 克。萼片 6~7 裂，多数直立开张。果面较粗糙，皮较厚，阳面具条状紫红色彩晕。果实有心室 4~12 个，一般为 6~9 个。单果有籽粒 626 粒。籽粒浅红色，百粒重 22.2 克，种仁大而硬。含可溶性固形物 11%~12%，风味甜。该品种在当地于 4 月上旬萌芽，花期 5 月中旬至 7 月上旬，10 月上旬果实成熟。采前遇连阴雨，裂果轻。极耐贮藏。

40. 青皮糙

青皮糙石榴分布于安徽省怀远、濉溪、宿县和萧县等地，是淮北地区主栽的优良品种。树势强健，枝条萌发力强，树皮薄，根萌蘖力强。树体不高，一般 2.5 米。叶窄长，先端尖。栽后 3 年始果，果实多着生在结果母枝中上部。坐果率高，每个花序坐 2 果以上。果实圆球形，具明显五棱，果大皮薄，果皮青白色。籽粒较大，鲜红透明，核软，汁多，味甜酸适口，品质上等。于 9 月下旬成熟，耐贮藏。平均单果重 284 克，最大单果重 527 克，百粒重 65.5 克。含可溶性固形物 16.2%，糖 12.19%，酸 0.68%，维生素 C 13.0 毫克/100 克果肉，可食部分占 62%。

本品种适应性强，抗病性强，裂果轻，丰产稳产，一般成年树株产果 60 千克左右。

41. 青皮

青皮石榴为安徽怀远的主栽品种之一。树势健旺，发枝力和根萌蘖力均强，刺状枝多。叶片长椭圆形，稠密，3 年始果，坐果率高于青皮糙。果实圆球形，具 5~6 条浅棱，果梗很短，为 2~5 毫米。果面平滑，青黄色、多有红色果锈。籽粒中大，红色，汁多味甜酸适口，品质中上。平均单果重 265 克，最大单果重 516 克。籽粒百粒重 49.8 克，含可溶性固形物 15.6%，糖 11.83%，酸 0.75%，维生素 C 14.5 毫克/100 克，可食部分占 53%。果实于 10 月上中旬成熟，耐贮藏。

该品种适应性强，抗病虫，丰产稳产，一般成年树株产果 50~80 千克。

42. 粉皮肤

粉皮肤石榴原产于安徽怀远。树势旺盛，萌蘖力强。果实近五棱球形。果皮薄，粉红色，有紫红色果锈，果皮稍粗糙。籽粒中小，酸甜适口，品质中上等。果型中大，平均单果重 145 克。果实于 10 月上旬成熟。耐贮藏，贮藏期 2~3 个月。百粒重 36.5 克。含可溶性固形物 15.8%，糖 12.39%，酸 0.83%，维生素 C 13.6 毫克/100 克果肉，可食部分占 62%。

本品种适应性强，抗病力强，丰产稳产，一般成年树株产量 40~60 千克，但裂果稍重。

43. 大笨籽

该品种又名鸭蛋笨籽，是怀远县的主栽品种之一。树势强健，根萌蘖力强。叶大，叶脉粗，长椭圆形。3 年始果，果实多着生在结果枝中部，坐果率高，落果轻。果实圆球形，五棱较明显。果皮厚，青绿色，紫红色果锈多，不光滑。籽粒中大。果实于 9 月上旬成熟，极耐贮藏。平均单果重 412 克，最大单果重 750 克。籽粒百粒重 55.3 克，含可溶性固形物 16%，糖 12.94%，酸 0.57%，维生素 C 12.5 毫克/100 克果肉，可食部分占 51%。对环境适应性特别强，抗病虫力很强。丰产稳产，一般成年树株产果 50~80 千克。果实在良好条件下，可贮藏至翌年清明节。

44. 笨石榴

笨石榴为安徽省濉溪县主栽的优良品种之一。分布于濉溪黄里、宿县和萧县等地。树势强健，枝浅灰色，有纵条纹。叶小花小。果实圆球形，有棱角，多显四棱，少数六棱，果梗极短，果型较大，皮厚。裂果轻。果皮青黄色，向阳面红色，果面光洁无果锈。籽粒大，粉红色，有放射状红丝，汁多味浓甜，品质上等。果实于 9 月底成熟，极耐贮运，条件好可贮藏至翌年 8~9 月。平均单果重 254 克，最大单果重 517 克。籽粒含可溶性固形物 17.6%，糖 14.3%，酸 0.51%，维生素 C13.6 毫克/100 克果肉，百粒重 69.4 克，可食部分占 57%。适应性强，抗病力强。丰产稳产，一般成年树单株产量可达 60 千克。

45. 水晶

水晶，又名白石榴，产于安徽省巢县。嫩叶、新梢、果实均为黄白色，籽粒全为白色。叶长卵圆形，渐尖。二年生枝条灰白色。刺状枝多，轮生。果实于8月中下旬成熟。不耐贮藏，易受虫蛀。果大皮薄，籽软味甜，品质上等。平均单果重135克。籽粒百粒重48.3克，含可溶性固形物14.8%，总糖12.15%，酸0.44%，维生素C 12.0毫克/100克果肉，可食部分占62%。该品种适应性弱，产量低，一般成年树株产果15千克左右。

46. 白花石榴

白花石榴产于安徽省桐城市。树势中庸，发枝力强。一年生枝条灰紫色，光滑。花浅白色。2~3年始果。果实圆球形，中大，果梗较长。皮青白色，无锈斑。籽粒大，淡绿色，味浓甜，品质上等。果实于9月上旬成熟，不耐贮藏。平均单果重186克。籽粒百粒重6.24克。含可溶性固形物16.5%，糖12.7%，酸0.58%，维生素C 12.8毫克/100克果肉，可食部分占59%。适应性强。该品种成年树株产果30千克左右。

47. 江石榴

江石榴，又名水晶江石榴，为山西省临猗县的地方优良品种。树体高大，树势强健，枝条直立，分枝力强，易生徒长枝。多年生枝干深灰色。叶片大，倒卵形，叶尖圆宽，色浓绿。

果实扁圆形，端正。纵径为10~12厘米，横径为9~12厘米，平均单果重250克，大单果重500~750克。萼片5~8裂，闭合或半闭，萼筒长约3.5厘米，钟形。果皮鲜红艳丽，果面净洁光亮。果皮厚0.5~0.6厘米，皮重占全果重的40%。果实有子房5~8室，隔膜薄。籽粒大，软仁。每果有籽粒650~680粒。籽粒深红色，水晶透亮，内有放射状白线，味甜微酸，汁液多，含可溶性固形物17%，食之爽口，品质极上等。果实于9月中下旬成熟，耐贮运，可贮至翌年2~3月。宜鲜食，也可加工成高级清凉饮料。该品种果大，色艳，粒大仁软，晶莹多汁，味纯适口，是一个很有发展前途的品种。一般压条苗栽后2年见果，3年可结果30余个。抗风，抗旱，适应性强。其缺点是成熟时遇降水易裂果。

(二) 加工优良品种

1. 大红皮酸

大红皮酸，又称红袍酸，是山东枣庄峄城石榴品种。树体较大，生长势强，枝条粗壮，结果能力强。多年生枝灰色，当年生枝红褐色。叶片长椭圆形，大而厚，绿色，叶缘具波纹。

果实扁圆形，果大，单果果重290~350克，最大单果重610克。果面深红色或暗红色，着生有一些褐色斑点。萼片闭合或半开。果皮较厚。每果有籽粒312~

498 粒。籽粒鲜红色或水红色，百粒重 20.5～37 克，味较酸。果实于 9 月上旬成熟，较耐贮。有止痢、解酒作用。

2. 临潼大红酸

临潼大红酸为陕西临潼的优良品种。树势强健，直立。结果母枝灰褐色，微绿。叶长椭圆形，浓绿色。花为黄红色。

果实扁圆性，纵径为 6.5 厘米，横径为 7.5 厘米。平均单果重 250 克，最大单果重可达 372 克。萼片闭合，果皮鲜红而厚，有 5～7 个心室，隔膜薄。籽粒大深红色，汁液味偏酸，品质上等，含糖 6.47%，酸 2.73%。果实于

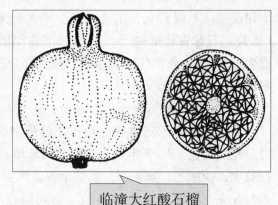

临潼大红酸石榴

9 月下旬成熟，不易裂果，最耐贮运，甚至可挂放 1 年不坏。宜鲜食，开胃，助消化。

3. 青皮酸

该品种产于安徽省濉溪和宿县等地。树势强健，叶大。果实圆球形，底部稍尖。皮薄无锈，青色，向阳面有红晕。籽大粒硬，粉红色，味微酸。萼片闭合，易裂果。平均单果重 216 克，最大单果重 495 克。籽粒百粒重 64.3 克，含可溶性固形物 15.6%，糖 11.82%，酸 1.02%，维生素 C 14.3 毫克/100 克果肉，可食部分占 60%。果实于 9 月上旬成熟，耐贮藏。适应性广，抗病虫性强，抗寒力也强。产量高而稳，无隔年结果现象。一般成年树株产果 80 千克左右。

4. 摇头酸

摇头酸石榴产于安徽濉溪。树冠较小。叶片大，浓绿。果实青色，向阳面微红色，有果锈。萼片闭合。籽粒小，紫红色，味浓酸。平均单果重 220 克。籽粒百粒重 31.5 克，含可溶性固形物 14.8%，糖 10.6%，酸 1.63%，可食部分占 52%。适应性强，极抗病虫害。丰产稳产，一般成年树株产量为 80～100 千克。

5. 红色半口酸

该品种产于安徽省濉溪县。树势强健，枝条灰褐色。果实于 9 月中下旬成熟，果型大。果皮红色，中等厚。不易裂果，耐贮藏。籽粒较大，粉红色，味酸微甜。平均单果重 230 克。籽粒百粒重 58.3 克，含可溶性固形物 15.6%，糖 12.38%，酸 1.46%，维生素 C 14.5/100 克果肉，可食部分占 56%。适应性广，抗病虫力强，丰产性一般。

6. 酸光圆

酸光圆石榴产于云南省蒙自市。果圆球形。皮厚，底黄绿，具大片鲜红彩色。

平均单果重 245 克。籽粒中大，紫红色，仁硬，含可溶性固形物 14.6%，味酸。

7. 小果红酸

小果红酸石榴产于河南省杞县和通许县。花红色，萼筒圆柱形，萼片反卷。果小，近椭圆形。果面有红色条纹，纵径为 6.7 厘米，横径为 6.1 厘米。平均单果重 119 克，最大单果重 150 克。单果心室 7～8 个。籽粒水红色，单果有籽粒 196～360 粒。可食率为 56.4%，百粒重 23.7 克，出汁率为 87.34%。籽粒含糖量 2.24%，酸量 3.825%，味涩酸。可作育种材料和药用。

8. 大红酸

大红酸石榴产于河南省开封县。花冠红色，5～6 片。萼筒圆柱形。果实长圆形，果皮红色光亮。果实纵径为 9.3 厘米，横径为 8.3 厘米。平均单果重 200 克，最大单果重 295 克。单果有心室 9～10 个。籽粒紫红色，单果有籽 368 粒左右，百粒重 27 克，出汁率为 87.7%，可食率为 55.25%。含糖 6.47%，酸 3.68%，味涩酸。可作为食品工业原料和育种材料。

9. 大果青皮酸

该品种产于河南省通许县。花红色。萼筒呈圆柱形，萼 6 片开张。果大，圆球状，皮青黄色。果锈细粒状，较少。纵径为 8.3 厘米，横径为 7.7 厘米，平均单果重 204 克，最大单果重 284 克。有心室 9 个左右。单果有籽 398 粒左右，百粒重 21.6 克，出汁率为 88.86%，可食率为 61.7%。含糖 7.89%，酸 3.95%，味涩酸。该品种个大，酸度高，是制作食品冲剂的好品种，还可作药用和育种材料。

10. 小果青皮酸

该品种产于河南省巩义市。花冠红色，5～6 片。萼筒圆柱状，较高，萼片 5～7 枚，反卷。果皮青黄色，有稀疏点状果锈。阳面有微薄红晕，果底有锥状环瘤突起。果小，纵径为 7.1 厘米，横径为 5.9 厘米。平均单果重 91 克，最大单果重 130 克。单果有心室 7～13 个。籽粒红色，单果有籽粒 253～405 粒，百粒重 27.1 克，出汁率为 81.25%，可食率为 62.82%。含糖 4.09%，酸 3.8%，味涩酸。

该品种在沙地、黄土丘陵、山地生长良好。可作为防护林和药用树种。

11. 南召酸

南召酸石榴产于河南省南召县。花红色。萼筒圆柱状，萼片 6～7 枚，薄而反卷，紧贴果顶。果实圆形，果面光滑洁亮，无果锈，纵径为 6 厘米，横径为 5.4 厘米。平均单果重 85 克，最大单果重 109 克。单果有心室 7 个左右。籽粒淡红色，单果有籽 330 粒左右，百粒重 13.3 克，出汁率为 84.21%，可食率为 61.33%，含糖 8.47%，酸 3.38%，味涩酸。该品种为山地水土保持和药用树种。

（三）观赏绿化优良品种

1. 牡丹花石榴

牡丹花石榴长势旺盛，树势开张，叶片厚大。花期长，早果性强，成熟期早，产量高。在一般栽培管理条件下，栽后翌年开花，结果株率达100%。单株一般坐果30个左右，多者在50个以上。此石榴树种花大，重瓣，色大红，花如绣球，形似牡丹，故名"牡丹花石榴"。立秋以后，有白色花瓣，宛如彩霞中点点白鹭点缀其间，非常美观。花直径为9～10厘米，最大的在15厘米以上。花期为5月下旬至10月上旬，长150天左右。单株开花数百朵，多者上千朵。6～8月是花与果的盛期，其花、果与叶相间，具有极好的观赏价值。

该品种果实大，色泽鲜艳，黄里透红。单果重一般在500～700克，最大单果重达1 250克。含可溶性固形物17%～19%，味甜微酸，口感好。仁半软。籽粒大，汁液多，含果汁67%，品质极佳。果实成熟期为8月下旬至9月上旬。牡丹花石榴的特点是：①开花早。一年苗移栽后，第二年始花，第三年始果；二年苗春季移栽后，当年开花，生长速度快。②花期长。花期为5～9月，是牡丹花期的十几倍，为100多天。③花型多。有的里红外粉，有的里粉外红，有的怀中抱籽，花中开花，有的花随着花期的推移而变化。④花量多。5～6年生树，年开花量有2 000～3 000朵之多。⑤花能起死回生。有的花，一朵花开放后，枯老而不落，从枯花中又长出花蕾，继续开放。⑥果实大。果色黄里透红，鲜艳迷人，果味特佳。⑦适应范围广。对土地要求不严，南方、北方均可种植。

2. 重瓣红石榴

重瓣红石榴是山东省枣庄峄城石榴中的食用观赏兼用品种。树体较小，生长势较强。枝干直立粗壮，皮灰色或灰白色，枝条青灰色。叶片较肥大，花红色，有花瓣51～97片，大而艳丽。雄蕊大部分退化，有花托，较短。

果实扁圆形。大型，单果重256～488克。果皮淡红色，薄而易开裂。萼片6～8裂，单果有籽粒152～880粒。籽粒红色，半软，百粒重21～34克。味甜多汁。含糖9%～13%，品质中等。果实在8月下旬成熟。

3. 满园香

满园香又名千层花，产于安徽省濉溪。树势强健，叶片大，花大如月季，花色艳丽，花香袭人。果型大，紫色，阳面深紫色。籽粒深红色，中等大小，汁多味甜酸适口，有香味，品质上等。平均单果重350克，最大单果重612克。籽粒百粒重56.3克，含可溶性固形物15.7%，糖12.34%，酸0.83%，维生素C 12.4毫克/100克果肉，可食部分占57%。本品种适应性强，丰产稳产。一般成年树株产果40～60千克。其缺点是易裂果，不耐贮藏。

4. 重台

该品种产于河南省巩义市。一年生枝条紫绿色。花期为 5 ~ 7 月。花萼红色，3 ~ 5 片反卷，易碎裂。花径为 5 ~ 6 厘米，有花瓣 39 片左右。红色花药变为花冠形，有 71 ~ 100 片（8 ~ 10 轮轮生）。每朵花的败育过程为，外层先开放先凋萎，相继内层又盛开，最后落花，不结果。为盆栽观赏品种。

5. 落花甜

该品种产于河南省开封市。花红色，5 ~ 6 片。萼筒圆柱形，萼片 6 ~ 8 枚，开张。果小圆球形，落花后皮红籽甜。果锈呈点块状，褐色；纵径为 6.7 厘米，横径为 5.3 厘米。平均单果重 69 克，最大单果重 100 克。单果有心室 5 ~ 10 个。籽粒百粒重 28.4 克，出汁率为 88.03%，可食率为 54.93%，含糖量 4.09%，味甜。可作固沙树种。

6. 花边

该品种产于河南省开封市。花瓣 6 片，每片中央红色，边缘白色。萼筒细，较高，萼片 6 枚微反卷。果皮蜡黄色，阳面有红色晕斑。果实圆球形，纵径为 7 厘米，横径为 6.3 厘米，平均单果重 124 克，最大单果重 157 克。心室 6 ~ 7 个。籽粒水红色，单果有籽 301 ~ 522 粒，百粒重 25.3 克，出汁率为 84.2%，可食率为 52.15%，含糖 5.56%，酸 4.891%，味涩酸。可作为黄土丘陵水土保持树种。

7. 黄酸石榴

该品种产于河南省巩义市。花红色，5 ~ 8 片。萼筒高，呈圆柱状，萼片薄而反卷。果皮蜡黄色，阳面有红色晕斑。果实圆球形，纵径为 7 厘米，横径为 6.3 厘米。平均单果重 124 克，最大单果重 157 克。心室 6 ~ 7 个。籽粒水红色，单果有籽 301 ~ 522 粒，百粒重 25.3 克，出汁率为 84.2%，可食率为 52.15%。含糖 5.56%，酸 4.89%，味涩酸。可作为黄土丘陵地水土保持树种。

8. 胭脂红

胭脂红石榴产于河南省开封市。花红色，5 ~ 7 片。萼筒圆柱形，萼片 6 枚，闭合。果小球形，皮粉红如胭脂。果底有 5 ~ 6 个棱瓣，群众称为"胭脂瓣"。果锈褐色，呈点状稀疏分布。纵径为 7.5 厘米，横径为 5.5 厘米。平均单果重 83 克，最大单果重 96 克。心室 6 ~ 11 个。籽粒红色，单果有籽 184 粒左右。百粒重 24 克，出汁率为 87.1%，可食率为 45.1%。风味甜酸。果形美观，可作为园林绿化树种。

9. 红花重瓣

红花重瓣石榴产自河南省各地。花冠红色，15 ~ 13 片。花药变为花冠形，32 ~ 43 片。平均单果重 97 克，最大单果重 142 克。果实纵径为 6.7 厘米，横径为 6 厘米。心室 8 ~ 13 个。单果有籽粒 355 粒，红色，百粒重 17.6 克，出汁率为 9.75%，含酸量为 0.315%，味酸甜。果实 9 月中旬成熟。

10. 白花重瓣

该品种产于河南省各地。花冠白色，花瓣 27 片，花片背面中肋有黄带，花药变为花冠形，57~100 片。平均单果重 180 克，最大单果重 250 克。纵径为 10 厘米，横径为 7.9 厘米。心室 11 个。单果有籽粒 413~538 粒，白色。百粒重 31.6 克，出汁率为 87.14%，可食率为 55，3%。含糖 12.41%，酸量 0.28%，味甜。

二、石榴的生长结果习性

(一) 生长发育的年龄时期

石榴在其整个生命过程中，存在着生长与结果、衰老与更新、地上部与地下部、整体与局部等矛盾。起初是树体（地上部与地下部）旺盛的离心生长，随着树龄的增长，部分枝条的一些生长点开始转化为生殖器官而开花结果。随着结果数量的不断增加，大量营养物质转向果实和种子，营养生长趋于缓慢，生殖生长占据优势，衰老成分也随之增加。随着部分枝条和根系的死亡引起局部更新，逐渐进入整体的衰老更新过程。在生产上，根据石榴树一生中生长发育的规律性变化，将其一生划分为 5 个年龄时期，即幼树期、结果初期、结果盛期、结果后期和衰老期。

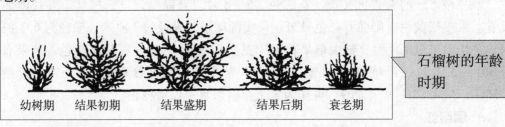

幼树期　结果初期　　结果盛期　　结果后期　衰老期

石榴树的年龄时期

1. 幼树期

幼树期是指从苗木定植到开始开花结果，或者从种子萌发到开始开花结果。此期一般无性繁殖苗（扦插、分蘖苗等）2 年开花结果，有性繁殖苗 3 年开始开花结果。

这一时期的特点是：以营养生长为主，树冠和根系的离心生长旺盛，开始形成一定的树形；根系和地上部生长量较大，光合和吸收面积扩大，同化物质积累增多，为首次开花结果创造条件；年生长期长，具有 3 次（春季、夏季、秋季）生长。但往往组织不充实，而影响抵御灾害（特别是北方地区的冬季冻害）的能力。

管理上，要从整体上加强树体生长，扩穴深翻，充分供应肥水。轻修剪，多留枝，促根深叶茂，使其尽快形成树冠和牢固的骨架，为早结果、早丰产打下基础。

石榴生产中多采用营养繁殖的苗木，其阶段性已成熟，亦即已具备了开花结果的能力，所以定植后的石榴树能否早结果，主要在于形成生殖器官的物质基础是否具备，如果幼树条件适宜，栽培技术得当，则生长健壮、迅速，有一定树形的石榴树开花早且多。

2. 结果初期

从开始结果到有一定经济产量为止，一般树龄5～7年。实质上是树体结构基本形成，前期营养生长继续占优势，树体生长仍较旺盛，树冠和根系加速发展，是离心生长的最快时期。随着产量的不断增加，地上部生长逐渐减缓，营养生长向生殖生长过渡并渐趋平衡。

结果特点是：单株结果量逐渐增多，而果实初结的小，渐变大，趋于本品种果实固有特性。

管理上，在运用综合管理的基础上，培养好骨干枝，控制利用辅养枝，并注意培养和安排结果枝，使树冠加速形成。

3. 结果盛期

从有经济产量起经过高额稳定产量期到产量开始连续下降的初期为止，一般为60～80年。

其特点是：骨干枝离心生长停止，结果枝大量增加，果实产量达到高峰。由于消耗大量营养物质，枝条和根系生长都受到抑制，地上（树冠）地下（根系）亦扩大到最大限度。同时，骨干枝上光照不良部位的结果枝，出现干枯死亡现象，结果部位外移；树冠末端小枝出现死亡，根系中的末端须根也有大量死亡现象。树冠内部开始发生少量生长旺盛的更新枝条，开始向心更新。

管理上，运用好综合管理措施，抓好3个关键：一是充分供应肥水；二是合理地更新修剪，均衡配备营养枝、结果枝和结果预备枝，使生长、结果和花芽形成达到稳定平衡状态；三是坚持疏蕾花、疏果，得到均衡结果的目的。

4. 结果后期

从稳产高产状态被破坏，到产量明显下降，直到产量降到几乎无经济效益为止，一般有10～20年的结果龄。

其特点是：新生枝数量减少，开花结果耗费多，而末端枝条和根系大量衰亡，导致同化作用减弱；向心更新增强，病虫害多，树势衰弱。

管理上，疏蕾花、疏果保持树体均衡结果；果园深翻改土增施肥水，促进根系更新，适当重剪回缩，利用更新枝条延缓衰老。由于石榴蘖生能力很强，可采取基部高培土的办法，促进蘖生苗的形成生长，以备老树更新。

5. 衰老期

从产量降低到几乎无经济收益时开始，到大部分枝干不能正常结果以至死亡时为止。

其特点是：骨干枝、骨干根大量衰亡。结果枝越来越少，老树不易复壮，利用价值已不太大。

管理上，将老树树干伐掉，加强肥水，培养蘖生苗，自然更新。如果提前做好更新准备，在老树未伐掉前，更新的蘖生苗即可挂果。

石榴树各个年龄时期的划分，反映着树体的生长与结果、衰老与更新等矛盾互相转化的过程和阶段，各个时期虽有其明显的形态特征，但又往往是逐步过渡和交错进行的，并无截然的界限，而且各个时期的长短也因品种、苗木（实生苗、营养繁殖苗）、立地条件、气候因素及栽培管理条件而不同。

6. 石榴树的寿命

正常情况下在 100 年左右，甚至更长。在河南省开封市范村有 240 年的大树（经 2~3 次换头更新）。另据西藏自治区农牧科学院调查，该区有生长 100~200 年的大树。有性（种子）繁殖后代易发生遗传变异，不易保持母体性状，但寿命较长；无性繁殖后代能够保持母体的优良特性，但寿命比有性繁殖后代要短些。

石榴树的"大小年"现象没有明显的周期性，但树体当年的载果量、修剪水平、病虫危害及树体营养状况等都可影响第二年的坐果。

（二）生长习性

1. 根

（1）根系特征及分布　石榴根系发达，扭曲不展，上有瘤状突起，根皮黄褐色。

石榴的根系分为骨干根、须根和吸收根 3 个部分。①骨干根是指寿命长的较粗大的根，粗度在铅笔粗细以上，相当于地上部的骨干枝。②须根是指粗度在铅笔粗细以下的多分枝的细根，相当于地上部一至二年生的小枝和新梢。③长在须根（小根）上的白色吸收根，大小长短形如豆芽的叫永久性吸收根，它可以继续生长成为骨干根；形如白色棉线的细小吸收根，称作暂时性吸收根，其数量非常大，相当于

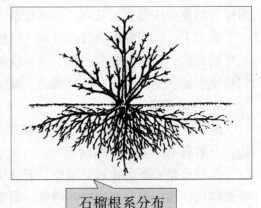

石榴根系分布

地上部的叶片，寿命不超过 1 年，是暂时性存在的根。但它是数量大、吸收面积广的主要吸收器官。它除了吸收营养、水分之外，还大量合成氨基酸和多种激素，其中主要是细胞分裂素。这种激素输送到地上部，促进细胞分裂和分化，如花芽、叶芽、嫩枝、叶片以及树皮部形成层的分裂分化，幼果细胞的分裂分化，等等。总之吸收根的吸收合成功能，与地上部叶片的光合功能，两者都是石榴树赖以生长发育的最主要的两种器官功能。须根上生出的白色吸收根，不论是豆芽状的，还是细小

白线状的，其上具有大量的根毛（单细胞），是吸收水分和养分的主要器官。因其数量巨大，吸收面积也巨大。

石榴根系中的骨干根和须根，将吸收根伸展到土层的空间中，大量吸收水分和养分，并与来自叶片（通过枝干）运来的碳水化合物共同合成氨基酸和激素。所以，根系中的吸收根，不但是吸收器官，也是合成器官。在果园土壤管理上采用深耕、改土、施肥和根系修剪等措施，为吸收根创造良好的生长和发展环境，就是依据上述科学规律进行的。

根系的垂直分布：石榴根系分布较浅，其分布与土层厚度有关，土层深厚的地方，其垂直根系较深，而在土层薄、多砾石的地方垂直根系较浅。一般情况下，8年生树骨干根和须根主要分布在 0～80 厘米深的土层中。累计根量以 0～60 厘米深的土层中分布最集中，占总根量的 80% 以上。垂直根深度达 180 厘米，树冠高：根深为 3:2，冠幅：根深亦为 3:2。

根系的水平分布：石榴根系在土壤中的水平分布范围较小，其骨干根主要分布在冠径 0～100 厘米内，而须根的分布在 20～120 厘米处，累计根量分布为 0～120 厘米，占总根量的 90% 以上。冠幅：根幅为 1.3:1，冠高：根幅为 1.25:1，即根系主要分布在树冠内土壤中。

（2）根系在年周期内的生长动态　石榴根系在一年内有 3 次生长高峰：第一次在 5 月 15 日前后达最高峰，第二次在 6 月 25 日前后，第三次在 9 月 5 日前后。从 3 个峰值看，植株地上部分与地下部分生长存在着明显的相关性。5 月 15 日前后地上部开始进入初花期，枝条生长高峰期刚过，处在叶片增大期，需要消耗大量的养分，根系的高峰生长有利于扩大吸收营养面，吸收更多营养供地上部分所需，为大量开花坐果做好物质准备，以后地上部分大量开花、坐果，造成养分大量消耗，而抑制了地下生长。6 月 25 日前后大量开花结束，进入幼果期，又出现一次根的生长高峰，当第二次峰值过后，根系生长趋于平缓，吸收营养主要供果实生长。9 月 5 日前后，第三次生长高峰出现正值果实成熟前期，此与保证完成果实成熟及果实采收后树体积累更多养分、安全越冬有关。随着树体落叶和地温下降，根系生长越来越慢，至 12 月上旬，当旬 30 厘米地温稳定通过 8℃ 左右便停止生长，被迫进入休眠。而在翌年春季的 3 月上中旬，当旬 30 厘米地温稳定通过 8℃ 左右时，又重新开始第二个生长季活动。在年周期生长中，根系活动明显早于地上部活动，即先发根，后萌芽。

（3）根蘗　石榴根基部不定芽易发生而形成根蘗。根蘗主要发生在石榴树基部距地表 5～20 厘米处的入土树干和靠近树干的大根基部。单株根蘗多者有 50 个以上甚至上百个，并可在一次根蘗上发生多个二次、三次及四次根蘗。一次根蘗旺盛、粗壮，根系较多，一年生长度可超过 2.5 米，径粗 1 厘米以上；二次、三次根蘗生长依次减弱，根系较少。石榴枝条生根能力较强，将树干基部裸露的新生枝条培土后，基部即可生出新根。根蘖苗可作为繁殖材料直接定植到果园中。在生产上，大量根蘖苗丛生在树基周围，不但通风不良，还耗损较多树体营养，对石榴树生长及结果不利。

2. 干与枝

（1）干与枝的特征　石榴为落叶灌木或小乔木，主干不明显。树干及大的干枝多向一侧扭曲，有散生瘤状突起，夏、秋季节老皮呈斑块状纵向翘裂并剥落。

（2）干的生长　石榴树干径粗生长从4月下旬开始，直至9月15日前后一直为增长状态，大致有3个生长高峰期，即5月5日前后、6月5日前后和7月5日前后。进入9月以后，生长明显减缓，直至9月底，径粗生长基本停止。

（3）枝条的生长　石榴是多枝树种，冠内枝条繁多，交错互生，没有明显的主侧枝之分。枝条多为一强一弱对生，少部分为一强两弱或两强一弱轮生。嫩枝柔韧有棱，多呈四棱形或六棱形，先端浅红色或黄绿色。随着枝条的生长发育，枝条老熟后棱角消失近似圆形，逐渐变成灰褐色。自然生长的树形有近圆形、椭圆形、纺锤形等，枝条抱头生长，扩冠速度慢，内膛枝衰老快、易枯死、坐果性差。

石榴枝的年长度生长高峰值出现在5月5日前后，4月25日至5月5日生长最快，5月15日后生长明显减缓，至6月5日后春梢基本停止生长，石榴也进入盛花期。石榴枝条只有一小部分徒长枝夏、秋季继续生长。而不同品种、同品种载果量的多少，与夏、秋梢生长的比例密切相关。载果量小、树体生长健壮者，夏、秋梢生长得多，且生长量大；树体生长不良及载果量大者，夏、秋梢生长量小或整株树没有夏、秋梢生长。夏梢生长始于7月上旬，秋梢生长始于8月中下旬。

春梢停止生长后，少部分顶端形成花蕾，而在基部多形成刺枝。秋梢停止生长后，顶部多形成针刺，刺枝或针刺枝端两侧各有1个侧芽，条件适合时发育生长，以扩大树冠和树高。刺枝和针刺的形成有利于枝条的安全越冬。

3. 叶

叶是行使光合作用、制造有机营养物质的器官。石榴叶片呈倒卵圆形或长披针形，全缘，先端圆钝或微尖。其叶形的变化随着品种、树龄及枝条的类型、年龄、着生部位等而不同。叶片质厚，叶脉网状。

幼嫩叶片的颜色因品种不同而分为浅紫红、浅红、黄绿3色。其幼叶颜色与生长季节也有关系。春季气温低，幼叶颜色一般较重；而夏、秋季幼叶颜色相对较浅；成龄叶深绿色，叶面光滑，叶背面颜色较浅，也不及正面光滑。

（1）叶片着生方式　1年生枝条叶片多对生。强健的徒长枝上3片叶多轮生，3片叶大小基本相同。有9片叶轮生现象，每3片叶一组包围1个芽，其中，中间位叶较大，两侧叶较小。2年生及多年生枝条上的叶片生长不规则，多3~4片叶包围1个芽轮生，芽较饱满。

（2）叶片的大小和重量

1）叶片的大小　因品种、树龄、枝龄、栽培条件的不同而有差别。在同一枝条上，一般基部的叶片较小，呈倒卵形；中上部叶片大，呈披针形或长椭圆形。枝条中部的叶片最大、最厚，光合效能最强。叶片的颜色因季节和生长条件而变化。春天的嫩叶为铜绿色，成熟的叶片为绿色，衰老的叶片为黄色。肥水充足、长势旺盛的石榴树，叶片大而深绿；反之，土壤瘠薄、肥水不足、树势衰弱的树，则叶片小而薄，叶色发黄。在不同类型枝条上，叶片也有差异，中长枝上叶片的面积比短枝上叶片的面积要大。幼龄树、一年生枝上的叶片较大，老龄树和多年生枝上的叶片较小。

2）叶片的重量　树冠外围的叶较重，树冠内部的叶较轻；一年生枝条的叶较重，二年生枝条的叶较轻；坐果大的叶较重，坐果小的叶片轻；坐果枝叶重，坐果枝对生的未果枝叶轻。石榴树主要是外围坐果，外围叶重，光合能力自然强，有利于果实增重。坐果大的叶片重、坐果枝叶片重与植物营养就近向生长库供应的生物特性有关，即保证生殖生长。所以在栽培技术上采取措施，用来提高叶片质量，以期达到树体健壮、结果良好的目的。

（3）叶片的功能　春季石榴叶片从萌芽到展叶需10天左右，展叶后叶片逐渐生长、定型，大约30天。生长旺盛期，这个时间大为缩短。叶片的生长速度受树体营养状况、水肥条件、叶片着生部位及生长季节影响很大。正常情况下，一般一片叶的功能期（春梢叶片）有180天左右；夏、秋梢叶片的功能期相对缩短。

（三）开花结果习性

1. 开花习性

（1）花器构造及其开花动态　石榴花为子房下位的两性花。花器的最外一轮为花萼。花萼内壁上方着生花瓣，中下部排列着雄蕊，中间是雌蕊。

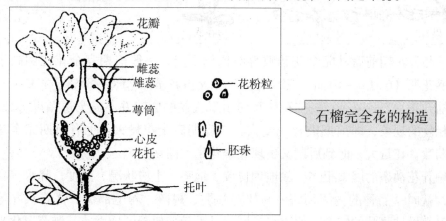

石榴完全花的构造

萼片5~8裂，多为5~6裂，联生于子房，肥厚宿存。石榴成熟时萼片有圆筒状、闭合状、喇叭状或萼片反卷紧贴果顶等几种方式。其色与果色近似，一般较淡。萼片形状是石榴品种分类的重要依据，同一品种萼片形状基本是固定的。但也有例外，即同一品种、同株树由于坐果期早、晚不等，萼片形状亦有多种，因坐果早、中、晚，分为闭合状、圆桶状和喇叭状 3 种。

花瓣有鲜红、乳白、浅紫红 3 个基色，瓣质薄而有皱褶。一般品种花瓣与萼片数相同，一般 5 ~ 8 枚，多数 5 ~ 6 枚，在萼筒内壁呈覆瓦状着生；一些重瓣花品种花瓣数为 23 ~ 84 枚，花药变花冠形的有 92 ~ 102 枚。

花冠内有雌蕊 1 个，居于花冠正中，花柱长 10 ~ 12 毫米，略高、同高或低于雄蕊。雌蕊初为红色或淡青色，成熟的柱头圆形具乳状突起，上有茸毛。

雄蕊花丝多为红色或黄白色，成熟花药及花粉金黄色。花丝长为 5 ~ 10 毫米，着生在萼筒内壁上下；下部花丝较长，上部花丝较短。花药数因品种不同差别较大，一般 130 ~ 390 枚不等。石榴的花粉形态为圆球形或椭圆形。

花有败育现象。如果雌性败育，其萼筒尾尖，雌蕊瘦小或无，明显低于雄蕊，不能完成正常的受精而凋落，俗称雄花、狂花。两性正常发育的花，其萼筒尾部明显膨大，雌蕊粗壮，高于雄蕊或和雄蕊等高，条件正常时可以完成授粉受精而坐果，俗称完全花、雌花、果花。

不同品种其正常花和败育花比例不同。有些品种总花量大，完全花比例亦高；有些品种总花量虽大，完全花比例却较低；而有些品种总花量虽较少，但完全花比例却较高，在 50% 以上；有些品种总花量小，完全花比例也较低，只有 15% 左右。

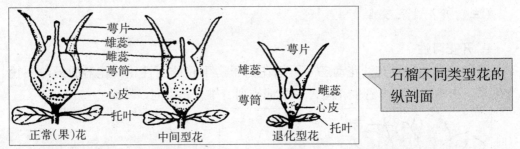

石榴不同类型花的纵剖面

同一品种花期前后其完全花和败育花比例不同。一般前期完全花比例高于后期，而盛花期（6 月 6 ~ 10 日）完全花的比例又占花量的 75% ~ 85%。

石榴开花动态较复杂，一些特殊年份由于气候的影响并不完全遵循以上规律，有与之相反的现象，即前期败育花量大，中后期完全花量大；也有前期完全花量大，中期败育花量大，而到后期又出现完全花量大的现象。

影响开花动态的因素很多，除地理位置、地势、土壤状况、温度、降水等自然因素外，就同一品种的内因而言，与树势强弱、树龄、着生部位、营养状况等有关。树势及母枝强壮的完全花比率高；同一品种随着树龄的增大，其雌蕊退化现象愈加严重；生长在土质肥沃条件下的石榴树比生长在立地条件差处的完全花比率高；树冠上部比下部、外围比内膛完全花比率高。

（2）花芽分化 花芽主要由上年生短枝的顶芽发育而成；多年生短枝的顶芽，甚至老茎上的隐芽也能发育成花芽。黄淮地区石榴花芽的形态分化从6月上旬开始，一直到翌年最后一批花开放结束，历时2～10个月不等，既连续，又表现出3个高峰期。即当年的7月上旬、9月下旬和翌年的4月上中旬。与之对应的花期也存在3个高峰期，头批花蕾由较早停止生长的春梢顶芽的中心花蕾组成，翌年5月上中旬开花。第二批花蕾由夏梢顶芽的中心花蕾和头批花芽的腋花蕾组成，翌年5月下旬至6月上旬开花。此两批花结实较可靠，决定石榴的产量和质量。第三批花主要由秋梢于翌年4月上中旬开始形态分化的顶生花蕾及头批花芽的侧花蕾和第二批花芽的腋花蕾组成，于6月中下旬，最迟到7月中旬开完最后一批花，此批花因发育时间短，完全花比例低，果实也小，在生产上应加以适当控制。

花芽分化与温度密切相关。花芽分化要求较高的温、湿度条件，其最适温度为月平均温度20℃±50℃。低温是花芽分化的限制因素，月平均温度低于10℃时，花芽分化逐渐减弱直至停止。

（3）花序类型 石榴花蕾着生方式为：在结果枝顶端着生1～9个花蕾不等。品种不同，着生的花蕾数不同，其着生方式也多种多样。

7～9个花蕾的着生方式较多。但有一个共同点：即中间位花蕾一般是两性完全花，发育得早且大多数成果；侧位花蕾较小而凋萎，也有2～3个发育成果的，但果实较小。

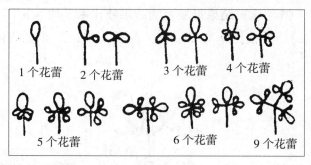

1个花蕾　2个花蕾　3个花蕾　4个花蕾

5个花蕾　6个花蕾　9个花蕾

花蕾在果枝顶端着生方式

（4）蕾期与花的开放时间 以单蕾绿豆粒大小可辨定为现蕾，现蕾至开花5～12天；春季蕾期由于温度低，经历时间要长，为20～30天。簇生蕾主位蕾比侧位蕾开花早，现蕾后随着花蕾增大，萼片开始分离，分离后3～5天花冠开放。花的开放一般在上午8时前后。从花瓣展开到完全凋萎，不同品种经历时间有差别，一般品种需经2～4天，而重瓣花品种需经3～5天。石榴花的散粉时间一般在花瓣展开的第二天，当天并不散粉。

（5）授粉规律 石榴自花、异花都可授粉结果，但以异花授粉结果为主。

1）自花授粉 自交结实率平均33.3%。品种不同，自交结实率不同。重瓣花品种结实率高达 50%，一般花瓣数品种结实率只有 23.5% 左右。

2）异花授粉　结实率平均 83.9%。其中授以败育花花粉的结实率为 81%；授以完全花花粉的结实率为 85.4%。在异花授粉中，白花品种授以红花品种花粉的结实率为 83.3%。完全花、败育花其花粉都具有受精能力，花粉发育都是正常的，不同品种间花粉具有受精能力。

2. 结果习性

（1）结果母枝与结果枝　结果枝条多一强一弱对生。结果母枝一般为上年形成的营养枝，也有三至五年生的营养枝。营养枝向结果枝转化的过程，实质上也就是芽的转化，即由叶芽状态向花芽方面转化。营养枝向结果枝转化的时间因营养枝的状态而有所不同，需 1~2 年或当年即可完成，因在当年抽生新枝的二次枝上有开花坐果现象。徒长枝生长旺盛，分生数个营养枝，通过整形修剪等管理措施，使光照和营养发生变化，部分营养枝的叶芽分化为混合芽，抽生结果枝而开花结果。

石榴在结果枝的顶端结果。结果枝在结果母枝上抽生，结果枝长 1~30 厘米，叶 2~20 片，顶端形成花蕾 1~9 个。结果枝坐果后，果实高居枝顶，但开花后坐果与否，均不再延长。结果枝上的腋芽，顶端若坐果，当年一般不再萌发抽枝。结果枝叶片由于养分消耗多，因此衰老快，落叶较早。

果枝芽在冬、春季比较饱满。春季抽生顶端开花坐果后，由于养分向花果集中，使得结果枝比对位营养枝粗壮。其在强（长）结果母枝和弱（短）结果母枝上抽生的结果枝数量比例不同。强（长）结果母枝上的结果枝比率平均为 83.7%，明显高于弱（短）结果母枝上的结果枝比率的 16.3%。品种不同，二者比例有所变化，但总的趋势相同。

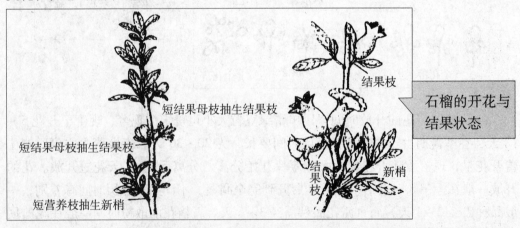

石榴的开花与结果状态

（2）坐果率　石榴花期较长，花量大。花又分两性完全花和雌性败育花两种。败育花因不能完成正常受精而落花。两性完全花坐果率，盛花前期（6月7日）和盛花后期（6月16日）不同，前期完全花比例高，坐果率亦高，为 92.2%。随着花期推迟，完全花比例下降，坐果率也随着降低，为83.3%，趋势是先高后低。就石榴全部花计算，坐果率则较低，不同品种完全花比例不同，坐果率不同，在7%～45%。同一品种，树龄不同，坐果率亦不同。成龄树后，随着树龄的增大，正常花比例减少，退化花比例增大，其坐果率降低。

（3）果实的生长发育

1）果实的生长　石榴果实由下位子房发育而成。成熟果实球形或扁圆形；皮为青色、黄色、红色及黄白色等。有些品种果面有点状或块状果锈，而有些品种果面光洁。果底平坦或尖尾状或有环状突起，萼片肥厚宿存。果皮厚1～3毫米，富含单宁，不具食用价值。果皮内包裹着由众多籽粒分别聚居于多心室子房的胎座上，室与室之间有隔膜。每果内有种子100～900粒。同一品种同株树上的不同果实，其子房室数不因坐果早晚、果实大小而有大的变化。

石榴从受精坐果到果实成熟采收的生长发育需要110～120天。果实发育大致可以分为幼果速生期（前期）、果实缓长期（中期）和采前稳长期（后期）3个阶段。幼果期出现在坐果后的5～6周内，此期果实膨大最快，体积增长迅速。果实缓长期出现在坐果后的6～9周内，历时20天左右，此期果实膨大较慢，体积增长速度放缓。采前稳长期，亦即果实生长后期、着色期，出现在采收前6～7周内。此期果实膨大再次转快，体积增长稳定，较果实生长前期慢、较果实生长中期快，果皮和籽粒颜色由浅变深达到本品种固有颜色。在果实整个发育过程中横径生长量始终大于纵径生长量，其生长规律与果实膨大规律相吻合，即前、中、后期为快、缓、较快。但果实发育前期纵径绝对值大于横径，而在果实发育后期及结束时，横径绝对值大于纵径。

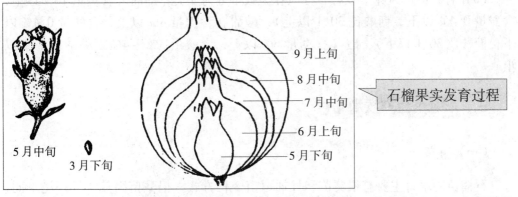

石榴果实发育过程

5月中旬　3月下旬　9月上旬　8月中旬　7月中旬　6月上旬　5月下旬

2）种子　种子即籽粒。呈多角体，食用部分为肥厚多汁的外种皮。成熟籽粒分乳白色、紫红色、鲜红色。由于其可溶性固形物成分含量有别，味分为甜、酸甜、涩酸等。内种皮形成种核，有些品种核坚硬（木质化），而有些品种核硬度较低（革质化），成为可直接咀嚼的软籽类品种。籽粒一般在发育成熟后才具有食用价值，其可溶性固形物含量也由低到高。品种不同籽粒含仁率不同，一般为60%～

90%。同一品种同株树坐果早的含仁率高，坐果晚的含仁率低。

（4）坐果早晚与经济产量和品质的关系　石榴花期自5月15日前后至7月中旬开花结束，经历了长约60天。在花期内坐果愈早，果重、粒重、品质愈高，商品价值愈高；随坐果期推迟，果重、粒重变小，可溶性固形物含量降低，商品价值下降。而随着坐果期推迟，石榴皮变薄。

（5）果实的色泽发育　以石榴成熟时的色泽分为紫色、深红色、红色、蜡黄色、青色、白色等。果实鲜艳、果面光洁，果实商品价值高。籽粒色泽比皮色色泽单调些。

决定果实色泽发育的色素主要有叶绿素、胡萝卜素、花青素以及黄酮素等。石榴果实的色泽随着果实的发育有3个大的变化。第一阶段，花期花瓣及子房为红色或白色，直至授粉受精后花瓣脱落，果实由红色或白色渐变为青色，需要2~3周。第二阶段，果皮青色，在幼果生长的中后期和果实缓长期。第三阶段在7月下旬至8月上旬，因坐果期早晚有差别。开始时着色浅，随果实发育成熟，花青素增多，色泽发育为本品种固有特色。

树冠上部、阳面及果实向阳面着色早，树冠下部、内膛、阴面及果实背光面着色晚。

影响着色的因素有树体营养状况、光照、水分、温度等。果树徒长、氮肥使用量过大、营养生长特别旺盛则不利于着色；树冠内膛郁闭透光率差影响着色；一般干燥地区着色好些，在较干旱的地方，灌水后上色较好；水分适宜时有利于光合作用的进行，而使色素发育良好；昼夜温差大时有利于着色，石榴果实接近成熟的9月上中旬着色最快，色泽变化明显，与温差大有显著关系。

（6）籽粒品质风味　软籽石榴风味大致可分为3类，即甜（含糖量10%以上，含酸量0.4%以下，糖酸比30:1以上），酸甜（含糖量8%以上，含酸量0.4%以下，糖酸比30:1以下），酸（含糖量6%以上，含酸量3%~4%，糖酸比2:1以上）。

三、石榴的生产技术

（一）育苗

石榴苗的培育主要有根蘖苗和扦插育苗2种方式。根蘖苗因其生长环境不同，其苗长势、粗壮程度差异较大，加之须根较少，因此，用根蘖苗建园时，最好在刨取根蘖苗后，先行短截，在苗圃中培育成壮苗，第二年再定植，这样可以提高成活率，保证栽后第一年生长健壮。

扦插育苗可在冬季剪取粗壮（0.8厘米以上）的一年生枝，截成20厘米的插条，湿沙贮藏；3月底4月初选好育苗地，施足基肥，整好苗畦；4月上旬将插条取出，在清水中浸泡 24 小时，让插条充分吸水，斜插入整好的畦内，露出地面 1~2 厘米，然后浇水，水渗下后上覆沙土，盖住上端，覆盖地膜。出苗后，根据苗木生长状况，及时施肥浇水。后期适当控水，进行摘心，保证苗子粗壮充实。

（二）栽植

1. 改良土壤

栽植前要先深翻扩穴，施入足够的有机肥。成片栽植行株距以 3 米 × 5 米为宜，应尽量选择光照较好的地方。

2. 配置好授粉品种

石榴为异花结实，主栽品种与授粉品种比例至少为 3:1，主栽品种与授粉品种可互为授粉品种。

3. 适当晚栽

石榴早春易抽条，因此，要在 4 月初地温上升到 10℃ 以上时栽植，随起苗，随栽植，栽后树盘覆盖地膜，提温保墒，缩短缓苗期，提高成活率。

4. 摘心促壮

栽植当年 7~8 月，进行摘心，促发分枝，促下部粗壮。7 月雨季到来后，要控水，防枝条旺长，避免枝条冬春季抽干。

（三）整形修剪

石榴宜采用丛状自然树形。定干高度为 30 厘米，发出 4~6 个主枝，自然生长 2~3 年后，将主枝角度撑拉至 55°~60°，即可基本成形。在修剪上要冬夏季结合，石榴结果以具有 6~8 片好叶的叶丛枝为主，因此，夏、春对内膛过旺枝、二次枝及长枝摘心，充实侧芽，促发壮短枝。石榴分枝力强，冬季修剪延长枝不必短截，只疏除过密枝及发育不充实的二次枝。

（四）土壤管理

1. 合理施肥

秋季每亩施入优质有机肥 3 000~4 000 千克，6 月、8 月各追施尿素 1 次，一至二年生树，每次每株用量 50~100 克，3~4 年生树，每次每株用量 200~250 克，追肥后根据降水情况，酌情浇水。

2. 土施多效唑（PP333）

6 月上旬，对三至四年生树，按每平方米树冠投影面积施入 0.2~0.25 克（纯量）多效唑，可促生大量完全花。

（五）秋季管理方法

秋季，石榴树往往会萌发许多二次、三次新梢，从而使树冠枝条密集，造成通风透光不良，引起果实增大慢、着色不良，也影响内膛叶丛枝和短枝形成花芽。因此，加强秋季修剪显得尤为重要。

1. 疏枝

继续剪除密生的、徒长的、有病虫的萌枝、萌蘖。要求疏枝后树冠下的光斑均匀分布于地面上，以占全树冠投影面积的 10%～15% 为宜。保证果实直接见光，使内膛叶丛枝及短枝见光充足，形成花芽快。对剪下的病虫果枝采取深埋或焚烧。

2. 剪根

石榴树衰老的表现特征之一是根系老化衰亡，因此根据石榴树结果情况，逐年进行根系修剪是十分必要的。可于 10 月中旬至 11 月（采果后及落叶前），结合秋扩穴翻施有机肥，在树冠外围挖环状或平行沟（深度 50～100 厘米），切断部分直径小于 1 厘米的根，有利于根系再生和扩大。

（六）采前的管理方法

1. 疏密、摘心

清除树冠内膛的徒长枝、直立枝、密生枝和纤细枝，保持树冠内部通风透光。对仍未停止生长但以培养树形为目的需要保留的旺梢进行轻摘心，以减少养分消耗，使枝条生长充实健壮，保证安全越冬。

2. 促进果实着色

8 月下旬至 9 月上旬对套袋果实及时去袋，去袋时间在成熟采收前 20～25 天，此时去袋最有利于果实着色和含糖量提高。去袋要选择阴天或晴天下午 4 时后进行。如果套的是双层袋，要先去除外袋，间隔 3～5 天后去内袋。去袋要注意天气，慎防因高温和强烈阳光照射造成果皮灼伤，降低果品价值。去袋之后要及时喷洒果实增色剂，促进果实着色。摘叶转果是促进石榴着色的辅助措施。摘叶时结合除袋，摘掉遮挡直射果面阳光的叶片，疏除遮挡果实的小枝条。转果使果实背阴面见光，保证整个果实着色均匀。有些部位的果实果梗短粗，无法转动，可通过拉、别、吊等方式，转动结果母枝的位置，使果实背面见光着色。铺反光膜也是促进石榴着色的重要措施。从 9 月上旬起至采果前，在石榴树下或树行内铺银色反光膜，可明显提高树冠内膛和中下部光照强度，增加果实着色面积和质量。

3. 预防裂果

采收前 10～15 天，严格控制浇水，特别是干旱的山地、丘陵果园及平原区灌水不规律果园，久旱逢雨后要及时采收。在 8 月下旬、9 月上旬喷 25 毫克/升赤霉素，可使裂果减少 30% 以上。

4. 养健壮树势，促进花芽分化

石榴结果量大，或者土壤供肥不足，病虫危害严重，很容易使树早衰，而 9 月中下旬是石榴树当年第二次花芽分化高峰，此期的花芽分化直接影响第二年产量，因此，采取措施促使树体健壮生长很重要。要及时追施速效肥，追肥注意氮、磷肥配合，适当施钾肥，每株追施尿素、过磷酸钙各0.25克，叶面喷施0.2%～0.35%有机钾肥或多元微肥。

5. 控制肥水，保持树体正常生长

在肥水管理上，应做到"前促后控"，既要保证树体正常生长对各种营养的需要，又要防止后期旺长。因此，前期以氮肥为主，搭配磷、钾肥，适时、适量灌水；后期以磷、钾肥为主，适当减少灌水次数。对于旺长的石榴树，可在采果后喷40%乙烯利2 000～3 000倍液，调节树体生长。

6. 病虫害防治

此期主要防治对象为蚜虫、桃蛀螟、梨小食心虫、茎窗蛾、刺蛾、中华金带蛾、金毛虫等虫害及干腐病、果腐病、褐斑病等病害。防治方法为：剪虫梢，摘拾虫果，集中深埋或烧毁，杀死树干上化蛹幼虫；喷40%代森锰锌可湿性粉剂500倍液，或40%甲基硫菌灵可湿性粉剂800倍液，或40%多菌灵胶悬剂500倍液加50%晶体敌百虫1 000倍液防病治虫。后期应尽量减少有毒农药的使用量。

（七）采后管理方法

1. 清理果园

将园中的病虫果、烂果、病虫枝和刮除的老翘皮等运出园外深埋，并结合施肥将杂草埋入地下清除。

2. 修剪枝根

剪去干枯枝、病虫枝，疏去过密的细弱枝和背上枝。对衰弱的老树可结合秋施基肥，将树冠投影外缘深50厘米、宽40厘米内的0.5厘米以上的根剪齐，以促其发新根，恢复树势。

3. 肥水管理

采后可对叶面喷施尿素（0.5%～1%）和磷酸二氢钾、三元复合肥或果树专用肥，施用量为每株0.25～0.5千克，复合肥和专用肥可株施1～1.5千克。深施基肥。施肥后注意立即浇水，以利于肥料吸收，促进树势恢复和花芽分化。

（八）越冬保护

一年生幼树越冬，能压倒的尽量压倒，埋在土里；大树用草包扎主干或喷防冻剂或涂白的方法防冻。

四、石榴主要病虫害及防治

（一）主要病害及其防治

1. 石榴干腐病

石榴干腐病不仅危害生长期间的果实和贮藏果实，也侵染花器、果台和新梢。在陕西、四川、安徽和山东等石榴产区均有发生。

【症状】蕾期即发病。受侵染的花瓣最初变为褐色，以后扩大到花萼和花托，使花朵整个变为褐色。褐色部分发生许多暗色小颗粒，即为病菌的分生孢子器。

枝干染病，初期是黄褐色或浅褐色，以后变为深褐色或黑褐色。被害部位表面粗糙，病部与健部交界处往往开裂，病皮干裂翘起以至剥离。发病后病部迅速扩展，深达木质部，最后使全枝干枯死亡，病部密生墨色小粒点，即分生孢子器。

幼果一般在萼筒处首先发生浅褐色病斑，逐渐向外扩展，直到整个果实腐烂。幼果严重受害后早期脱落。当幼果膨大到七成大时，则不再脱落而干缩成僵果，悬挂在枝梢。

【防治方法】

（1）加强栽培管理，提高树体抗病能力。

（2）清洁果园。在冬季要结合修剪，将病枝、烂果等清除干净；在夏季要随时摘拾病果、落果，予以深埋或烧毁。刮除枝干病斑，并涂多菌灵加以保护。

（3）保护树体，防止受冻或受伤。对已出现的伤口，要进行涂药保护，促进伤口愈合，防止病菌侵入。

（4）坐果后即进行果实套袋，可兼治疮痂病，也可防治桃蛀螟。

（5）进行药剂防治。早春发芽前，喷施 3～5 波美度石硫合剂。5～8 月，交替使用 80% 代森锰锌可湿性粉剂 800 倍液，或 50% 甲基硫菌灵可湿性粉剂 800 倍液、50% 多菌灵 600 倍液等杀菌剂。每隔 10～15 天喷 1 次，效果较好。

（二）石榴早期落叶病

石榴早期落叶病，按病斑特征可分为褐斑病、圆斑病和轮纹点病等，其中以褐斑病对石榴树的损害最严重。

【症状】该病主要危害叶片，初期先在树冠下部和内膛叶上发生。病斑初为褐色小点，以后发展成针芒状、同心轮纹状或混合型病斑，病斑上的黑色小颗粒即为病菌孢子盘。圆斑病的病斑，初为圆形或近圆形，褐色或灰色斑点。轮纹病叶呈褐色或暗褐色，多发生于叶片边缘。空气潮湿时，叶片背面常有黑色霉状物出现。果实上的病斑近圆形或不规则形，黑色微凹，亦有灰色绒状小粒点，果实着色后病斑外缘呈淡黄白色。

【防治方法】

（1）加强综合管理，合理施肥，增强树势。进行标准化修剪，培养良好树形，改善树冠园内通风透光状况。

（2）清除园内落叶，集中烧毁或者深埋，尽量减少越冬病菌源。

（3）实施药剂防治。生长期间，从 5 月初开始，选喷 80% 代森锰锌可湿性粉剂的 800 倍液，或 10% 多抗霉素 1 500 倍液，或 10% 苯醚甲环唑水分散粒剂 1 000～1 500 倍液，或 1∶1∶200 倍波尔多液。药剂交替使用，10～15 天 1 次，效果更佳。

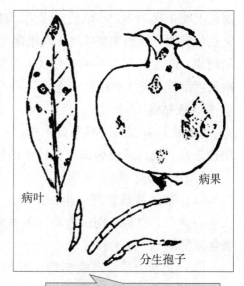

病叶　　病果　　分生孢子

石榴褐斑病症状及病原菌

2. 果腐病

【症状】该病有 2 种症状。一种症状是初发病时呈不定形淡色斑，后色斑变为褐色，无明显边缘，扩展后遍及整个果实。湿度大时，病斑上密生略带红色的棉絮状物，果实腐烂。另一种症状是初发病呈水浸状淡色斑，后扩展为稍凹陷暗褐色斑块，斑上有褐色蛛丝状霉。后期病斑中心常裂开，果实腐烂。

【防治方法】

（1）避免果实与地面接触。近地面果实稍转红即采收。

（2）加强管理，雨后及时排水。发现病果及时摘除并销毁。

（3）果实着色前，可选喷 50% 琥胶肥酸铜可湿性粉剂 500 倍液、23% 络氨铜水剂 500 倍液、36% 甲基硫菌灵悬浮剂 500 倍液、40% 多硫悬浮剂 500 倍液，预防前一种症状的镰刀菌危害。喷洒 5% 井冈霉素水剂 1 500 倍液，或 20% 甲基立枯磷乳油 1 000 倍液，或 1∶1∶200 波尔多液，可防止后一种症状的茄丝核菌的扩展蔓延。

3. 煤污病

【症状】在石榴果实上，煤污病为棕褐色或深褐色的污斑，边缘不明显，像煤斑。病斑有分枝型、裂缝型、小点型及煤污型 4 种类型。菌丝层极薄，一擦即去。

【防治方法】

（1）加强果园管理，清除菌源。在秋末采果后，及时将园内所有病虫果及病叶、落叶等集中烧毁或深埋，消除下一年病菌来源。建立健全果园排灌系统工程，防止果园大量积水。

（2）合理整形修剪，保证全园通风透光良好。

（3）进行果实套袋。果实套袋防治煤污病效果达 100%。

（4）药剂防治。早春石榴萌芽前，在全园喷 1 次 5 波美度石硫合剂。采果后，对树上喷 1 次 1∶2∶250 倍波尔多液，减少病源基数。发现介青虫蚜虫等刺吸式口器害虫危害时，及时喷洒 1.8% 阿维菌素浮油 5 000 倍液。在生长期，根据该病的发病规律，防治时期为 6~10 月，可喷洒 50% 硫菌灵可湿性粉剂 500 倍液或 50% 苯菌灵可湿性粉剂 1 000 倍液进行防治。

4. 枝枯病

【症状】被侵染的枝条或大枝，初期出现黑褐色斑块，随后病斑逐渐扩大，环绕枝条或大枝，致使病部以上枝干枯死。

【防治方法】

（1）加强栽培管理。生长期内定期修剪伤残枝或病枝，并集中销毁。选择晴天进行修剪，有利于伤口愈合。冬季修剪，彻底剪除病枝和枯枝，集中销毁，减少翌年菌源。

（2）药剂防治。发病初期，开始喷 77% 氢氧化铜可湿性微粒粉剂 500 倍液，或 14% 络氨铜水剂 300 倍液，隔 10~14 天喷 1 次，连续防治 3~4 次。

（二）主要害虫及其防治

1. 茎窗蛾

石榴茎窗蛾属鳞翅目网蛾科，是石榴的主要害虫。

【危害特点】以幼虫蛀入新梢和多年生枝危害，造成树势衰弱，果实产量和质量下降，重者整株死亡。

【形态特征】成虫体长 11~17 毫米，翅展 30~40 毫米，翅面乳白色微黄，稍有紫色。前翅顶角有深茶褐色晕斑，下方内陷，弯曲呈钩状。后翅白色透明，有中带四线，前端合并，向后分杈，外带两线大致平行，翅基有茶褐色斑。腹部白色。卵长筒状，初产出时淡黄色，后逐渐变成棕褐色，有 13 条纵直线，数条横纹，顶端有 10 多个突起。幼虫体长 25~35 毫米，淡青黄色，头褐色；前脑浅褐色，末节坚硬，黑褐色，末端分杈。蛹体长 15 ~20 毫米，深棕色或棕褐色，长圆形。

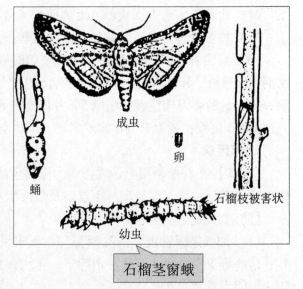

成虫

卵

蛹

石榴枝被害状

幼虫

石榴茎窗蛾

【发生规律】该虫一年发生 1 代，以幼虫在被害枝条内越冬。翌年春天开始活动，沿枝条继续向下蛀食。5 月中旬前后，幼虫老熟后化蛹。蛹期 20 天左右。6 月中旬开始羽化，7月上中旬为羽化盛期，8月上旬羽化结束。成虫白天在石榴叶背面隐藏，夜间活动。交尾后1~2天产卵，可连续产卵2~3天。卵期10~15天，7月上旬开始孵化。初孵出幼虫在芽腋处危害，随之危害2~3年生枝，直至入冬休眠为止。

【防治方法】结合冬剪，发现虫枝彻底剪掉。7月，发现被害枝及时剪去，并杀死其内幼虫。对未发芽的枯死枝，应彻底剪去，集中烧毁。在孵化期可喷2.5%溴氰菊酯2 000倍液、50%辛硫磷乳油1 000倍液，或用50%敌敌畏乳油500倍液注射虫孔，用泥封口毒杀，或用50%磷化铝片剂塞入蛀孔后，封口毒杀，使幼虫中毒死亡。

2. 豹纹木蠹蛾

豹纹木蠹蛾属鳞翅目木蠹蛾科，食性杂，可危害石榴、苹果、梨、柿和枣等果树，全国各石榴产区均有发生。

【危害特点】以幼虫在寄主枝条内蛀食危害。

【形态特征】雌蛾体长16毫米，翅展37毫米，触角丝状。雄蛾体长18毫米，翅展34~36毫米。触角双栉状。全体灰白色。胸部背面具平行的3对黑蓝色斑点，腹部有黑蓝色斑点。前后翅散生大小不等的黑蓝色斑点。卵圆形，初产出时淡黄色，孵化时变为棕褐色。幼虫体长32~40毫米，赤褐色。蛹体头部黄褐色，长25~28毫米，赤褐色。

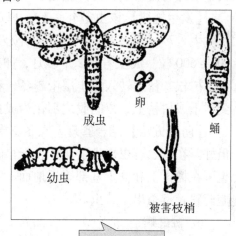

豹纹木蠹蛾

【发生规律】该虫一年发生1代，以幼虫在被害枝条内越冬。翌年春季石榴萌芽时，幼虫在枝条髓部向上蛀食，并在不远处向外咬一圆形排粪孔。随后再向下蛀食。5月底左右，幼虫老熟成蛹。6月下旬为羽化盛期。成虫有趋光性，产卵于嫩梢、芽腋或叶片上。7月为卵孵化期。幼虫从新梢芽腋处蛀入，然后沿髓部向上蛀食，隔一段向外咬一排粪孔。9月中旬后，幼虫在被害枝中越冬。

【防治方法】在生长季节，发现枝条上有新鲜虫粪排出时，用80%敌敌畏500倍液注射入排粪孔内，或用1/4片磷化铝塞入孔内，再用黄泥堵严孔口，可毒杀枝内害虫。结合夏、冬季修剪，剪除被害枝条，集中烧毁。成虫羽化期和幼虫孵化期，对树上喷25%氰戊菊酯乳油2 000倍液，或50%辛硫磷乳油1 000倍液，进行防治。成虫有趋光性，在羽化期可用黑光灯诱杀成虫。

3. 黑蝉

黑蝉属同翅目蝉科。主要危害苹果、梨、桃、石榴、李和山楂等果树。

【危害特点】成虫产卵于一年生枝梢木质部内，致产卵部以上枝梢多枯死。若虫生活在土中，刺吸根部汁液，使树势削弱。

【形态特征】成虫体长 43～48 毫米，翅展 122～130 毫米，黑色，具光泽，局部密生金黄细毛。头部具黄褐色斑纹。复眼大而突出，黄褐色，单眼黄褐色微红。中胸背面有"X"形红褐色隆起。翅透明，基部黑色，翅脉黄褐。前足基节隆线、腿节背面及中后足腿节背面与胫节红褐色。黑蝉的卵近梭形，长 2.5 毫米，乳白色渐变为淡黄色。黑蝉的若虫体长 35～40 毫米，黄褐色，有翅芽。前足腿、胫节粗大，下缘有齿或刺，为开掘足。

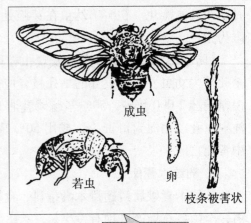

成虫

若虫

卵

枝条被害状

黑蝉

【发生规律】该虫数年一代，以卵在枝条内或以若虫在土中越冬。成虫 6～9 月发生，7～8 月盛发，产卵于当年枝条木质部内。8 月为产卵盛期，每头雌虫产卵 500～600 粒。成虫寿命 2 个多月，卵期 10 个月。翌年 6 月，若虫孵化后落地入土，危害树根。秋后转入深土层中越冬，春暖转至耕作层危害。经过数年，老熟若虫爬到树干或树枝上，夜间脱皮羽化为成虫。

【防治方法】结合管理，在冬、春季修剪时，彻底剪除产卵枝烧毁虫卵，效果极好。在老熟若虫出土羽化期，于早晚捕捉出土若虫和刚羽化的成虫，可供食用。也可在树干上和树干基部附近地面，喷洒残效期长的高浓度触杀药剂，或在地面撒施药粉，毒杀出土若虫。

4. 桃蛀螟

桃蛀螟，又名桃蠹螟、桃实螟、豹纹斑螟、桃斑蛀螟，俗称蛀心虫、食心虫。属鳞翅目螟蛾科。为杂食性害虫，寄主植物有 40 多种，是石榴最主要的害虫。

【危害特点】幼虫蛀食果实和种子，在被害果内外排积粪便，常导致果实腐烂及早落。

【形态特征】成虫体长 12 毫米左右，翅展 20～26 毫米，全体黄色。体背和前后翅散生大小不一的黑色斑点。雌蛾腹部末端圆锥形，雄蛾腹部末端有黑色毛丛。

该虫的卵为椭圆形，长 0.6～0.7 毫米，初产时乳白、米黄色，后渐变为红褐色。具有细密而不规

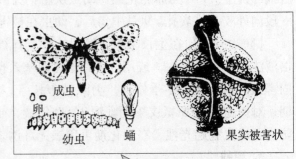

成虫

卵

幼虫

蛹

果实被害状

桃蛀螟

则的网状纹。幼虫体长 18 ~ 25 毫米，体背紫红色，腹面淡绿色。头、前胸背板和臀板为褐色，身体各节有明显的黑褐色毛疣。3 龄后，雄性幼虫第五腹节背面有一对黑褐色性腺。

该虫的蛹体长 11 ~ 14 毫米，纺锤形。初时为浅黄绿色，渐变为黄褐色至深褐色。头、胸和腹部 1 ~ 8 节背面，密布细小突起，第五至第七腹节前后缘有一条刺突。腹部末端有 6 条臀刺。

【发生规律】桃蛀螟在我国各地发生代数不一。在北方各省，每年发生 2 ~ 3 代，南方各省发生 4 ~ 5 代。主要以老熟幼虫在树翘皮裂缝、枝杈、树洞、干僵果内、贮果场土块下、石缝、玉米和高粱秸秆等处，结茧越冬。在北方地区，越冬代成虫一般于 4 月下旬开始羽化，5 月下旬至 6 月上旬进入盛期。一天之内，羽化多发生在上午 7 ~ 10 时，以 8 ~ 9 时为最盛。成虫白天及阴雨天静息于叶背及枝叶稠密处，傍晚以后飞出活动、交配、产卵，取食花蜜及露水，也吸食成熟桃、葡萄等果实汁液。5 月中旬在田间可见到一代虫卵，盛期在 5 月下旬到 6 月上旬，一直到 9 月下旬，均可见虫卵，世代之间高度重叠。成虫大多在夜间 9 ~ 10 时产卵。卵多单产于石榴萼筒内，果与果、果与枝叶相接触处。卵期 3 ~ 4 天，初孵化幼虫在萼筒内、果梗或果面处吐丝蛀食果皮。2 龄后蛀入果内食害籽粒，蛀孔处排出有细丝缀合的褐色颗粒状粪便。随着蛀道的深入，果内也有虫粪。第一代幼虫于 6 月上中旬开始老熟。老熟幼虫脱果后多在枝杈、翘皮、裂缝等处，结灰褐色茧化蛹。6 月下旬第一代成虫开始羽化，盛期为 7 月中下旬，7 月上中旬发现第二代幼虫，7 月下旬至 8 月上旬为盛期。第二代成虫发生盛期为 8 月中下旬。8 月下旬至 9 月上旬，第三代幼虫发生。此期正是石榴成熟采收的时期，对上市果、贮藏果危害严重，损失大。

【防治方法】桃蛀螟寄主杂，发生世代多，应掌握其在当地的主要寄主和它转移寄主危害的规律，在各代成虫发生时期，产卵盛期和幼虫孵化盛期，适时喷药和采取其他综合防治措施，才能有效防治桃蛀螟。

（1）清理石榴园，减少虫源 采果后至萌芽前，摘除树上、拾捡树下的干僵、病虫果，集中烧毁或深埋。清除园内玉米、高粱秸秆等越冬寄主。剔除树上老翘皮，尽量减少越冬害虫的基数。生长期间，随时摘除虫果深埋。从 6 月起，可在树干上扎草绳，诱集幼虫和蛹，予以集中消灭。也可在果园内放养鸡，啄食脱果幼虫。从 4 月下旬起，园内设置黑光灯，挂糖醋罐，性引诱剂芯等，诱杀成虫。

（2）化学药剂防治 用药物堵塞萼筒。石榴坐果后，可用 50% 辛硫磷乳油 500 倍液浸透药棉球或制成药泥，堵塞萼筒。在 6 月上旬、7 月上中旬、8 月上旬和 9 旬上旬各代成虫产卵盛期，分别用 20% 甲氰菊酯乳油 2 000 倍液，或 2.5% 联苯菊酯乳油 2 500 倍液，均匀喷布，杀死初孵幼虫。

（3）果实套袋 石榴坐果后 20 天左右，进行果实套袋，可有效防止桃蛀螟对果实的危害。套袋前，应进行疏果，并喷 1 次杀虫剂，预防"脓包果"的发生。

5. 桃小食心虫

桃小食心虫属鳞翅目蛀果蛾科，是我国北方果产区的主要食果害虫，除危害石榴外，也危害苹果、枣、梨、山楂、桃、杏、李等。

【危害特点】食害石榴时多由果面蛀入，蛀孔极小。幼虫入果后朝向果心或在果皮下取食籽粒，将虫粪留在果内。虫孔易招致烂果而脱落，未腐烂者不脱落。

【形态特征】成虫淡灰褐色，体长 7~8 毫米。前翅前缘中部有一个近三角形蓝黑色大斑，雌成虫较雄成虫长。卵椭圆形，初产出时黄白色，后渐变成桃红色。卵表面粗糙，有网纹状，顶端有"Y"形刺数枝。初孵幼虫黄白色，头黑色。老熟幼虫桃红色，肥胖不活泼。冬茧扁圆形，由幼虫吐丝结织而成，外黏合土粒。夏茧纺锤形，一端有孔，蛹在其内形成。成虫羽化后从孔口钻出。

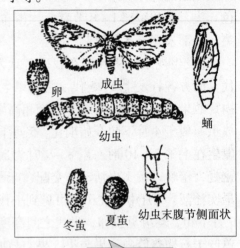

卵　成虫　蛹　幼虫　冬茧　夏茧　幼虫末腹节侧面状

桃小食心虫

【发生规律】该虫在北方每年发生 1~2 代。以老熟幼虫在根颈周围 3~13 厘米深的土壤中越冬。在山区，有的老熟幼虫在堰边石缝中越冬。翌年 5 月中旬至 6 月上中旬，如遇大雨，越冬幼虫大量出土作茧化蛹。一般第一次成虫盛期在 7 月前后，第二次盛期在 8 月前后。成虫寿命 3 天左右，夜晚活动，午夜交尾，卵产在石榴果面上，每果 1 粒，每头雌虫产卵 30~40 粒。卵期 7~8 天。幼虫孵化后很快蛀入果内，蛀孔极小，4 天左右后沿蛀入孔出现直径 2~3 厘米的近圆形浅红色晕，以后加深至桃红色。幼虫蛀入石榴后，朝向果心或在果皮下取食籽粒，将虫粪留在果内。老熟幼虫脱果前 3~4 天，咬一脱果孔，并从中向外排粪便，粪便黏附在孔口周围。脱果后，虫孔易招致烂果而脱落，未腐烂者不脱落。

【防治方法】

（1）消灭越冬幼虫　每年 5 月中旬幼虫出土期，在树冠下地面喷洒液 50% 辛硫磷乳油 300 倍液，然后浅锄树盘，使药土混合均匀，在选果场及周围也要喷药防治。

（2）人工摘除虫果　在桃小食心虫发生期内，发现虫果时要及时摘除，集中用药处理。在成虫产卵前，给果实套袋，可阻止幼虫危害。

（3）药剂防治　进行田间调查，当卵果率为 1%~2% 时，及时喷布 50% 杀螟丹可湿性粉剂 1 000 倍液或 25% 氰戊菊酯 2 000 倍液。在成虫发生期和幼虫孵化期，喷布 2.5% 功夫乳油 2 000 倍液，或 20% 甲氰菊酯乳油 2 000 倍液，或 2.5% 溴氰菊酯乳油 3 000 倍液，都可获得较好的杀卵效果。

（4）性诱剂诱杀　在石榴园中设置 500 微克桃小食心虫性外激素水碗诱捕器，用以诱杀成虫，既可消灭雄成虫，减少害虫的交配机会，又可测报虫情。待日平均每碗诱得成虫 2～5 头时，即行喷药防治。

6. 棉蚜

棉蚜属同翅目蚜科，主要危害棉花、木槿、石榴、车前草和石楠等植物。

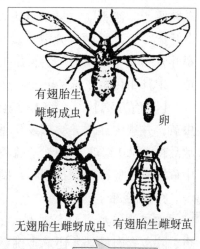

有翅胎生
雌蚜成虫

卵

无翅胎生雌蚜成虫　有翅胎生雌蚜茧

棉蚜

【危害特点】成虫若虫群集叶片和嫩梢上刺吸汁液，削弱树势。

【形态特征】棉蚜虫有无翅和有翅 2 种。无翅雌蚜体色在夏季为黄绿色，春、秋季为深绿色，全身有蜡粉。有翅雌蚜头、胸部为黑色，有两对透明翅。卵长椭圆形，黑色，有光泽。

【发生规律】棉蚜以卵在石榴树上越冬。越冬卵约在 3 月间孵化，然后在石榴上繁殖危害叶片。经加代繁殖，产生有翅蚜，迁飞到棉花上危害。棉蚜一般为卵胎生，繁殖很快，1 只雌蚜一天可生 5 只小蚜虫，一生可生 60～70 只。在温度合适、天气干燥时，胎生小蚜虫经 5 天生长发育就能繁殖后代。1 年能繁殖 20～30 代。春天气候多干燥，很适合棉蚜繁殖，故石榴树往往会受到严重危害。棉蚜危害时，喜群集在嫩梢及叶背吸取汁液，同时不断分泌蜜露，招致霉菌寄生，妨碍叶片光合作用，降低果实的商品价值。秋季棉蚜飞回越冬寄主上产卵越冬，卵多产在芽腋处。秋季棉蚜危害较轻。

【防治方法】越冬卵数目多时，可喷施 5% 机油乳剂进行防治，还可兼治介壳虫类。石榴树展叶后，喷布 10% 吡虫啉 2 000 倍液，或菊酯类农药 1 500～2 000 倍液，或 50% 抗蚜威可湿性粉剂 3 000 倍液 1～2 次，防治效果很好。加强棉田的蚜虫防治，减少越冬棉蚜基数。

7. 黄刺蛾

黄刺蛾属鳞翅目刺蛾科，俗称"洋辣子"。

【危害特点】以幼虫取食叶片，严重时将叶片吃光，影响树势、产量和果品质量。

【形态特征】成虫体长 13～16 毫米，翅展 30～34 毫米，全体基本为黄色。前翅有一条褐色细茸毛，其内为黄色，外为棕色，后翅及腹部淡黄色。卵黄白色，扁椭圆形。幼虫体长 16～25 毫米，黄绿色，背部有两端粗、中间细的紫褐色大斑。蛹黄褐色，体长约 13 毫米。茧椭圆形，坚硬，灰白色，上有褐色纵纹，形似鸟蛋。

【发生规律】该虫一年发生 2 代，以老熟幼虫在茧内越冬。翌年 5 月上旬开始化蛹，5 月中旬至 6 月下旬羽化，盛期为 6 月中旬。第一代成虫期为 7 月中旬至 8 月下旬，盛期为 8 月上中旬。第二代幼虫 7 月底开始危害植株，8 月上旬中旬危害最严重。8 月下旬老熟。成虫趋光性强，产卵于叶背，单粒散产。初孵幼虫集中危害，多在叶背取食叶肉。长大后逐渐分散，食量增大，能吃尽叶片和叶柄。幼虫老熟后在小枝杈处结茧，于其中化蛹或越冬。

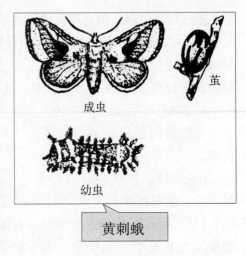

茧

成虫

幼虫

黄刺蛾

【防治方法】结合冬季修剪，清除越冬虫茧，并集中处理。幼虫发生期间喷施 80% 敌敌畏 1 500 倍液或 50% 辛硫磷乳油 1 000 ~ 1 500 倍液，均有良好效果。于幼虫集中危害时，巡视检查石榴园，摘下有虫叶片，消灭其上害虫即可。

8. 大袋蛾

大袋蛾属鳞翅目蓑蛾科，又叫大蓑蛾，俗称"吊死鬼"。它是一种杂食性害虫，除危害石榴外，还危害桃、苹果、梨和法国梧桐等树木。全国各石榴产地均有发生。

【危害特点】以幼虫取食叶片。

【形态特征】雄成虫体长 15 ~ 20 毫米，翅展 35 ~ 40 毫米，翅密生褐色鳞片，翅脉鳞毛黑褐色，前翅外缘有 4 ~ 5 个半透明斑纹。雌成虫体长 20 毫米左右，淡黄白色，体短粗，头小，足、触角和翅退化。卵淡黄色，椭圆形。幼虫黑褐色，雌幼虫体长 30 ~ 40 毫米，雄幼虫体长 15 ~ 20 毫米，体形粗短。

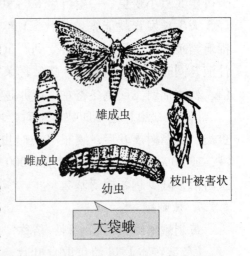

雄成虫

雌成虫

幼虫

枝叶被害状

大袋蛾

【发生规律】该虫一年发生 1 代，以老熟幼虫在挂于枝条上的虫囊内越冬。翌年 5 ~ 6 月化蛹。6 月是成虫发生期。雄蛾羽化后由虫囊下口飞出，雌蛾羽化后仍居于虫囊中，这时虫囊下口出现一层黄色茸毛，即表明雌蛾已经羽化。雄蛾具有趋光性，傍晚飞翔寻找雌蛾交配。雌蛾交配后 1 ~ 2 小时产卵。卵经 15 天左右孵化。幼虫从虫囊里爬出，吐丝下垂，随风传播。遇枝后沿着枝叶爬行扩散，固定以后，即吐丝缀连咬碎的叶屑，结成 2 毫米大小的虫囊，在其内危害植株。随着虫体的长大，虫囊也不断增大。8 ~ 9 月，幼虫食量最大，危害最重。9 月以后，幼虫老熟，即固定悬挂在枝条上越冬。

【防治方法】冬季结合清园修剪，人工摘除树上虫囊袋，消灭越冬幼虫。在6月幼虫孵化期，喷施80%敌敌畏1 000倍液，或90%敌百虫1 000倍液，或25%氰戊菊酯乳油2 000倍液，或20%甲氰菊酯乳油2 000倍液，均有良好防治效果。

9. 康氏粉蚧

康氏粉蚧属同翅目粉蚧科，是石榴生产中的主要害虫之一。主要危害10龄以上的成年丰产石榴树。

【危害特点】若虫或雌成虫刺吸石榴的芽、叶、果实和枝干的汁液。嫩枝受害常肿胀，易纵裂而枯死。幼果受害后多为畸形果，近成熟或成熟果实的被害"伤口"为干腐菌的侵入提供了条件。另外，康氏粉蚧还排泄蜜露，常引起煤污病的发生，影响光合作用，削弱树势，导致石榴产量和品质的降低。

【形态特征】成虫雌体长5毫米，宽3毫米左右，椭圆形，淡粉红色，被较厚的白色蜡粉。体缘具17对白色蜡刺，前端蜡刺短，向后渐长，最末一对最长约为体长的2/3。触角丝状，7~8节，末节最长。眼半球形。足细长。雄体长1.1毫米，翅展2毫米左右，紫褐色，触角和胸背中央色淡。前翅发达透明，后翅退化为平衡棒。尾毛长。卵椭圆形，长0.3~0.4毫米，浅橙黄色，被白色蜡粉。雌若虫3龄，雄若虫2龄。1龄椭圆形，长0.5毫米，淡黄色，体侧布满刺毛。2龄体长1毫米，被白蜡粉，体缘出现蜡刺。3龄体长1.7毫米，与雌成虫相似。雄蛹长约1.2毫米，淡紫色。茧长椭圆形，长2~2.5毫米，白色棉絮状。

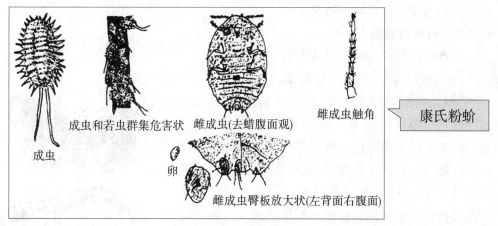

成虫和若虫群集危害状　雌成虫(去蜡腹面观)　雌成虫触角

成虫　　卵　　雌成虫臀板放大状(左背面右腹面)　　康氏粉蚧

【发生规律】该虫一年生3代。主要以卵在树体各种缝隙及树干基部附近土石缝处越冬，少数以若虫和受精雌成虫越冬。寄主萌动发芽时，越冬若虫开始活动，越冬卵开始孵化出若虫，分散危害。第一代若虫盛发期为5月中下旬，6月上旬至7月上旬陆续羽化，交配产卵。第二代若虫6月下旬至7月下旬孵化，盛期为7月上中旬，8月上旬至9月上旬开始羽化，交配产卵。第三代若虫8月中旬开始孵化，8月下旬至9月上旬进入盛期，9月下旬开始羽化，然后交配、产卵和越冬。早产的卵可孵化，以若虫越冬；羽化迟者交配后不产卵即越冬。雌若虫期为35~

50 天，雄若虫期为 25～40 天。雌成虫交配后，再经短时间取食，寻找适宜场所分泌卵囊，产卵其中。单雌卵量，1 代、2 代为 200～450 粒；3 代为 70～150 粒。越冬卵多产于树体缝隙中。此虫可随时活动转移危害。天敌有瓢虫和草蛉。

【防治方法】

（1）调运苗木、接穗和砧木，要加强检疫，防止传播蔓延。

（2）注意保护和引放天敌。

（3）初发生该虫的果园，常是点片发生，彻底剪除有虫枝烧毁，或人工刷抹有虫枝，以铲除虫源。

（4）发芽前喷洒含油量 5% 柴油乳剂或黏土柴油乳剂，如混用化学农药，杀虫效果更好。喷洒 5 波美度石硫合剂，有一定效果。对虫口密度大的枝干，在喷药前应刷擦虫体，有利于药剂渗入，可提高杀虫效果。

（5）若虫分散转移分泌蜡粉介壳之前，药剂防治较为有利。为提高杀虫效果，可药液里混入 0.1%～0.2% 洗衣粉。可喷用的药剂有菊酯类，如：2.5% 溴氰菊酯乳油 2 500～3 000 倍液或 20% 甲氰菊酯乳油 4 000～5 000 倍液，10% 氯氰菊酯乳油 1 000～2 000 倍液；有机磷杀虫剂，如 50% 马拉硫磷或杀螟松或稻丰散乳油 1 000 倍液，50% 敌敌畏乳油 800～1 000 倍液；菊酯有机磷复配剂，如 20% 菊马或溴马乳油等。上述药剂均有良好的防治效果，如将含油量 0.3%～0.5% 柴油乳剂或黏土柴油乳剂混用，对已开始分泌蜡粉介壳的康氏粉蚧若虫也有很好的杀伤作用，可延长防治适期，提高防治效果。

10. 石榴巾夜蛾

石榴巾夜蛾，属鳞翅目夜蛾科。

【危害特点】以幼虫取食石榴幼芽和叶片，成虫吸食果汁。

【形态特征】成虫体长 18～20 毫米，头、胸、腹部褐色。前翅中部有一灰白带，中带以内黑棕色，中带至外线黑棕色，外线黑色，顶角有两个黑斑；后翅棕赭色，中部有一白带。卵灰绿色，馒头形。幼虫体长 43～50 毫米；第一、第二节腹节常弯曲成桥形，前端稍尖；第一对腹足很小，第二对较小；头部灰褐色；体背面茶褐色，腹面淡赭色，腹线黑赭色，其中以左右胸足之间及腹足之间以及第七至第十腹节的黑斑显著，第八腹节两毛突较隆

成虫

幼虫

石榴巾夜蛾

起，黑色或红色，胸足紫红色，腹足外侧茶褐色，有暗黑斑；腹足内侧紫红色，气门椭圆形，困气门片黑色。蛹长 24 毫米，黑褐色。茧灰褐色。

【发生规律】该虫一年发生 4～5 代，以蛹在土中越冬。翌年 4 月石榴萌芽时，越冬蛹羽化为成虫，并开始交尾产卵。卵散产，多产在树干上。幼虫食害芽和叶。

其体色和石榴树皮近似，不易发现。其活动规律为白天静伏，夜间取食。老熟幼虫在树干交叉处或枯枝等处化蛹并羽化。9月底至10月间，老熟幼虫下树，在树干附近土间化蛹越冬。其生活史很不整齐，世代重叠。成虫吸食果汁。

【防治方法】落叶后至萌芽前，在树干周围挖捡越冬蛹，予以消灭。在幼虫发生期，喷90%敌百虫1 500倍液，50%辛硫磷乳油2 000～3 000倍液，或2.5%溴氰菊酯乳油2 000～2 500倍液，或80%敌敌畏乳油1 000倍液，均有良效。

11. 金龟子类

危害石榴树的金龟子类害虫，主要有铜绿丽金龟和黑绒金龟2种。

（1）铜绿丽金龟　铜绿丽金龟属鞘翅目丽金龟科。

【危害特点】成虫取食石榴嫩芽，使叶片成不规则的缺刻或孔洞状，严重的仅留叶柄或粗脉。幼虫生活在土中，危害根系。

【形态特征】成虫体长16～22毫米，宽8.3～12毫米，长椭圆形，背腹稍扁，体背铜绿色具光泽。头部、前胸背板及小盾片色较深，鞘翅上色较浅，呈淡铜黄色。前胸背板两侧、唇基前缘具浅褐条斑，腹面黄褐色，胸腹面密生细毛。足黄褐色，胫节、跗节深褐色。头部大，

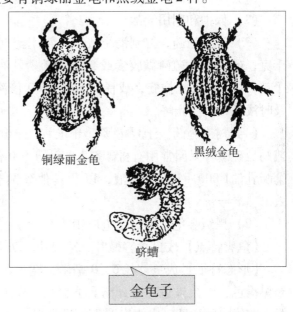

铜绿丽金龟　　黑绒金龟

蛴螬

金龟子

头面具皱密点刻。触角9节，鳃叶状，棒状部3节黄褐色，小盾片近半圆形。鞘翅具肩凸，左右鞘翅上密布不规则点刻，且各具不大明显纵肋4条，边缘具膜质饰边。臀板黄褐色，三角形，常具形状多变的古铜色或铜绿色斑点1～3个。前胸背板大，前缘稍直，边框具明显角质饰边。前侧角向前伸，尖锐，侧缘呈弧形；后缘边框中断；后侧角钝角状；背板上布有浅细点刻。腹部每腹板中后部有一排稀疏毛。前足胫节外缘有两个较钝的齿；前足、中足大爪分权，后足大爪不分权。卵椭圆形至圆形，长1.7～1.9毫米，乳白色。幼虫体长30～33毫米，头宽4.9～5.3毫米，头黄褐色，体乳白色。肛腹片的刺毛两列，近平行，每列由11～20根刺毛组成，两列刺毛尖，多相遇或交叉。蛹长椭圆形，长18～22毫米，宽9.6～10.3毫米，浅褐色。

【发生规律】该虫一年发生1代，以幼虫在土中越冬。翌春3月上升到表土层。5月，老熟幼虫化蛹，蛹期7～11天。5月下旬成虫始见。6月上旬至7月上中旬进入危害盛期。6月上旬至7月中旬进入产卵盛期，卵期7～13天。6月中旬至7月

下旬，幼虫孵化危害到深秋，气温降低时下移至深土层越冬。成虫羽化后3天出土，昼伏夜出，飞翔力强，黄昏上树取食、交尾。具假死性。雌虫趋光性较雄虫强，每雌可产卵40粒左右。卵多次散产在3~10厘米深土层中，以春、秋两季危害最烈。成虫寿命25~30天。幼虫在土壤中钻蛀，危害地下根部。老熟后多在5~10厘米深土层做土室化蛹。化蛹时，蛹皮从体背裂开蜕下且皮不皱缩，别于大黑鳃金龟和黯黑鳃金龟。

【防治方法】

（1）早、晚震落成虫，予以捕杀。

（2）保护和利用天敌。

（3）地面施药，控制潜土成虫。常用药剂有：5%辛硫磷颗粒剂，每亩撒施3千克；或25%对硫磷微胶囊或50%辛硫磷乳油，每亩0.3~0.4千克加细土30~40千克，拌匀成毒土撒施，或稀释500~600倍液，均匀喷于地面。使用辛硫磷后应及时浅耙，以防光解。

（4）树上施药。于果树接近开花前，结合防治其他害虫，喷洒50%杀螟硫磷或马拉硫磷等果园常用有机磷剂1 000~1 500倍液，或25%喹硫磷乳油、20%甲氰菊酯乳油1 000~1 500倍液，以及其他菊酯类药剂与复配剂，皆有较好的防治效果。

（2）黑绒金龟　黑绒金龟属鞘翅目鳃金龟科。

【危害特点】成虫食害嫩叶、芽及花。幼虫危害植物地下组织。

【形态特征】成虫体长6~9毫米，宽3.5~5.5毫米，椭圆形，褐色或棕褐色至黑褐色，密被黑色茸毛，略具光泽。头部有脊皱和点刻；唇基黑色，边缘向上卷，前缘中间稍凹，中央有明显的纵隆起；触角9节，鳃叶状，棒状部3节，雄虫较雌虫发达。前胸背板宽短，宽是长的2倍，中部突起，向前倾。小盾片三角形，顶端稍钝。鞘翅上具纵刻点沟9条，密布茸毛，呈天鹅绒状。臀板三角形，宽大，具刻点。胸部腹面密被棕褐色长毛。腹部光滑，每一腹板具有一排毛。前足胫节外缘两齿，跗节下有刚毛，后足胫节狭厚，具稀疏点刻，跗节下边无刚毛，而外侧具纵沟。各足跗节端具一对爪，爪上有齿。卵椭圆形，长径1毫米，初产出乳白色，后变灰白色，稍具光泽。幼虫体长14~16毫米，头宽2.5~2.6毫米，头黄褐色，体黄白色，伪单眼1个，由色斑构成，位于触角基部上方。肛腹片复毛区的刺毛列位于复毛区后缘，呈横弧形排列，由16~22根锥状刺组成，中间明显中断。蛹长8~9毫米，初为黄色，后变为黑褐色。

【发生规律】该虫一年发生1代，以成虫在土中越冬。翌年4月成虫出土，4月下旬至6月中旬进入盛发期，5~7月交尾产卵，卵期10天。幼虫危害从8月中旬至9月下旬，老熟后化蛹，蛹期15天。羽化后不出土即越冬，少数发生迟者以幼虫越冬。早春温度低时，成虫多在白天活动，取食林木早发的芽等。成虫活动力弱，多在地面上爬行，很少飞行。黄昏时入土，潜伏在干湿土交界处。入夏温度高时，多于傍晚活动，下午 4 时后开始出土，傍晚群集危害果树。成虫经取食交配后产卵，卵多产在 10 厘米深的土层中，堆产，每堆着卵 2 ~ 23 粒，多为 10 粒左右。每雌产卵 9 ~ 78 粒，常分数次产下。成虫期长，危害 70 ~ 80 天。初孵出幼虫在土中危害果树的地下组织，幼虫期 70 ~ 100 天。老熟后在 20 ~ 30 厘米深的土层做土室化蛹。

【防治方法】参考铜绿丽金龟的防治方法。

12. 小地老虎

小地老虎属鳞翅目夜蛾科。

【危害特点】幼虫多从地面上咬断幼苗，主茎硬化可爬到上部危害生长点。

【形态特征】成虫体长 16 ~ 23 毫米，翅展 42 ~ 54 毫米。体翅深褐色，腹部色浅。雌蛾触角丝状，雄蛾双栉齿状。前翅由内横线和外横线将全翅分为三段，外线以内暗褐色，以外淡茶褐色，前缘和外缘黑褐色。具明显的肾状纹、环状纹、棒状纹和两个剑状纹，并各环以黑边。肾状纹外边具一个尖端向外的黑色楔形斑，与亚外缘线上两个尖端向内的黑色楔形斑相

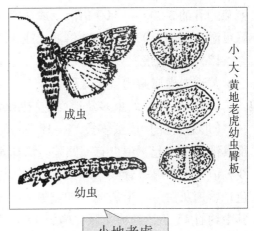

小、大、黄地老虎幼虫臀板

成虫

幼虫

小地老虎

对。后翅灰白，无斑纹，翅脉及边缘黑褐色。卵半球形，表面具纵脊 20 ~ 25 条。初产出时乳白色，后变灰褐色。幼虫体长 37 ~ 50 毫米，体黄褐色至灰黑色。体表布满颗粒。颅侧区有不规则的黑色网纹，臀板黄褐色，具两条深褐色纵带，腹部各节背面毛片，后两个比前两个约大 3 倍。蛹长 18 ~ 23 毫米，赤褐色，具光泽。第四腹节背侧有 3 ~ 4 排刻点，尾末有刺一对。

【发生规律】该虫在我国长城以北地区一年生 2 ~ 3 代，华北地区一年发生 3 ~ 4 代，江淮地区一年发生 4 代，西南地区一年发生 4 ~ 5 代；台湾地区一年发生 6 ~ 7 代。在长江流域能以老熟幼虫、蛹及成虫越冬。此虫为一种迁飞性害虫。我国大部分地区的越冬成虫，都是由南方迁入的。各地均以第一代幼虫危害最烈，北方地区一般在 5 月，南方地区一般在 4 月。成虫夜间活动，对黑光灯趋性强，对酸甜酒味亦有趋性。经取食花蜜后，交配产卵。成虫有追踪小苗产卵的习性，卵多产于幼苗叶背或根茬、土块上。1 ~ 3 龄幼虫多在心叶上危害，但危害不大。4 龄后白天潜伏于表土中，夜间取食，食量大，常将幼茎咬断，危害加重，所以，防治小地老虎要在 3 龄以前进行。老熟幼虫具假死性。地势低洼、耕作粗放、黏壤土及杂草多，利于其发生。

【防治方法】

（1）早春铲除园内杂草，减少小地老虎的产卵场所和食料来源。

（2）用糖醋液诱杀成虫。糖醋液配方为：糖6份，醋3份，白酒1份，水10份，90%敌百虫1份，调匀，放于盆内。每2 000～3 000平方米设一盆，高度以1～1.5米为宜。也可用黑光灯诱杀成虫。

（3）实施药剂防治。小地老虎1～3龄幼虫抗药性差，且暴露在寄主植物或地面上，是药剂防治的适期，可采用以下药剂喷雾防治：选用10%虫螨腈悬浮剂1 000～1 200倍液、或80%敌百虫可溶性粉剂800～1 000倍液、或20%氰戊菊酯乳油1 500～2 000倍液，或10%氯氰菊酯乳油2 000～2 500倍液，或2.5%三氟氯氰菊酯乳油2 500～4 000倍液、或20%甲氰菊酯2 000～3 000倍液、或25%除虫脲可湿性粉剂1 000～1 500倍液、或5%定虫隆乳油1 000～2 000倍液。

13. 黄地老虎

黄地老虎属鳞翅目夜蛾科。

【危害特点】幼虫多从地面上咬断幼苗，主茎硬化可爬到上部危害生长点。

【形态特征】成虫体长14～19毫米，翅展32～43毫米，灰褐色至黄褐色。额部具钝锥形突起，中央有一凹陷。前翅黄褐色，全面散布小褐点。各横线为双条曲线，但多不明显，肾纹、环纹和剑纹明显，且围有黑褐色细边，其余部分为黄褐色；后翅灰白色，半透明。卵扁圆形，底平，黄白色，具40多条波状弯曲纵脊，其中约有15条达到精孔区，横脊15条以下，组成网状花纹。幼虫体长33～45毫米，头部黄褐色，体淡黄褐色，体表颗粒不明显，体多皱纹而淡，臀板上有两块黄褐色大斑，中央断开，小黑点较多，腹部各节背面毛片，后两个比前两个稍大。蛹体长16～19毫米，红褐色。第五至第七腹节背面有很密的小刻点9～10排，腹末生粗刺一对。

【发生规律】该虫在西北地区一年发生2～3代，在华北地区一年发生3～4代。一年春、秋两季危害，但春季危害重于秋季。一般以4～6龄幼虫在2～15厘米深的土层中越冬，以7～10厘米深处最多。翌春3月上旬，越冬幼虫开始活动，4月上中旬在土中做室化蛹，蛹期20～30天。在华北地区，5～6月危害最重。成虫昼伏夜出，具较强趋光性和趋化性。习性与小地老虎相似。幼虫以3龄以后危害最重。

【防治方法】参考小地老虎的防治方法。

14. 华北蝼蛄

华北蝼蛄属直翅目蝼蛄科。

【危害特点】成虫和若虫危害石榴幼苗的根和茎，造成死亡。蝼蛄在土中钻蛀，使幼苗根部脱离土壤，透风失水而枯死。

【形态特征】成虫体长36～55毫米，黄褐色，前胸背板心形，凹陷不明显，后足胫节背面内侧有一刺或无。卵椭圆形，孵化前为深灰色。若虫与成虫相似。

【发生规律】华北蝼蛄在北方地区三年发生1代。以成虫和若虫在土中越冬。翌春3～4月开始活动，5月上旬至6月中旬为第一次危害最高峰期。6月下旬至8月下旬，气温高，转入深土层活动。6月下旬至7月中旬，为产卵盛期，8月为产卵末期。华北蝼蛄多生活在轻盐碱地，产卵于地下15～30厘米深的卵室内，一雌可产卵80～800粒。10月以后，再次转入深土中越冬，故蝼蛄的危害以春、秋两季最重。蝼蛄夜间活动，尤以夜间9～11时活动最盛。气温高、湿度大、闷热的夜晚，

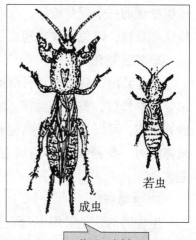

若虫

成虫

华北蝼蛄

危害最重。蝼蛄具趋光性，并对半熟的谷子，炒香的豆饼与麦麸，以及马粪等具有强烈趋性。含水量20%以上的20厘米深表土层，最适成虫及若虫活动；气温为12.5～19.8℃，20厘米深处土温为15.2～19.9℃时，利于其活动。温湿度过高或过低，该虫即潜入深土层中活动。

【防治方法】

（1）在苗圃不施用未充分腐熟的厩肥。

（2）物理防治。利用蝼蛄的趋光性，每50亩设置1个频振式杀虫灯，能诱杀蝼蛄，同时兼诱蛴螬、棉铃虫成虫等趋光性害虫。

（3）毒饵诱杀。根据蝼蛄夜间出土活动并对香甜物质有强烈趋性的特点，可采用撒施毒饵的方法加以防治：先将饵料（秕谷、麦麸、豆饼、棉籽饼或玉米碎粒）炒香，而后用90%晶体敌百虫或40%乐果乳油均为饵料的1%，先用适量水将药剂稀释，然后拌入炒香的饵料。配用敌百虫毒饵时，应先用少量温水将敌百虫溶解，再加水至所需量。每亩施用1.5～2.5千克毒饵，在无风闷热的傍晚撒施效果最佳。

（4）生长期被害，可用50%辛硫磷1 000倍液浇灌。

（三）石榴树病虫害综合防治

无公害标准化生产，已经成为农产品生产的发展趋势，也是增强我国加入世界贸易组织后农产品竞争优势的必由之路。根据"预防为主、综合防治"的植保方针，在石榴树病虫害综合防治上，要从植物检疫、农业防治、化学防治、生物防治和物理防治五方面进行。

1. 植物检疫

搞好植物检疫，是防止植物危险性病虫草害及其他有害生物由国外传入和国内

传播蔓延的一个重要措施。在石榴树引种和调运时，首先要通过植物保护部门进行检疫再栽植，以免危险性病虫从疫区带入。

2. 农业防治

农业防治，就是利用科学的栽培管理措施达到病虫害防治目的的重要措施。如结合冬季修剪，剪除病虫枝，清除果园的残枝落叶，深翻树盘，刮除老翘皮集中销毁等措施，可以杀死多种病菌和虫卵。加强果园土肥水管理，可增强石榴树的抗病虫害能力。改善果园的通风透光条件，疏花疏果和果实套袋等，可减少病虫的危害。

3. 生物防治

生物防治，是采用生物农药（包括微生物农药、动物源农药、植物源农药），防治石榴病虫害。该类农药主要有：灭幼脲、杀铃脲、扑虱灵、阿维菌素、苏云金杆菌、苦参碱、烟碱、多抗霉素与农抗 120、农用链霉素与 SO－施特灵。生物防治还包括利用病菌、害虫天敌及其产物防治病虫害。

4. 物理防治

物理防治，是利用害虫对某些物质或条件的强烈趣向，采用物理措施予以集中消灭。如卷叶蛾类、食心虫类和金龟子类等多种害虫，具有强烈的趋光或趋味性，利用性诱剂、糖醋液和黑光灯等，进行监测和诱杀，可以一举两得。

5. 化学防治

在农业物理防治的基础上，通过喷施化学农药，可减少用药量，降低农药残留量和生产成本，提高果园经济效益。化学防治具体方法，见石榴病虫害综合防治办法。

（四）石榴树的主要自然灾害

石榴树经常遭受的自然灾害，主要有冻害和冷害、抽条、旱涝、风害和日灼等。

1. 冻害的预防

引起石榴树冻害的原因有内因和外因。内因是指由于果树本身而造成的冻害原因，又可分为品种上的、生理上的与营养上的 3 个方面的原因。树体内营养物质的充分贮备，是提高其抗寒力、免受冻害的物质基础。任何不合理的栽培，如肥水不足、病虫危害严重，结果超载等，都会减少树体内营养物质的贮备，降低果树的抗寒力。二是温度方面的原因，是外因。在果树越冬期间，气温降低到果树不能忍受的程度，便会发生冻害。如初冬遇到寒流侵袭、气温骤降，仲冬绝对低温超强和低温持续时间长，以及早春气温大幅度升降等外界因素的影响，都会引起冻害不同程度地发生。

2. 抽条

抽条，多发生在冬春干旱和水土保持不好的年份，病虫危害严重、果园荒芜，以及枝条停止生长晚，组织不充实，枝条中水分得不到及时的补充，造成生理干旱。抽条往往与冻害相伴发生，枝条发生抽条现象后，木质部不会变为褐色，而是变得苍白，缺乏柔软感，轻者可随气温回升而恢复，严重者失水皱缩，干枯死亡。

3. 日烧

日烧，又称"日灼"，是由太阳照射而引起的生理病害。多发生在北方干寒和干旱的年份。因发生的时期不同，可分为冬季日烧和夏季日烧。夏季日灼常在高温干旱天气条件下发生，主要危害向阳的果实和枝条皮层。果实日灼处出现淡紫色或浅褐色干陷斑。冬季日灼多发生在寒冷地区果树西南面的主干和大枝上。由于冬春季白天太阳照射枝干温度升高到0℃以上，使处于休眠状态的细胞解冻，而夜间温度骤然下降到0℃以下，使细胞内再冻结。如此反复冻融交替，使皮层细胞受到破坏。开始受害时，树皮变色横裂成块斑状。受害严重时，韧皮部与木质部脱离。急剧受害时，树皮凹陷，日烧部位逐渐干枯、裂开或脱落，导致枝条死亡。

4. 霜冻

在石榴树生长季节，因急剧降温，水汽凝结成霜而使幼嫩部分受冻，成为霜冻。春季石榴树，花器官和幼果最不耐寒，骤然降温所引起的春霜冻，是花器官和幼果发生冻害的主要原因。由于霜冻是冷空气集聚的结果，小地形对霜冻发生有很大的影响，所以，选择园地要引起重视。

5. 冷害

冷害，是指在0℃以上的低温条件下，对石榴树所造成的伤害。冷害主要发生在生长期，可引起果树生长发育延缓，生殖生理功能受损，生理代谢阻滞，造成产量降低，品质变劣。

6. 风袭

果树遇强风吹袭，会影响开花授粉，造成落花落果，严重的还会使嫩枝枯萎，甚至倒干。

7. 旱涝

石榴的不同种群和品种对降水量的适应能力有很大差异。如云南石榴分布区的降水量为800~1 200毫米，石榴生长良好，干旱年份则产量下降。而新疆石榴由于长期适应当地的干燥气候，对水分的需求量不太高，若引种到降水量为600毫米以上的地区，则易罹病害。一般来说，石榴耐干燥的空气，但对土壤水分状况却比较敏感，土壤过旱或过湿，均不利于石榴的生长和结实。土壤干旱，易发生落叶、落花或落果，并导致日灼及枯枝等；受涝渍水，则易造成根系呼吸受阻，严重时窒息、腐烂，从而影响地上部的生长和发育。

第五节　草莓的种植技术

草莓栽培最早始于 14 世纪前半叶，最初在法国，后来传到英国、荷兰、丹麦等国。现在世界上几乎所有的国家都有栽培，我国草莓栽培始于 1915 年。20 世纪 70 年代后，随着农村政策的落实，草莓生产有了较大的发展，特别是近几年保护地栽培草莓上市早，在水果淡季供应市场获得很高的经济效益，使我国草莓生产有了较快的发展。目前，草莓已成为我国的主要水果之一。

草莓是多年生、草本小浆果。繁殖容易，管理简便，结果快、成熟早，生产周期短。一般栽培后几个月就有产量。草莓柔软多汁，色泽美观，营养丰富，既能生食，又可加工制成果酱、果汁、果酒等多种加工制品，具有医疗保健作用。据分析，每 100 克鲜果中含维生素 C 35～120 毫克，约为梨、苹果、葡萄的 10 倍。此外，尚含有人体需要的丰富的磷、铁、钙等矿物质以及抗癌物质。

一、草莓的种类、品种与生长结果习性

（一）主要种类与品种

草莓属蔷薇科草莓属。草莓的栽培品种很多，目前已有 2 000 种以上，而且新的品种还在不断地出现，各国的栽培品种也有较大的差异，我国目前主要的栽培品种有十余种。

1. 宝交早生

从日本引进。植株生长较开张。叶片椭圆形，叶缘稍向里卷。叶色深绿有光泽。1 级序果平均单果重 28 克左右，最大单果重 60 克。果实圆锥形，果基有颈，即浆果基部与萼片连接处具有光滑无种子的颈状部分。果面鲜红艳丽。萼片平贴或稍反卷。果肉橙红色，髓心较实，汁液红色，质地细嫩，香甜味浓，品质极上。可溶性固形物含量 8%～10%。丰产。早中熟品种，对白粉病抗性强，对黄萎病、灰霉病抗性弱。休眠较浅，适于露地和保护地栽培，尤其适于大棚栽培。该品种是确保优质丰产、淡季供应的最理想品种之一，是目前生产中栽培最多的品种。

2. 戈雷拉

从比利时引进。植株生长直立、紧凑。叶片椭圆形，浓绿，质硬。1 级序果平均单果重 24 克，最大单果重 45 克。果实圆锥形，有棱沟。果面红色，有时果尖不着色。萼片大，平贴或稍反卷：果肉橙红色，较硬，髓心稍空，汁液红色，酸甜味浓。可溶性固形物含量 7%～8%。丰产。中早熟品种。抗病性与抗逆性较强，尤其具有抗寒性。适于露地和保护地栽培。

3. 达娜

从日本引进。植株生长较开张，叶片椭圆形，大而平展，叶色深绿，托叶浅红色，花序低于叶面。1级序果平均单果重27克，最大单果重50克以上。果实圆锥形，深红色；萼片平贴。果肉浅红色，品质中等。可溶性固形物含量6%～7%。丰产。早中熟品种。休眠深，适于露地和半促成栽培。

4. 春香

从日本引入。植株生长直立。叶片椭圆形，大而平展，托叶绿色，花序低于叶面。1级序果平均单果重27.7克，最大单果重52克。果实圆锥形或楔形，果基有时有颈。果面红色，萼片反卷。果肉红色，髓心稍空，香味浓，品质极上。可溶性固形物含量8%～10%。早熟品种。易染白粉病。休眠浅，适于促成栽培。

5. 丰香

从日本引进。植株生长势强。叶片大而厚，但叶数稍少。匍匐茎发生能力比宝交早生强，且匍匐茎粗，皮呈淡紫色。果实大，短圆锥形，鲜红有光泽。果肉酸甜适口，以甜为主，香味极浓，品质极上。果肉致密，硬度大，耐贮藏运输，丰产。早熟品种，对白粉病抗性较差，休眠浅。适于促成栽培。

6. 梯旦

从美国引进。植株生长粗壮。叶片革质且厚，有光泽。1级序果平均单果重31.9克，最大单果重46克。果实钝圆锥形，果形整齐。果面鲜红色，有光泽。果肉较硬，味甜稍酸，有杏香味，汁多质细。可溶性固形物含量7.4%。晚熟品种。

其他栽培品种还有：明晶、丽红、明宝、女峰等。

目前，世界上已知草莓约有50种，绝大部分分布于欧洲、亚洲和美洲。有的学者将草莓植物分为4个地理群，即欧洲草莓群、亚洲草莓群、东美草莓群和西美草莓群。其中引为栽培和形成有品种者仅有欧洲草莓、香草莓、东方草莓、西美草莓、弗吉尼亚草莓、智利草莓6种，弗吉尼亚草莓也称深红草莓，而生产中所用的栽培品种多为智利草莓和深红草莓的杂种。

（二）生长结果特性

1. 生长习性

草莓为多年生常绿草本植物。植株矮小，株丛高度一般不超过35厘米，植株呈丛状，匍匐地面生长。盛果期2～3年。

（1）根系　草莓根系为须根系，在土壤中分布浅，大部分根集中分布于0～30厘米的土层内，而90%以上的根分布于10～15厘米的土层内。根系分布深度，与品种、栽植密度、土壤质地、温度和湿度等有关。密植时分布较深，沙地中分布较深。

草莓根系是由新茎和根状茎上发生的不定根组成。首先从茎上发生直径为1～

1.5 厘米的一次根，20～35 条，多时达 100 条。从一次根上，又分生许多侧根，侧根上密生根毛。新生不定根为乳白色，随着年龄的增长逐渐老化变为浅黄色以至暗褐色，最后近黑色而死亡。然后上部茎又产生新的根，代替死亡的根继续生长。随着茎的生长，新根的发生部位逐渐上移。如果茎露在地面，则不能发生新根，若及时培土，则可产生新根。新根的寿命通常为 1 年。

草莓根系生长动态与地上部生长动态大致相反。秋季至冬季是生长最旺盛时期，休眠期稍减缓，早春又开始旺盛生长，在叶和果实需水量较高的春季至夏季生长缓慢，在果实肥大时期部分根枯死。也就是说，草莓根系在 1 年内有 2 次或 3 次生长高峰。在花序初显期达到第一次生长高峰。果实采收后，母株新茎和匍匐茎生长期进入第二次生长高峰。9 月中旬至初冬，随着叶片养分的回流积累，形成第三次生长高峰。

（2）芽　春季温度达到 5℃ 时，草莓植株即开始萌芽生长。顶生混合芽抽生新茎，先发出 3～4 片叶，接着露出花序。随着气温的上升，新叶陆续产生，越冬叶逐渐枯死。初期主要依靠根及根状茎内的贮藏养分进行活动。另外，腋芽具有早熟性，当年即可萌发。展叶时，最初 3 片小叶从茎顶端伸出，接着叶柄渐渐伸长，叶片渐渐展开，在 20℃ 温度条件下，约 8 天即可展开 1 片叶，1 个月大约可增加 4 片叶，1 株草莓年展叶 20～30 片。春季坐果至采前展开的叶，其大小、形态较典型，具有品种代表性。

叶片寿命一般为 80～130 天。新叶形成 40 天前后同化能力最强。在植株上第四片新叶同化能力最强。秋季长出的叶片，适当保护越冬，寿命可延长到 200～250 天，直到春季发出新叶后才逐渐枯死。越冬绿叶的数量对草莓产量有明显影响，保护绿叶越冬，是提高翌年产量的重要措施之一。因此，应加强越冬前的田间管理和越冬的覆盖防寒。

衰老叶片同化能力降低，并有抑制花芽分化的作用。生产上常需摘除衰老枯萎叶片，以有利于植株生长发育。

从定植后至休眠前，植株的生长状况与翌年的产量密切相关。叶数多，叶片大，叶柄长，植株成为良好的立体状态，受光面积大，光合积累高，有利于花芽发育及翌年生长。因此，秧苗质量和定植后的管理在栽培上极为重要。

（3）茎　草莓有新茎、根状茎和匍匐茎 3 种。

1）新茎　新茎为当年萌发或一年生的短缩茎。新茎呈半平卧状态，节间短而密集。新茎加粗生长旺盛，加长生长很少，新茎上密集轮生着叶片，叶腋着生叶芽。新茎顶芽和腋芽都可分化成花芽。腋芽当年可萌发成为匍匐茎或新茎分枝。新茎分枝多在 8～9 月产生。其发生的数量与品种、株龄和栽培条件有关。植株一般可形成 3～9 个新茎分枝，株龄大的可形成 20 个以上分枝，新茎下部发生不定根，第二年新茎就成为根状茎。

2）根状茎　草莓多年生的短缩茎称为根状茎。根状茎为具有节和年轮的地下茎，是营养物质的贮藏器官、根状茎也产生不定根，二年生以上的根状茎逐渐衰老死亡，只有地上部分受到损伤时，隐芽才能萌发长出新茎。

3）匍匐茎　又称走茎，为匍匐延伸的一种地上茎，也是草莓的营养器官。由新茎的腋芽萌发而成，其节间长，茎细，柔软。匍匐茎有2节。第一节腋芽呈休眠状态，不产生匍匐苗，但有时产生匍匐茎分枝。第二节生长点分化叶原基，在3片叶显露前开始发生不定根，扎入土中形成第一代子株，第一代子株又可抽生第二代匍匐茎，产生第二代子株，第二代子株又可抽生第三代匍匐茎，产生第三代子株。依此类推，可形成多代匍匐茎和多代子株。

2. 花芽分化

（1）花芽分化的过程　花芽为混合芽。草莓在秋季不断地形成新叶，一般只要温度和日照长度等环境条件适宜，即开始进行花芽分化，其发育过程大体可分为7个阶段：花芽分化初期、花序分化期、萼片形成期、花瓣形成期、雄蕊形成期、雌蕊形成期、花粉及胚珠形成期。

在一个花序中，花芽的分化是有规则的，1级序花分化后，从其苞片内侧分化2级序花，又从2级序花的苞片内侧分化3级序花，余下依此类推。分化几级序花因条件而异，一般可分化到4级序花。

（2）花芽分化的时期　草莓花芽分化的时期因品种和环境条件而异。早熟品种比晚熟品种开始分化早，停止分化也早。同一品种，氮素过多，表现徒长、叶数过多过少等都会使花芽分化延迟。

在自然条件下，我国草莓一般在9月或更晚开始花芽分化。郑州地区一般都在9月中下旬开始花芽分化。

草莓花芽分化各阶段的时期：花芽分化初期至花序分化期，约1周；花序分化期至萼片形成期，约1周；萼片形成期至雄蕊形成期，约1周；雄蕊形成期至雌蕊形成期，约2周。雌蕊的形成标志着草莓花芽冬前分化的基本完成，整个分化过程约1个月。

（3）花芽分化的条件　草莓是在较低温度和短日照条件下开始花芽分化，大体上，温度在17℃以下，日照在12小时以下均可进行花芽分化。在夏季高温和长日照条件下，只有四季草莓才能花芽分化。

草莓秧苗的健壮程度，对花芽分化影响较大。生长健壮、叶片数多的秧苗，花芽分化早，速度快，花数多。4叶以上的苗花芽分化快，3叶以下的苗花芽分化迟缓而不完全。6叶苗比4叶苗花芽分化可提早7天，且花数也多。新茎苗比匍匐茎苗花芽分化快。另外，氮素供应过量、营养生长过旺等，不利于花芽分化，而适当控制氮素供应，则有利于花芽分化。

3. 结果习性

（1）开花 草莓当平均气温在10℃以上时即开始开花。露地条件下，一般在4月上中旬开花。在暖地开花始期早，品种间差异大；而在寒地开花始期晚，品种间差异小。

花序一般在新茎展出3片叶而第四片叶未伸出时，即在第四片叶托叶鞘内微露。随后花序逐渐伸出，整个花序显露。开花时，花瓣逐渐展开，花药也向外侧弯曲。晴天塑料大棚内，一般在上午展开花瓣，数小时后花药纵裂，飞散出花粉。一朵花可开放3~4天，在这期间进行授粉受精。

花序上花的级次不同，开花的顺序不同，因而，果实的大小和成熟期也不同。首先是1朵1级序花开放，其次是2朵2级序花开放，然后是4朵3级序花开放，依此类推。在适宜的气候和良好的栽培条件下，无效花百分率可大大降低。

草莓的花期很长，整个花序全部花期需20~25天。露地条件下，郑州地区一般在4月底5月初才结束。开花早的品种花期长。无论在哪个地区，各品种的花期几乎同时期结束。

（2）授粉受精 花药中的花粉粒一般在开花前成熟，具有发芽力。在开花前，花药不开裂。开花1~2天后，便可见到白色花瓣上所散落的黄色花粉粒。据观察，花药开裂的时间为9~17时，以上午为主，11~12时达到高峰。

花药在低温下不开裂，开裂的最低温度在黑暗条件下为11.7℃，适宜温度为13.8~20.6℃。湿度的最高界限为相对湿度94%，降水天则妨碍花药开裂。塑料大棚等保护地栽培，若不注意通风换气，则相对湿度太高，花药不能开裂，花粉粒易吸水膨胀破裂，致使不能授粉受精。

花粉的发芽率在开花1天后达到高峰，此时花药稍带褐色；开花2天后发芽率下降，花药褐色；开花3~4天，花药黑色，其内无花粉粒，花瓣脱落。花粉粒最适发芽温度为25~27℃。

草莓的雌蕊在开花后7~8天均有受精能力。但实际上，开花4天后，花药中已无花粉，昆虫不再访花。

草莓的花是虫媒花，既进行自花授粉，又进行异花授粉。但异花授粉，坐果率高，单果重量大。

开花期低于0℃或高于40℃时，会严重阻碍授粉受精过程，致使产生畸形果。花期遇雨、风沙大、遭虫害等情况下，都会引起畸形果产生。花期遇0℃以下低温或霜害时，可使柱头变黑，丧失受精能力。开花期和结果期最低温度为5℃。

（3）果实的肥大 果实在开花后15天前，生长发育缓慢；开花后15~25天迅速肥大，每天平均可增加2克左右；最后7天，生长发育又趋缓慢。草莓果实的生长曲线呈典型的S形。

草莓种子的存在是果实肥大的重要内因，种子的多少决定了果实的大小。种子数既与授粉受精是否充分有关，也与花前花托上分化的雌蕊数有关，雌蕊数多，种子数才可能多，这是基础。为此，应加强花芽分化和花前期间的管理，保证花芽分化发育良好，争取获得果个大、品质优的草莓。温度对果实生长发育有明显的影响，温度低有利于果实肥大。对草莓适时适量灌水，可促进果实肥大，特别是果实肥大期，水分不足影响很大。

另外，同一花序上的果实间相互竞争养分和水分，及时疏除花序上高级次的花蕾及畸形果等，也可促进果实肥大。

（4）果实的成熟　伴随着果实的肥大，果实逐渐成熟，其显著变化是果实的着色。先是退绿变白；接着渐渐变红，并具有光泽；进一步果肉着色，达到完熟。种子最初绿色，当果实着色时变成黄色或红色。果肉随着成熟变软，放出特有的芳香，酸甜适度，味美可口。

草莓从开花到果实成熟，一般需30天左右。受温度影响很大，温度高需要天数少，温度低则需要天数多。果实成熟始期，露地条件下，一般为5月上中旬。草莓由于花期长，果实成熟采收期也长，露地栽培在20天以上，保护地栽培在3个月以上。

日照长度和强度对果实成熟和品质有较大影响。长日照、光照强可促进果实成熟，低温配合强光照可提高果实品质。在暖地，夏季炎热高温，只能获得香味贫乏的果实；而在高冷地和高纬度地区，由于低温和一定程度的强日照，则可获得香味浓郁的果实。

二、草莓的生产技术

（一）栽植制度

草莓每年可在相同的母株上开花，通常为5年，长的可达10年，但一般以一至二年生的产量最高。因而，草莓栽植制度可分为一年一栽制和多年一栽制。

一年一栽制是1年定植1次。秧苗生长健壮，果实着色快，大果比率高，果实品质好，成熟期早，先期产量高。但每年都需培育大量健壮的秧苗，比较费工，同时，需要有较高的栽培管理技术。

多年一栽制是多年定植1次。植株新茎分枝多且花序数多，二年生易获高产，管理较省工，技术较简单，投资可减少，特别是适用于生长季短的寒冷地区。但对土壤肥力要求高，病虫害易严重发生，三年生后往往产量下降，果实变小。

栽植制度的确定，应根据栽培方式、立地环境和经济收益等情况。在欧美，常采用多年一栽制，草莓经2~3年结果之后再更新。在日本，一般采用一年一栽制，无论是露地栽培还是保护地栽培，每年取子株重新定植。而我国目前主要采用一年一栽制，也有的采用多年栽制。无论哪一种栽植制度，只要确定合理，管理得当，都可获得理想的生产效果。

（二）建园选地

1. 园地选择

草莓具有喜光、喜肥、喜水、怕涝等特点，园地最好选择地势较高、地面平坦、土质疏松、土壤肥沃、酸碱适宜、排灌方便、通风良好的地点。若为坡地，坡度应不超过 2°～4°，坡向以南坡和东南坡为好。在风大地区尤其是春季干风严重的地区，应事先建立防风林，以防影响授粉受精。土壤不适宜，应先进行改良。前茬作物为番茄、马铃薯、茄子、黄瓜、西瓜、棉花等地块，应严格进行土壤消毒后，才可种植草莓，以防止枯萎病等病害危害。大面积发展草莓，还应考虑到交通、消费、贮藏和加工等方面的条件，以免产品过剩。建立专门的草莓园，要计划好与其他作物的合理轮作，也可利用幼龄果园进行间作。

2. 整畦做垄

整畦做垄之前，应消除田间杂草，防治地下害虫，施足基肥，精细整地。一般翻耕 30～40 厘米，每亩施优质有机肥 2 000～5 000 千克。

采用平畦还是高垄，应根据栽培方式和环境条件而定。平畦栽植，便于中耕、浇水、追肥、覆盖等管理。但通风透光条件差，易引起果实霉烂，降低果实产量和品质。在早春多风干旱的地区，露地栽培多采用平畦栽植。郑州地区一般采用畦栽，畦底宽 100 厘米，畦面宽 75 厘米，每畦栽 3 行，畦埂宽 25 厘米。畦长一般不超过 20 米，以防漫灌时积水烂果。

高垄栽植，能保持土壤疏松，增高土壤温度，改善通风透光，降低田间湿度，减少病虫发生，提高产量品质等，并便于地膜覆盖、采收等管理。但易受风害，不利于防寒防旱。高垄栽植适合于保护地栽培。在温暖多雨、春季少风或地下水位高的地区，露地栽培也可采用。在日本广泛采用高垄栽植，我国近年来也大面积推广。一般垄高 20 厘米左右，垄距 80 厘米左右，每垄 2 行。

（三）定植技术

1. 定植时期

草莓在气候条件适宜的情况下，四季均可栽植。但生产上，为了在短期内获得高产，就必须选择适宜的定植时期。草莓的定植时期，应根据栽培方式、作物茬口、秧苗状况、环境条件及栽后生育期等因素综合考虑。保护地栽培、由外地引苗、定植前育苗或温度较高等场合，可适当延迟定植。

定植可分为秋栽和春栽。秋栽，有利于花芽分化和花芽发育，生产上可获得理想的产量；春栽，不利于植株生长发育，往往开花少产量低，生产上除繁殖外，一般很少采用。

定植过早，不利于植株成活，而定植过晚则又不利于植株发育。露地栽培，郑州地区一般最早以 7 月下旬到 8 月上旬定植为宜。南方气候比较温暖，定植可稍晚些。

2. 定植方法

草莓秧苗应自育自用，保证有选择的余地，且有利于提高成活率。同一品种应根据栽培方式确定秧苗质量标准，进行育苗选苗。

草莓定植密度，根据栽植制度、栽培方式、品种特性、秧苗质量和定植时期等因素而定。一年一栽制、保护地高垄栽植、分枝力较弱的品种、秧苗质量较差及定植较晚等场合可适当加密。定植密度一般为每亩 8 000 ~ 19 000 株。露地平畦栽植，一般株行距为 20 厘米 × 25 厘米，每畦 3 行，每亩约 10 000 株，生长结果良好，亩产量 1 000 ~ 2 000 千克。

定植前要剪去老残叶，以减少植株蒸腾面积。有条件时，可用 5 ~ 10 毫克/千克的萘乙酸浸根 2 ~ 6 小时，以促发新根。提高秧苗定植成活率最有效的措施是带土移栽，可消除缓苗期，促使秧苗加快恢复生长。

定植时应注意方向。草莓新茎略呈弓形，花序是从弓背方向伸出。生产上为了便于坐果、采果、垫果或降低果间温度，则要求同一植株的花序均在同一方向上。因此，栽苗时应将新茎的弓背朝向花序预定生长的同一方向，并使秧苗稍向预定方向倾斜。高垄栽培，需要花序朝向垄外侧，栽苗时也应弓背朝向垄外侧，或连接母株的匍匐茎段朝向垄内侧，并且应使秧苗稍向垄外侧倾斜。平畦栽植，其边行则要新茎弓背朝里，以免花序伸出畦外。

（四）周年管理要点

草莓的周年管理要点如表 5 – 1：

表 5 – 1　草莓周年管理农事历

管理月份	物候期	农事重点
3 月下旬至 4 月上旬	萌芽期	（1）撤除防寒物　为草莓撤除防寒物应分 2 次进行，第一次在 3 月下旬土地解冻后，第二次在 4 月 10 日前后。撤除防寒物时，要用花铲轻轻地铲，露出草莓苗，要防止碰伤苗子 （2）清扫落叶　撤除防寒物之后，待土地稍干，要将畦内残存的枯蔓、烂叶清除并集中烧毁，防止病虫蔓延

管理月份	物候期	农事重点
4～6月	果实发育期	（1）追肥灌水　在草莓返青露芽至开花前要灌施1次腐熟的粪稀肥，随后浇1次透水 （2）松土　追肥、灌水之后，待土地稍干，及时松土保墒和防止地表板结 （3）追肥　在草莓的浆果形成之后，应灌1次腐熟的粪稀肥，以促进果实膨大，提高草莓的产量和质量 （4）松土压蔓　种植草莓的果园，要经常保持土壤疏松和畦内无杂草。生长健壮的草莓苗，在栽植后的翌年5月上中旬就能产生匍匐茎，要在缺苗断垄的空闲地上进行压蔓，促使生根，增加有苗株数 （5）覆草　从草莓的浆果开始着色成熟到采收结束的20～25天之内应在畦内地面上覆盖干草，以防果实接触地面，保持果面清洁 （6）采收　5月下旬应每隔1天采收1次。要做到轻采轻放，保证果品质量 （7）灌水　在采收果实期间不便浇水，故一般在采收后土壤比较干旱时，应该浇1次水
7～8月	养分储备期	（1）匍匐茎的处理　采收果实之后，是草莓大量发生匍匐茎的时期。匍匐茎上新生的秧苗，在其生长初期主要靠母株供给养料，它直接影响母株的花芽分化和第二年的产量。因此，应该根据不同的生产目的，决定对匍匐茎和秧苗的取舍。如果没有繁殖秧苗的任务，以提高母株的产量为目的，就要把匍匐茎摘除，避免消耗母株的养分。如果既要保持母株的产量又要繁殖秧苗，在采收草莓之后就要立即加强肥水管理，促使它多生匍匐茎；但及时压蔓，以便新生的秧苗扎根和苗壮生长，也能减少母株的养分消耗 （2）育苗　草莓在连续结果3年就需要换茬，否则其产量将显著下降。一般应该建立草莓繁殖圃。对圃中的草莓母株，除比一般的草莓加强肥水管理之外，还应该加大株行距（行距以40厘米左右，株距20厘米左右为宜），使匍匐茎有充分的生长空间，新生的秧苗，离母株越近生根越早，生长也越健壮，当年就能形成花芽，移栽的翌年便能开花结果。所以，在繁殖圃中育苗，要尽量选留靠近母株的壮苗，集中栽植，以达到早结果、早丰产的目的 （3）栽培　栽苗一般在7月下旬到8月上旬。大面积生产多用畦栽，畦宽2米，长6米，株距20厘米，行距40厘米。栽后要及时浇水，使土地保持潮湿。苗子成活后，要灌水1次粪稀肥以利缓苗 （4）假植　北莓南栽的品种，进行假植
9～10月	入冬前管理	（1）松土除草　使草莓在越冬前积累足够的养分 （2）培土　为促进新苗多生根和防止老苗的根外露，应在苗根处培1次土，以保护苗根 （3）冷藏　北莓南移的苗木进行起苗冷藏，完成其低温阶段。北莓南移的苗木，应在10月上旬运抵南方栽植
11月上旬	落叶、休眠期	埋土防寒　在土地开始结冻、早晨地面出现硬皮时，用马粪将草莓盖住，马粪的厚度为5厘米左右，使草莓苗免受旱害和冻害，安全越冬

三、草莓的病虫害防治技术

（一）白粉病

1. 症状

主要危害叶片、叶柄、花、花梗、果实。被害叶出现大小不等的暗色污斑，随后叶背斑块上产生白色粉状物，后期呈红褐色病斑，叶缘萎缩枯焦；果实早期受害时，幼果停止发育、干枯，若后期受害，果面覆有一层白粉，严重影响浆果质量。该病在大棚和温室发生较严重。

2. 防治要点

（1）冬春清扫园地，烧毁腐烂枝叶。

（2）适当加大株行距，及时摘除贴在地面的老叶，使园地通风良好，雨后注意排水。

（3）控制施用氮肥。

（4）发病初期喷洒4%四氟醚唑水乳剂800～1 000倍液，或15%三唑酮可湿性粉剂1 500倍液，或喷1 000倍70%甲基托布津或800倍退菌特防治。

（二）灰霉病

1. 症状

在叶、花、果柄、果实上均可发病。叶片受害时，病部产生褐色或暗褐色水渍状病斑，微具轮纹。在高温条件下，叶背出现乳白色茸毛菌丝团；被害果柄呈紫色，干燥后细缩；果实被害后，初出现油渍状淡褐色小斑点。后斑点逐渐扩大，全果变软，果皮表面着生灰色霉状物，严重时全果腐烂。

2. 防治要点

（1）增施有机肥，适施氮、磷、钾，控制氮肥施用量防止徒长。

（2）不要栽植过密，将密度控制在8 000株/亩以内，以利通风透光，进行地膜覆盖以防止果实与土壤接触。

（3）加强清园，及时摘除老枝叶果与感病花序、病果。

（4）喷药防治，抓好早期预防。从现蕾开始，每隔7～10天喷药1次，连喷3次，用50%腐霉利可湿性粉剂1 500倍液或65%代森锌500倍液喷雾。

（三）萎黄病

1. 症状

凡感染此病的植株地上部生长不良，地下根系变成褐色。新长出的幼叶表现畸形，即3片小叶中有1～2片明显变得狭小，呈舟形，叶色变黄，表面粗糙无光泽，之后叶缘变褐色向内凋萎甚至枯死。

2. 防治要点

主要措施是进行土壤消毒。在草莓果实采收结束后，将地里植株全部挖除，然后翻耕土壤，并速成畦或垄。雨季过后在炎热高温季节，在畦间灌水，然后用塑料布覆盖1个月左右。依靠太阳照射，使塑料布下达到50℃左右高温，可起到土壤消毒作用。

（四）炭疽病

1. 症状

以苗期危害为主。在茎和叶柄上产生黑色凹陷病斑，植株与幼苗凋萎枯死，根冠部外侧变成褐色。

2. 防治要点

可在苗床、移栽母株成活到老茎苗伸长时用药。用百菌清可湿性粉剂每隔7~10天喷1次，共喷2~4次，50千克/亩。

（五）草莓红中柱根腐病

1. 症状

也称根腐病，主要侵害根部。开始在幼根根尖腐烂，至根上有裂口时，中柱出现红色腐烂；中柱的红色腐烂常可扩展到根颈；矮化萎缩型主要在定植后在秋冬生长发育不良时产生，老叶边缘或全叶变红或橙或赤褐色，继而叶片枯死、整株萎缩而渐渐枯萎死亡；急性萎蔫型前期无症状，到春天地下部病情急剧发展，特别是久雨初晴时最易产生急剧萎蔫，叶片下垂无生气，青枯状枯死；病株易拔起，部分白根切面中心柱变橙红或赤褐色，是本病最主要特征。

2. 防治要点

（1）轮作　实行4年以上的轮作。

（2）选无病地育苗　选用抗病品种，如宝交早生、因都卡、新明星、戈雷拉都较抗病。

（3）药剂防治　发现病株及时挖除，在病穴内撒石灰消毒。发病初期对所有植株灌根，可用58%甲霜灵·锰锌可湿性粉剂，或60%杀毒矾可湿性粉剂500倍液，35%福·甲（立枯净）可湿性粉剂900倍液，或50%多菌灵可湿性粉剂500倍液，3%恶霉·甲霜（广枯灵）水剂1 000倍液，或15%恶霉灵（土菌消、土壤散）水剂700倍液，或72%霜脲-锰锌（克霜）可湿性粉剂800倍液等，连续防治2~3次。采收前5天停止用药。

（六）红蜘蛛

1. 危害状

在草莓叶背面吸食汁液，被害部位最初出现小白斑点，后现红斑，严重时叶片呈锈色，状似火烧，植株生长受抑，严重影响产量。

2. 防治措施

（1）摘除老叶和黄叶，将有虫病残叶带出地外烧掉，以减少虫源。

（2）草莓花开前，用氧化乐果、蚜螨灵等杀卵杀螨剂 1 000 倍液防治两次（间隔一周）。

（3）采果前选用残毒低、触杀作用强的 20% 增效杀来菊酯 5 000~8 000 倍液喷 2 次，间隔 5 天，采果前两周禁用。

（4）收获后喷 800 倍 20% 三氯杀螨砜加 0.2 波美石灰硫磺合剂。

（七）蚜虫

1. 危害状

主要危害草莓叶、花、心叶，不仅吸取汁液，使其生长受阻，更大的危害是传播草莓病毒病。

2. 防治措施

（1）及时摘除老叶，清理田间杂草。

（2）春季开花前，应喷药防治 1~2 次，用 10% 吡虫啉可湿性粉剂 2 000 倍液防治。

第六节　枣的种植技术

一、枣的品种和生长结果习性

枣为鼠李科枣属植物。枣属植物在全世界约有 100 种，主要分布在亚洲和美洲的热带和亚热带，少数种属分布于非洲和南、北半球的温带。

枣树当年种植当年可获较高产量，耐旱耐瘠、根系发达、花期长、蜜量大、叶富含蛋白质和脂肪，不仅是新、稀、优、特果树，也是改善生态环境的优良树种、优良的蜜源植物和良好的牛、羊饲料，很有开发价值，栽植时必须在生态最适宜区选用优良品种，才能达到预期效果。

（一）主要优良品种

1. 鲜食优良品种

（1）冬枣　又名冻枣、苹果枣、冰糖枣、雁过红、果子枣、水枣。主要分布在山东省德州、聊城、惠民地区和济南一带，河北省黄骅、盐山等地也有分布，历史上多零星种植。近年来在全国大面积推广。果实近圆形，平均单果重10.7克，大小不均匀。果皮薄而脆，赭红色，果面平滑。果肉绿白色，肉质细嫩松脆，味甜，汁液多，品质极上等，可食部分94.67%左右。核较小，短纺锤形，含仁率高，种仁较饱满，多为单仁，也有双仁，可作育种亲本。树体中等大，树姿开张。10月上中旬脆熟。结果较早，在产地一般嫁接苗栽后第二年开始结果，第三年就有一定产量，产量中等而稳定。

该品种适应性强，耐盐碱，耐粗放管理，丰产稳产。果实生育期长，成熟晚，适宜在北方年平均温度11℃以上的地区种植。

（2）临猗梨枣　原产自山西省南部的运城、临猗等地，历史上多零星栽培，近年来在全国栽培面积逐渐扩大。果实特大，长圆形或近圆形，单果重30克左右，大小不均匀。果肉白色，肉质松脆，较细，味甜，汁液多，品质上等，可食部分96%左右。结果早，嫁接苗部分植株当年可少量结果，第二年可普遍结果，第三年进入盛果期。树势中等，发枝力强，适应性强。在全国宜枣地区均可栽植。北方枣区鲜食和加工蜜枣兼用，南方枣区以加工蜜枣为主。

该品种抗枣疯病能力弱，易裂果，成熟期落果严重，需适时分期人工采收。

（3）孔府酥脆枣　又名脆枣、铃枣。由山东省果树研究所枣树研究组从山东省枣树品种资源中发掘筛选的优良鲜食品种。果实中等大，长圆形或圆柱形，单果重7~8.5克，大小较均匀。果皮中等厚，深红色，果面不平滑。果肉乳白色，肉质松脆，较细，甜味浓，汁液中等多，品质上等，可食率92.55%左右。结果早，坐果率高，丰产性强。树势较强，叶片大，长卵形，深绿色，质地厚，有光泽。

该品种适应性强，果实成熟较早，一般年份裂果极少，丰产、稳产，适宜在北方地区栽培，是发展前途较好的中早熟鲜食品种。

（4）无核脆枣　由山东省枣庄市薛城区园艺研究所从当地无核枣树单株中选育的优良株系。果实长圆形，果面平整，平均单果重16.9克，大小较整齐。果皮中厚，色泽鲜红，有光泽，不裂果。果肉黄白色，质地致密，汁液中等多，味甜，鲜食，品质上等。核退化或革质，可食率近100%。树势中庸，树姿开张，发枝力强。9月中下旬果实成熟。耐瘠薄，能够在pH值为5.5~8.2的条件下正常生长，在土壤含盐量0.4%的条件下仍能生长。进入结果期较早，果实甜脆可口，无核，宜鲜食，具有较高的开发价值。

（5）早脆王　由河北省沧县在1988年作枣树资源普查时发现的优良单株，

1989 年开始在该县枣良繁基地对其进行保存和栽培研究，后经同行专家鉴定，命名为早脆王。

果实卵圆形，平均单果重 25 克，整齐度高。果皮光洁，鲜红。果肉酥脆，甜酸多汁，脆嫩爽口，有清香味，品质佳，可食率 96.7% 左右，树势中强。9 月初果实进入脆熟期。该品种抗旱、耐涝、抗盐碱、耐瘠薄，进入结果期早，丰产，无大小年结果现象，是优良的大果早熟鲜食品种。

（6）大白铃　由山东省果树研究所在 1982 年从山东省夏津县李楼村选育出的优良单株，1999 年通过山东省农作物品种审定委员会审定并命名。果实近球形或短椭圆形，特大果略扁，平均单果重 28 克，最大果重 80 克，果形美观，大小较整齐。果面不平滑，有不明显的凹凸起伏。果皮较厚，棕红色，富光泽。果肉松脆，汁中多，酸甜适度，品质上等。树势中庸，干性较强，发枝力中等。幼树结果早，适于城郊密植栽培，果实生育期约 95 天，比梨枣早上市 15 天左右，是中早熟的优良品种。

该品种对土壤适应性强，耐旱、耐热、抗寒、抗风，较抗炭疽病和轮纹病，裂果轻。幼树结果早，丰产稳产，花期能适应较低的温度，日平均温度 21℃ 以上可正常坐果，为广温型品种。

2. 制干优良品种

（1）相枣　又名贡枣。原产自山西省运城市北相镇一带，故名"相枣"。传说古代被作为贡品，因而又名贡枣。属当地主栽品种，据记载已有 3 000 余年的栽培历史。果实卵圆形，平均单果重 22.9 克，大小不均匀。果皮厚，紫红色，果面光滑，富有光泽。果肉厚，绿白色，肉质致密，较硬，味甜，汁液少。干枣品质上等，制干率 53% 左右。树势中庸或较强，树体较大，树姿半开张。

该品种适应性强，成熟期遇雨裂果轻，可在北方宜枣地区重点推广种植。

（2）灵宝大枣　又名灵宝圆枣、屯屯枣、疙瘩枣。果实扁圆形，平均单果重 22.3 克，大小较均匀。果皮较厚，深红色或紫红色，有明显的五棱突起，并有不规则的黑斑。果肉厚，绿白色，肉质致密，较硬，味甜略酸，汁液较少。品质中上等，适宜制干和加工无核糖枣，制干率 51% 左右。在原产地生长、结果和果实品质表现良好。在异地栽培产量较低，适宜在原产区和类似生态区栽培。

（3）扁核酸　又名酸铃、铃枣、鞭干、婆枣、串干。果实椭圆形，侧面略扁，平均单果重 10 克，大小不很均匀。果皮较厚，深红色，果面平滑。果肉厚，绿白色，肉质粗松，稍脆，味甜酸，汁液少，适宜制干和加工枣汁，制干率 56.2% 左右。结果较迟，定植后一般第三、第四年开始结果。

该品种适应性强，在北方宜枣地区均可栽植。

（4）婆枣　又名阜平大枣、曲阳大枣、唐县大枣、行唐大枣等。果实长圆形或葫芦形，侧面稍扁，平均单果重 14.3 克，大小较均匀。果皮厚，深红色，果面不平。果肉厚，浅绿色，肉质硬而较粗，味甜，汁液中等多，适宜制干。品质中等，制干率47.5%左右。

该品种适应性强，结果早，抗裂果，抗枣疯病，采前落果极少。适宜在北方年平均温度10℃以上地区栽植。

（5）赞新大枣　果实倒卵圆形，平均单果重24.4克，大小不很整齐。果皮较薄，棕红色。果肉绿白色，致密，细脆，汁液中多，味甜，略酸，可食率96.8%左右，适宜制干，制干率48.8%左右，品质上等。

该品种适应性强，较抗病虫，结果早，产量高而稳定，管理简便。适宜在秋雨少的地区发展。

（6）圆铃枣　又名紫铃、圆红、紫枣。盛产于山东省聊城、德州地区。果实近圆形或平顶锥形，侧面略扁，大小不太整齐。果面不很平，略有凹凸起伏。果皮紫红色，有紫黑色点，富有光泽，较厚，韧性强，不裂果。果肉厚，绿白色，质地紧密，较粗，汁少，味甜，制干率60%～62%，鲜食风味不佳。树体高大，树姿开张。

该品种对土壤、气候的适应性均强，树体强健，耐盐碱和瘠薄。产量高而稳定，不裂果，干制红枣品质上等，耐贮藏，可在多数地区发展。

3. 兼用优良品种

（1）金丝小枣　原产自山东省、河北省交界处，栽培历史悠久。果实晒至半干时，掰开果肉，黏稠的果汁可以拉成6～7厘米长的金色细丝，故名金丝小枣。果实因株系而异，有椭圆形、长圆形、鸡心形、倒卵形等，平均单果重5克。果皮薄，鲜红色，果面光滑。果肉厚，乳白色，质地致密，细脆，味甘甜微酸，汁液中等多，品质上等，制干率55%～58%，适宜制干和鲜食。干枣果形饱满，肉质细，富弹性，耐贮运，味清甜，可食率95%～97%。

树结果较迟，根蘖苗一般第三年开始结果，10年后进入盛果期。坐果率高，较丰产，产量较稳定。该品种适应性较强，成熟期较晚，适于北方年平均温度9℃以上的地区栽培。

（2）赞皇大枣　又名赞皇长枣、赞皇金丝大枣。果实长圆形或倒卵形，平均单果重17.3克，大小较均匀。果皮中厚，深红色，果面光滑。果肉厚，近白色，肉质致密细脆，味甜略酸，汁液中等多，品质上等，适宜鲜食、制干和蜜枣加工，制干率47.8%左右。

结果较早，坐果率高，产量高而稳定。该品种适应性强，适宜在北方大部分地区特别是丘陵山区栽培。

（3）灰枣　分布于河南省新郑、中牟、西华等县（市）和郑州市郊，栽植面积占当地枣树的80%。在新疆南部及江苏省南京引种表现良好。果实长倒卵形，胴部上部稍细，略歪斜，平均单果重12.3克，最大果重13.3克。果面平整。果皮橙红色，白熟期前由绿变灰，进入白熟期由灰变白。果肉绿白色，质地致密、较脆，汁液中多，可食率97.3%左右。适宜鲜食、制干和加工，品质上等，制干率50%左右。

该品种适应性强，结果早，丰产稳产，品质优良，但成熟期遇雨易裂果，适宜在成熟期少雨地区发展。

（4）骏枣 原产自山西省交城县边山一带，为当地主栽品种之一，栽培历史悠久。果实圆柱形或长倒卵形，平均单果重22.9克，大小不均匀。果皮薄，深红色，果面光滑。果肉厚，白色或绿白色，质地细，较松脆，味甜，汁液中等多，品质上等，鲜食、制干、加工蜜枣和酒枣兼用。

抗逆性强，抗枣疯病力强，适应性广，丰产，品质好，用途广。果实成熟期较早，适宜在北方年平均温度8～11℃的地区栽植。骏枣在新疆阿克苏地区表现良好，可作为新疆重点发展品种之一。在河南省新郑、河北省沧县等地表现不良。

（5）壶瓶枣 果实长倒卵形或圆柱形，平均单果重19.7克，大小不均匀。果皮薄，深红色，果面光滑。果肉厚，绿白色，肉质较松脆，味甜，汁液中等多，品质上等，鲜食、制干、加工蜜枣和酒枣兼用，是加工酒枣最好的品种之一。

该品种适应性较强，丰产，产量较稳定，品质好，用途广，果实成熟期较早，适宜在北方年平均温度8℃以上、成熟期少雨的地区栽植。

（6）敦煌大枣 又名哈密大枣、五堡大枣。果实近卵圆形，平均单果重14.7克，大小不整齐。果皮较厚，紫红色。果肉浅绿色，肉质致密，较硬，汁液少，味酸甜，稍有苦味。

该品种适应性强，抗寒、耐旱、抗病虫，结果早，丰产稳产。可鲜食、制干、加工蜜枣和酒枣等。但成熟期不抗风，易落果。是甘肃省河西走廊地区和新疆维吾尔自治区东部的优良鲜食、制干兼用品种。

4. 观赏品种

（1）龙枣 别名龙须枣、龙爪枣、蟠龙枣、龙头拐、曲枝枣。主要分布在山东、河北、山西、陕西、河南、北京等地，数量很少，多为公园、庭院零星栽培。树势较弱，树体较小，枝条密，树姿开张，枣头紫褐色，弯曲或蜿蜒曲折，或盘圈生长，犹如龙舞，托叶刺不发达。二次枝生长弱，枝形弯曲。枣股小，抽生枣吊能力中等，枣吊细而长，弯曲生长。叶片小，卵状披针形，深绿色。花大，花量少，昼开型。果实小，细腰柱形，平均单果重3.1克，大小较均匀。果皮厚，深红色，果面不平，中部略凹。果肉厚，绿白色，质地较硬，味较甜，汁少，品质中下等或中等。

该品种适应性强，树体小，产量低，品质中下等，抗裂果，枝条弯曲，树形奇特，观赏价值高，可作为盆景和庭院栽培供观赏。

（2）胎里红 别名老来变。原产自河南镇平的官寺、八里庙一带，数量极少。

枣头紫褐色，枣股小，抽生枣吊能力中等或较强，枣吊长而较粗。叶片中大，卵状披针形，深绿色。花中大，花量多，昼开型。果实中大，柱形或长圆形，大小不均匀。果皮较薄，落花后变为紫色，以后逐步减退，至成熟前变为永红色，极为美观，成熟时变为红色。果面平滑，富光泽。果肉较厚，绿白色，肉质较松，味较淡，品质中下等。

该该种适应性强，结果稍晚，产量中等，果实色泽多变，有极高的观赏价值，可作为城市或庭院观赏树栽培。

（3）三变红　别名三变色、三变丑。分布在河南永城十八里、城关、黄口等地，为当地主栽品种之一。树势中等或较强，树体较大，树姿半开张。枣头紫褐色，枣股中大，抽生枣吊能力中等或较强，枣吊中长。叶片中大，卵状披针形，绿色。花较小，花量多，昼开型。果实大，卵柱形，平均单果重18.5克，大小均匀。果皮中厚或较薄，落花后幼果期紫色，随果实生长，色泽逐步减退，至白熟期呈紫条纹绿白色，成熟期变为深红色，果面平滑。果肉厚，绿白色，质地致密细脆，味甜，品质上等，适宜鲜食，也可制干和加工蜜枣。

该品种适应性强，结果较早，产量中等，鲜食品质好，落花后果实生育期色泽多变，观赏价值高，可作为鲜食兼观赏品种发展。

（4）茶壶枣　原产自山东夏津、临清等地。树势中等或较强，树体中大，树姿开张。枣头紫褐色，长势强，木质较松。枣股较小，抽生枣吊能力中强，枣吊粗而长，部分枣吊有副吊。叶片大，深绿色。花较大，花量多，昼开型。果实中大或较小，大小不匀，果形奇特，肩部常长出一至数个肉质突起，高出果面5毫米左右，有的在果实肩部两面各长1个肉质凸出物，形似茶壶的壶嘴和壶把。果皮厚，紫红色，果面不平滑。果肉中厚，绿白色，质地较粗松，味甜略酸，品质中等。可制干。

该品种适应性强，结果早。果形奇特，观赏价值高，可作为庭院观赏树栽培。

（5）磨盘枣　又名葫芦枣、磨子枣。分布于山东乐陵、河北献县、陕西大荔、甘肃庆阳等地。树势中等或较强，树体较大，树姿开张。枣头紫褐色，枣股大，抽生枣吊能力较强，枣吊中长、较粗。叶片较大，宽披针形，深绿色。花大，花量多，昼开型。果实中大，磨盘形，果实中部有一条缢痕，形如磨盘，平均单果重7克，大小较均匀。果皮厚，紫红色。果肉厚，绿白色，质地粗松，甜味较淡，汁少，品质中下等。

该品种适应性较强，产量较低，品质中下等，果形奇特，抗裂果，具有较高观赏价值，可作为庭院观赏树栽培。

（二）生长发育特点

1. 生长习性

枣树嫁接苗栽植后当年即可开花结果，根蘖苗栽植后 2 ~ 3 年开花结果，结果期长，经济寿命一般为 70 ~ 80 年。

（1）根系　枣树的根系生长力强，水平根发达，其分布一般超过冠径的 3 ~ 6 倍，以 15 ~ 40 厘米深的土层中最多，50 厘米以下很少有水平根。垂直根分布深度与品种、土壤质地、管理水平等有关，一般为 1 ~ 4 米。枣树根系每年有一次生长高峰，出现在地上部停长后的 7 月下旬至 8 月中旬。枣树容易产生根蘖，可采用分株繁殖和根蘖苗归圃建园。

枣树根系主要由水平根、垂直根、侧根和细根组成。

1）水平根　枣树的水平根很发达、形体粗大、延伸力强，一般可为冠幅的 3 ~ 6 倍。在山地、丘陵地多石缝区，水平根也可曲折生长，或形成扁根，能向四周扩大根系范围，故称作"行根"或"串走根"。一年生幼树根系可长 4 米左右，40 ~ 50 年生的壮龄树，根系长 15 ~ 18 米，直径 1 ~ 10 厘米。分枝力不强，1 ~ 2 米常常没有分枝，细根也很少。分布深度集中在 15 ~ 50 厘米的土层中，尤以 15 ~ 30 厘米的浅土层最多。

2）垂直根　垂直根是由水平根向下分枝形成。其功能是固定树体，吸收土壤深层的水分和养分。根系深达 4 米，但粗度较小，一般不超过 1 厘米，分枝力弱，多斜向上生长。

3）侧根　侧根是由水平根分枝而成，长 1 ~ 2 米，直径 0.5 ~ 1 厘米，分枝力强，延伸力不强，在其上及末端着生很多细根。侧根与水平根连接处常膨大成萌蘖脑，抽生根蘖。因侧根主要是吸收水分、养分和繁殖新植株，因而又称单位根或繁殖根。侧根延伸长度超过 2 米以上或继续加强，则转化为骨干根。

4）细根　细根又称须根，主要由侧根形成，水平根和垂直根上为数稀少。直径 0.1 ~ 0.2 厘米，长 10 ~ 30 厘米，寿命短，一般存活一个生长季，落叶后大量死亡。细根对土壤空气及肥水状况很敏感，土质条件好，生长快，密度高，遇旱遇涝容易死亡。因此，栽培上应重视土壤改良，加强肥、水管理，为细根生长发育创造良好条件。

（2）芽　枣树的芽有主芽和副芽 2 种。

1）主芽　外面包有鳞片，着生于枣头和枣股的顶端以及枣头一次枝、二次枝的叶腋间。枣头顶部的主芽生长力极强，通常都能连续抽生枣头，扩大树冠。枣头侧生主芽，形成后 2 ~ 3 年，都不能萌发，3 ~ 4 年后逐渐萌发，多数成为枣股，也可萌发为枣头。枣股顶端的主芽，萌发后年生长量极小，仅 1 ~ 2 毫米，只有受到强烈刺激后（如修剪、枝条折断等），少数萌发成为枣头。枣股的侧生主芽，多不萌发或成潜伏芽，潜伏芽的寿命很长，所以枣树、更新复壮较容易。

2）副芽　位于主芽的侧上方，为早熟性芽，当年即可萌发。只能萌发二次枝、三次枝和枣吊。着生在枣头上的侧生副芽，中上部的形成结果基枝（永久性二次枝），下部的萌发成枣吊。枣头永久性二次枝各节叶腋间的副芽，可萌发为三次枝。枣股上的副芽多萌发为枣吊开花结果。

（3）枝　枣树的枝条有枣头（发育枝）、枣股（结果母枝）和枣吊（结果枝）3种。

1）枣头　发育枝。由主芽萌发而成，是形成枣树骨干枝和结果母枝的基础。

枣头由一次枝、永久性二次枝和三次枝（枣吊）组成。枣头一次枝生长迅速，年生长量可在1米以上。在其基部由副芽抽生的二次枝多为脱落性的，在中上部长呈"之"形的二次枝多属永久性的，是形成枣股的基础，也称为结果基枝。长度不超过30~40厘米，节数变化甚大（4~13节不等），其每个节上的主芽都能形成一个枣股。永久性二次枝无顶芽，叶腋间各有一个主芽和一个副芽，主芽当年不萌发，副芽当年可萌发形成枣吊开花结果。枣头的强弱和多少，决定了产生枣股的数量，也决定了产量的高低。

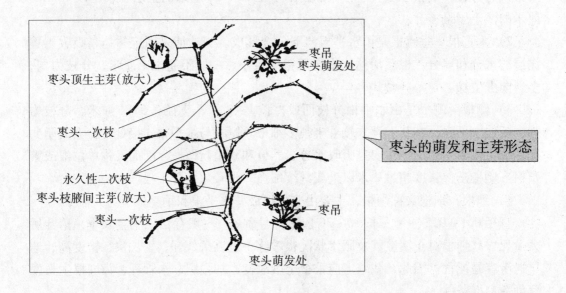

枣头的萌发和主芽形态

2）枣股　是一种短缩的结果母枝。由枣头一次枝和永久性二次枝的主芽萌发而来。枣股顶生的主芽每年萌发，但生长缓慢，年生长量很小（仅1~2毫米）。其上的副芽抽生2~7个脱落性二次枝。枣股寿命一般为6~15年，因着生位置而异。枣头一次枝上的枣股寿命较长，二次枝上的枣股寿命较短。如对弱枝回缩、更新或自然更新后，枣股上常会由顶芽抽生强壮的枣头，其上形成新的枣股。

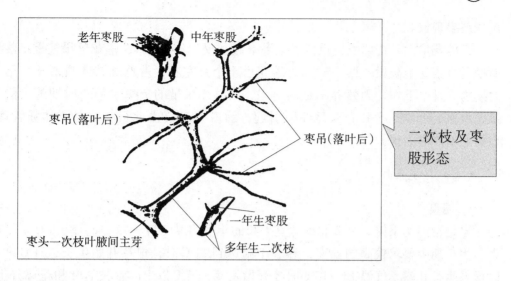

二次枝及枣股形态

老年枣股 — 中年枣股
枣吊(落叶后)
枣吊(落叶后)
一年生枣股
枣头一次枝叶腋间主芽
多年生二次枝

3）**枣吊** 是枣的结果枝，为一种细软下垂的脱落性枝，是着生叶片和开花结果的主要部位。多由枣股的副芽发出或由枣头二次枝各节的副芽抽生，每个枣股可由副芽萌生 3～5 个枣吊。枣吊一般长 10～25 厘米，以 4～8 节上叶面积大，3～7 节结果最多。枣吊随枣股年龄变化而增减，3～6 年生的枣股抽生枣吊多，结实力最强。从枣吊基部第二、第三节起，每个叶腋间着生一个聚伞花序，中部各节的花序开花多，坐果率高。每一个花序有花 3～15 朵，以中心花坐果最好。由枣吊的基部至先端逐次开花。全树花期可延续 1 个月以上。

枣吊
枣吊
枣花序
枣股
枣花序

2. **结果习性**

（1）**花芽分化** 枣的花芽分化具有当年分化、多次分化、分化速度快、单花分化期短、持续时间长等特点。一般是从枣吊或枣头的萌发开始进行分化，随着枣吊的生长由下而上不断分化，一直到枣吊生长停止结束。每朵花完成形态分化需 5～8 天，一个花序需 8～20 天，一个枣吊可持续 1 个月左右。

（2）**开花和授粉** 枣开花多，花期长，但坐果率较低。当日平均温度在 23℃以上时枣树进入盛花期。单花的花期为 1 天，一个枣吊开花期约 10 天，全树花期经 2～3 个月。枣属虫媒花，一般能自花结实，如配置授粉树或人工辅助授粉可提高坐果率。若花期低温、干旱、多风、阴雨湿润等则影响授粉受精，降低坐果率。

（3）**果实发育** 枣果实发育分迅速生长期、缓慢生长期和熟前生长期 3 个时期，具有核果类果实（双 S 形）的发育特点。多雨年份少数品种在果实成熟期会出现裂果现象。

枣的花量大、花期长，但自然坐果率低（仅 1% ~ 4%），落花落果较重。落果时期可分为 3 个阶段：第一时期为落花后半个月左右，占总落果量的 20%；第二时期为 7 月中下旬，因营养不足而落果，占总落果量的 70%；第三时期为采前落果，由风、干旱、病虫危害等外因引起，约占 10%。由此可见，只要加强管理，枣树的增产潜力很大。

（三）环境条件

1. 温度

枣是喜温的果树，一般北枣适宜生长的年平均温度为 9 ~ 14℃、南枣为 15℃ 以上。生长期中要求较高的温度，春季土温达到 11℃ 时，根系开始生长，21℃ 以上时根系生长旺盛，气温 13 ~ 15℃ 时才开始发芽，17℃ 以上时抽枝展叶和花芽分化，20℃ 以上开始开花，22 ~ 25℃ 时进入盛花期，气温 22 ~ 25℃ 时花朵才能坐果，花粉发芽最适温度为 24 ~ 25℃，果实成熟期最适宜温度为 18 ~ 22℃，气温下降到 15℃ 以下开始落叶。

2. 光照

枣是喜光树种，日照充足和天气干燥的秋季最适宜枣树的生长。如栽培过密或树冠郁闭，光合产物减少，树势衰弱，枣头与枣吊生长不良，落花落果严重。一般枣树多在外围和顶部结果多，内膛和下部结果少，这是因为树冠不同部位枝条受光强度不同，其结果能力也各有差异。

3. 水分

枣对湿润和干旱气候的适应性较强，凡年降水量在 200 ~ 1 500 毫米的地区均能生长。干热气候年份有利于枣果丰产和提高品质。枣树虽然耐旱，但在开花授粉受精期间需较高的相对湿度（75% ~ 80%），如过度干旱则影响花粉发芽和花粉管生长，授粉不良，落花落果严重，坐果率低。7 ~ 8 月果实发育期应有适当水分，以利根系生长。果实生长后期和成熟期多雨，则影响果实发育，也易引起落果、裂果及病害的发生而降低品质，减少产量。枣树抗涝性强，水淹 20 ~ 30 天还不会引起落叶死亡。

4. 土壤和地势

枣对土壤和地势要求不严，不论山地、丘陵地或沙土、黏土、低洼盐碱地均能生长。土壤 pH 值在 5.5 ~ 8.5、含盐 0.3% 以下都能适应，但枣树仍以在土层深厚、较肥沃的沙壤土上生长良好，表现树体健壮、产量高、寿命长。

二、枣的生产技术

（一）枣苗繁育技术

1. 根蘗分株繁殖法

根蘗分株繁殖是我国多数枣区的主要繁殖方法。其优点是方法简单，操作容易，但育苗数量有限，不适于大量育苗。且长期使用根蘗法育苗会导致植株间的差异和品种退化，不利于提高枣果的品质和商品性能。

（1）断根繁殖法　方法是在春季发芽前，在优良母株外围（距树干 4 米左右）或在行间挖宽 30～40 厘米、深 40～50 厘米的沟，切断粗度在 2 厘米下的根，剪平伤面，然后填入湿润肥沃的土壤，促其发生根蘗。根蘗发生后多为丛生，当苗高 20～30 厘米时进行间苗，留壮去弱，并施肥灌水促其生长，翌年根蘗苗高达 1 米时即可连带一段母根出圃。

（2）归圃育苗法　利用枣园行间散生的自然根蘗苗，经选择后将其归圃集中培育。其方法是：选背风向阳处、土层深厚、良好的地块作归圃育苗地。在秋末冬初进行深翻并施入有机肥，翌春土壤解冻后耙平，做好归圃培育的准备。从优良母株上将根蘗苗取下并分离成单株，并按粗细分类捆成捆，每捆 50～100 株。栽前对苗根要进行修剪，侧根留 15～20 厘米长，须根留 8～10 厘米长，对苗体粗壮无须根的，可在根部刻伤，刺激发根。为提高根蘗苗的生根率，可用 ABT 生根粉进行处理。方法为：用非金属容器先将 1 克三号生根粉溶解在 0.5 千克 90%～95% 的工业酒精中，再加蒸馏水或凉开水至 1 千克，即配成浓度为 1 000 毫克/千克的生根粉原液，现用现配。使用时将原液加入清水稀释 20 倍，即为 20 毫克/千克的溶液，然后将成捆的苗木根浸入药液内，深度 5～7 厘米，浸 3～4.5 小时，捞出即可栽植。栽植时期为 5 月上旬左右。栽前 3 天要浇透水，3 天后用犁开沟，按 20～25 厘米×60～100 厘米定点栽植，每亩栽 6 600 株。栽后浇 1 次透水，天旱时每半个月浇水 1 次。8 月上旬和 8 月下旬各追尿素 1 次，每次每亩施 2.5 千克左右。苗发芽后选一直立健壮枝条作主干，其他侧芽抹去，一般培育 2 年即可出圃。

2. 酸枣嫁接育苗技术

（1）砧木　枣树嫁接常用的砧木有本砧（枣的实生苗或根蘗苗）和酸枣。

（2）种子的采集和处理　采集充分成熟的酸枣果实，加水沤泡 3～4 天，揉搓、漂去皮肉和空核，捞出种核晾干备用。枣和酸枣的种仁后熟期短，不经后熟也可发芽成苗。一般秋播可不进行层积处理。春播种子处理的方法有沙藏法和温水浸种法 2 种。

1）沙藏法　当种子量少时，可按 1 份种子 5 份湿沙的比例，拌匀后放入花盆或木箱内，放在冷屋内过冬，待春季土壤解冻时，种核裂口即可播种。如种子数量较多，可在地下挖沟，沙藏前先将种子用冷水浸泡24小时，沟底铺5厘米厚的湿沙，沙上铺一层5厘米厚的种子，再铺5厘米厚的湿沙，再放一层5厘米厚的种子，共放3~4层种子，最上面再覆土约20厘米，略高出地面，以免积水。沙藏期内要定期检查，春季发现种核裂口露白时即播种。

2）温水浸种法　种子未经沙藏，春季育苗时，可于4月初把种子倒入55~60℃温水中搅拌，让其自然降温，捞出漂浮瘪子，其余种子再浸泡24小时捞出，盖上湿布或湿草等催芽，每天用清水冲洗1次，经7~10天即可播种。

（3）播种和苗期管理　秋播要在土壤上冻前选好圃地，浇足底水，施足基肥，把苗床整好把平。

一般采用双行密植的方式：大行距为70厘米，小行距为30厘米，株距15厘米，开沟点播，按每亩播种量5千克可产苗8 000株。播后覆土并轻微镇压，翌年土壤解冻后至出苗前注意保持土壤湿度。春播是在4月中下旬播种，多采用大垄双行点播，株距15~20厘米，每穴播种5~6粒，覆土厚度约2厘米，每亩播种量5~10千克。播后覆盖地膜，并适时追肥灌水、除草松土，当幼苗长出3~4片真叶时间苗，每穴留1株，当苗高20~25厘米时，可进行第一次摘心，过20天后再摘心一次。管理好的苗木，当年地径可达0.8厘米以上，苗高达60厘米，翌春即可嫁接。

（4）嫁接方法　枝接用的接穗要根据品种区划的要求，结合冬季修剪进行采集。选用生长健壮，直径在0.6厘米左右，芽体饱满的一年生发育枝中上部枝条作接穗。然后按每50~100条捆成一捆，挂好标签，放入温度7℃左右的菜窖中沙藏。沙藏期内要经常检查，并注意保湿、保鲜，避免受冻、发霉、防止提早发芽。生长期芽接用接穗最好随采随用，外运接穗要用塑料布或草包（内加湿锯末）包装好，途中要有专人管理。目前北方大部分地区酸枣接大枣主要推广应用的方法有以下几种。

1）单芽插皮接　从砧木开始离皮的5月至9月都可以嫁接。砧木选用树龄在五年生以下、直径约1.5厘米的酸枣树；接穗选用已木质化的无病虫的发育枝为宜。

2）皮下接　自春季砧木树液开始流动至9月初都可以嫁接，但以4~6月为最适期。砧木选直径为1.5~2.0厘米生长健壮的酸枣树，接穗选用生长充实的一年生发育枝。嫁接部位以在根颈以上5厘米处为宜。此法在干旱年份成活率在90%以上。

3）劈接　以在早春砧木未离皮前15~20天嫁接为宜。砧木选用直径1.5厘米以上，接穗选用生长充实的一年生发育枝。接好后用细湿土埋过接口部位，用于拍实，超过接穗顶部5~6厘米时，表面再覆一层干土。

4）"T"形芽接　从5月中旬至8月中旬均可进行，以7月最好。春季芽接用上年生枣头的主芽作接芽，而夏秋芽接可用当年生枣头的主芽作接芽。具体做法是先在接穗芽上方0.5厘米处切一刀，再从芽下1.5厘米处向上斜削，取下一个上平下尖并带有木质部的长盾形芽片，将接口皮层轻轻向两边剥开，然后将芽片插入砧木接口，使芽片上方与砧木横切口对齐密接，再由下而上用塑料条绑扎，并将芽露出。

5）嫩枝嫁接 是利用未木质化的发育枝作接穗的嫁接方法。一般在5月底至7月初进行。砧木要求生长健壮，粗度在1厘米以上；接穗选用当年粗壮的未木质化的发育枝，剪去上面的枣吊和叶片，并注意保湿。嫁接时砧木选迎风光滑的一面切"T"形接口，横切口长1厘米、纵切口长2厘米，深达木质部。接穗先在主芽上0.3厘米处剪去上部，再从剪口下1.5厘米处，顺芽侧方向自下而上斜削一刀，削下一个带有嫩芽的单斜面芽块（上端厚3~4毫米），然后拨开"T"形接口，将芽块插入，使砧穗双方横切口对齐密接，用塑料条绑严，并于接口以上15~20厘米处剪留砧桩，半个月后接芽即可萌发。

枣树枝条木质坚硬，含水量少，接口愈合慢，嫁接成活率较低。如用ABT三号生根粉处理接穗，可提高嫁接成活率。方法是采用皮下接时，把削好的接穗将其削面浸入200毫克/千克的生根粉药液中处理5秒；采用带木质部盾状芽接时，用50毫克/千克生根粉处理，然后速将接穗插入砧木切口中，用塑料条包扎。

（5）嫁接后的管理

1）除萌 嫁接成活后，要经常检查，及时除去接口以下砧木上生长的萌蘖，以集中养分、水分，供新梢生长需要。

2）剪砧 对芽接早的，当年能萌发生长的，应于嫁接成活后及时在接芽上1厘米处剪断砧木；迟接的应在翌春萌芽前剪砧。

3）松绑 待接穗成活，接口愈合后，及时松绑并去掉塑料条。

4）立支柱 嫁接成活后，新梢生长快，接合部愈合组织很脆弱，易被风吹断，故应在幼树长到20~30厘米时设立支架，将幼树绑缚其上，以防风折。

此外，还应及时嫁接苗进行追肥灌水、中耕除草和病虫害防治等方面工作。

（二）枣粮间作模式

枣粮间作可以充分利用土地和光照，使树体达到立体结果，可充分提高土地利用率，增加经济效益。

1. 间作物的选择

应根据当地自然条件和经济状况等多种因素综合考虑，一般应选择植株矮小、生长期短、需肥水较少的作物，如豆类、花生、马铃薯、芝麻、谷类及绿肥作物等，忌种植影响通风透光和与枣树争肥水的高秆作物。山西运城、吕梁等地多以枣、麦间作，效果很好。

2. 间作方式

可根据栽培目的采用不同的方式。常见的有以下 3 种方式：①以枣为主，以粮为辅的方式。②枣粮并举，精耕细作，仔细管理。③以粮为主，以枣为辅的方式。即在保证不影响粮食作物生长的前提下，再加强枣树生长和管理的方式。各地可根据当地具体情况加以选择。

（三）稀土微肥应用技术

稀土元素在化学中是指镧系、钪、钇等元素的统称，其商品名称叫农乐益植素。它对植株的生理、生化及土壤的保肥性能有促进和协调作用。据报道，使用稀土微肥，可提高枣叶中叶绿素含量 4.5% ~ 10.7%，可溶性糖含量提高 7.2% ~ 29.3%，提前开花 2 ~ 5 天，提高枣吊坐果率 25.9%，单株产量提高 90.8%。稀土微肥一般在 6 月喷洒，使用浓度为 300 ~ 500 毫克/千克。配制时要先用食醋将水的 pH 值调至 5 ~ 6，再将稀土倒入并搅拌，充分溶解后再配成所需的浓度使用。喷洒时宜选无风的晴天，以上午 10 时至下午 4 时为宜。

（四）密植枣树的整形修剪技术

1. 适于枣树密植的树形

（1）小冠疏层形　适于每亩 55 ~ 110 株的枣园采用。主干高 30 ~ 40 厘米，全树主枝 5 ~ 6 个，分 3 层排列，第一层 3 个，第二层 1 ~ 2 个，第三层 1 个；主枝上直接着生大、中、小不同类型的结果枝组，树高及冠幅不超过 2.5 米。

（2）自由圆锥形　适于每亩 110 ~ 220 株枣树的中密度枣园。主干高度 35 ~ 40 厘米，全树主枝 8 ~ 10 个，均匀地排列在中心干上，不分层；主枝上直接着生中小型结果枝组，不安排大型枝组；冠高与冠幅约为 2.0 米。

（3）单轴主干形　适于每亩 220 ~ 330 株枣树的高密度枣园。树体无明显主枝，结果枝组直接着生在中心干上，下部的枝组较强，上面的枝组依次减弱；全树有枝组 12 ~ 15 个；树高约 2 米，树冠成形达到高度即落头。采用此树形保证树冠内的通风透光，株间要留有 30 ~ 35 厘米宽的发育空间，行间要留有 80 厘米宽的作业道。

2. 密植园旺盛结果期的管理措施

密植园在经过 3 年扩冠、2 年整形后，即进入旺盛结果期。这一时期维持植株各部分生长的平衡和解决好光照很重要。可采取以下措施：①对株行间留用的临时性植株应彻底移栽（或间伐）；高密度枣园，在光照条件恶化时，也应采取隔株隔行间移，打开光路，以保证植株正常生长结果。②树冠高度超过规定要求，应及早回缩中心干，保持树冠内上下生长均衡。树冠之间出现碰头交接时，应适当回缩各主枝和枝组，使株与株、行与行之间留有一定的生长空间和作业道。③对树冠内、枝组间出现的直立、交叉、重叠、枯死的枣头或二次枝，应从基部疏除或回缩。为延长结果年限，实现高产优质，每3~5年对枝组进行一次更新。

（五）枣树环剥技术

环剥由于切断了韧皮部组织，截断了叶片制造的营养物质向下输送的通道，使大量养分积累在切口以上，集中供应开花结果，从而提高了坐果率。

环剥适期为盛花初期（即开花量占总花蕾数的30%），宜选在天气晴朗时进行。

1. 环剥

初次环剥的树，在距地面10~30厘米处开始，用刀环剥深达木质部，宽度为0.3~0.5厘米（旺树宽、弱树窄）。剥时不留残皮，剥口可涂药防虫、贴纸或塑料布以防水分蒸发，经20~30天，伤口即可愈合。以后每年向上间隔3~5厘米再剥1次，或隔一年剥1次，剥后适当追肥。对于环剥后的树，如出现树势衰弱、叶色变黄，要停止环剥，经过2~3年树势恢复后再行环剥。十年生以内的幼树以及弱树不宜环剥。

2. 环割

6月下旬在枣头基部7~10厘米处，用刀环割一周，将形成层割断，有明显提高枣树坐果率、促使幼树提早结果的作用。

（六）保花保果技术

枣树开花多坐果少，主要与花期营养不良、养分消耗集中和管理粗放等有关。因此，生产上要加强综合管理，减少落花落果、提高坐果率和保证果品质量。

应在加强土、肥、水管理提高树体营养水平的基础上，积极采取以下措施。

1. 抑制生长促进结果

对幼旺树在开花前至初花期深刨树盘（约20厘米），切断部分土壤表层根系，削弱地上部的生长；对新生的枣头，长至25~30厘米时（盛花初期）进行枣头摘心，控制生长，以促进坐果。

2. 疏花疏果

疏花疏果可节省树体养分消耗、促进花芽分化、增大果个、提高果实品质和克服大小年。

疏花疏果主要依据树势强弱、树冠大小、品种特性及栽培管理水平等来调整花果量。一般按果吊比法，做到按树定产、以吊定果。具体时期和方法是：第一次在6月中旬子房膨大后，树势强、易坐果的品种，每个枣吊留2个幼果，其余的都疏去；树势较弱、不易坐果的品种，每个枣吊留1个果，留果时要选留顶花果（即中心果）。第二次在6月下旬进行定果。原则是旺树1个枣吊留1个果，树势中庸的2

个枣吊留 1 个果，弱树 3 个枣吊留 1 个果，如果量少，也可每吊留 2 个果。定果一定要在生理落果后进行。枣头枝的疏花疏果，可视具体情况推迟 10～15 天。枣头枝上木质化枣吊，一般养分足，坐果能力强（可坐 10～15 个），应多留果，以提高产量。

3. 花期喷水

枣树花粉发芽需要较高的空气湿度（相对湿度为 70%～100%）。除枣园灌水外，可在盛花期选晴朗无风的下午或傍晚，用喷雾器向枣花上均匀地喷洒清水。中等大小的树冠，每株喷水 3～4 千克，隔 3～5 天后再喷 1 次，可提高坐果率 20%～30%。若在花期喷洒活性水（系指将普通水加热到 90～95℃，冷却至室温，不要搁置太久），可增产 30%。花期遇雨则不必喷水。

4. 花期喷植物生长调节剂

花期喷洒植物生长调节剂，可抑制营养生长，促进生殖生长，提高坐果率；幼树喷施，可矮化树体，达到密植丰产。目前用于枣树上的生长调节剂主要有以下几种。

（1）多效唑　是一种新型植物生长延缓剂。它的主要作用抑制赤霉素的生物合成，能抑制新梢生长，促进花芽形成和果实生长发育。据试验在开花前即枣吊长到 8～9 片叶时，喷洒效果最好。幼树使用 100 毫克/千克（连续喷洒）、成龄树使用 2 000～2 500 毫克/千克的浓度，喷洒量以叶片滴水为度。除叶面喷洒外，也可在 4 月于树干周围开深 10 厘米的环状沟进行土施，每株均匀撒药 1.6～1.8 克，施后覆土。

（2）比久　可抑制枝条顶端分生组织细胞分裂，使枝条生长缓慢，增加枝内营养积累，提高坐果率。开花期使用，使用浓度幼树为 2 000～3 000 毫克/千克、成龄树 3 000～4 000 毫克/千克。

（3）矮壮素　可抑制新梢生长，使新梢节间缩短、枝芽壮实和促进花芽分化。在 5 月下旬用 2 500～3 000 毫克/千克的浓度（隔半个月再喷 1 次），可明显抑制枣头和枣吊的生长，提高坐果率。

（4）赤霉素　能促进细胞分裂、伸长、开花等，在果树生产中常用于提高坐果率、促进果个增大，形成无子果实等。目前赤霉素的产品有 2 种：白色结晶体和乳剂。晶体赤霉素每克用少量酒精或白酒溶解后加水 100 千克配成 10 毫克/千克溶液，于盛花后喷洒，每株大树喷药量为 12～15 千克，小树为 6～10 千克，隔 3～5 天再喷 1 次。

5. 喷施微量元素

微量元素的种类很多，其中硼是枣正常生长发育必不可少的营养元素之一，缺硼会造成落花落果。花期喷硼，能促进枣树提早开花，促进授粉、减少花果脱落。常用的药剂有硼酸和硼砂 2 种。使用时先加入少量酒精或温水（50～60℃）溶解，再加水稀释到所需浓度：硼酸每克加水 33.5 千克，即为 30 毫克/千克；硼砂 1 克加水 20 千克即为 50 毫克/千克。于盛花后喷洒，每株大树喷药量为 12～15 千克，小树为 8～10 千克，隔 3～5 天再喷 1 次。另外，花期喷稀释 300 倍的硫酸锌溶液也能提高枣树的坐果率。

6. 枣园放蜂

枣花是虫媒花，异花授粉可提高坐果率。花期枣园放蜂时，可把蜂箱均匀地放在枣行的中间，蜂箱的间距以 500 米为宜。

（七）枣园周年管理要点

枣不同时期的管理技术要点如表 2-4 所示。

表 2-4　枣园周年管理技术一览表

月份	物候期	周年管理技术要点
11 月上旬至翌年 4 月初	休眠期	（1）清理枣园，在枣树落叶后，拆除主干、主枝处诱杀害虫的草把；剪掉病虫枯死枝；清扫枯枝落叶等并集中烧毁，消灭越冬病菌和虫源 （2）土壤上冻前或早春萌芽前刮树皮、涂白，可消灭树皮缝中的越冬虫、卵和病原菌 （3）结合枣园秋季深翻于土壤上冻前灌足越冬水 （4）制订全年工作计划，组织技术培训。对枣树进行整形修剪，结合修剪采集接穗并对接穗进行贮藏 （5）早春 2～3 月，准备好肥料、农药、地膜、种子、工具等物资；并对山地丘陵地枣园修整梯田和土壤深翻 （6）早春枣树萌芽前每株追施纯氮 0.3～0.4 千克，铁、锌肥 0.25～0.75 千克，施后浇水。萌芽前全园喷布 3～5 波美度石硫合剂杀菌防病 （7）3 月中下旬在树干基部缠 6～10 厘米宽的塑料布可防止枣尺蠖雌成虫上树产卵
4 月初至 5 月中旬	萌芽展叶期	（1）酸枣播种，酸枣苗嫁接，根蘖苗归圃；苗圃管理，抹芽除萌 （2）苗木出圃，春栽枣树，高接换种 （3）枣园间作物或绿肥播种 （4）抹芽当枣树萌芽后新梢长 5 厘米时，将无用芽和方向不合适的芽抹去；土壤施肥和叶面追肥 （5）病虫害防治枣树萌芽时在距树干 80～100 厘米的树盘范围内撒施辛硫磷颗粒后轻锄，杀死出土的枣瘿蚊、枣芽象甲等；萌芽前对龟蜡蚧危害严重的树冠喷 10%～15% 柴油乳剂，萌芽后喷施 2.5% 溴氰菊酯 2 000～3 000 倍液可防治枣芽象甲、枣尺蠖、枣黏虫、绿盲蝽等，抽枝展叶时喷 25% 的灭幼脲悬浮剂 2 000 倍液 +25% 噻嗪酮可湿性粉剂 1 500～1 000 倍，可防治枣瘿蚊、红蜘蛛、龟蜡蚧等，可间隔 10～15 天喷 2 次 （6）追肥开花前每株追施纯氮 0.1～0.2 千克，配适量磷肥

月份	物候期	周年管理技术要点
5月下旬至6月	开花期	（1）当新梢枣头长到35厘米左右时进行摘心或疏梢处理。初花至盛花期进行开甲 （2）喷植物生长调节剂和微肥（10～15毫克/千克赤霉素，结合混喷0.4%尿素） （3）初花至盛花期气候干燥，可灌水1～2次，并于清晨或傍晚对枣树进行喷水，增加空气湿度，提高坐果率，环剥后用15～20毫克/升（1克加水50～66.7千克）的赤霉素加磷酸二氢钾混喷1～2次 （4）枣园花期放蜂 （5）中耕除草，苗圃地管理，间作物管理
7月	幼果发育期	（1）7月上旬生理落果后进行疏果 （2）疏果后每株追施氮磷钾复合肥1千克并适当浇水，结合喷施0.3%的氨基酸钙防止裂果 3）病虫害防治：雨后在树盘1米范围内撒辛硫磷颗粒后轻锄，杀死出土的桃小食心虫等害虫；人工剪掉枣疯病等枝梢并烧毁；捕捉金龟子、枣芽象甲等害虫；开花期对枣锈病、斑点落叶病、龟蜡蚧、桃小食心虫、红蜘蛛等病虫害防治，药剂为20%甲氰菊酯乳油2 000～3 000倍液、2.5%溴氰菊酯3 000倍液、1∶2∶200波尔多液；结合喷药喷0.2%～0.3%磷酸二氢钾 （4）中耕除草压绿肥；枣园间作物管理等
8月	果实膨大期	（1）土、肥、水管理；中耕除草和翻压绿肥作物 （2）结合灌水适量施用磷、钾肥或多元复合肥，每株1千克左右；结合喷药喷施0.3%磷酸二氢钾或0.2%～0.3%的尿素，提高叶片光合能力，喷800倍的氨钙宝以防裂果 （3）8月初喷1次1∶2∶200波尔多液；8月中旬喷1%的中生菌素水剂200～300倍液防治早期落叶病和果实病害等；9月喷50%多菌灵可湿性粉剂600～800倍液可防治枣锈病、炭疽病、缩果病等病害 （4）枣园灌水 （5）根据枣果的用途确定适宜采收期，如加工蜜枣可在白熟期采收
9～10月	果实成熟期至落叶期	（1）9月上旬，捡桃小食心虫危害落果，并于树杈处和大枝基部绑草把诱杀枣黏虫、红蜘蛛等越冬害虫并集中烧毁 （2）采收前喷枣不裂、果面宝等或搭遮雨棚预防易裂品种下雨裂果 （3）根据枣果用途适期采收；采果后树体喷50%的多菌灵可湿性粉剂600～800倍液或70%的甲基硫菌灵可湿性粉剂800～1 000倍液，及时捡拾病虫果并集中烧毁 （4）枣果保鲜、晾晒、烘烤干制、加工 （5）秋施基肥，秋耕枣园

三、枣的主要病虫害防治技术

枣树病虫害种类较多，但每年发生和对生产造成影响的仅 5 种。主要有枣疯病、枣锈病、枣尺蠖、枣黏虫、桃小食心虫等。

（一）枣疯病

1. 症状

幼树和老树均能发病。病株主要表现为丛枝和花叶 2 种症状：一种是丛枝型，受害枝条上的腋芽或不定芽，萌生出许多细而密的丛状小靶，叶子黄色呈扫帚状，秋季干枯，不易脱落。另一种是花叶型，多发生在嫩枝的顶端，叶面呈黄绿相间的斑点，凹凸不平，叶脉略透明，叶缘向上卷曲。果实感病，着色不均，表面有红色条纹及小斑点，成为花脸型，内部组织空虚，不能食用。

2. 防治要点

（1）综合防治　加强枣园综合管理，增强树势，提高抗病能力。及时铲除病株、病蘖；秋季清除枣园杂草，减少叶蝉越冬，早春喷药消灭叶蝉，可减轻发病。春季树液流动前，在主干中下部进行环剥，宽度为 3～5 毫米，深达木质部，将韧皮部切断，一年环剥一圈，逐年上移。防病率在 90% 以上。

（2）药剂防治　芽膨大前期喷布 5 波美度石硫合剂杀灭越冬病菌；展叶后至发病前喷布 65% 代森锌可湿性粉剂 800 倍液 1～2 次，或 72% 农用链霉素可湿性粉剂 3 000 倍液或树干灌注土霉素：在树干基部（或中下部）的两侧，垂直相距 10～20 厘米处各钻一个深达髓心的孔洞，用特制的高压注射器向孔内缓慢注入土霉素，注入量 300～400 毫升，防治效果较好。

（二）枣锈病

1. 症状

发病初期，该病只危害叶片，叶背出现散生淡绿色小点，后逐渐变成淡灰褐色，最后病斑突起，呈黄褐色（夏孢子堆）；叶正面呈花叶状，灰黄色，严重时引起落叶。冬孢子堆一般在树叶脱落后发生较多，为黑色，比夏孢子堆小。

2. 防治要点

落叶后至发芽前彻底清除果园落叶，集中烧毁，减少病源；雨水多的年份应从 6 月上旬开始每隔 10～15 天喷 1 次 1∶2∶200 波尔多液，连续喷 2～3 次；在干旱年份于 6 月上中旬喷 1 次即可。发病初期及时喷布 65% 代森锌 500 倍液或 20% 萎锈灵乳油 400 倍液，或 25% 丙环唑乳油 3 000 倍液，或 15% 三唑酮可湿性粉剂 2 000 倍液，均有较好防治效果。

（三）枣尺蠖

1. 症状

枣尺蠖又叫枣步曲、弓腰虫。以幼虫取食幼芽、叶片，后期转食花蕾，发生严重时可将叶片吃光，使枣树大幅度减产。往往是在枣树刚发芽时就遭受其幼虫危害，随幼虫长大，食量增加，可把叶片吃光，再转移到梨、苹果等果树上危害。

2. 防治要点

（1）深翻枣园　冬春季深翻枣园，可杀灭集中于5～10厘米土层中的越冬虫蛹。

（2）物理防治　早春于成虫产卵前在树干距地面30～60厘米处绑扎10厘米宽的塑料薄膜，其上涂机油和敌敌畏，可阻止雌虫上树，并能杀死雌蛾；对初孵幼虫也可阻止其上树危害。

（3）化学防治　幼虫盛发期树上喷药可喷洒2.5%溴氰菊酯乳油2 500～3 000倍液或50%辛硫磷乳剂1 500～2 000倍液，或20%甲氰菊酯乳油3 000倍液，或5%顺式氰戊菊酯乳油3 000～4 000倍液防治。

（四）枣黏虫

1. 症状

枣黏虫又叫枣食蛾、枣叶虫。此虫主要以幼虫危害枣叶、花、果。从枣树发芽处蛀入，食害果肉，造成落果，严重影响树体生长及开花结果。幼虫危害叶片时，吐丝将叶片黏在一起，在内取食叶肉，使叶片呈网膜状。危害枣花时，侵入花序、咬断花柄、蛀食花蕾，吐丝将花缠绕在枝上，使花逐渐变色；危害果实时，幼虫蛀入果肉蛀食，粪便排出果外，不久脱落。

2. 防治要点

早春刮除老树皮，用泥堵塞树洞，刮下的树带出园内集中烧毁，消灭越冬幼虫。各代幼虫孵化盛期，特别是第1代幼虫孵化期喷施90%敌百虫乳油800～1 000倍液，或50%辛硫磷乳油1 200倍液，或5%氯氰菊酯浮油3 000倍液进行防治。一般第一次施药在枣发芽初期，第二次在枣芽伸长3～5厘米时为宜。有条件的枣园，可用黑光灯诱杀成虫或在成虫发生期采用性诱剂进行防治。

（五）桃小食心虫

1. 症状

幼虫蛀入枣果实危害，先在皮下潜食果肉，使果实变形形成"猴头果"，继而深入果实，纵横串食，在果实内排粪，造成"豆沙馅"。

2. 防治要点

原则上应采取将越冬代幼虫、蛹和成虫消灭在上树之前为主，以药剂防治为辅。生物防治土施芜菁夜蛾线虫、异小杆线虫和白僵菌防治桃小食心虫。冬春翻刨枣园时，烧毁树下地中和堆果场的越冬茧。6月上旬在距树干1米范围内的地面上撒辛硫磷药粉，撒后耧耙均匀。在幼虫出土盛期，离树干1米范围内，培10~15厘米高的土堆拍实，以防羽化的成虫出土。8月上旬开始及时捡拾落果，消灭落果中的幼虫。成虫产卵期和幼虫孵化期及时喷洒苏云金杆菌乳油300~600倍液，或20%甲氰菊酯乳油2 000~3 000倍液，或2.5%溴氰菊酯乳油2 500~3 000倍液，或2.5%联苯酯乳油800~1 500倍液，或50%杀螟硫磷乳油1 000倍液，进行防治。

第七节 杏的栽培技术

杏原产于我国，栽培历史有3 000多年，为我国普遍栽培的果树之一。杏果是营养丰富和药用价值较高的水果，杏果、杏仁除鲜食外，还可加工，是食品加工业的原料，杏树也是很好的绿化树种。杏树结果早，果实成熟早，对调节春夏季鲜果市场有重要意义。杏树适应性强，耐瘠薄，耐粗放管理，无论是平原、高山、丘陵还是沙荒地栽培，都能生长结果，是农民致富、改变山区面貌、改善生态环境的优良树种。

一、杏的种类、品种与生长结果习性

（一）主要种类与品种

1. 主要种类

杏属蔷薇科李属。世界上杏共有7个种。我国主要种类有杏（普通杏）、东北杏（辽杏）、山杏、西伯利亚杏及其变种和自然杂交种。

杏原产于亚洲西部及我国华北、西北地区。栽培品种绝大多数属于本种。该种为乔木，树冠开张，一年生枝浅红褐色，有光泽。果实圆形、扁圆形及长圆形；果实汁液多，味酸甜；有离核、半黏核及黏核之分；核面光滑，仁微苦或甜。本种树势强健，适应性强。

东北杏可作抗寒砧木及抗寒育种材料；山杏可作南方杏的砧木，也是暖地杏的育种原始材料；西伯利亚杏一般用于砧木或抗寒育种原始材料。

2. 主要优良品种

（1）大银白杏 主产辽宁义县，果实扁圆形，平均单果重54克，最大单果重80克。果皮黄白色，缝合线较浅，片肉不对称，果肉厚、白色，成熟后柔软多汁，甜酸适口，微有香味，黏核，仁苦，果实不耐贮运，适于鲜食。该品种抗寒、抗旱、耐瘠薄。

（2）骆驼黄杏　果实发育期55天。果实圆形，平均单果重49.5克。果皮橙黄色，果肉橘黄色，汁多，肉质细软，味酸甜，品质上等。黏核，甜仁。该品种较抗寒耐旱，适应性强，较丰产，适宜辽宁南部和华北地区栽培，但自花不实，可用华县大接杏、麻真核等作授粉树。

（3）串枝红杏　果实发育期90天。果实卵圆形，果顶微凹，两半部不对称，平均单果重52.5克。果皮底色橙黄色，3/4着紫红色。果肉橙黄色，肉质硬脆，汁少，味酸甜，品质中上。离核，仁苦，极丰产稳产，是鲜食和加工兼用品种，适宜华北和辽宁南部地区发展。

（4）华县大接杏　果实发育期79天。果实圆形，果顶平微凹，两半部对称，平均单果重84克。果皮黄色，散生小红果点。果肉橙黄色，肉质致密，汁多，味酸甜，有香气，丰产稳产，品质极上。适宜西北、华北和辽宁南部等地发展。

（5）关爷脸　果实发育期75天。果实扁卵圆形，平均单果重66克，片肉不对称。果皮橙黄色，果肉橘黄色，肉质致密，纤维细、少，汁中多，酸甜适口。半离核，甜仁。该品种抗寒、抗旱、适应性强，果大色美，是鲜食、加工、仁用兼用品种，适宜辽宁、陕西、河北等省发展。

我国鲜食和加工杏品种资源极其丰富，各地区均有地方优良品种，近年来又从国外引进部分优良品种，如金太阳、凯特杏等。另外我国还特有仁用杏品种资源，生产上栽培较多的有龙王帽、一窝蜂、白玉扁、超仁、丰仁、国仁、油仁等品种。

（二）生长结果习性

1. 生长习性

杏树树冠大，根系深，寿命长。在一般管理条件下，盛果期树高6米以上，冠径在7米以上。寿命为40～100年，甚至更长。

杏树根系强大，能深入土壤深层，一般山区杏的垂直根可沿半风化岩石的缝隙伸入6米以上。杏的水平根伸展能力极强，一般可超过冠径2倍以上。杏树根系对空气的需求量很大，黏重低洼地积水时间长时根系易腐烂死亡。

杏树生长势较强，幼树新梢年生长量可达2米。随着树龄的增长，生长势渐弱，一般新梢生长量30～60厘米，在年生长周期内可出现2～3次新梢生长高峰。

杏树的叶芽具有明显的顶端优势和垂直优势，具有早熟性，当年形成后，如果条件适宜，特别是幼树或高接枝上的芽，很容易萌发抽生副梢，形成二次枝、三次枝。杏树新梢的顶端有自枯现象，顶芽为假顶芽。每节叶芽有侧芽1～4个。但杏越冬芽的萌芽率和成枝力较弱，是核果类果树中较弱的树种。一般新梢上部3～4个芽能萌发生长，顶芽形成中长枝，其他萌发的芽大多只形成短枝，下部芽多不能萌发而成为潜伏芽。杏树潜伏芽寿命长，具有较强的更新能力，所以杏树的树冠内枝条比较稀疏，层性明显。

2. 结果习性

杏树 2 ~ 4 年开始结果，6 ~ 8 年进入盛果期。在适宜条件下，盛果期比桃要长，十年生以上的大树一般单株产量在 50 千克以上。

杏花芽较小，纯花芽，单生或 2 ~ 3 个芽并生形成复芽。每个花芽开 1 朵花，但紫杏和山杏中的个别品种一个花芽中有 2 朵花的现象。在一个枝条上，上部多为单花芽，中下部多为复芽。单花芽坐果率低，开花结果后，该处光秃。复芽的花芽和叶芽排列与桃相似，多为中间叶芽，两侧花芽，这种复花芽坐果率高而可靠。

杏树较容易形成花芽，1 ~ 2 年生幼树即可分化花芽，开花结果。据观察，兰州大接杏的花芽分化开始于 6 月中下旬，7 月上旬花芽分化达到高峰，9 月下旬所有花芽进入雌蕊分化阶段。大多数杏品种以短果枝和花束状果枝结果为主，但寿命短，一般不超过 5 ~ 6 年。由于花束状果枝较短，且节间短，所以结果部位外移比桃树慢。

杏普遍存在发育不完全的败育花，不能够受精结果。雌蕊败育与品种、树龄和结果枝类型有关。据观察，仁用杏品种雌蕊败育花的比例明显低于鲜食、加工品种，如仁用杏品种白玉扁的雌蕊败育花仅占 10%，而鲜食加工品种则为 25.73% ~ 69.37%；幼龄树易发生雌蕊败育，如仰韶黄杏十四至十五年生大树雌蕊败育率为 45.7% ~ 58.7%，而四年生幼树则高达 67.7%；各类结果枝中以花束状果枝和短果枝雌蕊败育花的比例小，中果枝次之，长果枝较多。这与枝条停止生长有关，停止生长早，花芽分化早，有利发育成完全花。

杏树落花落果严重，一般在幼果形成期和果实迅速膨大期各有一次脱落高峰，据调查，杏的坐果率一般为 3% ~ 5%。

（三）对环境条件的要求

1. 温度

杏的耐寒力较强。在我国普通杏在北纬 23° ~ 48°，海拔 3 800 米以下的地区都有分布。主产区的年平均气温为 6 ~ 14℃。杏休眠期间能抵抗 -40 ~ -30℃的低温，如龙垦 1 号可抵抗 -37.4℃低温，但品种间差异较大。杏的适宜开花温度为 8℃以上。早春萌芽以后，如遇 -3 ~ -2℃低温，已开的花就会受冻，受冻花中雌蕊败育的比例较高。在杏的主产区花期经常发生晚霜危害。杏果实成熟要求温度 18.3 ~ 25.1℃。在生长期内杏树耐高温的能力较强。

2. 光照

杏喜光，在光照充足条件下，生长结果良好，退化花少。光照不良则枝叶徒长，雌蕊败育花增加，严重影响果实的产量和品质。

3. 水分

杏抗旱力较强，但在新梢旺盛生长期和果实发育期仍需要一定的水分供应。杏树极不耐涝，对土壤空气要求较高，如果土壤积水 1 ~ 2 天会发生落叶，甚至全株死亡。

4. 土壤

杏对土壤、地势要求不严，较耐瘠薄。但是为了保证产量和品质，尽可能选择肥沃的土壤和背风向阳的坡面栽植。

二、杏的生产技术

（一）关键技术特点

1. 建园技术特点

杏树建园时要考虑花期的晚霜危害，因此在山地建园时要避开风口和谷地，选择坡度在 25°以下、土层较厚、背风向阳的阳坡或半阳坡为宜。在平地建园要避开低洼地，排水不良和土壤黏重地不宜建杏园。杏树株行距以（2 ~ 3）米 ×（5 ~ 6）米为宜，平肥地株行距可大，瘠薄地可小，仁用杏株行距以（2 ~ 3）米 ×（4 ~ 5）米为宜。

2. 育苗技术特点

杏树芽接与李树相似，但枝接（劈接、腹接）较芽接成活率高。

3. 整形修剪技术特点

目前，杏生产上多采用自然圆头形，但整形期可多留辅养枝，以增加结果部位。也可采用自然开心形。杏幼树修剪要注意树形的培养，对主侧枝及中心干的延长枝短截至饱满芽处，剪留长度一般在 50 ~ 60 厘米，对竞争枝、直立枝采取拉枝、摘心或扭梢等方法控制形成枝组。保持骨干枝间的协调平衡关系。坚持"细枝多剪，粗枝少剪；长枝多剪，短枝少剪"的原则，多用拉枝、缓放方法促生结果枝，待大量果枝形成后再分期回缩，培养成结果枝组，修剪量宜轻不宜重。

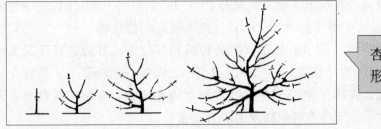

杏幼树冬剪树形培养示意图

（二）杏树周年管理要点

杏树在各物候期的管理技术要点如表 2 – 5 所示。

表 2 – 5　杏树周年管理技术一览表

物候期	周年管理技术要点
休眠期	（1）幼树以整形为主，同时注意大中型枝组的培养；盛果期注意更新复壮，疏除部分花束状果枝。结合休眠期修剪剪除病梢 （2）在萌芽前（开花前10天）对树体贮藏营养不足的杏树每株追施0.25～0.5千克的尿素，提高坐果率，促进新梢生长。追肥后力求灌一次透水，以利肥料的吸收 （3）春季萌芽前喷施1次5波美度石硫合剂。成龄大树每隔1～2年刮一次树皮
萌芽及开花期	（1）萌芽开花期管理任务主要有防霜冻、人工辅助授粉、保花等。花期霜冻是杏生产的主要限制因子。常用的防霜措施有：熏烟法、喷水法、花芽露白时喷石灰浆等延迟花期，躲避晚霜 （2）防治天幕毛虫、卷叶虫等
果实发育期	（1）一般短果枝留1个果，中果枝留2～3个果，长果枝留4～5个果，每亩产量控制在1 000～1 500千克为宜 （2）追肥2次，在幼果膨大期追施一次氮磷钾复合肥，在果实生长后期追1次磷、钾肥。全年氮:磷:钾控制在2:1:3为宜 （3）在果实发育期间每半个月喷洒一次甲基硫菌灵、多菌灵等杀菌剂，防治褐腐病等 （4）杏的成熟正值天热季节，果实又柔软多汁，采收技术非常重要。鲜食杏外运以七八成熟为宜。制作糖水罐头和杏脯的杏果，当绿色退尽、果肉尚硬，即八成熟时采收。仁用杏需果面变黄、果实充分成熟自然开口时采收
新梢生长期	（1）抹除竞争枝和剪锯口处萌发的新梢 （2）6月后对幼树和初果期树的骨干枝进行拉枝开角 （3）对背上直立强旺梢摘心，促发分枝，培养结果枝组
果实采收后	（1）秋施基肥，特别是立地条件不好的杏园，可结合秋施基肥进行扩穴深翻，同时修好树盘积蓄雪水 （2）保护叶片，防止因病虫危害造成过早落叶，影响花芽继续分化和养分积累 （3）落叶后将病枝、病叶、病果集中深埋，主干和主枝涂白保护，土壤封冻前灌一次透水，提高树体越冬性

三、杏的病虫害防治技术

杏病虫害主要有两个方面，一是杏疔病，另一个是杏仁蜂。

（一）杏疔病

是一种真菌性病害，又叫绣球、娃娃病、杏黄病等。危害新梢、叶片，也危害花和果实。

1. 病状

发病梢生长停滞、节间短、病枝上叶片增厚 4~5 倍，叶丛生而肥厚，叶片变色，初显暗红，后变黄绿，最后变杏黄或赤黄色，病叶上散生颗粒状突起（即分生孢子器），遇雨或高湿，分生孢子器内涌出大量橘红色黏液，内含有大量性孢子。大量病叶丛生、增厚、变黄，略呈绣球状，很远即可发现。晚秋叶干枯在枝上变为红褐色不脱落。病枝多干枯死亡。花器受害，萼花肥大增厚，不易开放；花萼、花瓣不易脱落。果实发病停止生长，果面生黄色病斑，病斑上产生红褐色小粒点。

杏疔病危害状

2. 防治方法

剪病枝消灭菌源，每年 5 月进行。如果全面清除病枝、病叶有困难的，可在杏树展叶期喷 1:1.5:200 倍波尔多液，或 30% 碱式硫酸铜胶悬剂 400~500 倍液，或 10% 苯醚甲环唑水分散粒剂 2 000 倍液，或 20% 噻菌铜悬浮剂 500 倍液，隔 10~15 天喷一次，一年防治两次，连续坚持 3~5 年，可基本消灭或控制杏疔病的危害。

（二）杏仁蜂

1. 危害症状

幼虫危害杏及杏仁，将杏仁吃光，果脱落或带虫残存树上。

2. 防治方法

（1）捡摘害果　杏果采收后彻底捡落地果及摘树上害果，集中处理。

（2）深翻树盘　将杏核埋入 15 厘米深土中。

（3）人工漂洗　杏核加工时，漂洗杏核，收集漂浮杏核深埋。

（4）地面施药　杏花落时地面撒 3% 辛硫磷颗粒剂，每株 0.25~0.5 千克，或撒 25% 辛硫磷微胶囊，每株 30~50 克。

第八节 桃的栽培技术

一、桃的主要种类与品种

桃属于蔷薇科李属植物，我国野生种类主要有山桃、光核桃、新疆桃、甘肃桃、陕甘山桃，栽培的种类有普通桃、蟠桃、油桃、寿星桃、碧桃。根据生态型栽培品种可分为两大品种群，即北方品种群、南方品种群。生产上将桃划分为普通桃、油桃、蟠桃、加工桃和观赏桃 5 个类型。主要优良品种介绍如下。

1. 春艳

青岛市农业科学研究所育成，特早熟普通桃品种。果实近圆形，平均单果重150 克，最大单果重 250 克。果实底色乳白色至黄色，着鲜红色。果肉乳白色，硬溶质，风味甜，可溶性固形物含量 10%～12%，黏核。郑州地区 6 月初果实成熟，果实发育期 65 天。长江以北地区均可种植。该品种有花粉。

2. 豫甜

河南农业大学育成，中熟普通桃品种。果实近圆形，平均单果重 180 克，最大单果重865 克。果皮底色黄白，缝合线两侧及阳面着鲜红色晕。果肉乳白色，硬溶质，风味浓甜，可溶性固形物含量 12%～14%，黏核。郑州地区 7 月中旬果实成熟，果实发育期 100 天左右。该品种有花粉，丰产。

3. 霞晖一号

江苏农业科学院园艺研究所育成。早熟普通桃品种。果实圆形至椭圆形，平均单果重 130 克，最大单果重 210 克。果皮底色乳黄色，着玫瑰红晕。果肉乳白色，软溶质，风味甜，可溶性固形物含量 9%～11%，黏核。郑州地区 6 月中旬果实成熟，果实发育期 70 天。长江以北地区均可种植。花粉败育，需配置授粉品种。

4. 丰白

大连市农业科学研究所育成，中晚熟普通桃品种。果实近圆形，平均单果重425 克，最大单果重 620 克。果皮底色绿白，阳面和果顶着鲜红色或暗红色。果肉白色，硬溶质，风味甜，可溶性固形物含量 10%～13%，离核。郑州地区 7 月底至 8 月初果实成熟，果实发育期 110～120 天。该品种无花粉，不宜在花期阴雨天气较多的地区栽植。

5. 有明白桃

韩国品种，晚熟普通桃品种。果实近圆形，单果重 190～200 克。果皮底色乳白，果面 50%～80% 着红晕。果肉白色，硬溶质，风味浓甜，可溶性固形物含量12%～14%，黏核。郑州地区 8 月上中旬果实成熟。适宜长江以北地区栽植。该品种丰产性好，注意疏花疏果。

6. 千年红

中国农业科学院郑州果树研究所育成，极早熟油桃品种。果实椭圆形，平均单果重80克，最大单果重135克。果皮底色乳黄，果面75%～100%着鲜红色。果肉黄色，硬溶质，风味甜，可溶性固形物含量9%～10%，黏核。郑州地区5月25日左右果实成熟，果实生育期55天左右；适宜淮河以北地区种植和北方保护地种植。

7. 黄水蜜

河南农业大学育成，黄肉鲜食品桃品种。果实椭圆形至卵圆形，平均单果重160克，最大单果重264克。果皮底色金黄色，着鲜红色至紫红色晕。果肉金黄色，硬溶质，风味纯甜，可溶性固形物含量12%以上，离核。郑州地区6月下旬至7月上旬成熟果实发育期80天左右。有花粉，可自花结实，丰产。

8. 中油桃4号

中国农业科学院郑州果树研究所育成，早熟油桃品种。果实短椭圆形，平均单果重148克，最大单果重206克。果皮底色浅黄，全面着鲜红色。果肉黄色，硬溶质，风味甜，可溶性固形物含量14%～16%，黏核。郑州地区6月10～12日果实成熟，果实发育期74天。适宜保护地和长江以北地区种植。

9. 满天红

中国农业科学院郑州果树研究所育成，观赏鲜食兼用品种。郑州地区观花期为4月上中旬，花重瓣，蔷薇形，花蕾红色，花红色，花径约4厘米，着花状态密集。果实7月25日左右成熟，平均单果重127克，果面着红色，果肉白色，软溶质，黏核，风味甜，可溶性固形物含量12%左右。

10. 双喜红

中国农业科学院郑州果树研究所育成，早熟油桃品种。果实圆形，平均单果重180克，最大单果重220克。果皮底色橙黄，果面80%～100%着鲜红色至紫红色。果肉黄色，硬溶质，果实风味浓甜，可溶性固形物含量13%～15%，离核。郑州地区6月20～25日成熟，果实发育期90天左右。该品种适合长江以北地区栽培和北方保护地栽培。

二、桃的生长结果习性

（一）生长发育特点

1. 根系

桃属浅根系果树，其根系多是由砧木的种子发育桃根系在土壤中的分布状态依砧木种类、土壤的物理性质不同而有差异。毛桃砧木根系发达，耐瘠薄的土壤；山毛桃砧木主根发达，须根少，但根系分布深，耐旱、耐寒；毛樱桃砧木的根系浅，须根多，耐瘠薄土壤，并对植株具有矮化作用。土壤黏重，地下水位高或土壤瘠薄处的桃树，根系发育小，分布浅；而土质疏松、肥沃、通气性良好的土壤中，根系特别发达。

年生长周期中，桃根在早春生长较早。当地温在5℃左右时，新根开始生长，7.2℃时营养物质可向上运输。新根生长最适宜的温度为15～22℃，超过30℃即生长缓慢或停止生长。桃根系生长有两个高峰：5～6月，是根系生长最旺盛的季节；9～10月，新梢停止生长，叶片制造的大量有机养分向根部输送，根系进入第二个生长高峰，新根的发生数量多，生长速度快，寿命较长，吸收能力较强。11月以后，土温降至10℃以下，根系生长即变得十分微弱，进入被迫休眠时期。

2. 芽

桃芽按性质可分为叶芽、花芽、潜伏芽。

（1）叶芽　桃叶芽瘦小而尖，呈圆锥形或三角形，着生在枝条的叶腋或顶端。叶芽具有早熟性，一般一年可抽生1～3次梢，幼年旺树一年可抽生4次梢。桃树的萌芽力和成枝力均较强，抽生枝多，故幼树成形快，结果期早；且分枝角常较大，故干性弱，层性不明显。

（2）花芽　桃花芽为纯花芽，肥大呈长卵圆形，只能开花结果。着生在枝条的叶腋，春季萌发后开花结果。一节着生1个花芽或叶芽的称单花芽，着生2个以上的芽称为复花芽，通常为花芽与叶芽并生。

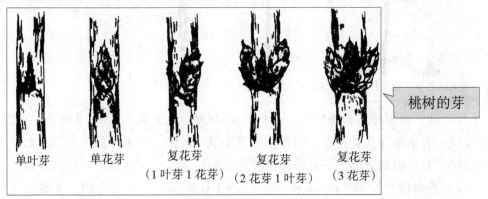

单叶芽　　单花芽　　复花芽　　　　复花芽　　　　复花芽
　　　　　　　　　　（1叶芽1花芽）（2花芽1叶芽）　（3花芽）

桃树的芽

（3）潜伏芽　桃的多年生枝上有潜伏芽，但数量较少，寿命较短。因此树体更新能力弱。

此外，在枝的基部和生长不充实的二次枝或弱枝上，只有节上的叶痕，而无芽，称为盲节。

3. 枝

桃枝按其主要功能可分为生长枝与结果枝两类。

（1）生长枝　又叫营养枝。按其生长势不同，可分为发育枝、徒长枝、叶丛枝。

1）发育枝　一般着生在树冠外围光照条件较好的部位，组织充实，腋芽饱满且生长健壮。长度50厘米左右，粗度0.5厘米左右，较粗壮的发育枝会分生二次枝，有时形成数量较少的花芽。发育枝的主要作用是形成主枝、侧枝、枝组等树冠的骨架，使树冠不断扩大。

2）徒长枝　多由树冠内膛的多年生枝上处于优势生长部位的潜伏芽萌发形成。直立性强，生长壮旺，长1米以上，节间长，组织不充实，其上多分生二次枝，甚至三四次枝，对树体的营养消耗量大，极易造成树体早衰。因此，一般生长初期彻底剪除，树冠空缺部位也可改造成结果枝组。

3）叶丛枝　又叫单芽枝。这种枝条多发生在树体的内膛，由营养不足或光照不足造成的。极短，约1厘米，只有一个顶生叶芽，萌芽时只形成叶丛。

（2）结果枝　叶腋间着生花芽的枝条叫结果枝，按其生长状态和花芽着生情况分为5种类型。

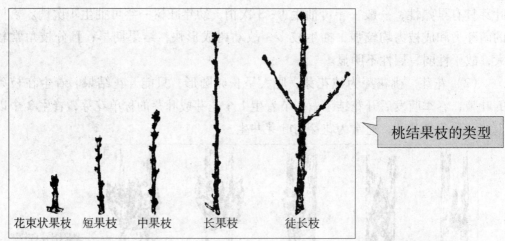

花束状果枝　短果枝　中果枝　长果枝　徒长枝

桃结果枝的类型

1）徒长性果枝　长势较旺，长60~80厘米以上，粗1.0~1.5厘米。叶芽多、花芽少，有单花芽和复花芽，但花芽的着生节位较高。此果枝的上部都有数量不等的副梢，有些副梢会形成一定数量的花芽，但一般花芽质量较差，结实率低。

2）长果枝　长30~60厘米，粗0.5~1.0厘米，一般无副梢。多着生于树冠上部及外围侧枝的中上部，基部和上部常为叶芽，中部多为复花芽，结果可靠，且结果同时形成新的长果枝、中果枝，保持连续结果的能力，是多数品种主要结果枝。

3）中果枝　长10~30厘米，粗0.4~0.5厘米。多着生于侧枝中部，枝较细，长势中庸，枝条中部多单花芽或复花芽，结果后只能抽生短果枝，更新能力和坐果率不如长果枝。

4）短果枝　长5~15厘米，粗0.4厘米以下。多着生于侧枝中下部，生长弱，其上多为单花芽。组织充实的短果枝，结果同时顶芽抽生新短果枝连年结果。但比较弱的果枝，1次结果后常常会枯死，或变成更短的花束状果枝。

5）花束状果枝　长 3～5 厘米，节间甚短，其上除顶芽为叶芽外，其余各节多为单花芽，结果能力差，易于衰亡。

桃树因品种差异，不同结果枝的比例不同。一般成枝力强的南方水蜜桃和蟠桃品种群的品种多形成长果枝。发枝力相对较弱的北方品种群的品种则多以短果枝结果为主，如肥城桃等。

此外，因树龄不同主要结果枝类型也有变化。幼树期以长果枝和徒长性果枝为主，而老树及弱树则以短果枝、花束状果枝为主。

（二）结果习性

1. 花芽分化

桃的花芽分化属夏秋分化，河南地区在 7～8 月，整个花芽形成均需 8～9 个月。

花芽分化的质量和数量与环境条件及栽培管理条件密切相关。如日照强，温度高，雨量少，可促进花芽分化，有利于枝条充实和养分积累；幼树和初结果树在形成后应控制施氮肥，增施磷、钾肥，促进花芽分化。生长旺的树花芽分化比弱树晚，幼树比成年树晚，长果枝比短果枝晚，副梢比主梢晚。

2. 开花

大多数桃品种为完全花，一个雌蕊和多个雄蕊组成，均能自花结实。但有的品种有无花粉或花粉败育现象，常称为雌能花。如"丰白"、"砂子早生"等。

桃开花的早晚与春季日平均气温有关。当气温稳定在 10℃ 以上即可开花，适宜温度为 15～20℃。河南郑州地区桃花期在 3 月底到 4 月上旬。正常年份同一品种的花期可延续 7～10 天，遇干热风天气，花期可缩短至 2～3 天，遇寒流、低温可延续至 15 天左右。

不同品种花期早晚有差异。同一果枝上不同节位花开放也有先后，顶部花比基部花早，早开的花结的果实大。

3. 授粉受精

雌蕊保持受精能力的时间一般为 4～5 天。花期遇干热风，柱头在 1～2 天内枯萎，缩短了授粉时间。授粉受精与花期气候条件有密切关系，开花期气候稳定，有利于自花授粉和昆虫授粉；花期气候异常，对花期偏早的品种和花粉败育的品种影响较大。如果发生倒春寒，花期温度降至 -1℃ 左右时，花器会发生冻害。

4. 果实的发育与成熟

桃果实生长曲线属双 S 形。桃果实发育可分为 3 个时期。

（1）幼果迅速膨大期　指落花后子房开始膨大到果核核尖呈现浅黄色木质化。此期主要细胞的迅速分裂使果实的体积和重量迅速增加，不同成熟期的品种这个阶段的增长速度和时间长短大致相似，约为 40 天。

（2）果实生长缓慢期或硬核期　又称硬核期，自果核开始硬化到果核长到品种固有大小，达到一定硬度。此期果实增长缓慢，这个时期的长短因品种差异很大。极早熟品种几乎没有这个时期，一般早熟种15～20天，中熟品种25～35天，晚熟品种40～50天，极晚熟品种为100天左右。

（3）第二次果实迅速膨大期　从果核完全硬化到果实成熟。此期果实发育是靠果肉细胞体积迅速增长，使果实的体积增大、重量增加。

（三）环境条件

1. **温度**

桃对温度的适应范围较广，适于年均温度13～15℃的地区栽培。桃具有一定的耐寒力，一般品种冬季可耐 -25～ -22℃的低温；但开花期对低温的抵抗力较弱， -2～ -1℃即受冻害。桃的各个器官及同一器官在不同时期耐寒力均不一致，叶芽抗寒力比花芽强，枝条比根系抗寒强；花芽休眠期在 -18℃易受冻害，花蕾期间能耐 -6℃的低温，花期温度低于0℃时就会受到冻害。

桃冬季需要一定量的低温才能正常生长。通常以7.2℃以下小时数的总和称为需冷量。一般栽培品种的需冷量为450～1 200小时，600小时以下的为短低温品种，800小时以上的则为长低温品种，多数品种的需冷量为750小时才能完成休眠，例如大久保、京春的花芽需冷量为850～900小时，庆丰、曙光为700小时，瑞光、早花露为770小时。

2. **水分**

桃树较耐干旱。生长期土壤持水量20%～40%生长正常，当降到15%～20%时叶片萎蔫，低于15%时会出现严重旱情。桃园水分不足，则新梢生长不良，养分积累少，落花落果严重。

桃树不耐涝，桃园短期积水，就会造成叶片黄化、脱落，甚至引起植株死亡。因此，地下水位高的桃园，应注意排水。

3. **光照**

桃喜光，生产上必须合理密植，选用合理的树形，运用修剪技术等，以创造良好的通风透光条件。光照不足会出现枝叶徒长，花芽分化少且质量差，落花落果严重，果实品质差，树冠内部易光秃等现象。然而，直射光过强，土壤干旱时，枝干易发生日灼。

4. **土壤**

桃宜于土质疏松排水通畅的沙质壤土。黏重和过于肥沃土壤易于徒长，易生流胶病、颈腐病。桃对土壤的酸碱度要求：以微酸性最好，土壤pH值在5～6最佳，当土壤的pH值低于4.5或者高于7.5时，则严重影响正常生长，在偏碱性的土壤中，易发生黄叶病。此外，桃树忌重茬栽培。

三、桃的生产技术

（一）建园

1. 园地的选择

桃树在海拔 400 米以下的地区均可种植，但以交通方便、大气质量好，水源清洁无污染，土壤中无大量容易富集的重金属，附近无大型排污工厂，距主要交通干道在 100 米以上、水源方便、自然排水流畅、土层深厚的沙质壤土的地区建园最好。

2. 品种的选择

（1）适地适树　根据品种特性和当地的自然条件，选择适合当地的品种。

（2）品种配套　注意早、中、晚熟品种配套，其比例一般为 4：3：3，但同一果园内的品种不宜过多，一般 3~4 个最好。

（3）授粉树选择与配置　授粉树要选择花量大花粉多、与品种树花期一致或相近、自身果实品质好的品种。按与主栽品种 1：（4~6）的比例中心式配置。

3. 栽植密度

（1）一般桃园的栽植密度　土、肥、水较好的平原栽植密度为株行距 4 米 ×5 米或 3 米 ×6 米；土地瘠薄的丘陵、山地栽植密度为株行距 3 米 ×4 米或 2 米 ×5 米。

（2）高密桃园的栽植密度　利用矮化砧木或生长抑制剂多效唑进行控制，并选择适于密植的树形，栽植密度为株行距 2 米 ×3 米或 1 米 ×3 米。

1）多效唑的使用方法　土施法、喷雾法、涂干法 3 种。

2）多效唑的使用对象　高密植桃园，2 年或 2 年以上初结果树和结果少的旺树均可使用多效唑；弱树则不宜用多效唑。

3）多效唑的使用时间　土施应在秋季和早春进行，叶面喷施应在 5 月上旬到 6 月中旬进行。

注意事项

黏性较大的土壤，应尽量避免土施。使用量过大的桃树，应在早春萌芽后，及时对全树喷布，25~50 毫克/千克赤霉素 1~2 次，可有效地恢复生长势，促进树体健壮。

（二）土、肥、水管理

1. 土壤管理

包括深耕、中耕、除草、间作等工作。

（1）深耕　宜在桃树落叶后结合施基肥进行，也可在早春解冻后进行，翻深25～30厘米。

（2）中耕　常与灌水相结合。早春灌水后中耕宜深8～10厘米；硬核期灌水后宜浅耕约5厘米；采收后全园中耕松土深5～10厘米。

（3）间作　可用豆类、薯类、薯类，绿肥以苜蓿、三叶草为佳。

2. 施肥技术

桃果肥大，对营养元素敏感，需求量高。桃树施肥一般有以下几个时期。

（1）秋施基肥　基肥宜在落叶前后结合秋翻进行，以有机肥为主。

（2）萌芽前追肥　春季化冻后进行，以速效氮肥为主，补充上年树体贮藏营养的不足，促进根系和新梢的前期生长，保证开花和授粉受精的营养需要，提高坐果率。

（3）花后追肥　落花后进行，以速效氮肥为主，配合磷、钾肥。主要是补充花期对营养的消耗，促进新梢和幼果的生长，减少落果，有利于极早熟品种的果实膨大。树势旺可以不施花后肥。

（4）硬核期追肥　果实硬核期开始进行，以钾肥为主，配合适量氮、磷肥，促进花芽分化和核的发育，提高产量，是全年最重要的一次追肥。

（5）采收后追肥　主要是对中晚熟品种或弱树，而幼旺树不宜施采后肥。果实采后追施，应以氮肥为主，配合磷肥，用以补充树体营养消耗，增强叶片的光合作用和营养物质的积累。

（6）根外追肥　根外追肥以叶面喷施为主，应在晴天的上午10时以前、下午4时以后进行。一般整个生长季喷0.3%～0.4%尿素3～4次，0.3%～0.5%磷酸二氢钾2～3次，春、秋两季喷1～2次0.2%～0.5%硼砂和0.1%～0.3%硫酸锌加0.5%消石灰。

3. 水分管理

桃树对水分敏感，不耐涝，田间最大持水量60%～80%为宜。应注意掌握灌水时期、灌水量，注意排水防涝。根据桃树生长结果特性灌水分以下几个时期。

（1）萌芽前　促进萌芽开花展叶和新梢生长。

（2）开花前　使花期有足够的土壤水分，提高授粉率。

（3）硬核期　促进果实发育，新梢生长，提高叶片光合作用。

（4）果实成熟前　适量灌水，使果实生长良好，个大质优，因此也叫"催果水"。

（5）封冻水　入冬前进行，提高树体养分积累，安全越冬。

（三）整形修剪

1. 主要树形

（1）"Y"形　主干高40～50厘米，两主枝基本为向生，夹角80°～90°，即主枝开张角度45°左右。株距小于2米，不需配备侧枝，主枝上直接着生结果枝组；株距大于2米时，每个主枝上培养2~3个侧枝，侧枝间距50~60厘米。这种树形成形快，光照条件好，开花结果早，产量高，品质好。

（2）主干形　干高30~40厘米，中心干强而直立，中心干上直接分生大型结果枝组。苗木60厘米处定干，选留生长健壮、东西向延伸、长势相近的两个新梢作为永久骨干枝培养，角度50°~60°。定干后最上面的第一个枝条作为中央领导干，让其向上生长，长到60厘米摘心。总高度1.8~2.5米的范围内（保护地内总高度1.2~1.5米）每20~30厘米选择长势好、不重叠、以螺旋状上升的永久性结果枝组6~8个。

（3）自然开心形　一般指果树主干高30~50厘米，树冠呈开心状，主干上着生3个主枝，各主枝间保持120°左右，主枝与垂直方向的夹角45°~60°，每个主枝两侧配置2~3个侧枝，侧枝的分生角度60°~80°，第一侧枝距主干60厘米，各侧枝之间距离40~50厘米。

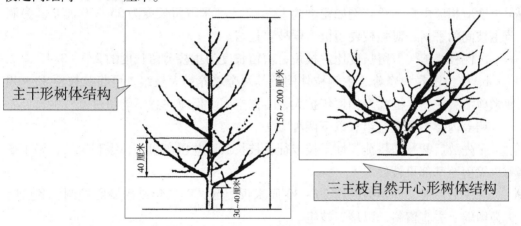

这一树形适于密植果园，一般1 500~2 000株/公顷。此种树形一般都架设立架，将中心干和部分大型枝组绑缚在架上。

2. 桃树修剪特性

（1）喜光性强、干性弱　桃树中心干弱，枝叶密集，内膛枝迅速衰亡，结果部位外移，产量下降。

（2）萌芽率高、成枝率强　桃树萌芽率很高，潜伏芽少而且寿命短，多年生枝下部容易光秃，更新困难；成枝力强，成形快，结果早，但易造成树冠郁闭，必须适当疏枝和注重夏季修剪。

（3）顶端优势较弱、分枝多　桃的顶端优势较弱，旺枝短截后，顶端萌发的新梢生长量大，但其下还可以萌发多个新梢，有利于结果枝组的培养。但培养骨干枝时，下部枝条多，明显削弱先端延长头的加粗生长，因此要控制延长头下竞争枝的长势，保证延长头的健壮生长。

（4）耐剪，但剪口愈合差　桃树疏除强枝不会明显削弱其上部枝的生长势，但伤口较大时不易愈合，剪口的木质部干枯到深处，影响寿命。因此，修剪时伤口小而平滑，更不能"留橛"；对大伤口要及时涂保护剂，以利尽快愈合。

（5）易成花、坐果率高　桃树一次枝上的花芽饱满，坐果率高，适时摘心促发健壮的二次枝即能结果。

3. 不同树龄时期修剪

以自然开心形为例，桃在不同树龄时期的修剪要点如下。

（1）幼树期的修剪　定植后 4～5 年内幼树生长逐渐转旺，形成大量发育枝、徒长性果枝、长果枝和副梢果枝。修剪的主要任务：尽快扩大树冠完成基本树形，缓和树势促进早丰产。

a. 骨干枝修剪　以适度轻剪长放为原则，并结合调整骨干枝开张角度和均衡生长势。

·主枝修剪　剪截长度随生长势强弱而定，幼树和初结果树树势逐渐转旺，剪留长度应相应由短加长，例如粗度为 1.5～2.5 厘米剪留长度为 35～70 厘米。为调节主枝间的平衡，对强枝要短留、弱枝要长留。

·侧枝修剪　剪留长度比主枝短，剪留长度为主枝剪留长度的 2/3～3/4。

b. 枝组培养和修剪　主侧枝外围及其两旁培养中大枝组，可将壮枝留 30～40 厘米剪截，使发生健壮新梢逐年扩大，占据空间。但应注意不能超过侧枝生长势。

培养内膛中大型枝组有以下两种方法。

·先放后截　即将徒长性果枝或徒长枝长放，并压弯扭伤，缓和生长，翌年冬剪再缩剪至基部果枝处。

·先截后放　即冬剪时留 20～30 厘米重短截，第二年夏季摘心控制，冬剪时去强留弱、去直留斜，以培养枝组。

c. 结果枝修剪果　果枝适当长留或缓放以缓和枝势。徒长性果枝、长果枝剪留 30～40 厘米，或缓放不剪，待结果下垂后部发枝时再缩剪；中短果枝可不截。疏除无用直立旺枝和过密枝，尽量利用副梢果枝结果，提高初果期产量，也是缓和树势的有效方法。

（2）盛果期的修剪　定植后 6～7 年进入盛果期。该时期的修剪主要任务：维持树势，继续调节主、侧枝生长势的均衡，更新枝组，保持其结果能力，防止枝组衰老、内膛光秃；调节果枝、果实数量，缓和生长与结果间的矛盾。

a. 骨干枝修剪

·主枝修剪　主枝剪截程度随生长势的减弱而加重，粗度为 1～1.5 厘米剪留长度为 30～50 厘米。

·侧枝修剪　各侧枝间可上压下放，即对上部侧枝短截剪截较重，对下部侧枝要较轻，以维持下部侧枝的结果寿命。侧枝前强后弱时，应疏除先端强枝，开张枝头角度，以中庸枝当头，使后部转强。侧枝前后都弱时，可缩剪延长枝，选健壮枝当头，抬高枝头角度，疏除后部弱枝，减少留果量，促使恢复生长。

b. 枝组修剪　盛果期对枝组的修剪应注意培养与更新相结合。

内膛大、中型枝组出现过高或上强下弱现象时，可采用轻度的缩剪，以降低其高度，并以果枝当头限制其扩展。

小型枝组衰老早，多采用缩剪，使其紧靠骨干枝，以保持生长势。过弱的小枝组自基部疏除。如果枝组并不弱，又不过高时，则可只疏强枝不必缩剪。

c. 结果枝修剪适度短截，稀疏树冠，注意更新。

·长、中长果枝　长果枝剪留长度5～10个节、中果枝保留3～5个节。但在以下情况下可适当长留：花芽节位偏高，节间较长的果枝；当年结果少，翌年将是大年时；位于树冠外围或枝组上部的果枝，成熟期较早和果形偏小时；落果重，有冻害的品种；罐藏加工品种等可稍长留。

·短果枝　短果枝结果后发枝力很弱，而且除顶芽为叶芽外大多数为花芽，因此不可随便短截，只有当中下部确有复芽或叶芽时才短截。

·花束状果枝　除顶芽外全为单花芽。着生在二至三年生枝背上或旁侧的花束状果枝易于坐果，朝下生长和在通风透光条件不良部位的落果重，一般多予疏除。过密的中果枝和短果枝应疏除以保持树冠内通风透光。

结果枝更新的方法有2种：单枝更新和双枝更新。

·单枝更新（不留预备枝的更新）　修剪时，将中长果枝留3～5个饱满芽适当重剪，使其上部结果，下部萌发新梢作为下年结果枝。冬剪时，将结过果的果枝剪去，下部新梢同样重剪。如此反复，维持结果。

·双枝更新（留预备枝更新）　修剪时，同一母枝上选留基部相邻的2个果枝，上部的果枝剪用以结果，而下部的果枝重截（弱枝剪留1～2个节，壮枝剪留3～5个节）使其抽生新梢，预备下一年结果。这重截果枝即为"预备枝"。预备枝上的果枝下年冬剪时将已结过果的果枝剪除，另一个又重截作预备枝。

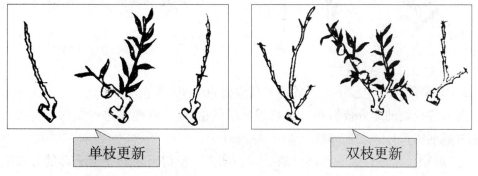

单枝更新　　　　　　双枝更新

（3）衰老期的修剪　本期修剪的主要任务是重剪、缩剪、更新骨干枝，利用内膛徒长枝更新树冠，维持树势，保持一定产量。

1）骨干枝修剪　骨干枝缩剪比盛果期加重，依衰弱程度可缩剪到三至五年生部位，缩剪的次数相应增加。缩剪骨干枝仍然要保持主侧枝间的从属关系。

2）结果枝组修剪　重缩剪，加重短截，疏除细弱枝，多留预备枝，使养分集中于有效果枝。

4. 夏季修剪

夏季修剪又叫生长季修剪，就是春季萌芽后到落叶前的修剪。桃树的夏季修剪，可以调节生长发育，减少无效生长，节省养分，改善光照，加强养分的合成，调节主枝角度，平衡树势，促使新梢基部花芽饱满，提高果实的产量和品质。

（1）夏剪的手法

1）除萌　又叫抹芽，除萌的主要对象是主枝以下树干上的萌芽、延长枝剪口下的竞争萌芽、树冠内膛的徒长萌芽、疏除大枝后剪口周围的丛生萌芽、小枝基部两侧的并生萌芽。

2）疏枝　又叫疏梢，对树冠内膛的直立旺枝、徒长枝、树冠外围主枝延长枝附近的竞争枝和密生枝等进行疏除。

3）摘心　摘心能使枝条在一定的部位发生分枝，如对主枝延长枝和侧枝延长枝各在50厘米和30厘米处摘心，能使下部抽生可以作为侧枝和枝组的分枝。在生长后期对各类枝条摘心，使枝条发育充实，花芽饱满。摘心能将徒长枝改造成为结果枝组。

4）扭梢　扭梢可以与摘心相结合，多用于控制竞争枝、骨干枝的背上枝、短截的徒长枝和旺长枝以及各级副梢等。扭梢在新梢木质化初期采用。

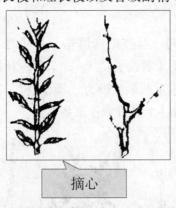

摘心

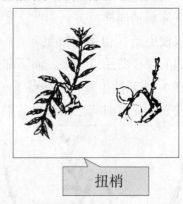

扭梢

5）短剪新梢　主枝中上部的徒长枝应留30~40厘米进行短剪将其变为中型枝组；树冠稀疏处的无分枝新梢需要培养枝组的留20~30厘米进行短剪。短剪后的新梢可以削弱长势，发生分枝。

6）剪梢　又称打强头，其目的是除去强头，使留下来的靠近下部的分枝能够很好地形成各级骨干枝的延长枝、结果枝组或结果枝。

7）拉枝　拉枝的适宜时间为新梢生长缓慢期的7~8月。拉枝的主要对象为需要开张角度的主、侧枝，准备改造成大型枝组的徒长枝和徒长性结果枝，临时利用其结果的徒长枝和枝条稠密处的直立枝等。

（2）夏剪时期　可在整个生长季节进行，但以下几个时期更应注意。

1）萌芽后到新梢生长初期　4月上旬至4月底，先进行抹芽、除萌，节约养分，促使留下的新梢健壮生长；新梢长15～20厘米时，可对旺枝进行摘心，促使早萌发二次枝，形成良好的分枝和结果枝。

2）新梢迅速生长期　5月中旬至6月中旬，夏剪的主要内容是控制竞争枝、徒长枝和利用二次枝整形等。

3）生长缓慢期　7月大部分果枝及副梢已停止生长，对尚未停止生长的旺梢再摘心控制，同时疏除过密枝，以利于通风透光和花芽分化。

（四）花果管理

1. 提高坐果率的途径

（1）加强树体管理　减少雌蕊退化，多施有机肥，追施适量磷、钾肥。增加树体营养，促进花芽分化，提高成花率。

（2）昆虫授粉　采用蜜蜂或壁蜂授粉，简单易行。

（3）人工授粉　桃树花期如遇不良天气或遇雄蕊退化等情况，为保持正常结果，必须人工授粉。主要方法有点授、喷洒等。

2. 疏花疏果

多数桃品种结实率很高，需要进行疏花疏果，提高果实品质。

（1）人工疏花疏果　根据品种特性、坐果情况、树势进行，此方法安全可靠，简单易行，是目前生产上应用得最广泛的一种方法，缺点是费时费工。

1）人工疏花疏果的步骤　按树枝先上后下，从里到外，从大枝到小枝的顺序进行。

2）疏花疏果的时期　一般人工疏花疏果分3次进行，第一次疏花，第二次疏果，第三次定果。

疏花宜于花蕾露红时进行，疏掉基部发育差、畸形的花蕾；疏朝上的花、树冠中下部的花，留枝条中部两侧的花。留花蕾的标准为长果枝留6～8个花蕾，中果枝留4～5个花蕾，短果枝或花束状果枝留2～3个花蕾，预备枝不留花蕾。

第一次疏果于花后15天进行。已进行疏花的桃树可不进行这次疏果。要疏掉果枝基部的小果、畸形果，双果去一留一。

第二次疏果于花后30天进行，5月中下旬完成。疏果时首先疏去萎缩发黄的果、小果、畸形果；其次再疏去附近无新梢或叶片很少的果实，然后结合果枝类型定果。不同的品种留果量不同。

（2）化学药剂疏花疏果　缺点是使用不当易产生药害，而且不能有效保留优质的花果，因此，我国应用得较少。

1）石硫合剂疏花　浓度为28波美度石硫合剂原液的30～50倍稀释液，对当天开的花及喷药前一天开的花疏除效果最好，对喷药时尚处于花蕾状态或已开放2～3天的花疏除效果差。当第一天喷药效果达不到要求时，可在2～4天后再喷1次。

2）疏果剂　目前应用较多的是萘乙酸、乙烯利、西维因等。

3. 果实套袋

为提高桃果品质，在定果或生理落果后进行套袋，约在5月中下旬完成。果袋选用桃专用袋。

（五）桃周年管理要点

桃在不同时期的周年管理要点如下：

1. 休眠期

（1）防治病虫害

1）清园　落叶后解除草把，剪除病虫死枝，清扫枯枝落叶，并集中烧毁。

2）防治流胶病　清理胶状物后用升汞水消毒伤口，再涂石硫合剂或沥青保护，刮除介壳虫。

（2）土、肥、水管理　落叶后进行深翻，然后在土壤封冻前灌冻水。

（3）其他管理　包括制订生产计划，准备生产资料，整形修剪，在封冻前和解冻后分别进行树干涂白。

2. 萌芽期

（1）抹芽　3月底开始抹芽、除萌。

（2）肥、水管理　3月上旬开始追施以氮肥为主的花前肥，配以磷肥，并结合灌水。

（3）病虫害防治　全园喷施石硫合剂进行消毒；3月中旬喷5波美度石硫合剂、下旬喷3波美度石硫合剂，杀虫灭菌。3月中旬在旧剪口上涂敌敌畏防治害虫，杀死越冬卷叶幼虫。

（4）嫁接　3月下旬大树可以进行枝接。

3. 开花坐果期

（1）夏季修剪继续调整树形。

（2）肥、水管理　花后追肥以速效氮肥为主，配以磷、钾肥并结合灌水1次。每隔15天喷1次叶面肥，以优质尿素、磷酸二氢钾的0.2%～0.3%溶液为宜。即将展叶时喷2%～3%的硫酸锌溶液防治小叶病。沙地桃园易缺硼，花期喷0.2%～0.3%的硼砂或硼酸。灌水后中耕除草保墒，中耕深度5～10厘米。

（3）病虫害防治　注意防治金龟子、象鼻虫。花后防治蚜虫、梨小食心虫。

（4）疏花疏果 对坐果率高的品种，初花期开始按照要求疏花疏蕾，4月中旬疏果，疏除并生果、畸形果、小果、病虫果。

4. 果实膨大期

（1）土、肥、水管理 叶面追肥，喷施0.3%磷酸二氢钾。追施催果肥。中晚熟品种在果实成熟前15天追氮肥、钾肥。浅耕除草或施用除草剂。

（2）病虫害防治 6月上、中、下旬均须防治红蜘蛛，捕捉红颈天牛成虫，防治椿象、介壳虫。7~8月红蜘蛛危害严重时，用5%噻螨酮乳油1 500~2 000倍液，或5%唑螨酯悬浮剂2 000~3 000倍液等防治红蜘蛛。用80%代森锌600~800倍液防治褐腐病。

（3）夏季修剪 可进行摘心，疏除过密枝等。中晚熟品种盛果期大树进行吊枝、撑枝。

5. 采收及落叶期

（1）土、肥、水管理 果实采收后，追以磷、钾肥为主的采后肥，促进花芽分化。9月下旬开始秋施基肥，以有机肥为主，配以氮、磷肥。秋季深翻，深度20厘米左右。10月下旬灌水，灌深灌透。

（2）病虫害防治 8月主要防治刺蛾、卷叶蛾、叶蝉等虫害。9月防治椿象、浮尘子等，主干、主枝上绑草把，诱集红蜘蛛等越冬害虫。

（3）采收。

四、桃的病虫害防治技术

桃树病虫害种类繁多，但每年发生和对生产造成影响的仅10余种。主要有细菌性穿孔病、白粉病、炭疽病、流胶病、褐腐病、根癌病等病害和蚜虫、桃小食心虫、山楂红蜘蛛、桃蛀螟等害虫。

（一）桃细菌性穿孔病

1. 症状

主要危害叶片，也侵害枝梢和果实。叶片多于5月发病，初发病叶片背面为水浸状小点，扩大后形成圆形或不规则形的病斑，紫褐色至黑褐色。幼果发病时开始出现浅褐色圆形小斑，以后颜色变深，稍凹陷；潮湿时分泌黄色黏质物，干燥时形成不规则裂纹。

2. 防治要点

（1）综合防治 加强桃园综合管理，增强树势，提高抗病能力。园址切忌建在地下位高的地方或低洼地；土壤黏重和雨水较多时，要筑台田，改土防水；冬夏修剪时，及时剪除病枝，清扫病落叶，集中烧毁或深埋。

（2）药剂防治 芽膨大前期喷布5波美度石硫合剂或1:1:100波尔多液，杀灭越冬病菌；展叶后至发病前喷施72%新枝霉素可溶性粉剂4 000倍液或72%农用链霉素可湿性粉剂3 000倍液。或用47%春雷霉素·氧氯化铜可湿性粉剂600倍液进行防治，5～7天喷一次，连喷三次，可有效缓解病菌的危害。

（二）桃白粉病

1. 症状

叶片染病后，叶正面产生退绿性边缘极不明显的淡黄色小斑，斑上生白色粉状物，病叶呈波浪状。

2. 防治要点

（1）综合防治　落叶后至发芽前彻底清除果园落叶，集中烧毁。发病初期及时摘除病果深埋。

（2）药剂防治　发病初期喷洒农抗120或2%武夷菌素（B0－10）水剂150～200倍液，或15%三唑酮乳油1 000倍液，或40%氟硅唑乳油8 000～10 000倍液，或10%苯醚甲环唑水分散粒剂2 000～3 000倍液，或25%腈菌唑乳油4 000～5 000倍液，隔7～10天1次，连续防治2～3次。

（三）桃炭疽病

1. 症状

炭疽病主要危害果实，也可危害叶片和新梢。成熟期果实染病，初呈淡褐色水浸状病斑，渐扩展，红褐色，凹陷，呈同心环状皱缩，并融合成不规则大斑，病果多数脱落。

2. 防治要点

（1）综合防治　加强栽培管理，多施有机肥和磷、钾肥，适时进行夏季修剪，改善树体结构，通风透光。

（2）药剂防治　萌芽前或发病初期用42%代森锰锌600～800倍液或5%福美双可湿性粉剂500～800倍液，或80%多菌灵可湿性粉剂600倍液，或25%咪酰胺乳油500～1 000倍液，隔7～10天防治一次，药剂最好交替使用，有较好防治效果。

（四）桃褐腐病

1. 症状

主要危害果实，也危害花、叶和新梢。被害果实、花、叶干枯后挂在树上，长期不落。果实从幼果到成熟期至贮运期均可发病，但以生长后期和贮运期果实发病较多、较重。果实染病后果面开始出现小的褐色斑点，后扩大为圆形褐色大斑，果肉呈浅褐色并快速腐烂。

2. 防治要点

（1）治虫　及时防治椿象、象鼻虫、食心虫、桃蛀螟等蛀果害虫，减少伤口。

（2）药剂防治　谢花后 10 天至采收前 20 天喷布 65% 代森锌 400~500 倍液、70% 甲基硫菌灵 800 倍液、50% 克菌丹可湿性粉剂 800~1 000 倍液。发病初期可用 50% 多霉灵（乙霉威）可湿性粉剂 1 500 倍液，或 65% 甲硫·乙霉威可湿性粉剂 1 000~2 000 倍液，或 50% 多菌灵磺酸盐可湿性粉剂 800 倍液，发病严重时，可间隔半个月喷一次，采收前 3 周停止喷药。

（五）桃流胶病

1. 症状

此病多发生于树干处。初期病部略膨胀，逐渐溢出半透明的胶质，雨后加重。其后胶质渐成冻胶状，失水后呈黄褐色，干燥时变为黑褐色。严重时树皮开裂，皮层坏死，生长衰弱，叶色变黄，果小苦味，甚至枝干枯死。

2. 防治要点

（1）处理伤口　剪锯口、病斑刮除后涂抹 843 康复剂。

（2）涂白　落叶后，树干、大枝涂白，防止日灼、冻害，兼杀菌治虫。涂白剂配制方法：优质生石灰 12 千克，食盐 2~2.5 千克，大豆汁 0.5 千克，水 36 千克。先把优质生石灰化开，再加入大豆汁和食盐，搅拌成糊状。

（3）药剂防治　用 5% 甲基硫菌灵超微可湿性粉剂 1 000 倍液或 5% 多菌灵可湿性粉剂 800 倍液，或 5% 异菌脲可湿性粉剂 1 500 倍液，或 5% 腐霉利可湿性粉剂 2 000 倍液，喷药防治，效果好。

（六）桃根癌病

1. 症状

桃树根癌病原是根癌农杆菌。癌变主要发生在根颈部，也发生于主根、侧根。发病植株水分、养分流通阻滞，地上部分生长发育受阻，树势日衰，叶薄、细瘦、色黄，严重时干枯死亡。

2. 防治要点

栽植前消毒防治，用 0.1% 高锰酸钾或 1% 硫酸铜溶液，或 0.001% 农用链霉素浸根 10~30 分，然后栽植。定植后的果树上发现病瘤时，先用快刀彻底切除癌瘤，然后用稀释 100 倍硫酸铜溶液或 50 倍抗菌剂-402 溶液消毒切口，再外涂波尔多液保护，也可用 5 波美度石硫合剂涂切口，外加凡士林保护，切下的病瘤应随即烧毁。

（七）桃蛀螟

1. 症状

桃蛀螟是桃树的重要蛀果害虫。幼虫孵化后多从果蒂部或果与叶及果与果相接处蛀入，蛀入后直达果心。被害果肉和果外都有大量虫粪和黄褐色胶液。幼虫老熟后多在果柄处或两果相接处化蛹。

2. 防治要点

（1）设置黑光灯诱杀成虫。

（2）各代卵期喷洒 50% 杀螟硫磷乳剂 1 000 倍液、90% 晶体敌百虫 1 000 倍液或 20% 杀灭菊酯乳剂 3 000 倍液或 2.5% 三氟氯氰菊酯乳油 2 000 ~ 2 500 倍液，或 2.5% 溴氰菊酯乳油 3 000 ~ 4 000 倍液等。

（3）桃园内不可间作玉米、高粱、向日葵等作物，以减少虫源。

（八）梨小食心虫

1. 症状

蛀食桃多危害果核附近果肉。多从上部叶柄基部蛀入髓部，向下蛀至木质化处便转移，蛀孔流胶并有虫粪，被害嫩梢渐枯萎，俗称"折梢"。

2. 防治要点

（1）诱捕成虫　在成虫发生期，以红糖 5 份、醋 20 份、水 80 份的比例配制糖醋液放入园中，每隔 30 米左右一碗；也可用梨小性引诱剂诱杀成虫，每 50 米置诱芯水碗一个。

（2）药剂防治　加强虫情测报，当卵果率达 0.5% ~ 1% 时，即当喷药防治，用 20% 杀灭菊酯乳剂 3 000 倍液、2.5% 溴氰菊酯乳剂 3 000 倍液、50% 杀螟松乳剂 1 000 倍液，每 10 ~ 15 天喷 1 次，连喷 2 ~ 3 次，都有较好效果。

（九）桃小食心虫

1. 症状

幼虫蛀入桃、苹果、梨、枣、李、海棠等果树的果实危害，先在皮下潜食果肉，使果实变形形成"猴头果"，继而深入果实，纵横串食，在果实内排粪，造成"豆沙馅"。

2. 防治要点

（1）生物防治　土施芜菁夜蛾线虫、异小杆线虫和白僵菌防治桃小食心虫。

（2）药剂防治　成虫产卵期和幼虫孵化期及时喷洒苏云金杆菌乳油 300 ~ 600 倍液杀死初孵幼虫，或用 50% 杀螟松乳剂 1 000 倍液隔 15 ~ 20 天喷 1 次。

（十）桃蚜虫

1. 症状

蚜虫的种类较多，危害桃树的主要有桃蚜、桃粉蚜、桃瘤蚜3种。被害的叶片呈现出黑色、红色或黄色小斑点，使叶片逐渐变白卷缩，严重时引起落叶，削弱树势，影响桃树的产量和花芽形成。

2. 防治要点

（1）保护天敌　蚜虫的天敌很多，如瓢虫、食蚜蝇、草蜻蛉、寄生蜂等。

（2）药剂防治　可用50%抗蚜威可湿性粉剂3 000～4 000倍液、50%辛硫磷乳油1 500倍液或10%吡虫琳（扑虱蚜）可湿性粉剂2 000倍液等药剂交替防治。

（十一）桃红颈天牛

1. 症状

幼虫在皮层和木质部蛀隧道，造成树干中空，皮层脱离，树势弱，常引起树死。蛀道内充塞木屑和虫粪，危害重时，主干基部伤痕累累，并堆积大量红褐色虫粪和蛀屑。

2. 防治要点

夏季成虫出现期，捕捉成虫。幼虫孵化后，经常检查枝干，发现虫粪时，即将皮下的小幼虫用铁丝钩杀，或用接枝刀在幼虫危害部位顺树干纵划2～3道杀死幼虫。幼虫蛀入木质部新鲜虫粪排出蛀孔外时，清洁一下排粪孔，将1粒磷化铝塞入虫孔内，然后取黏泥团压紧压实虫孔。也可用80%敌敌畏乳油15～20倍液涂抹排粪孔。

（十二）桑盾蚧

1. 症状

主要通过刺吸式口器在枝条上吸取汁液，轻则植株营养生长不良，重者导致枯枝、死树。

2. 防治要点

（1）保护天敌　保护天敌红点唇瓢虫。

（2）药剂防治　早春桃树发芽以前喷5波美度石硫合剂或5%柴油乳剂消灭越冬雌成虫；若虫孵化期则喷布50%杀螟硫磷乳剂1 000倍液或40%杀扑磷乳油1 000～1 500倍液，或10%吡虫琳可湿性粉剂2 000～3 000倍液，或25%噻嗪酮可湿性粉剂1 000倍液。

（十三）山楂红蜘蛛

1. 症状

成虫、若虫、幼螨刺吸芽、果的汁液，叶受害初呈现很多失绿小斑点，渐扩大连片。严重时全叶苍白枯焦早落，常造成二次发芽开花，削弱树势，不仅当年果实不能成熟，还影响花芽形成和翌年的产量。

2. 防治要点

保护和引放天敌，如食螨瓢虫、草蛉蛉等。发芽前喷洒 5 波美度石硫合剂或45%石硫合剂 20 倍液，花前或花后喷洒 50%硫黄悬浮剂 200 倍液，第一代卵孵化结束后，喷洒 0.2%的阿维菌素 2 500 倍液或 73%克螨特 2 000 倍液，几种农药交替使用。

第九节　梨的栽培技术

梨是我国除苹果、柑橘以外栽培最多的第三大果树，全国除海南省外南北各地都有种植，也是我国传统栽培和出口较多的重要果树之一，其产量、面积居世界首位。梨果不但营养丰富，食用和药用价值广泛，而且适应性广、抗逆性强，全国各地不同的气候、土壤、地势条件下都有栽培。

一、梨的种类及主要品种

（一）种类

梨在植物分类学上属于蔷薇科梨属。目前全梨属植物有 35 种，原产中国的有13 种：秋子梨、白梨、砂梨、河北梨、新疆梨、麻梨、杏叶梨、滇梨、木梨、杜梨、褐梨、豆梨、川梨。

（二）主要品种

当前生产中栽培的主要梨品种。

1. 早酥

7 月中下旬成熟。果实多呈卵圆形，平均单果重 250 克。果皮黄绿色，光滑，果点小。肉质细脆多汁，石细胞少，风味甜稍淡，可溶性固形物 11% ~ 14%。发育期 84 天。腋花芽比例高，丰产。

2. 早美酥

7 月中旬成熟（郑州）。果实近圆或卵圆形，平均单果重 250 克。果面光滑，蜡质厚，果点小而密，绿黄色，无果锈；果肉乳白色，肉质细脆，果心较小，石细胞少，汁液多，可溶性固形物含量 11% ~ 12.5% ，酸甜适度，无香味，品质上等。适宜在长江流域、华南、华北、西北、西南等地栽培。

3. 绿宝石（中梨 1 号）

7 月底至 8 月初成熟。果实近圆形，平均单果重 220 克。果皮绿色至黄绿，果点小而稀。肉质细嫩多汁，石细胞极少，风味浓甜，香气浓，可溶性固形物 15% ，较耐贮，品质上等。

4. 黄冠

8 月上中旬成熟。果实椭圆形，平均单果重 250 克。果皮金黄色，光滑，果点小而稀。肉质细脆多汁，石细胞极少，风味甜，香气浓，可溶性固形物 12% 。适宜在长江流域及长江以北发展。

5. 八月红

8 月中下旬成熟（西安）。果实近圆柱形，平均单果重 300 克。果皮黄绿色，阳面着片状红色。采后需后熟，肉质细嫩，石细胞少，风味甜，香气浓，含可溶性固形物 12% 。

6. 新世纪

8 月中旬成熟。果实扁圆形，平均单果重 300 克。果皮黄绿色，光滑，果点大。肉质细脆多汁，石细胞极少，风味甜，香气浓，含可溶性固形物 13% 。

7. 丰水（菊水 × 八云）

8 月下旬成熟。果实圆形略扁，平均单果重 300 克。果皮黄褐色，粗糙，果点大而多。肉质细脆多汁，石细胞极少，风味甜，香气浓，含可溶性固形物 12% 。

8. 黄金（新高 × 二十世纪）

9 月中下旬成熟。果实近圆形，平均单果重 300 克。果皮黄绿色，光滑，果点小而稀。肉质细脆多汁，石细胞极少，风味甜，香气浓，含可溶性固形物 12% 。果实成熟。

9. 莱阳茌梨

9 月下旬成熟。果实卵圆形，掐萼后为倒卵圆形，平均单果重 250 克。果皮黄绿色，果点大而密。肉质细嫩多汁，味浓甜，具芳香，石细胞小，可溶性固形物 13% 。品质上等。

10. 新高（天之川 × 今村秋）

10 月中下旬成熟。果实近圆形，平均单果重 350 克。果皮褐，较光滑，果点小。果肉致密多汁，石细胞极少，风味甜，香气浓，含可溶性固形物 13% 。

11. 南果梨

8 月下旬（兴城）成熟。果实圆形或扁圆形。果实小，平均单果重 58 克。果皮绿黄色，后熟后底色变黄色，萼片脱落或宿存，阳面有鲜红色晕。果实采收后即可食用，肉脆较硬、汁多。品质极上。

12. 鸭梨

9月中下旬成熟（定县）。果实倒卵圆形，果肩一侧呈鸭头状突起，平均单果重150～200克。绿黄色，贮后黄白色，皮薄，果点小而密，果肉白色，肉质特细而脆嫩，含可溶性固形物11%～13%。有香气，石细胞少。较耐贮藏。河北主栽品种。

13. 砀山酥梨

9月下旬成熟（西安）。原产于安徽砀山，果实近圆柱形，平均单果重250克。果皮绿黄色，萼片脱落，果心小，果点小而密，果肉白色，酥脆多汁，果实发育天数135天。西北主栽品种。

14. 库尔勒香梨

9月下旬成熟。倒卵圆形或纺锤形。果实小，平均单果重80～100克。小树、旺树的果实顶部有猪嘴状突起，阳面有暗红色晕，果面光滑，果点小而不明显。皮薄，果肉白色，脆嫩，汁多浓甜，香味浓郁。新疆南部主栽。

二、梨的栽培环境

（一）气温

温度是决定梨品种分布和制约其生长发育的首要因子，由于原产地不同和长期系统发育的适应结果，不同品种系统间对温度要求有较大差异（表2-6）。

表2-6　梨不同品种系统对温度的适应范围

品种系统	年平均温度（℃）	生长季平均温度（℃）	休眠期平均温度（℃）	绝对最低温（℃）
秋子梨	4.5～12.0	14.7～18.0	-13.3～-4.9	-30.3～-19.3
白梨、西洋梨	7.0～15.0	18.1～22.2	-2.0～3.5	-24.2～-16.4
砂梨	14.0～20.0	15.5～26.9	5.0～17.2	-13.8～-5.9

不同器官、不同生育阶段对温度的要求也不一样，如梨的根系在0.5℃以上即开始活动，6～7℃才发生新根；开花要求气温稳定在10℃以上，达到14℃时开花加快，开花期间若遇到寒流、温度降至0℃以下，则会产生冻害；果实发育和花芽分化需要20℃以上的温度。

（二）光照

梨是喜光的阳性树种，年日照时数要求1 600～1 700小时。我国大多数梨产区，总日照时数是充足的，个别年份生长季日照不足的地区，要选择适宜的栽植地势、坡向、密度和行向，适当改变整枝方式，以便充分利用光能。

（三）水分

梨需水量大，合成 1 克干物质所消耗的水量为 284～401 克（称为蒸腾系数）。不同种类的梨需水量不同，砂梨需水量最多、白梨和西洋梨次之、秋子梨最少。梨耐旱、耐涝性均强于李。在年周期中，以新梢旺长和幼果膨大期、果实快速生长期对水分需要量最大、对缺水反应也比较敏感，应保证供应。

（四）土壤

梨对土壤适应性广泛，无论是壤土、黏土、沙土，还是有一定程度的盐碱土壤都可以生长，土壤最适范围是 pH 值为 5.6～7.2，pH 值为 5.4～8.5 都可生长，土壤含盐量小于 0.2%，可以正常生长，超过 0.3% 则容易受害。

三、梨的生物学特性与栽培管理

（一）生长发育与管理

1. 发芽、现蕾、展叶期

梨多数萌芽力强、成枝力弱，树冠内枝条密度明显小于李；但品种系统间差异较大，秋子梨和西洋梨成枝力较强，白梨次之，砂梨最弱。

梨芽的异质性不明显，除下部有少数瘪芽外、全是饱满芽；但是顶端优势强，以致树体常常出现上强下弱现象；副芽寿命长、易更新。其一年、二年、三年生枝条均着生花芽。在陕西关中地区，一般 3 月中旬气温上升为 6～7℃ 时开始萌芽，萌芽后 2～3 天展叶，一般一个花芽着生 7～8 个花蕾。

2. 开花坐果期

（1）结果习性　梨花芽较易形成，一般 3～4 年能挂果，特别是萌芽率高、成枝力低的品种，或腋花芽有结实力的品种结果较早。梨的结果枝可分长果枝、中果枝、短果枝和腋花芽枝 4 种不同的类型。成年梨以短果枝结果为主，仅生长旺盛的西洋梨和部分砂梨品种有一部分中长果枝。花芽是混合芽，顶生或侧生。结果新梢极短，顶生伞房花序。开花结果后，结果新梢膨大形成果台，其上产生果台副梢 1～3 个，条件良好时，可连续形成花芽结果，但经常需在结果的第二年才能再次形成花芽，隔年结果。果台副梢经多次分枝成短果枝群，一个短果枝群可维持结实能力 2～6 年，长的可达 10 年，因品种和树体营养等条件而异。

（2）坐果习性　梨多数品种先开花后展叶，少数品种花叶同展或先叶后花。梨的花序为伞房花序，每一花序中有 5～8 朵花，外围花先于中心花开放。先开的花坐果率高，果实发育快，质量好。西洋梨的一些品种在夏季以及中国梨品种在秋季早期落叶的情况下，还有二次开花的现象。

梨是异花授粉性很强的果树,同品种自花授粉时多不能结实或结实率极低,异品种授粉时则结实率常较高,其中鸭梨、新纪、菊水、二宫白等品种都是坐果率很高的品种。坐果过多时,果实变小,且易造成大小年结果的现象。

梨为虫媒花,为使授粉受精良好,可饲放访花昆虫。在生产上为确保坐果,常常进行人工授粉。

(3)人工辅助授粉　梨是严格自花不实植物,要保证授粉受精,关键是在建园时合理配置授粉品种,其次要采用果园放蜂、人工授粉等技术,严防花期前后用药,创造洁净环境,确保蜜蜂授粉。

3. 枝条生长和花芽分化

(1)枝叶生长　梨萌芽早、生长节奏快,枝叶生长以前期为主。梨新梢多数只有一次加长生长,无明显秋梢或者秋梢很短且成熟不好。新梢停止生长比苹果早,长梢绝大多数在7月中旬封顶,生长节奏快、叶幕形成早,结束生长也早。

梨的干性、层性和直立性都比较强,尤其是幼树期间枝梢分枝角度小,极易抱合生长、有高无冠。但是枝条比较嫩脆、负荷力弱,结果负重后易自然开张也易劈折,而且基部数节无腋芽(西洋梨除外)。

梨叶具有生长快、叶面积形成早的特点。5月下旬前形成的叶面积占全树叶面积的85%以上。当叶片停止生长时,全树大部分叶片在几天内呈现出油亮的光泽,生产上称为"亮叶期"。亮叶期标志当年叶幕基本形成、芽鳞片分化完成和花芽生理分化开始。所有促花和提高光合产量的措施都应在此期进行。据研究,梨的净光合率低于苹果。在叶生长过程中,净光合率低,停长后增高,生长末期又降低。短梢净光合率前期高而长梢后期高。

(2)花芽分化　梨的花芽是混合花芽,主要由顶芽发育而成,有时也能由腋芽发育形成腋花芽。花芽分化期从6月上旬开始至9月中旬结束,只有少数情况下才延续到9月下旬或10月上旬。一般情况下,短梢比中梢花芽分化早,中梢又比长梢分化早;同时具有顶花芽和腋花芽的中长梢,中梢的顶芽分化比腋芽分化略早或同时分化,而长梢的腋花芽常较顶花芽分化得早。另外,夏季干旱花芽分化开始早,中国梨比西洋梨花芽分化早。

4. 果实发育期

(1)果实肥大　梨果由花托(果肉)、果心和种子3部分组成。其中,种子的发育直接影响其他两部分的发育。种子发育又可分为胚乳发育期、胚发育期和种子成熟期。研究表明:受精后的花,胚乳先开始发育、细胞大量增殖,与此同时,花托及果心部分的胞进行迅速分裂、幼果体积明显增长。5月下旬到6月上旬胚乳细胞增殖减缓或停止,胚的发育加快、并吸收胚乳而逐渐占据种皮内胚乳的全部空间,时间可持续到7月中下旬,在此期间、幼果体积增大变慢。此后,果实又开始迅速膨大,但果肉细胞数量一般不再增加,主要是细胞体积膨大,直至果实成熟,此期为果实体积、重量增加最快的时期。

（2）疏花疏果　梨开花量大、落花重、落果轻、坐果率比较高。梨只有一次生理落果高峰期，多发生在5月中下旬至6月上旬，即花后的30～40天。疏花在花序分离期进行，每花序保留2～3朵发育最好的边花即可，如果花序过密亦可疏除一部分，花序间距保持15～20厘米比较适宜。

疏果在第一次落果后到生理落果前均可进行，其间早疏比晚疏好，可减少贮藏营养消耗，最迟也应在6月上旬完成；留果量多采用平均果间距法，一般大果型品种如雪花梨、酥梨等果间距应拉开30厘米以上；中小果型品种，果间距可缩至20厘米左右。

（3）果实套袋　果实套袋是优质梨果生产的主要技术措施，由于梨果黄绿色品种居多，因此多数品种选用单层透光纸袋不仅价格低廉，而且品质优良，还可以带袋采收，使用非常方便。但砂梨系统的日韩梨，为达到皮薄、肉细，需选用双层袋为好。生产高档梨果，可采取花后15～20天先套小蜡袋，20天后套双层袋，果面光洁，商品率极高。一般品种，套袋适宜时间为落花后15～45天。同时套袋前，注意防治黄粉蚜、康氏粉蚧等入袋害虫，套袋期间也应注意检查，发现问题及时处理。

5. 落叶休眠期

果实采收后，梨的根系生长达到高峰，叶片仍进行光合作用，此时根系吸收和叶片合成的养分主要作为贮藏营养积累在枝叶中。落叶前养分回流至枝干中，为下一年的生长提供物质基础。

11月中下旬以后，随气温降低，梨进入休眠期。在休眠期主要进行的工作包括：清扫烧毁残枝落叶、刮老翘皮、整形修剪等。

（二）整形修剪技术

1. 树形选择梨

根据栽植密度不同选用不同树形，单株面积大于24平方米的稀植园，采用主干疏层形；单株面积在12～24平方米的中密度果园，采用小冠疏层形或开心形。但梨的开心形与苹果不同，梨的开心形无中干，由树干顶端分生3～4个主枝，每主枝呈30°～35°角延伸。这种树形冠内光照好，整形容易。单株面积小于12平方米的高密度园，采用纺锤形或单层高位开心形，日韩梨多采用棚架"V"形树形。

2. 单层高位开心形

该树形适合乔砧密植梨园采用，具有成形快，结果早，易管理等特点。

（1）树体结构　单层高位开心形梨树，干高60～80厘米，中心领导干1.6～1.8米，树高3～3.5米。在中心干上均匀地排列几个枝组，基轴长度在30厘米以下，于中心干上着生10～12个健壮结果枝组，基部枝组与中心干呈70°夹角，顶部枝与中心干成80°夹角。

（2）整形修剪技术

1）一至三年生树的修剪要点　栽植后定干高度为80～100厘米，同一行内，剪口下第一芽方向要保持一致。主干高度为60～80厘米，抹除50厘米以下的所有枝条。前2年，新梢长度在30厘米以下时不短截；生长至30厘米以上时，留4～6个饱满芽后短截，并对保留芽目伤3.6个。长度在30厘米以下的分枝及细弱枝，不剪截。30厘米长以上的壮枝，留2～3个饱满芽后短截。

单层高位开心形

2）三年生树的修剪要点　对长度在50厘米以下的顶梢及长细弱枝，回缩到二年生的部位；对健壮直立枝，保留4～6个芽后短截。对50厘米长以上的粗壮枝，留4～6个芽后短截。全树100厘米以上的分枝数有10～12个且生长均衡时，可全部甩放。

对缺枝部位可短截，并在缺枝部位选芽进行"目伤"。为促进花芽形成，可于5月上旬，对长放健壮枝进行环刻。全树环刻枝数不宜超过长放枝的1/3。对直立长放枝，于7月进行拉枝，以减弱旺势。

4～6年后逐渐更新复壮，精细修剪结果枝组，保持树老枝新。

3. 结果枝组修剪

梨的大、中、小型枝组，要多留早培养。对中心干上、转主换头的辅养桩上，主枝基部，背上背下，都可以多留，在培养过程中分别利用，逐步选留，到不必要时再按情况疏除，这样比较有利。但不能扰乱骨干枝，而影响主侧枝的生长，做到有空间就留，见挤就缩，不能留时再疏除。需要注意的是，对于有空间的大中枝组，只要后部不衰弱、不能缩剪，应采取对其上小枝组局部更新的形式进行复壮；对短果枝群细致疏剪，去弱留强、去远留近，集中营养、保持结果能力。

4. 不同时期修剪

（1）幼树期的修剪　幼年初果树整形修剪的中心任务是建立良好的树体结构，重点考虑枝条生长势、方位两个因素；但不要死抠树形参数，只要基本符合要求，就可以确定下来；关键是要对选定枝采用各种修剪技术及时调控、进行定向培养，促其尽量接近树形目标要求。

注意事项

（1）梨树成枝力弱、萌生长枝数量少，往往给骨干枝选择造成困难。为此，应充分利用刻芽、涂抹发枝素、环割等方式促发长枝。既可以处理预留作骨干枝的芽，也可以处理方位适宜的短枝，都有较好的效果。

（2）梨幼树分枝角度小，往往直立抱合生长，任其自然生长、后期再开角比较困难，而且极易劈裂。因此，应及早运用各种开角技术（如拿枝、支撑、坠拉等）开张其分枝角度。

（3）梨树枝条负荷力弱，结果负重后易变形或劈折，为增加骨干枝的坚实度，各级骨干枝的延长枝都应适度短截，一般剪留1/2～2/3为宜；中心干可重些、主枝稍轻，以避免上强下弱。

（4）梨树干性和顶端优势特强，极易出现上强下弱现象。表现为中心干强、主枝弱，有高无冠；骨干枝前强、后弱，头大身子小；树冠外围强、内膛弱，外密内空。因此，控高扩冠、控前促后、防止内膛枝组早衰是幼年初果树整形修剪的难点。

（2）初果期树的修剪　此时树冠仍在较快地扩大，结果量迅速增加，修剪任务为继续培养各级骨干枝和结果枝组，使树尽快进入盛果期。

注意事项

（1）各骨干枝延长枝的剪留长度，根据树势来定，一般比幼树期短，多在春梢中上部短截。

（2）发展过高的树，可以在此期留下层5～7个主枝"准备落头"或"落头"。对前期保留的辅养枝或过多的骨干枝，根据空间大小，疏除或改造为枝组。

（3）此期树要把修剪的重点逐渐转移到结果枝组的培养上来。

（3）盛果期树的修剪　修剪的任务主要是维持树冠结构，维持及复壮结果枝组，使树势健壮，高产稳产。

1）保持中庸健壮的树势　通过枝组的轮替复壮和对外围枝的短截，继续维持原有树势。

每年修剪量不宜忽轻忽重。对树势趋向衰弱的树，可以重短截骨干枝的延长枝，连年延长的枝组可以中度回缩。对短果枝群和中小枝组要细致修剪，剪除弱枝弱芽。

2）维持树冠结构　骨干枝的延长枝要短留，以防延伸过快，骨架软。随着结果量的增加，有些骨干枝会自然开张。要选角度较小的枝作延长枝，也可以对角度过大的骨干枝在背上培养角度小的新头。梨树一生中对骨干枝的枝头往往需多次更换以保持适宜的角度。

3）改善光照　对外围发生长枝多的树，要轻截外围枝，增加缓放，适当疏枝，使生长势缓和。如外围多年生枝过多过密，可以疏除多年生枝，使外围枝减少。骨干枝过密过多，要逐年减少。

4）维持和复壮枝组　在调整好骨干枝的前提下，再调整枝条和枝组分布，培养质量好的枝组和短枝。在树冠内要留壮枝组，疏除瘦弱枝组；在树冠外要留中庸健壮的枝组，疏除强旺枝组。对枝组连年延伸过长、结果部位外移的可以在有强分枝外回缩。有些果台枝发生力弱、果枝寿命短、不易形成短果枝群的品种，常常需要通过骨干枝换头或大枝组的缩剪来更新部分枝组。

5）防止大小年现象　在修剪上，一方面保持树势，培养壮枝，另一方面防止结果过多。冬季修剪时，可以减少花芽留量。

（4）衰老期树的修剪　这一时期的树，外围枝抽生很短，产量开始显著下降，如果修剪适当，肥、水管理跟得上，还能获得相当产量以延长其经济寿命。修剪的主要任务是养根壮树，更新复壮枝组和骨干枝。

5. 生长季修剪

（1）春季修剪　一般在萌芽后到开花前进行。此时通过修剪调节花量，补充冬剪的不足。但此期树液已开始流动，贮藏养分大量运到各生长部位，所以修剪要轻，修剪量不宜过大。

（2）夏季修剪　一般在开花后到营养枝停长期进行。此期主要通过结果枝摘心提高坐果率，对生长直立的一年枝进行拿枝以开张角度，促进花芽的形成；并对剪口的萌蘖进行抹除。

（3）秋季修剪　对生长过强的树可适当疏除少量新梢和徒长枝，改善树体光照，增加后期叶片光合能力，减少冬季的修剪量。另外，这期间枝条较软，对开张角度小的多年枝进行拉枝开角，以缓和生长势，促进花芽的发育。此期中庸树和弱树不应疏枝，以免生长势更加衰弱。

（三）土、肥、水管理

1. 土壤管理

瘠薄山地、丘陵要扩穴深翻，沙地果园要抽沙换土，黏土果园要客土压沙，以利于根系生长和吸收养分，深翻要在晚秋落叶至早春发芽前结合施有机肥和秸秆还田进行。

在生长季为了改善果园土壤环境，提高土壤有机质，降低土壤温度的变化幅度，以及增加果园的天敌数量，可以采用生草法和覆盖法。

2. 施肥

（1）基肥　施基肥以果实采收后至落叶前的秋季施用最好。基肥以有机肥料为主，要求施足、施好，基肥施用量占全年总施肥量的 60%～80%。通过施基肥深翻了土壤，增加了树体营养积累，加强叶片功能，有利于翌年开花、坐果和营养生长。秋施基肥，时间上越早越好，有利于施肥时切断根系的伤口恢复和新根生长。

产量与施肥量比应为 1:1~1:1.5。如单产 37 500 千克/公顷的梨园，每公顷施优质圈肥 37 500 千克以上；玉米秸、绿肥和落叶等，可结合基肥同时施入梨园。在施有机肥的基础上，平均 1 000 千克梨果全年施用纯氮量以不超过 4 千克为适量，于果实采收前 6 周停止追施氮肥。7 月以后，可叶面喷施 300 倍磷酸二氢钾 2 次。施氮、磷、钾的用量一般按 1:(0.5~1):1 的比例为宜。

基肥施用方法大致有以下 3 种：环状施肥法、全园施肥法、条沟施肥法。

（2）追肥

1）花前追肥　时间在梨萌芽前 2~3 周，以速效性氮肥为主，以尿素为例，每株投产树，依据树势及花量等因素株施 1.5~2.5 千克。施肥后进行灌水，提高肥料利用率。

2）花后追肥　梨开花以后新梢迅速生长和大量坐果，都需要大量养分，所以花后及时追施氮肥，可促进新梢生长，叶片肥大，叶色加深，有利于提高坐果率。

3）果实膨大肥　此期正值果实膨大和花芽分化期，养分消耗大。施肥量每株投产树施氮磷钾复合肥各 2.5~5 千克为宜。为提高当年产量和翌年丰产打下良好基础。

4）果实生长后期追肥　果实生长后期，对于结果较多的梨树，为保证符合质量标准要求和提高花芽形成的数量、质量，可在此时追施氮磷钾复合肥。施肥量可按每 50 千克果的产量追尿素 0.5~1 千克、过磷酸钙 1~2 千克、草木灰 3~5 千克。

5）根外追肥　又称叶面喷肥，用量少，肥效快，用叶面喷肥来补充土壤追肥之不足，对于提高叶片质量和寿命，增加光合作用效能、解决因缺乏微量元素而产生的生理病害作用明显。

根外喷肥要注意配比浓度，根据外气温掌握好浓度，用量和喷施部位，防止和避免肥害的发生。

梨树根外追肥喷施浓度：尿素 0.3%~0.5%，过磷酸钙 1%~3%，磷酸二氢钾 0.2%~0.3%，硫酸钾 0.5%~1%，氯化钾 0.3%；在花期、花后喷 0.2%~0.3% 硼酸溶液，不仅可以治疗缺硼症，还能提高坐果率。对缺铁引起的黄叶病，在生长期间喷多次 0.5% 硫酸亚铁溶液、500~600 倍液的富铁 1 号、复绿保等；缺锌时，在发芽前喷 4%~5% 硫酸锌溶液。

3. 水分管理

（1）发芽前　此时灌水可促进新梢生长，叶面积形成及提高坐果率。可根据冬春降水、降雪量多少以及土壤含水量等情况进行科学合理灌水。干旱年份，应灌透水为好。

（2）新梢旺长和幼果膨大期　此期灌水可防止叶果争水，减少生理落果，应适度灌水。

（3）果实迅速膨大期　果实迅速膨大期也正是花芽分化期，如水分供应充足，可促进果实膨大和花芽分化，应适度灌水。

（4）封冻前　土壤封冻前进行一次灌水，可以防止冻害，对第二年春季芽的萌动和新梢生长都有促进作用。灌水有利于营养贮藏和提高花芽质量，增强树体越冬抗寒能力。

四、梨的病虫害防治技术

（一）黄粉蚜

危害梨果实、枝干和果台枝。

1. 受害症状

以成虫、若虫危害，梨果实受害处产生黄斑，稍下陷，黄斑周缘产生褐色晕圈，最后变成褐色斑，造成果实腐烂。

2. 防治方法

（1）农业防治　刮树皮和翘皮以杀死越冬卵。

（2）药剂防治　在7~8月喷10%吡虫啉2 000倍液；对于采用套袋栽培的梨园应在5月底套袋前喷10%吡虫啉2 000倍液。

（二）黑星病

可以危害梨的所有组织。

1. 症状

受害处先生出黄色斑，渐渐扩大后在病斑叶背面生出黑色霉层，从正面看仍为黄色，不长黑霉。果实受害处出现黄色圆斑并稍下陷，后期长出黑色霉层。

2. 防治方法

在病害发病初期，用80%代森锰锌可湿性粉剂600倍液、40%氟硅唑乳油8 000~10 000倍液或或75%百菌清可湿性粉剂750倍液，或65%代森锰锌可湿性粉剂500倍液，每隔7~10天喷1次，连续喷4~6次，也可与波尔多液交替使用。

（三）康氏粉蚧

主要入袋害虫之一。

1. 受害症状

萼洼、梗洼处受害最重。被害处产生紫红色晕斑，停止生长，形成畸形果，严重时果面龟裂、干枯。

2. 防治方法

（1）农业防治　刮树皮和翘皮以杀死越冬卵。

（2）药剂防治　喷10%氯氰菊酯乳油1 000～2 000倍液，或2.5%溴氰菊酯乳油2 500～3 000倍液或蚜螨灵400倍液，效果明显。

第十节　樱桃栽培技术

一、樱桃的种类及主要品种

樱桃是北方落叶果树中成熟最早的果树树种。春末夏初，正当果品市场鲜果缺乏之际，中国樱桃首先供应市场，弥补早期果品市场的空缺，继而又有大樱桃应市，与草莓、早熟桃、杏等相衔接，在调节鲜果淡季和均衡果品周年供应、满足人民需求方面具有特殊的作用。

樱桃属植物有120种以上，世界上作为果树栽培的仅有4种，即中国樱桃、欧洲甜樱桃、欧洲酸樱桃和毛樱桃。供作砧木用的还有马哈利樱桃、山樱桃、山樱花、沙樱桃以及酸樱桃与草原樱桃的杂交种等。在樱桃的4个栽培种中，尤以中国樱桃、欧洲甜樱桃、欧洲酸樱桃为最重要。

分布于我国的樱桃属植物约有16种，其中栽培种只有中国樱桃、甜樱桃、酸樱桃、甜杂种樱桃和毛樱桃。实际上作为商品生产的只有中国樱桃和甜樱桃2种。

樱桃的品种很多，各地栽培的甜樱桃品种就有6 000多个。我国栽培的中国樱桃品种也在100多个，且各地产区都有一些地方良种。但生产上主要栽培的优良品种为：

（一）中国樱桃类

1. 大窝搂叶

大窝搂叶产于山东枣庄市市中区，是当地的主栽优良品种。果实较大，平均单果重2～2.5克，每千克400粒左右。果实圆球形或扁球形，暗紫红色，有光泽。果皮较厚。果肉淡黄微带红色，果汁中多，肉质较致密，有弹性。离核，味甜，有香气，品质上等。5月上旬成熟，较耐贮运，可运销北京、上海等地。

树势强健，树姿较直立。叶片大，卵圆形，浓绿色，有光泽，表面皱缩不平，向后反卷，俗称（窝搂），根据这一特点起名"大窝搂叶"。叶尖突尖而短。叶缘锯齿密，少数重锯齿。以花束状果枝和短果枝结果为主。分株繁殖2～3年结果，6～7年达盛果期，单株产量50千克左右。喜微酸性的沙质壤土，在黏重土或碱性土地上生长不良，产量低。

2. 尖叶樱桃

尖叶樱桃又叫小窝搂叶、小叶樱桃。产于山东枣庄市市中区渴口乡，是当地的主栽品种之一。果实中大，平均果重1.5克，每千克720粒左右。果实圆球形，紫红色，有光泽，果皮薄。果肉黄色，果汁较少，味甜，离核。5月上旬成熟，耐贮运性近似大窝搂叶。

树势较弱，枝条开张。以中果枝结果为主，结果部位容易外移，在修剪上要注意结果以后及时回缩更新，防止结果部位外移。分株繁殖后，2～3年开始结果，6～7年进入盛果期。成龄大树株产50千克左右，比较丰产。适应性较强，抗旱耐瘠薄。

3. 滕县大红樱桃

滕县大红樱桃产于原山东滕州市（今枣庄市山亭区），是当地的主栽优良品种。果实中大，平均单果重1.5克，每千克650粒。果实成熟时果皮橙红色，有光泽。果肉橙黄色，果汁中多，味甜微酸，有香气，黏核或半黏核，品质上等。较耐贮运。

树势生长强健，树姿半开张。萌芽力强，一般枝条除基部1～2芽不萌发以外，其余各芽皆可萌发抽枝，树冠易郁闭，内膛易光秃。分株繁殖苗2～3年结果，丰产性较强，50年生大树每株可产果200千克以上。抗旱性较好，耐瘠薄。

4. 崂山短把红樱桃

崂山短把红樱桃产于青岛崂山北宅、下葛一带，是当地主栽品种。果实较大，平均单果重2克，每千克500粒左右。果实近圆球形，果尖不明显；果实成熟时深红色，完全成熟时紫红色；果柄粗而短，故称为短把红樱桃。果皮中厚，容易剥离。果肉黄色，果汁多，黏核，味甜，品质上等。5月中旬成熟，成熟不整齐，需分期采收。

树势强健，树姿半开张。叶片中大，椭圆形、绿色，先端渐尖；叶柄粗，腺体大。萌芽力强，但成枝力中等，以中短枝结果为主。较耐瘠薄干旱，适于山地栽培。

5. 诸城黄樱桃

诸城黄樱桃产于山东诸城、五莲、日照一带，据调查已有300多年的栽培历史。果个大，平均单果重2.5克，每千克400粒左右。果实圆球形，橘黄色，向阳面有红晕，有光泽，外形美观。果肉黄色微红，果汁多，甜酸适度，风味好，品质上。5月上中旬成熟。果皮厚，有弹性，较耐贮运，是鲜食的优良品种。

树势中庸，半开张。树干表皮褐色，有带状横向浅裂。分株后3～4年结果，8～10年进入盛果期。较丰产，成龄树每株产20～40千克。喜欢深厚肥沃的土壤，对肥水条件要求较高，抗旱能力较差。

6. 中华矮樱桃

中华矮樱桃，又名莱阳矮樱桃，山东莱阳于 1981 年选育，1991 年命名。中华矮樱桃主产于山东莱阳，现山东烟台、威海、临沂、泰安、枣庄、济南、青岛等地市均已引种栽培。果个大，平均单果重 2.94 克，每千克 340 粒左右。果实圆球形，深红色，有光泽，外形美观。果肉淡黄色，可食率高，质地致密，风味香甜。山东莱阳 5 月中旬成熟。

树体强健直立，树冠紧凑矮小，扁圆形。树干黑褐色；四十二年生母树高 2.8 米。叶片大而厚，椭圆形，先端渐尖，基部卵圆，叶缘复式锯齿，叶色浓绿，有光泽。分株繁殖苗定植后第二年开始结果，丰产性能好，单株产量高。三年生幼树平均株产 1.5 千克，6 个生幼树平均株产 20 千克。对土壤要求不严格，山丘地、河滩地均生长良好，但最好不要在黏土地上建园。

7. 大鹰嘴甘樱桃

主产于安徽省太和。果实紫红色，心脏形，果个中大，平均单果重 1.7 克，品质上。

8. 二鹰红樱桃

主产于安徽太和。果实鲜红色，心脏形，尖嘴稍短，果汁较少，平均单果重 1.2 克，品质上。

9. 金红樱桃

主产于安徽太和。果实金红色，圆球形，果顶平，平均果重 1.2 克，品质中。

10. 短柄樱桃

主产于浙江诸暨。果实扁球形，果个大，平均单果重 3.13 克。肉细多汁，酸甜适度。皮薄，不耐贮运。

11. 东塘樱桃

主产于南京玄武湖。果实深红色，果个较大，扁圆形，品质上。丰产。

12. 杏黄樱桃

主产于安徽太和。果实杏黄色，果顶平，平均单果重 1.9 克，品质上。

（二）甜樱桃类

甜樱桃自 1871 年引入我国山东烟台以后，又不断地通过各种途径从国外引进优良品种。特别是进入 20 世纪 80 年代以来，随着我国改革开放的进展和对外交流的扩大，我国科技工作者先后从国外引进大量的新品种，丰富了我国的品种资源。1983 年中国农业科学院郑州果树研究所从美国引进了雷尼（Rainier）、宾库（Bing）和先锋（Van），翌年引入山东省果树研究所，后传至烟台及全国各地。1987 年山东省果树研究所从澳大利亚等国引进 Visra、Venus、Vega、Campact stella、Mertom Glory、Sam、samit 等品种。20 世纪 80 年代末，山东烟台市莱山区莱山镇从日本引进选拔佐藤锦、巨（人）王（Giant King）等品种。1990年以来，山东省果树研究所、山东农业大学与乌克兰、俄罗斯等国开展大樱桃合作育种与学术交流，引进了决择、早红宝石、温卡、瓦列利契卡洛夫、顿涅茨美人等品种。我国的大樱桃育种工作自20世纪60~70年代开始以来也培育了一些优良品种。大连市农科所育成了红灯、红艳、红蜜以及选种号8-129、11-39、5-10等品种（系）。1979年烟台市芝罘区农林局在调查本地大樱桃资源时，选出芝罘红、红丰、晚红、烟台1号、烟台2号、烟台3号、晚黄等品种。20世纪90年代初山东省果树研究所又实生选出早红、早黄2个品种。到目前为止，我国报道的品种已有90多个，目前生产上栽培的主要品种也不过十几个，多数新引进的品种还在试栽中。

1. 大紫

大紫又叫大叶子、大红袍、大红樱桃。原产于苏联，1794年引进英国，19世纪初引入美国，1890年引入山东烟台，后传至辽宁、河北等地，是目前我国的主栽品种之一。

果实大型，平均单果重6.0克左右，最大果可达10克；果实心脏形或宽心脏形稍扁；果梗中长而较细，与果实易脱离，成熟时易落果；果皮初熟时浅红或红色，成熟后为紫红色或深紫红色，有光泽，皮薄易剥离；果肉浅红色至红色，质地软，汁多味甜，可溶性固形物含量因成熟度和产地而异，一般在12%~15%，品质中上；果核大，可食率90%。开花期晚，一般比那翁、雷尼晚5天左右，但果实发育期短，约40天，5月下旬至6月上旬成熟，在鲁中南地区5月中旬成熟，成熟期不太一致，宜分批采收。

树势强健，幼树期枝条较直立，随着结果量增加逐渐开张；萌芽力高，成枝力较强，节间长，枝条细，树冠大，树体不紧凑，树冠内部容易光秃。叶片为长卵圆形，特大，平均长10~18厘米，宽6.2~8厘米，故有"大叶子"别称。

大紫果实成熟早，外形美观，品质较好，商品性高，同时又是优良的授粉品种。果农喜欢栽植这一品种，特别在鲁南地区抢占早期市场具重要作用。大紫的缺点是丰产性较差，果肉软，耐贮性差。该品种适合在早春回温早、城市近郊及交通便利的地区适当发展。在栽培中，应注意不断调整树体结构，及时回缩复壮，防止内膛空虚而引起早衰。

2. 红灯

红灯是大连农科所育成的一个甜樱桃品种，1963年杂交，其亲本为那翁黄玉，1973年定名。在辽宁大连及山东各地均有栽培，是仅次于大紫的重要早熟品种。

果实大型，平均单果重9.0克，最大果达12克；果实肾脏形；果梗粗短；果皮红至紫红色，富光泽，色泽艳丽，外形美观；果肉淡黄，半软，汁多，味甜酸适口，可溶性固形物含量多在14%~15%；核大、离核，可食部分达92.9%。成熟期较早，继大紫采收的后期开始采收，5月底至6月上旬成熟，鲁中南地区5月下旬至 6 初成熟。

树势强健，幼树期直立性强，成龄树半开张。一至二年生枝直立粗壮，进入结果期较晚，盛果期后，产量较高。萌芽率高，成枝力强，外围新梢中短截后平均发长枝 4~5 个，中下部芽萌发后多形成叶丛枝，但幼龄树当年的叶丛枝不易成花，随着树龄的增长转化为花束状短果枝。由于其生长发育特性较旺，一般 4 个结果，初果年限较长。到盛果期以后，大量形成花束状短果枝，这时生长和结果趋于稳定，叶片特大，椭圆形，较宽，长 17 厘米，宽 9 厘米，叶质厚，深绿色，在新梢上呈下垂状着生是其典型特征，适宜的授粉品种有大紫、那翁、宾库、红蜜等。该品种果个大，色泽艳丽，果肉肥厚，多汁味甜，熟期较早，市场竞争力强，颇受果农及消费者欢迎欢迎，唯皮薄，易受机械损伤等是其缺点。

3. 芝罘红

芝罘红原称烟台红樱桃。原产于山东烟台市芝罘区上市村，系烟台市芝罘区农林局 1979 年在上市村发现的一偶然实生株。

果实大型，平均单果重 8 克，最大果 9.5 克；果实圆球形，梗洼处缝合线有短深沟；果梗长而粗，长 5.6~6 厘米，不易与果实分离，采前落果较轻；果皮鲜红色，有光泽，外形美观。果肉浅红色，质地较硬，汁多，浅红色，酸甜适口，含可溶性固形物含量较高，一般为 15%，风味佳，品质上；果皮不易剥离；离核、核较小，可食部分 91.4%。成熟期比大紫晚 3~5 天，几乎与红灯同熟，成熟期较一致，一般 2~3 次便可采完。

树势强健，枝条粗壮，直立。萌芽率高，成枝力强，一年生枝中短截后，89.3% 的芽都能萌发成枝。进入盛果期后，以短枝结果为主，各类果枝均有较强结果能力，丰产性较好，七年生树株产达 15 千克。叶片较大，长约 13.6 厘米，宽约 5.8 厘米，叶缘锯齿稀而大，齿钝尖。

该品种果个大，早熟，外形极美观，品质好，果肉较硬，耐贮运性强，丰产，适应性较强，是目前提倡大力发展的品种。

4. 雷尼

雷尼是美国华盛顿州农业试验站和农业部 1960 年共同开发的品种，杂交组合是宾库和先锋，是以产地华盛顿州海拔 4 500 米的雷尼山的名称命名的。1983 年由中国农业科学院郑州果树研究所从美国引入我国。果实大型，平均单果重 8 克，最大果达 12 克；果实心脏形；果皮底色黄色，富鲜红色红晕，在光照好的部位可全面红色，甚艳丽美观；果肉无色，质地较硬，可溶性固形物含量高，在鲁中南山地条件下为 15%~17%，风味好，品质佳；离核，核小，可食部分达 93%。抗裂果，耐贮运，生食加工皆宜。在山东半岛 6 月中旬成熟，在鲁中南山区 6 月初成熟，是一个丰产质优的优良品种。

树势强健，枝条粗壮，节间短，树冠紧凑。以短果枝结果为主，早果丰产，栽后 3 年结果，5～6 年进入盛果期，五年生树株产达 20 千克。是宾库的良好授粉品种。

该品种果个大，外形美观，品质佳，质地硬耐贮运，鲜食加工皆宜。据报道雷尼很受日本人欢迎，可进一步扩大试栽。

5. 先锋

先锋，由加拿大哥伦比亚省育成，在欧、美、亚洲各国均有栽培。1983 年引入山东泰安山东省果树研究所，现在试栽观察中。

果实大型，平均单果重 8 克；果实肾脏形；紫红色，光泽艳丽；果皮厚而韧；果肉玫瑰红色，肉质脆硬，肥厚，汁多，甜酸可口，可溶性固形物含量 17%，风味好，品质佳，可食率达 92.1%。山东半岛 6 月中下旬，鲁中南地区 6 月上中旬成熟，耐贮运。

树势强健，枝条粗壮。丰产性较好，很少裂果。适宜的授粉树是宾库、那翁、雷尼，先锋花粉量较多，也是一个极好的授粉品种。经多点试栽，其早果性、丰产性甚好，且果个大、耐贮运，可进一步扩大试栽。

6. 宾库

宾库原产于美国俄勒冈州。1982 年山东外贸从加拿大引入山东省果树研究所，1983 年中国农业科学院郑州果树研究所又从美国引入。是美国、加拿大的主栽品种之一。

果实大型，平均单果重 7.2 克；果实心脏形，梗洼宽深，果顶平，近梗洼处缝合线侧有短深沟；果梗粗短；果皮浓红色至紫红色，外形美观，果皮厚；果肉粉红，质地脆硬，汁中多，淡红色；离核，核小，甜酸适度，品质上等，采前遇雨而有裂果现象。

树势强健，枝条粗壮，直立，树冠大，树姿较开张，花束状结果枝占多数；叶片大，倒卵状椭圆形。丰产。适应性较强。

7. 斯坦勒

斯坦勒为加拿大育成的第一个自花结实的甜樱桃品种。1987 年山东省果树研究所自澳大利亚引入。在泰安、烟台有少量栽培。

果实大或中大，平均单果重 7.1 克，大果 9.0 克；果实心脏形；果梗细长；果皮紫红色，光泽艳丽；果肉淡红色，质地致密，汁多，甜酸爽口，风味佳；果皮厚而韧，耐贮运。树势强健，能自花结实，早果性、丰产性均佳，抗裂果，可进一步扩大试栽。

8. 拉宾斯

拉宾斯是加拿大杂交育成的又一个自花结实品种，杂交组合为先锋斯坦勒，为加拿大重点推广品种之一。1988 年引入山东烟台。

果实大型，平均单果重 8 克；果实近圆形或卵圆形；果实成熟时为紫红色，有光泽，美观；果梗中长中粗，不易萎蔫；果皮厚韧；果肉肥厚，脆硬，果汁多，可溶性固形物16%，风味佳，品质上。

树势强健，树姿较直立。自花结实，并可作为其他品种的授粉树。早果性和丰产性较好，裂果轻，可进一步扩大试栽。

9. 佐藤锦

佐藤锦是日本山形县东根市的佐藤荣助用黄玉与那翁杂交育成。1986年烟台、威海引进栽培，表现丰产、质优，正在扩大栽培。

果实中大，平均单果重6.7克；短心脏形；果皮底色黄色，上着鲜红晕，光泽美丽；果肉白中带鲜黄色，肉厚，核小，可溶性固形物含量达18%，甜酸适度，酸味偏少，口感好，品质上。在山东烟台6月上旬成熟，比那翁早熟5天，果实硬度大，耐贮运，丰产，鲜食品质最佳。日本认为是最有竞争力的品种，但我国引种试栽，认为颜色和成熟期不够理想。

10. 那翁

那翁又名黄樱桃、大脆、黄洋樱桃。起源不详，早在18纪德国、法国、英国已经栽培，1862年美国园艺学会在其果树名录上加上了那翁这一品种。1880～1885年由仁川引入山东烟台，目前是烟台、大连等地的主栽品种之一。

果实中大，平均单果重6.5克，最大8克；心脏形或长心脏形；果梗长，与果实不易分离；落果轻，成熟时遇而易裂果；果皮乳黄色，阳面有红晕，间有大小不一的深红色斑点，富光泽，皮较厚韧；果肉浅米黄色，肉质脆硬，汁多，可溶性固形物含量14%～16%，甜酸可口，品质上。自花结实力低，需配置大紫、水晶、红灯等授粉品种。

树势强健，树姿较直立，成龄树长势中庸，树冠半开张。萌芽率高，成枝率中，枝条粗壮，节间短，树冠紧凑。盛果期树多以花束状结果枝、短果枝结果为主，中长果枝较少，树冠内枝条稀疏。结果枝寿命长，结果部位外移较慢，高产稳产。叶片较大，厚而浓绿，长倒卵形或长椭圆形。

11. 烟台一号

烟台一号可能是那翁的芽变，1979年由山东烟台市芝罘区农林局选出，定名为烟台一号。

该品种生长和结果习性极似那翁。树势较强，直立；叶片大且长，叶缘锯齿大而钝，齿间浅；花极大；果个大，平均单果重6.5～7.2克，大者8克以上；果面有紫红点；果肉脆硬，果汁较多，极甜，可溶性固形物有时高达20%，品质极佳，果核小，可食部分在95%以上。与那翁相比幼树期偏旺，进入结果期较晚，其他生长结果习性与那翁相似，可在需要栽培那翁时以该品种代替。

12. 红丰

红丰又名状元红，1979年烟台芝罘区农林局在回尧镇大东市村发现。目前在烟台芝罘区、莱山区及泰安有栽培，但因其成熟期太晚栽培面积不大。

果实中大至大型，平均单果重6克，大者8克以上；心脏形，果顶尖，缝合线较明显；果梗中粗而短，不易与果实分离，落果轻；果皮深红色，有光泽，皮下具淡黄色小圆点，外观极美丽；果肉深米黄色，细密，质地硬，汁较多；果核较大，黏核，可溶性固形物含量15%，甜酸适口，风味佳，品质上。6月下旬成熟。

该品种树势中庸，树姿开张；枝条粗壮，节间短，叶片多，树冠紧凑丰满；萌芽率和成枝率均较强，较丰产，早果。但成熟较晚，采前遇雨易裂果。

二、樱桃的生物学特性

（一）生命周期及其特点

生产上用的樱桃苗木都是无性繁殖苗木，即采用压条、分株、扦插、嫁接繁殖的无性后代。这些插条或接穗是取自已达性成熟、能开花结果的成龄树上，而不同于杂交育种时由种子播种成长的树苗，它不再需要经历性成熟的童期阶段。因此，樱桃的一生，从苗木到协调的过程，是营养生长与生殖现象不断矛盾、不断协调的过程。在这一过程中，大体要经历幼龄期，即营养生长阶段；初果期，即生长结果阶段；盛果期，即结果生长阶段；衰老期，即更新阶段。每一阶段都有其明显的特点，掌握这些特点，就能采取合理的措施达到早果、丰产、壮树、质优的目的。

1. 幼龄期

幼龄期也称营养生长期，即从一年苗定植之后，到最初开花结果的阶段，这一时期，营养生长占绝对优势。甜樱桃生长的特点是加长加粗生长活跃，年生长量超过100厘米，粗度超过1.5厘米，分枝较少。物质代谢的特点是树体中营养物质的积累迟，进入9月（秋季）才开始积累，大部分营养物质用于器官的建造。树体中营养物质的循环模式简单，不利于花芽形成和结果，即便形成诸多丛状短枝也不能成花。幼龄期的长短与砧木、品种立地条件和管理措施有关。在一般果树上，如苹果、梨等多采用轻剪长放、拉枝等来缓和营养生长，缩短营养生长期，但甜樱桃树则与之不同，多采取夏季多次摘心促使多发枝，增加枝叶量，然后通过拉枝、扭梢等办法抑制营养生长，促进营养积累来达到缩短营养生长期的目的。

2. 初果期

初果期又称生长结果期。随着树龄的增长，树冠、根系不断扩大，枝量、根量成倍增长，枝的级次增高，生长开始出现分化；部分外围强枝继续旺长，中下部枝条提前停长、分化。长枝减少，中短枝及丛状枝量增加，营养生长期相对缩短，营养物质提前积累，内源激素也随之变化，为花芽分化提供了物质基础，中短枝的基部和丛状枝的周期都随枝量的增加而增多。这一时期，修剪和栽培管理趋于复杂，即在继续培养骨架、扩大树冠的同时，注意控制树高，抑制树势，促使及早转入盛果期。在甜樱桃上可采取夏季对直立旺枝扭梢、多次摘心、拧、拉过旺枝等措施来控制树势。如果措施得当，5～7年便可进入盛果期，如不得当，10年以上的树仍然旺长不结果。

3. 盛果期

盛果期又称结果生长阶段。树冠达到最大限度，生长和结果趋于平衡，产量最高且趋于稳定。发育枝的年生长量为30～50厘米，干周仍继续增长，结果部位布满整个树冠，并开始由内向外，自下而上转移。此期生长发育节奏明显，营养生长、果实发育和花芽分化关系协调，是经济效益最高的时期，通过栽培措施尽量维持和延长这一时期，修剪上注意改善内膛光照，防止内膛枝枯死，结果部位外移；土肥水管理上通过深翻改土、增施有机肥料等方法，增强根系的活力，防止根系衰老，以便维持健壮的树势。

4. 衰老更新期

随着树龄的增长，树体机能逐渐衰退，首先是根系萎缩，树冠内膛、下部枝枯秃，生长减弱，产量和品质下降。这一时期来临的早晚因树种、品种和栽培技术而异。中国樱桃有很强的自然更新能力，当上部主枝或主干表现生长衰弱时，其基部隐芽便可发生新枝来取代衰老的枝干，自然寿命较长，百年的老树仍可株产100～200千克；甜樱桃的寿命较短，其盛果期年限为20年左右，40年以后便明显衰老。自然情况下，无意外灾害，甜樱桃的寿命一般为80～100年。

（二）年生长周期及其特点

樱桃也和其他果树一样，1年中从萌芽开始，规律性地通过开花、坐果、果实膨大与成熟、新梢生长、新梢停长、花芽分化、落叶、休眠等几个时期，周而复始，重复进行，这一过程称为年生长周期。每一时期都有其生长发育的特点，了解这一生长规律，根据不同时期特点，采取相应的技术措施，以达到丰产、稳产、优质、高效的目的。

1. 发芽和开花

樱桃是对温度反映较敏感的树种。当日平均气温上升为10℃左右时，花芽便开始萌动，花期7～14天，长时达20天，品种间相差5天。中国樱桃比甜樱桃早25天左右，常在花期遇到晚霜的危害，严重时绝产，在开花期要密切注意天气的变化，收听、看天气预报，采取必要的防霜冻措施，减轻危害。

2. 新梢生长

樱桃的新梢生长与果实的发育交互进行，生长期较短。甜樱桃的新梢在芽萌动后立即有一个短促的生长期，长成6～7片叶，成为6～8厘米长的叶簇新梢。开花期间新梢生长缓慢，甚至完全停止生长。谢花后，又与果实第一次速长的同时进入速长期；以后果实进入硬核期，新梢继续缓慢生长，果实结束硬核期，在成熟以前，果实发育进入第二次速长期时，新梢生长较慢，几乎完全停止生长；果实采收后，新梢又有一个 10 天左右的速长期，以后停止生长。幼树新梢的生长较为旺盛，第一次停止生长比成龄树推迟 10 ~ 15 天，进入雨季后还有第二次生长，甚至第三次生长。

3. 果实的发育

樱桃属于核果类果树，其果实由外果皮、中果皮、内果皮（果核）、种皮和胚组成。可食部分为中果皮。

樱桃果实的生长发育期较短，中国樱桃从开花到果实成熟 40 ~ 50 天；甜樱桃早熟品种约 40 天，在中国樱桃的成熟末期采收，中熟品种 50 天左右，晚熟品种 60 天左右。甜樱桃的果实发育可分为 3 个时期：自坐果到硬核前为第一速长期，历时约 25 天，主要特征是果实迅速膨大，果核增长至果实成熟时的大小，胚乳发育迅速；第二阶段为硬核期，是核和胚的发育期，历时 10 ~ 15 天，主要特征是果核木质化，胚乳逐渐为胚的发育所吸收消耗；第三阶段自硬核到果实成熟，主要特点是果实第二次迅速膨大并开始着色，历时 15 天左右，然后成熟。樱桃果实的成熟比较一致。成熟期的果实遇雨容易裂果腐烂，要注意调节土壤湿度，防止干湿变化剧烈。成熟的果实要及时采收，防止裂果。

4. 花芽分化

甜樱桃花芽分化的特点是分化时间早，分化时期集中，分化速度快。一般在果实采收后 10 天左右，花芽便大量分化，整个分化期需 40 ~ 45 天。分化时期的早晚，与果枝类型、树龄、品种等有关。花束状结果枝和短果枝比长果枝和混合枝早，成龄树比生长旺盛的幼树早，早熟品种比晚熟品种早。根据甜樱桃花芽分化的特点，要求在采收之后要及时施肥浇水，加强根系的吸收，补充果实的消耗，促进枝叶的功能，为花芽分化提供物质保证。否则，若放松土肥水的管理，则减少花芽的数量，降低花芽的质量，加重柱头低于萼筒的雌蕊败育花的比例。

5. 落叶和休眠

樱桃正常落叶是在 11 月中下旬初霜以后开始。成龄树和充分成熟的枝条能适时落叶，而幼旺树及不完全成熟的枝条落叶较晚。管理不当或受病虫害危害时会引起早期落叶，早期落叶对充实花芽、树体越冬、养分回流及第二年的产量带来极不利的影响，在生产中应注意避免。落叶之后便进入休眠期。树体进入自然休眠以后，需要一定的低温量才能解除休眠，进入萌芽期。据佐藤昌宏资料，甜樱桃在 7.2℃ 以下，经 1 440 小时，自然休眠才能结束。了解甜樱桃自然休眠期的长短和需冷量对在保护地栽培时，确定覆盖时间具有重要意义。

（三）生长和结果习性

1. 芽的类型和特性

樱桃的芽按其性质可分为花芽和叶芽两类。甜樱桃的顶芽都是叶芽，侧芽有的是叶芽，有的是花芽，因树龄和枝条的生长势不同而异。幼树或旺树上的侧芽多为叶芽；成龄树和生长中庸或偏弱枝上的侧芽多为花芽。一般中短果枝的下部5~10个芽多为花芽，上部侧芽多为叶芽。在休眠期侧花芽的形态表现比较肥圆，呈尖卵圆形；侧生叶芽瘦长，呈尖圆锥形，容易识别。叶芽抽生新梢，用以扩大树冠或转化成结果枝增加结果部位。花芽是纯花芽，只能开花结果，不能抽枝展叶，每一个花芽可开1~5朵花，多数为2~3朵。樱桃与其他核果类树种如桃、杏、李等不同之处在于樱桃的侧芽都是单生的，这个特性决定了樱桃枝条管理上的特殊性。在修剪时，必须辨认清花芽与叶芽，短截部位的剪口芽必须留在叶芽上，才能继续保持生长力，剪口留在花芽上，一方面果实附近无叶片提供养分，果实品质较差，另一方面该枝结果以后便枯死，形成干桩。

樱桃的萌芽力较强，各种樱桃的成枝力有所不同。中国樱桃和酸樱桃成枝力较强；甜樱桃成枝力较弱，一般在剪口下抽生3~5个中长发育枝，其余的芽抽生短枝或叶丛枝基部极少数的芽不萌发而变成潜伏芽（隐芽）。甜樱桃的萌芽力成枝力在不同品种和不同年龄时期也有差异。那翁、雷尼、宾库等品种萌芽力较高，但成枝力较低；幼龄期萌芽力和成枝力均较强，进入结果期后逐渐减弱，盛果期后的老树，往往抽不出中长发育枝。甜樱桃的芽更有生长季萌芽率较高，但成枝力较弱的特点。在盛花后，当新梢长10~15厘米时摘心，摘心部位以下仅抽生1~2个中短枝，其余的芽则抽生叶丛枝，在营养条件较好的情况下，这些叶丛枝当年可以形成花芽。在生产上，我们可以利用这一发枝习性，通过夏季摘心来控制树冠，调整枝类组成，培养结果枝组。

樱桃潜伏芽的寿命较长，中国樱桃70~80年后的大树，当主干或大枝受损或受到刺激后，潜伏芽便可萌发枝条更新原来的大枝或主干；甜樱桃20~30年生的大树其主枝也很容易更新，这是樱桃维持结果年龄、延长寿命的宝贵特性。

2. 枝条的种类和特性

樱桃的枝条按其性质可分为营养枝（也称发育枝）和结果枝两类。营养枝着生大量的叶芽，没有花芽，叶芽萌发后，抽枝展叶，制造有机养分，营养树体，扩大树冠，形成新的结果枝。结果枝是指即着后叶芽，主要是着后花芽，第二年可以开花结果的枝条。不同的年龄时期，营养枝与结果枝的比例不同。盛果期以前的幼树，是以营养枝占优势；进入盛果期后，营养生长减弱，生殖生长加强，生长量减少，生长势减缓，出现各级枝条上同时具有叶芽和花芽并存的现象。

樱桃的结果枝按其长短和特点分为混合枝、长果枝、中果枝、短果枝和花束状果枝5种类型（图4）。

混合枝是由营养枝转化而来的，一般长度在20厘米以上，仅枝条基部的3~5个侧芽为花芽，其他各芽均为叶芽，能发枝长叶，也能开花结果，具有开花结果和扩大树冠的双重功能，但这种枝条上的花芽质量一般较差，坐果率也低，果实成熟晚，品质差。

长果枝一般长度为15~20厘米，除顶芽及其邻近几个侧芽为叶芽外，其余侧芽均为叶芽。结果以后，中下部光秃，只有叶芽部分继续抽生不同长度的果枝。一般长果枝在初果期的幼树上占的比例较大，进入盛果期以后，长果枝的比例大减。不同品种间长果枝的比例有差异，大紫、小紫等品种长果枝比例较高，坐果率也较高；而雷尼、那翁、宾库等品种的长果枝比例较低。因此，在栽培上应根据品种的特性培养相应的结果枝。

中果枝的长度为5~15厘米，除顶芽为叶芽外，侧芽均为花芽。中果枝一般着生在二年生枝的中上部，数量较少，也不是樱桃的主要结果枝类型。

短果枝的长度在5厘米左右，除顶芽为叶芽外，侧芽均为花芽。短果枝一般着生在二年生枝的中下部，数量较多，花芽质量高，坐果能力强，果实品质好，是甜樱桃结果的重要枝类。

花束状果枝的长度很短，年生长量很少，仅生长0.3~0.5厘米，除顶芽为叶芽外，侧芽均为花芽。花束状果枝节间极短，数芽密挤簇生，开花时宛如花簇一样，故名花束状果枝。这类果枝是甜樱桃进入盛果期以后最主要的结果枝类型，花芽质量好，坐果率高。花束状果枝寿命较高，一般可维持7~10年以上连续结果，在管理水平较高，树体发育较好的情况下，这类果枝连续结果的年限可维持到20年以上。但若管理不当，树体出现上强下弱或枝条密挤通风透光不良时，内膛及树冠下部的花束状果枝就容易枯死，造成结果部位外移。

这几类果枝因树种、品种、树龄、树势的不同所占的比例也有所差异。中国樱桃在初果期以长果枝结果为主，进入盛果期以后则变成以中短果枝结果为主。甜樱桃以短枝结果为主的品种如那翁、宾库、雷尼以花束状果枝和短果枝结果为主；而大紫、小紫、养老、红蜜等品种以中短果枝结果为主。甜樱桃初果期树和壮旺树中长果枝占的比例较大，进入盛果期以后的树或树势偏弱的树短果枝和花束状果枝占的比例就大。随着管理水平和栽培措施的改变，樱桃各类果枝之间可以互相转化。在栽培中，要根据各树种、品种的结果特性，通过合理的土、肥、水管理和整形修剪技术来调整各类结果枝在树体内的比例及布局，以实现壮树、丰产、稳产的目的。

3. **樱桃的自花不实和授粉调节**

各类樱桃之间自花结实能力差别很大。中国樱桃和酸樱桃自花授粉结实率很高，在生产中，无论是露地栽培还是保护地栽培的条件下，无须进行特别配置授粉品种和人工授粉，仍能达到高产的目的。而甜樱桃的大部分品种都存在明显的自花不实现象，若单栽一个品种或虽混栽几个花粉不亲和的品种，往往只开花不结实，给栽培者带来巨大损失。因此，在建立甜樱桃园时要特别注意搭配有花粉亲和力的授粉品种，并进行花期放蜂或人工授粉。

甜樱桃自花不实的特性要求必须配置合适的授粉品种。根据有关资料和多年的实践经验，表 2 - 7 推荐了几个常用品种的授粉组合，供果农建园时参考。

表 2 - 7　甜樱桃的授粉组合

主栽品种	授粉品种
大紫	那翁、宾库、芝罘红、红灯
芝罘红	大紫、那翁、宾库、红灯
红灯	红艳、红蜜、大紫、宾库
那翁	大紫、宾库、雷尼、先锋
宾库	大紫、雷尼、先锋、红灯

（四）根系的特点

樱桃的根系因种类、繁殖方式、土壤类型的不同有所差异。中国樱桃的实生苗在种子萌发后有明显的主根存在，但当幼苗长出 5～10 片真叶时，主根发育减弱，由 2～3 条发育较粗的侧根代替，因此中国樱桃实生苗无明显主根，整个根系分布较浅；甜樱桃实生苗在第一年的前半期主要发育主根，主根发育到一定长度时发生侧根，根系分布深而比较发达；欧洲酸樱桃和库页岛山樱桃的实生苗根系比较发达，可发育 3～5 个粗壮的侧根。扦插、分株和压条 3 种无性繁殖苗木的根系是由茎上产生的不定根发育而成，其特点是没有主根，都是侧生根，根量比实生苗大，分布范围广，且有两层以上根系，这是樱桃与其他果树的不同之处。甜樱桃嫁接苗的根系因砧木种类和砧木繁殖方式的不同而不同，土壤条件和管理技术也有重大影响。在砧木方面，库页岛山樱桃的根系最发达，固地性强，在沿海地区较抗风害；中国樱桃和考特砧须根发达，但根系分布浅，固地性差，不抗风，易倒伏。在繁殖方式上，无性砧水平根发达，且有两层以上根系，根系分布比实生砧深，固地性强，较抗风，因此，在生产上应尽量采用无性砧。

土壤条件和管理水平对根系的生长和结构也有重大影响。据调查，中国樱桃砧上二十年生的大紫，在良好的土壤和管理条件下，其根系主要分布在 40～60 厘米深的土层内，与土壤和管理条件较差的同龄树相比，根系数量几乎增加 1 倍。因此，在生产上，既要注意选择根系发达的砧木种类，又要注意选择良好的土壤条件，加强土壤管理，促进根系发育。

三、樱桃的生产技术

樱桃属于蔷薇科落叶乔木果树，果实成熟时颜色鲜红，玲珑剔透，味美形娇，营养丰富，医疗保健价值颇高，又有"含桃"的别称。

（一）育苗

中国樱桃枝条生根能力强，多用扦插法繁殖，成活率一般为80%～90%。插穗以用一年生枝为宜，于春季树液流动前扦插。插穗长15～20厘米，入土2/3，然后覆土与插穗上口相平或稍高1～2厘米。少量繁殖苗木时可用分株或压条法。甜樱桃须用嫁接法繁殖。砧木用草樱桃（为中国樱桃中的一个类型，与甜樱桃的亲和力强），其他可用青肤樱、酸樱桃和马哈利樱桃。后2种砧木并有一定的矮化作用。近年引进的英国矮化砧科尔特，可使树体缩小1倍。芽接或枝接都可以。

（二）栽培技术

1. 建园

中国樱桃适应性强，很多地区都能种植。甜樱桃适应性差，喜肥喜光，应选择土壤比较肥沃、土层较深厚、地下水位低、排水良好、有水浇条件的丘陵地建园。土质要求为中性或偏酸性的沙壤土或壤土，并要求地势开阔，光照条件良好，空气流通。若在平原建园，果园北边应栽植防风林带或设置风障，以防风增温。就目前早熟品种有红灯、意大利早红、早大果、美早等，中熟品种主要有那翁、佐藤锦、先锋等，晚熟品种主要有艳阳、雷尼等。选择授粉品种时要考虑与主栽品种授粉亲和力高、开花期基本一致、适应性强、果实经济价值高等多种因素，最好选配2个以上授粉品种。授粉树比例应在30%以上。

苗木可秋植或春植。栽后立即浇1次透水，并培土保墒，或用地膜覆盖树盘，这样有利于提高栽植成活率和植株早期生长。株行距依树冠大小而异。中国樱桃树冠较小，一般掌握4～5米，甜樱桃树冠较大，宜4～6米。瘠薄之地或采用矮化栽培时可适当缩小株行距。

2. 土、肥、水管理

樱桃是浅根性树种，对土壤条件要求比较严格。栽植时，穴与沟相通，使根系得以伸展，防止穴内积涝。第二年结合施基肥，在株间开挖宽、深各60厘米的沟。使沟与原栽植穴打透、相通。对栽植时挖栽植沟、顺沟定植的樱桃园，应在株间开挖宽1米、深60厘米的沟。第三年在行间开挖宽1米、深60厘米的沟，使全部园地都达到有40厘米厚的活土层。从定植开始，即在树干基部培起30厘米高的土堆。定植当年的6～7月追施三元或多元复合肥0.5～1.0千克/株。2～3年为幼树扩冠期，以施速效氮肥为主，辅以适量磷肥，促进树冠早形成；4～6年为初结果期，以施有机肥和复合肥为主，做到控氮、增磷、补钾，主要抓好秋前施基肥和花前追肥；7年以上为结果盛期，除秋施基肥、花前追肥外，注意采果后追肥和增施氮肥，防止树体结果过多而早衰。秋施基肥宜在9～11月进行，以早施为好。初花期追施氮肥对促进开花、坐果和枝叶生长都有显著作用。在盛花期喷施0.3%尿素+0.1%～0.2%硼砂+磷酸二氢钾液600倍液，可有效地提高坐果率，增加产量。采果后10天左右，新梢近停止生长而花芽开始大量分化，此时应立即施肥，最好是复合肥。在发芽至开花以前浇施花前水即萌芽水，以避过晚霜的危害，有效增加叶面积，利于花芽形成。在落花后、果实如高粱粒大小时浇硬核水，灌水要足，即在采收前浇1次透水，采前10天适当控制浇水，以保证果实品质。采收后，花芽分化集中进行，应立即追肥浇水。

3. 花果管理

樱桃自花结实能力较低，除了建园时配置好授粉树以外，还应做好人工授粉（用鸡毛掸子在花上滚动）及利用访花昆虫辅助授粉。疏花在大樱桃开花前或开花期进行，一般5～7个花芽的花束短果枝可疏掉3个左右的弱花芽，保留饱满花芽2～4个，保留下来的花芽约能开3朵花，每个花束状果枝保留5～7朵花。自然落果后进行疏果，每个花束状短果枝留3～4个果。除掉小果、弱果和不容易着色的果，保留横向及向上的大果。果实成熟时往往招致鸟类取食，应注意防护，通常采取撒网的办法。

4. 整形修剪

中国樱桃干性不强而分枝多，一般多采用自然丛状形树形。无主干或主干极矮，从近地面处培养4～5个斜生主枝，冬季适当短截扩大树冠，并选留副主枝（侧枝）。生长期新梢壮旺者可早期（6月前）摘心，促发二次枝，加速树冠形成。一般3年内即可完成整形。甜樱桃干性较强，通常认为自然开心形或自然丛状形树形成形快，修剪量轻，结果早，并适于密植。前一种树形的整形过程可参考桃。此外，干性强、层性明显的品种（如那翁）还可采用疏散分层形的树形，但这种树形树体高大，管理不便，且因修剪量较大，常延迟结果。如采用矮化砧，则可简化树体结构，采用自由纺锤形或主干形的树形，加速成形。修剪方面为促使幼树提早结果，早期丰产，除骨干枝按整形要求进行短截外，其余生长中庸的枝条多缓放，以促发中短果枝的形成，早日结果。直立枝和过密枝则需疏除。角度小的枝条应在生长期内调整枝角。盛果期中，应适当回缩着生短果枝和花束状果枝的2～3年生枝条，以刺激营养生长与新果枝的形成，延缓结果枝群的衰老和结果部位的外移。

5. 病虫害防治

冬季修剪时，做好清园工作，发芽前用5波美度石硫合剂喷施1次。在春季新梢抽发时（6月10日左右），可选进口甲基硫菌灵、多菌灵、代森锰锌等喷雾防治病害。6月下旬和7月下旬各喷施1次200倍石灰倍量式波尔多液，全年喷2～3

次。虫害主要防好红蜘蛛和白蜘蛛，注意绿盲蝽、潜叶蛾类、刺蛾类等，还可兼治刺蛾类食叶类食叶害虫，可选用20%杀灭菊酯乳油3 000倍液或2.5%溴氰菊酯2 500~3 000倍液或5%吸式氰戊菊酯乳油3 000倍液或50%辛硫磷乳油1 000~1 500倍液喷雾防治。此外，也可选用甲氰菊酯、吡虫啉、阿维菌素、灭幼脲等进行防治。

6. 果实采收

中国樱桃果实极不耐贮运，多就地鲜销供应。当浆果出现品种固有的色泽，果肉开始变软时采收，食用品质高。甜樱桃供外地销售或罐藏用时，宜提前在八成熟时采收。全树果实根据成熟度分2~3次采毕。甜樱桃在果核硬化末期喷布10~20毫克/千克浓度的赤霉素溶液，可推迟浆果成熟3~4天，并增大果实和提高果肉硬度，有利于贮运和加工。中国樱桃上也可试用。市场供应过于集中需作短期贮藏的，应保持0~0.6℃的低温和85%~90%的相对湿度，或置深井水面上30厘米左右处吊藏。

第十一节　猕猴桃栽培技术

一、猕猴桃的种类及主要优良品种

猕猴桃（又名杨桃、山洋桃、毛梨桃），属于猕猴桃科猕猴桃属，是原产我国的野生落叶藤蔓果树。富含多种维生素及营养元素，被誉为"水果之王"。具有较高的经济价值和栽培价值。适宜在气候温和，雨量充沛，土壤肥沃，植被茂盛，土壤以深厚、排水良好、湿润中等的黑色腐殖质土、沙质壤土，pH值5.5~7的微酸性土壤的地方栽植。全世界共发现66个种，其中62个种原产于我国。目前，在猕猴桃属的种类中，国内普遍栽培利用的是中华猕猴桃和美味猕猴桃。

1. 中华猕猴桃

新梢黄绿色或微带红色，当年生枝、叶柄及叶背主脉和侧脉上均密生有极短的茸毛，后期枝条上的毛脱落，近乎光滑。叶片厚，叶背黄绿色，密生星状毛。果面光滑，具极短茸毛，果肉黄绿色。

2. 美味猕猴桃

生长势强，新梢带紫红色，当年生枝密被棕黄色硬糙毛，叶面沿脉散生棕黄色硬毛，叶背具有白色或淡黄色星状毛，沿主脉具淡黄色长柔毛或硬毛。果面密布黄褐色硬毛或近两端具硬毛，果肉翠绿色或黄绿色。叶、花、果都较大。

3. 软枣猕猴桃

野生于东北、西北、华北、长江流域的山坡灌木丛或林内，抗寒性强。果实椭圆形，小而光滑，单果重3~5克，最大可达13克，可作为抗寒砧木。

4. 狗枣猕猴桃

分布于东北、河北、陕西、湖北、江西、四川、云南等地的林中，多生长在海拔 3 600 米的地区，抗寒性最强，果实小，仅 3 克左右。无栽培利用价值。

5. 葛枣猕猴桃

主要分布于东北、西北、山东、湖北、湖南、河南等地，生于海拔 3 200 米的林中，抗寒能力强，果实小，直径仅 1 厘米左右。

（一）美味猕猴桃品种

在我国南方和北方地区均可栽培，主要雌性品种有：

1. 海沃德（Hayward）

新西兰引进品种。果实长圆形，单果重 80～150 克，果皮绿褐色，密被褐色硬毛。果肉翠绿色，含总糖 7.4%，总酸 1.5%，维生素 C 含量 93.6 毫克/100 克，软熟后含可溶性固形物 14.6%。酸甜适口，有香气。货架期长，是目前猕猴桃中最耐贮藏的品种。5 月下旬开花，10 月下旬成熟。树势中庸，要求管理水平较高。抗风能力较差，但品质优良，果形美观，尤其贮藏性能好。在国际猕猴桃市场占统治地位，是目前除中国之外的世界绝大部分猕猴桃栽培国的主栽品种。

2. 秦美

陕西省果树研究所与周至猕猴桃试验站育成。果实椭圆形，单果重 100～160 克，果皮褐色，密被黄褐色硬毛。果肉翠绿色，含总糖 8.7%，总酸 1.58%，维生素 C 含量 140.5 毫克/100 克，软熟后含可溶性固形物 14.4%。味酸甜多汁，有香气。货架期较长，较耐贮藏。5 月中旬开花，10 月上旬成熟。适应性强，易管理，丰产性和连续结果性能好，是目前我国栽培面积最大的品种。

3. 米良 1 号

湖南吉首大学生物系育成。果实长圆柱形，平均单果重 95 克，果皮棕褐色，密被黄褐色硬毛。果肉黄绿色，含总糖 7.4%，有机酸 1.25%，维生素 C 含量 207 毫克/100 克，软熟后含可溶性固形物 15%。风味酸甜多汁，有香气。货架期较长，较耐贮藏。5 月中旬开花，10 月上旬成熟。极丰产、稳产，抗逆性较强，是鲜食、加工兼用的优良品种。

4. 金魁

湖北果茶所育成。果实阔椭圆形，单果重 103～172 克，果皮黄褐色，密被棕褐色茸毛，果侧面微凹。果肉翠绿色，含总糖 13.24%，有机酸 1.64%，维生素 C 含量 120～243 毫克/100 克，软熟后含可溶性固形物 18.5%～21.5%。风味酸甜多汁，具清香。货架期长。5 月上旬开花，10 月上旬成熟。丰产、稳产。

5. 徐香

江苏徐州市果园育成。果实圆柱形，单果重 75～137 克，果皮黄绿色。果肉绿色，含总糖 12.1%，总酸 1.42%，维生素 C 含量 99.4～123.0 毫克/100 克。软熟后含可溶性固形物 15.3%～19.8%。风味酸甜适口，香气浓。货架期、贮藏性较长。5 月中旬开花，10 月中旬成熟。

6. 亚特

西北植物研究所等育成。果实圆柱形，单果重 87～127 克，果皮褐色，密被棕褐色糙毛。果肉翠绿色，维生素 C 含量 150～290 毫克/100 克，软熟后含可溶性固形物 15%～18%，风味酸甜适口，具浓香。货架期、贮藏期较长。5 月中旬开花，10 月上旬成熟。生长势健旺，适应性、抗逆性强。

7. 秋香

西北农林科技大学果树研究所与商南县林业局育成。果实圆柱形，单果重 85.5～171.5 克，果皮红褐色，果面密生短茸毛不易脱落。果肉翠绿色，多汁，含总糖 4.0%，总酸 1.16%，维生素 C 含量 40.6 毫克/100 克，软熟后含可溶性固形物 17.5%。香甜味浓。货架期、贮藏期较长。5 月上旬开花，9 月上中旬成熟。

8. 香绿

日本香川县农业大学教授福井正夫育成。果实长圆形，单果重 85～125 克，果皮褐色，果面有黄褐色短茸毛。果肉翠绿色，细腻多汁，含总酸 1.23%，维生素 C 含量 40.6 毫克/100 克，软熟后含可溶性固形物 16.3%～17.5%。风味酸甜爽口，香气浓。货架期、贮藏期较长。5 月中旬开花，10 月下旬成熟。适应性广，较耐瘠薄，抗风力强。

9. 金香

西北农林科技大学果树研究所与眉县园艺工作站等共同育成。果实近圆柱形，单果重 87～116 克，果顶凹陷，果面有黄褐色短茸毛。果肉绿色，细腻多汁，含总糖 9.27%，总酸 1.29%，维生素 C 含量 71.34 毫克/100 克，果实软熟时可溶性固形物含量 14.3%～14.6%。风味酸甜，爽口。货架期、贮藏期较长。5 月中旬开花，9 月中下旬成熟，树势强健。

主要雄性品种有：

（1）秦雄 401　周至猕猴桃试验站选出。秦美品种的授粉雄株，花期较早，花期长，花量大，树势较旺。可作为早中期开花雌性品种的授粉品种。

（2）马图阿　由新西兰引入，花期中等，花期 15～20 天，花量大，树势较弱。可作为大多数中等花期雌性品种的授粉品种。

（3）陶木里　由新西兰引入，花期较晚，花粉量大，花期 5～10 天。可作为晚开花型雌性品种的授粉品种。

（4）湘峰 83～06　花期较晚，花粉量大，花期 9～12 天，授粉范围同陶木里。

（5）郑雄 3 号　中国农业科学院郑州果树所等育成。花期晚，花粉量大，花期长，授粉范围同陶木里。

（二）中华猕猴桃品种

该类品种主要在我国南方地区栽培，北方地区有少量栽培。主要雌性品种有：

1. 魁蜜

由江西园艺研究所育成。果实扁圆形，单果重 92~155 克，果皮绿褐色或棕褐色，茸毛短，易脱落。果肉黄色或黄绿色，质细多汁，含总糖 6.09%~12.08%，柠檬酸 0.77%~1.49%，维生素 C 含量 119.5~147.8 毫克/100 克，软熟后含可溶性固形物 12.4%~16.7%。味酸甜或甜，有香气。货架期较短。5 月上旬开花，9月上中旬成熟。结果早、丰产、稳产，抗逆性较强。

2. 金丰

由江西园艺研究所育成。果实椭圆形，单果重 81~163 克，果形端正，整齐。果肉黄色，质细多汁，含总糖 10.64%，有机酸 1.06%~1.65%，维生素 C 含量 50.6~89.5 毫克/100 克，软熟后含可溶性固形物 10.5%~15%。味酸甜适口，微有香气。货架期较长。5 月上旬开花，9 月下旬成熟。丰产、稳产，是贮藏性较好的鲜食、加工兼用品种。

3. 早鲜

江西省园艺研究所等育成。果实圆柱形，单果重 75.1~132 克，果皮绿褐色或灰褐色，茸毛较密，不易脱落。果肉绿黄色或黄色，果心小，多汁，含总糖 7.02%~10.78%，柠檬酸 0.91%~1.25%，维生素 C 含量 73.5~97.8 毫克/100 克，软熟后含可溶性固形物 12%~16.5%。味甜，风味浓，微有清香。货架期较长。8 月下旬至 9 月初成熟。树势较强，抗风力弱，有采前落果现象。

4. 怡香

江西省园艺研究所等育成。果实短圆柱形，单果重 83.2~161 克，果皮绿褐色。果肉绿黄色或黄绿色，质细多汁，含总糖 6.64%~11.84%，总酸 0.94%~1.38%，维生素 C 含量 62.1~81.5 毫克/100 克，软熟后含可溶性固形物 13.5%~17%。酸甜适口，风味浓，香气浓郁。货架期较长。9 月上中旬成熟。连续结果能力强，较丰产、稳产。对高温干旱及短时间水淹等抗性较强，新梢半木质化时易遭风害。

5. 庐山香

庐山植物园等育成。果实近圆柱形，整齐均匀，外形美观，单果重 87.5~140 克，果皮棕黄色，被稀疏、较易脱落的短柔毛。果肉淡黄色，质细多汁，含总糖 12.6%，总酸 1.48%，维生素 C 含量 159.4~170.6 毫克/100 克，软熟后含可溶性固形物 13.5%~16.8%。风味酸甜，香味浓郁。10 月中旬成熟。适于加工果汁，货架期较短。

6. 武植 3 号

武汉植物研究所等育成。果实椭圆形，单果重 80~150 克，果皮暗绿色，果面茸毛稀少。果肉绿色，质细多汁，含总糖 6.4%，总酸 0.90%，维生素 C 含量 250~300 毫克/100 克，软熟后含可溶性固形物 12%~15%。味酸甜，香味浓。9 月底成熟。树势强，树冠成形快，丰产、稳产，较耐高温干旱。

7. 通山 5 号

武汉植物研究所等育成。果实长圆柱形，单果重 90.3~137.5 克，果皮较光滑，灰褐色，果面密被灰褐色短茸毛，成熟时易脱落。果肉黄绿色，多汁，含总糖 16.16%，总酸 1.16%，维生素 C 含量 59.6~175.7 毫克/100 克，软熟后含可溶性固形物 15%。酸味适度，具清香。9 月中下旬成熟。较耐贮藏。丰产性能好，连续结果能力强，耐干旱。

8. 贵露

贵州省果树研究所等育成。果实短椭圆形，单果重 78~116 克，较均匀，果皮黄褐色，被有棕黄色的短、密柔毛。果肉黄绿色，质细多汁，含总酸 1.76%，维生素 C 含量 149 毫克/100 克，软熟后含可溶性固形物 18.0%。酸甜适度，味浓具微香。10 月下旬成熟。鲜食、加工兼用。树势较强，较耐旱，丰产性能好，为短枝紧凑型品种。

9. 秋魁

浙江园艺研究所等育成。果实短圆柱形，果形端正，单果重 100~195.2 克。果肉黄绿色，质细多汁，含总糖 7.1%~10.0%，有机酸 0.91%~1.10%，维生素 C 含量 100~154 毫克/100 克，软熟后含可溶性固形物 11%~15%。酸甜适口，微有清香。9 月下旬至 10 月上中旬成熟。树势较强，适于密植。

10. 红阳

四川资源研究所等育成。果实短圆柱形，果顶下凹，单果重 68.8~87 克。果肉黄绿色，果心周围有放射状红色，肉质细，多汁，含总糖 13.45%，有机酸 0.49%，维生素 C 含量 135.77 毫克/100 克，软熟后含可溶性固形物 16%，香甜爽口。9 月上中旬成熟，耐贮性强。

11. 素香

江西园艺研究所等育成。果实长椭圆形，整齐美观，单果重 98.2~180 克。果肉深绿黄色，含总糖 13.45%，有机酸 0.49%，维生素 C 含量 206.5~298.4 毫克/100 克，软熟后含可溶性固形物 14%~17%。味酸甜，风味浓，具香气。9 月上中旬成熟，较耐贮藏，树势强健，丰产、稳产。

12. 早金（Hort16A，ZespriGold）

新西兰园艺研究所育成，Zespri 公司专利品种。果实倒圆锥形，整齐美观，单果重 80~140 克，果皮细嫩，易受伤。果肉金黄色，维生素 C 含量 120~150 毫克/

100 克，软熟后含可溶性固形物 15% ~ 17% 。风味甜，香气浓。10 月中、下旬成熟，贮藏期较长，货架期 3 ~ 10 天。树势强健，极丰产。

主要雄性品种有：

（1）磨山 1 号　花期早，花量大，花粉量大，花期 20 天，可作为早、中期乃至晚期开花的雌性品种的授粉品种。

（2）郑雄 1 号　花期早，花量大，花粉量大，花期 10 ~ 12 天，可作为早、中期开花的雌性品种的授粉品种。

（3）岳 - 3　花期中等，花量大，花粉量大，可作为中晚期开花的雌性品种的授粉品种。

（4）厦亚 18　花期早，花量大，花期 20 天，可作为早、中、晚期开花的雌性品种的授粉品种。

二、猕猴桃的生长发育特征

要种好猕猴桃，首先要认识、了解它的生长习性。这样才能弄懂其栽培所要求的特殊条件，并结合实际情况采取合理的栽培管理措施，以达到高产、优质、高效的目的。

猕猴桃是多年生落叶藤本果树。在自然条件下，植株主要依靠长而细弱的一年生枝条攀缘于树木或其他物体上生长，树高 5 ~ 7 米或更高。多生长在森林底层或林间空地上，尤其在林缘的溪流两边较多。在土壤瘠薄和缺少攀缘物时，猕猴桃能长成大型灌木状，冠幅可达 7 米。驯化栽培的猕猴桃，枝条攀附于人工设立的支架上，冠幅的大小依支架类型、土壤及气候条件、修剪和施肥等水平而异，一般为 5 ~ 10 平方米，棚架栽培时冠幅要比篱架栽培的大。

猕猴桃进入结果期早，枝蔓的自然更新能力强，经济寿命长。只要管理得当，百年以上的老树仍能丰产。

（一）根

猕猴桃的根为肉质根。初生根为透明乳白色，不久转为淡黄色，老根呈黄褐色或黑褐色。一年生根的含水量很高，为 84% ~ 89% ，并含有多量淀粉。根的外皮层较厚，根皮率 30% ~ 50% ，甚至有报道高达 72.7% 。成熟根的表皮常发生龟裂状剥落，内皮层为粉红或暗红色。当根转为黑色时便失去生活力，由基部再长出的新根替代。

猕猴桃主根不发达，侧根和细根多而密集。幼苗出现 2 ~ 3 片真叶时，主根就停止生长，随着侧根的分生，主根就逐渐被取代。形成类似簇生的侧根群，呈须根状根系。侧根随树龄增长以水平方向向四周扩展，根条呈扭曲状，并间歇性交互生长，其中的一条或几条侧根逐渐加粗，根的基部和顶端粗度几乎相等，3 ~ 4 年生的侧根成为猕猴桃的骨干根。在骨干根上每隔 30～40 厘米发出须根，形成一个庞大侧根群，加上根尖部的一些须根，构成猕猴桃的主要吸收根。

猕猴桃根系在土壤中分布较浅，但分布范围广。一年生苗的根系分布在 20～30 厘米深的土层中，水平分布 25～40 厘米。成年植株根系的垂直分布在 40～80 厘米的土层中，一般根群的分布范围约为树冠冠幅的 3 倍。根系分布的深浅与活土层的厚度、土壤类型、水分、空气和养分等因素有关，在土质疏松、肥厚、湿润的地方，根系庞大，细根特别稠密。

猕猴桃的骨干根较一般果树少，但根的导管发达，根压也大，养分和水分在根部的输导能力很强。在营养生长期，如果缺乏水分，则叶片迅速萎蔫。据观察，切断直径 3 厘米左右的骨干根，1 小时后整个植株的叶片会全部萎蔫，在生产中应注意这一特性。另外，植株萌动后，树液开始流动，如果在这一段时间切断植株的任何部位，都会发生大量的伤流，所以在修剪上要特别注意这一点。

猕猴桃的根可产生不定芽，在生产上可采用较粗壮的根作砧木，进行嫁接繁殖，培育种苗。有些种类（如大籽猕猴桃等）的枝蔓匍匐于地面上时，节间处可产生不定根。

（二）枝蔓

猕猴桃的枝属蔓性。枝蔓由节和节间组成，通常有皮孔。新梢颜色以黄绿或褐色为主，多具灰棕色或锈褐色表皮毛，其形态、构造、长短、稀密、软硬和颜色等都是识别品种的重要特征。多年生枝呈黑褐色，茸毛多已脱落。木质部有木射线。皮呈块状翘裂，易剥落。

枝蔓中部有髓，有实心和片层状两类。新梢的髓呈片层状，黄绿、褐绿或棕褐色。随着枝蔓的老熟，髓部变大，多呈圆形，髓片褐色。木质部组织疏松，导管大而多；韧皮部皮层薄。枝蔓的横切面有许多小孔，年轮不易辨认。

猕猴桃当年萌发的枝蔓，根据其性质不同，可分为生长枝和结果枝。

（1）生长枝　又叫营养枝，是指那些仅进行枝、叶器官的营养生长而不能开花结果的枝条。根据生长势的强弱，可分为徒长枝、营养枝和短枝。徒长枝多从主蔓上或枝条基部潜伏芽（隐芽）萌发，生长势强，长 3～6 米，节间长，芽较小，组织不充实。营养枝主要从幼龄树和强壮枝中部萌发，长势中等，这种枝条可成为次年的结果母枝。短枝是从树冠内部或下部枝上萌发，生长势弱，易自行枯亡。

（2）结果枝　雌株上能开花结果的枝条称为结果枝。而雄株的枝只开花不结果，称为花枝。一般结果枝多着生在一年生枝的中上部和短缩枝的上部。根据枝条的发育程度和长度，结果枝又可分为徒长性结果枝（150 厘米以上）、长果枝（约 1 米）、中果枝（30～50 厘米）、短果枝（10～30 厘米）和短缩果枝 5 种。但长、中、短果枝的划分要根据种类或品种等不同情况而定。据调查，进入结果期的中华猕猴桃及美味猕猴桃主要以短缩果枝和短果枝结果为主，可占 50% ~ 70%；而毛花猕猴桃则以长果枝、中果枝和短果枝结果为主，约占 73%。

（三）叶

猕猴桃的叶为单叶互生，叶片大而较薄，纸质或半革质。叶形有圆形、卵形、椭圆形、扇形、披针形及矩形等。叶长 5 ~ 20 厘米，宽 6 ~ 18 厘米，顶端呈急尖、渐尖、浑圆、平或凹陷等。基部呈楔形、圆形或心脏形等。叶面为黄绿色、绿色或深绿色，幼叶有时呈红褐色，表面光滑或有毛。叶背颜色较浅，具茸毛。叶缘近中部和先端部分锯齿多而明显，很少近全缘。叶脉羽状，多数叶脉有明显横脉，小脉网状。叶柄较长，托叶常缺失。

猕猴桃叶片厚度约 1 毫米，角质层较薄，叶肉的栅栏组织只有一层细胞，海绵组织细胞间隙不发达，为中生植物的特点。

猕猴桃叶的形状，物种之间差异很大，叶下面及叶柄的毛被也不一样。同一株上的叶形和颜色也因着生部位和年龄而有变化。叶片的形状、大小、色泽、厚薄，以及叶背茸毛的多少、长短及类型等是识别品种和进行分类的重要标志。

（四）芽

猕猴桃的芽外面包有 3 ~ 5 层黄褐色毛状鳞片，着生在叶腋间海绵状芽座中，通常 1 个叶腋间有 1 ~ 3 个芽，中间较大的芽为主芽，两侧为副芽，呈潜伏状。主芽易萌发成为新梢，副芽在主芽受伤或枝条短截时才能萌发。老蔓上的潜伏芽萌发之后，多抽生为徒长枝，栽培上可利用这种枝条进行树冠更新。

主芽有叶芽和花芽之分：幼苗和徒长枝上的芽多为叶芽；呈水平方向生长，发育良好的枝条或结果枝的中下部叶腋萌发的芽通常为花芽。猕猴桃的花芽为混合芽，芽体肥大饱满，萌发后先形成新梢，再在其中下部的几个叶腋间形成花蕾，开花结果（雄株只开花）。猕猴桃当年形成的芽即可萌发成枝，表现为早熟性，但已开花结果部位的叶腋间的芽则很难再萌发，而成为盲芽。在栽培修剪中应注意这些部位枝条的更新复壮。

不同物种或品种芽的大小和形状有差异，如美味猕猴桃的芽垫较中华猕猴桃的大，但芽的萌发口较小，是休眠期区别它们的重要特征。

（五）花

猕猴桃为雌雄异株植物，即花分为雌花、雄花。从形态上讲，雌花、雄花都是两性花，但由于雌花的花粉败育，雄花的子房与柱头萎缩，因而分别形成单性花。

不同种类猕猴桃的花，其大小和颜色是不同的。美味猕猴桃的花径平均可达 4.5 厘米，中华猕猴桃的为 3 厘米左右，柱果猕猴桃的雌花、雄花的花径只有 0.4

厘米左右。萼片一般为 5 枚，也有 2~4 枚的，分离或基部合生。花瓣多为 5 枚，呈倒卵形或匙形，杂交形成的种间杂种，其花瓣数可能加倍。雌蕊有上位子房，多室，胚珠多数着生在中轴胎座上，花柱分离，多数呈放射线状，花后宿存。雄花子房退化，花柱较短；雄蕊多数有丁字花药，纵裂，呈黄色或黑紫色。雌花中有短花丝和空瘪不孕的药囊。

大多数的猕猴桃物种或栽培品种的花瓣，在刚开放时为乳白色或浅绿色，不久便变成淡黄色或黄褐色。毛花猕猴桃的花瓣为粉红色，其花色艳丽，也可作为绿化树种。

猕猴桃的花一般着生在结果枝的第一至第七节间，但不同种类甚至品种间其着生节位略有差异。中华猕猴桃、美味猕猴桃第一至第七节均可着花，而以第二至第五节着花最多；毛花猕猴桃第一至第十节可着花，以第三至第六节着花最多。雌性植株的花多单生，少数呈聚伞花序，但种、品种之间有差异。中华猕猴桃的一些品种，如通山 5 号等的花多为单生，而武植 3 号、金丰等的花则多为聚伞花序；美味猕猴桃的著名品种海沃德的花多单生，布鲁诺、蒙蒂等品种的花呈花序状。阔叶猕猴桃、毛花猕猴桃、大籽猕猴桃等的花多为聚伞花序。雄性植株的花多呈聚伞花序，少数为单生花。每一花序中花朵的多少在种间及品种间均有差异。如阔叶猕猴桃的雄花多为 3~4 歧聚伞花序，每花序具 8~14 朵花；毛花猕猴桃、美味猕猴桃、中华猕猴桃的雄花序通常为 3 朵，偶尔也有 4~7 朵的。花朵数的多少是选择授粉品种的重要条件之一。

近年来，在栽培的猕猴桃品种中发现了雌雄同株以及能结果的雄株等类型，新西兰已有该方面的育成品种。

（六）果实

猕猴桃的果实为浆果，表皮无毛或被茸毛、硬刺毛。子房上位。由 34~35 个心皮构成，每一心皮具有 11~45 个胚珠。胚珠着生在中轴胎座上，一般形成两排。可食部分为中果皮和胎座。

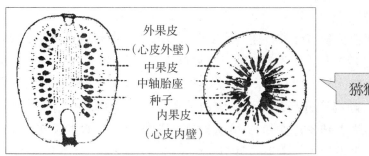

外果皮
（心皮外壁）
中果皮
中轴胎座
种子
内果皮
（心皮内壁）

狝猴桃果实剖面图

果实大小一般为 20～50 克，最小果实不足 1 克（如红茎狝猴桃、海棠狝猴桃），果实较大的是中华狝猴桃和美味狝猴桃，最大可在 200 克以上。果实表面有斑点（明显的皮孔）或无斑点（皮孔不明显）。果椭圆形、近球形、圆柱形、长圆形、纺锤形、卵圆形等。果皮较薄，颜色有绿、黄褐、橙黄色等。果肉多为黄色或翠绿色，也有红色的。果实软熟后，糖分增加，颜色有的转为金黄色，质地细软，有特殊香味，口感甜酸适度。

（七）种子

狝猴桃的种子很小，千粒重为 1.2～1.6 克，最小的千粒重仅 0.2 克左右，最大的是大籽狝猴桃，千粒重为 7.3 克。种子长圆形，成熟新鲜的种子多为棕褐色或黑褐色，干燥的种子黄褐色，表面有条纹或龟纹。胚乳丰富，肉质，胚呈圆柱形、直立，子叶很短。种子含油量高，为 22%～24%，最高可达 36.5%。种子还含有 15%～16% 的蛋白质。

三、狝猴桃的生物学特性

在自然条件下或人工栽培时，狝猴桃的生长发育都会受到周围生态环境的影响，因而发生相应的生理生化改变。了解狝猴桃各器官在生长发育过程中的变化，有助于在栽培过程中根据其各器官的变化，采取相应的技术措施。

（一）生长习性

1. 根系生长特性

根系的生长随着一年中气候的变化而变化。根系的生长期比枝条的长，在适宜的温度条件下，几乎可长年生长而无明显的休眠期。据观测，狝猴桃的根系在土壤温度为 8℃时，就开始活动；土温达 20.5℃，根系进入生长高峰期，随后生长开始下降；土温 30℃左右时，新根生长基本停止。根系生长与新梢的生长交替进行，在一般情况下，根系的生长有两个高峰期，在华中地区第一次出现在枝梢迅速生长后的 6 月；第二次出现在果实发育后期的 9 月。高温干旱的夏季和寒冷的冬季，根系生长缓慢或停止生长。

2. 枝蔓生长特性

猕猴桃枝蔓的年生长量与种类特性、温度、湿度有关。中华猕猴桃在武汉地区新梢全年生长期约为 170 天，分 3 个时期：自展叶至落花约 40 天，为新梢生长前期，其主要消耗上年树体积累的营养，加之气温较低，因而生长缓慢，生长量占全年生长量的 16.3%。随温度升高，叶面积增加，光合作用加强，枝梢生长速度逐渐加快，从果实开始膨大到 8 月上旬约 70 天时间，为枝梢的旺盛生长期，此期气温适宜，雨量较大，生长量约为全年的 70.1%。从 8 月中旬至 9 月下旬，约 60 天时间，新梢生长缓慢，甚至基本停止生长，生长量约为全年的 13.6%。

枝条加粗生长高峰主要集中于前期，5 月上中旬至下旬加粗生长形成第一次高峰期，至 7 月上旬又出现小的增粗高峰期，之后便趋于缓慢增粗，直到停止。枝蔓具有如下特性。

（1）猕猴桃枝条有明显的背地性　芽的位置背向地面的，抽发的枝条生长旺盛；与地面平行的枝蔓生长中等；芽向地面的枝条的生长衰弱，甚至不发芽。

（2）猕猴桃的枝条具有逆时针旋转的缠绕性　当枝条生长到一定长度，因先端组织幼嫩不能直立，就靠枝条先端的缠绕能力，随着生长自动地缠绕在其他物体上或互相缠绕在一起。值得注意的是猕猴桃虽属蔓生性植物，但并不是整个枝条都具有攀缘性，其生长初期都具直立性，先端只是由于自重的增加而弯曲下垂，并不攀缘，旺盛生长的枝条或徒长枝在生长后期，由于营养不良，先端才出现攀缘性。栽培猕猴桃时要注意到这种特性。

（3）枝蔓在生长后期顶端会自行枯死，称为自枯或自剪现象。自剪期的早晚与枝梢生长状况密切相关，生长弱的枝条自剪早，而生长势强健的枝条直到生长停止时才出现自剪。这种自枯还与光照不足有关。

（4）猕猴桃枝条的自然更新能力很强　在树冠内部或营养不良部位生长的枝蔓，一般 3~4 年就会自行枯死，并被其下方提前抽出旺盛的强势枝逐步取代，如此不断继续下去，实现自然更新。

3. 叶的生长特性

据观察，猕猴桃叶片的生长是从 3 月上中旬萌动开始，展叶以后，叶片随枝条生长而生长，当枝条生长最快时，叶片生长也最迅速。在武汉地区，中华猕猴桃武植 2 号的叶片从展叶到基本定形，约需 32 天。展叶以后的 10~20 天为迅速生长期，此期叶面积已达总面积的 91.5%。

叶片的大小，依种类、品种不同而变化较大。对同一个品种，叶片的大小取决于叶片在其迅速生长期生长速率的大小，栽培中为增大叶面积而给予合理的施肥灌水是很必要的。在同一枝条上不同部位着生的叶片，由于营养状况以及温度、水分等环境条件的影响，大小差异明显，基部和上部的叶片较小，中部的最大。

4. 芽的生长特性

据观察，猕猴桃萌芽期多在 3 月中旬，或者说平均气温在 10.2℃时。芽的萌发率较低，一般为 47% ~ 54%，这有利于防止枝叶过密引起的内膛郁闭，也减少了管理上的抹芽、疏枝工作量。休眠芽萌发后大都能发育成为良好的结果枝。这一特性不同于其他果树，萌芽率低既可改善光照条件，促进当年丰产，又能有效地调节树体的负荷，有利于稳产和延长结果年限。

猕猴桃的芽需要一定的低温量才能较好地萌发，在我国南部较温暖的地方种植，可用一种叫氨基氰的物质打破休眠以提高萌芽率。猕猴桃除少数种类，如软枣猕猴桃、葛枣猕猴桃等较耐寒，可分布到北纬 50°之外，常见的中华猕猴桃和美味猕猴桃的芽则不耐低温，只分布于秦岭以南的地区。

(二) 开花习性

上面讲到猕猴桃的花一般着生在结果枝第一至第七节的叶腋间。结果母枝上产生结果枝的能力，受品种、树龄、营养状况及冬季修剪程度的影响较大。生长中等和较旺盛的结果母枝抽生的结果枝较多。猕猴桃的枝蔓形成结果母枝的范围很广，产生结果枝的能力强是其丰产、稳产的基础。

1. 花芽分化

猕猴桃花芽的生理分化在越冬前就已完成，而形态分化一般在春季，与越冬芽的萌动相伴随。与其他果树不同的是，猕猴桃花芽形态分化的时期很短，自萌动至展叶前结束，仅 20 多天。

猕猴桃的花或花序是在结果母枝的越冬芽内形成，一般是下部节位的腋芽原基先进行分化。首先分化出花序原基，再进一步分化出顶花及侧花的花原基。当花原基形成以后，花的各部分便按照向心顺序，先外后内依次分化。按花芽的形态分化过程，可分为以下几个时期。

(1) 未分化期　未分化的芽为叶芽，在显微切片解剖图上可看到中央有一短的芽轴，其顶端为生长点，四周为叶原基。幼叶即由叶原基发育而成，幼叶的叶腋间产生腋芽原基，在适宜的条件下，腋芽原基即分化成花。

(2) 花序原基分化期　又可分为前、中、后 3 期。前期腋芽原基的分生细胞不断分裂，腋芽原基膨大呈弧状突；中期腋芽原基进一步向上突起呈半球形；后期半球形突起伸长、增大，顶端由圆变为较平，形成花序原基。

(3) 花原基分化期　随着花序原基的伸长，形成明显的轴，顶端的半球状突起分化为顶花原基，其下分化出 1 对苞片，在苞片的腋部出现侧花的花原基突起。

(4) 花萼原基分化期　在侧花原基形成的同时，顶花原基增大，并首先分化出 1 轮 (5 ~ 7 个) 花萼原基突起，每一突起发育成 1 个萼片。

(5) 花冠原基分化期　当花萼原基伸长开始向心弯曲时，其内侧分化出与花萼原基互生的1轮（6~9个）花冠原基突起，每一突起发育成1个花瓣。

（6）雄蕊原基分化期　在花萼原基向上伸长向心弯曲覆盖花冠原基时，花冠原基内侧分化出两轮突起，每一突起为1个雄蕊原基。

（7）雌蕊原基分化期　当花萼原基向心弯曲伸长至两尊相交时，雄蕊原基内侧分化出许多小突起，每一突起为1个心皮原基。

雌、雄花的形态分化，在前期极为相似，直到雌蕊群出现，两者的形态发育才逐渐出现明显的差异。雌蕊群出现之后，雌花中的雌蕊发育极为迅速，柱头和花柱的下面形成一个膨大的子房，雄蕊的发育较缓慢。雄花中也分化出雌蕊群，但发育缓慢，结构也不完全，而雄蕊群却极为发达，发育很快，雄蕊上的花药几乎完全覆盖了退化的雌蕊群。

2. 花期习性

猕猴桃的开花期，不同种或品种之间有差异，也与环境条件的变化密切相关。在武汉，软枣猕猴桃、中华猕猴桃初花期多在4月中下旬，美味猕猴桃、毛花猕猴桃的初花期多在4月下旬至5月中旬，阔叶猕猴桃的花期最迟，6月中旬才开花。

猕猴桃的花从现蕾到开花需要25~40天。每花枝开放时间雄花较长，为5~8天，雌花3~5天。全株开花时间，雌株5~7天，雄株7~12天。中国科学院武汉植物研究所选育的中华猕猴桃雄株磨山4号的花期为15~20天。花开放的时间多集中在早晨，一般在7时30分以前开放的花朵数量为全天开放的77%左右，11时以后开放的花仅占8%左右。

开花顺序从单枝来看，大部分是先内后外，先下后上。同一枝条上，多由下节位到上节位；从同一花序来看，顶花先开，两侧花后开。单花开放的寿命与天气变化有关，在开花期内天晴、干燥风大、气温高，花的寿命短；反之，阴天、无风、气温低、湿度大时，开花时间长。

3. 授粉与受精

猕猴桃为雌雄异株果树，雌花只有在授粉后才能结果。雄花产生的花粉可通过昆虫、风等自然媒体传到雌花的柱头上，也可人工采集花粉，然后进行授粉。授粉的效果除与环境有关外，更与花粉、柱头的生命力强弱有关，必须掌握好授粉的恰当时期，才会收到良好的效果。雌花的受精能力以开放后的当天至第二天最强，3天后授粉的结实率下降，5天以后就不能受精了。花粉的生活力与花龄有关，花前1~2天和花后4~5天，花粉都具有萌发力，但以花瓣微开时的萌发力最高，产生的花粉管也长，有利于深入柱头进行授精。

授粉对提高猕猴桃产量和果品质量起重要作用。为了提高授粉率，通常在花期利用蜜蜂辅助授粉，但猕猴桃花无蜜腺或蜜腺极不发达，不特别吸引蜜蜂，每公顷放置蜂箱的数量较多，以7~8箱为宜。放蜂的最佳时期是10%~20%的花开放后。还可进行人工和机械辅助授粉。

商品果的种子含量为 1 000 ~ 1 200 粒，需要在花的柱头上有 2 000 ~ 3 000 粒有活性的花粉。雌花的柱头呈分裂状，分泌汁液，花粉落上柱头后，通过识别即开始萌发生长，花粉管经柱头通过珠孔进入胚囊后释放出精子，与胚囊中的卵细胞结合，形成受精卵。整个授粉、受精过程需要 30 ~ 72 个小时。雌花受精后的形态表现为柱头授粉后第三天变色，第四天枯萎，花瓣萎蔫脱落，子房逐渐膨大。

（三）结果习性

果实的生长发育是一个复杂的过程，果实的品质和产量，除品种的差异外，还与树龄、坐果期及果实发育期所处的环境条件有关。

1. 结果年龄

猕猴桃是进入结果期早、丰产性强的树种。杂种实生苗一般在 2 ~ 4 年开始开花结果，嫁接苗定植后第二年就可开花结果，4 ~ 5 年后进入盛果期。而野生状态下或实生苗要 5 ~ 7 年才进入盛果期。一般株年产 10 ~ 20 千克，高的年产 100 ~ 150 千克。

猕猴桃的更新能力强，结果寿命长。如浙江黄岩大魏头村的一株 100 多年的猕猴桃仍可年产 100 多千克的果实；湖南绥宁县安阳村的一株径粗 12 厘米大树，年产达到 500 千克。

2. 坐果习性

猕猴桃成花容易，坐果率高，加之一般无落果，所以丰产性好。中华猕猴桃以中短果枝结果为主，以当年生枝的第五至第六个芽结果为主。结果枝大多从结果母枝的中上部芽萌发。结果母枝一般可萌发 3 ~ 4 个结果枝，发育良好的可抽 8 ~ 9 个。结果母枝可连续结果 3 ~ 4 年。结果枝抽生节位的高低随结果母枝短截的程度而变化，结果枝通常能坐果 2 ~ 5 个，因品种而有差异，有的仅坐 1 ~ 2 个果，而丰产性能好的品种能坐 5 ~ 6 个。猕猴桃各类结果枝所占比例和结果能力与遗传特性和树体管理相关，种内类型之间也有差异。

生长中等的结果枝，可在结果的当年形成花芽，又转化为结果母枝；而较弱的结果枝，当年所结果实较小，也很难成为翌年的结果母枝。对生长充实的徒长枝加以培养，如进行摘心或短截，可形成徒长性的结果母枝。充分利用徒长性枝来结果，是高产、稳产中值得注意的技术措施，也是其他果树上很少见的。由于猕猴桃结果的节位低，又可在各类枝条上开花结果，这为其修剪与结果部位更新，以及整形和丰产稳产提供了有利条件。

中华猕猴桃和美味猕猴桃的单生花与花序花的坐果率，在授粉良好的情况下无明显差异。单生花在后期发育中，果型较大；而花序坐果越多，则果型越小，但在栽培条件良好的地方，且整树结果不是过多时，即使一花序坐果 2 ~ 3 个，也能结成较大的果实。一般来说，要获得较大的果实，在开花前应对花序进行疏蕾，保留中心花蕾。如果当年花期遇到不利的授粉天气，疏果程度要轻，或不疏果，且应在幼果坐住后疏除小幼果，这样比较稳妥，否则易造成减产，值得引起注意。

3. 果实的发育

狝猴桃从终花期到果实成熟，需 120～140 天，在此期间，果实经过迅速生长期、缓慢生长期和果实成熟期 3 个阶段。

在郑州地区，第一阶段从 5 月上旬到 6 月下旬，此期果实的体积和鲜重增长很快，先是由果心和内、外果皮细胞的分裂引起的，然后是因细胞体积的增大所致。此期生长量占总生长量的 70%～80%，内含物主要是碳水化合物和有机酸，其增加程度同果实迅速生长的速度相同。缓慢生长期自 6 月下旬至 8 月上中旬，种子加速生长发育，果皮由淡黄色转为浅褐色。在 7～8 月，淀粉及柠檬酸迅速积累时，糖的含量则处于较低水平。第三阶段从 8 月中旬到 10 月上旬，果实的体积增长停滞，果皮转为褐色，种子赤褐色。内含物的变化主要是果汁增多，糖分增加，风味增浓，出现品种固有的特性。

狝猴桃果实中酸的含量则伴随着淀粉含量的降低而降低。维生素 C 的含量在果实发育前期随着果实增大而增加，接近成熟时，其含量有缓慢降低的趋势。

种子数量多而小，位于靠近胎座的周围。种子长度的发育开始于受精之后，经过 60 天左右，此时珠心发育到最大限度。随后胚乳和珠心内层发育完全。与其他果树不同的是，当其胚乳和珠心迅速生长时，胚却仍停留在双细胞阶段。直到花后 60 天，双细胞的胚才进行分裂形成珠心胚，然后迅速发育。种子在果实的缓慢生长阶段逐渐充实，种皮渐硬，由白色转为淡褐色。

（四）物候期

物候期是果树生物学研究的基本内容之一，它是指果树在一年中随着四季的气候变化，逐步进行各种生命活动的现象，反映了果树与环境条件的统一性。了解狝猴桃物候期的变化，有助于认识环境条件对狝猴桃的影响，为制定相应的栽培技术措施提供理论依据。

温度是影响狝猴桃物候期的主要因素，所以凡能引起温度变化的因素如纬度、海拔、湿度、光照、坡向等，都能间接影响区域间狝猴桃物候期的变化。

狝猴桃分布的地区较广，由于气候不同，同一种类在不同地区其物候期也有差别。如中华狝猴桃品种庐山香在云南昆明 2 月下旬萌芽，3 月下旬开花；在武汉则于 3 月中旬萌芽，5 月上旬开花，两地的物候期前后相差 20 多天。同样，在同一地区，不同种类狝猴桃的物候期早、晚也有所不同。如美味狝猴桃较中华狝猴桃的开花期稍迟，分别在 4 月下旬至 5 月中旬和 4 月中下旬；而野生于我国南方的阔叶狝猴桃的开花期则为 6 月中旬。同一地区栽种同一品种，因海拔不同，物候期也不同，一般随着海拔的升高，萌芽期推迟，而落叶休眠期随着海拔的升高而提前。另外，还有同一地区的同一品种，在不同年份的物候期也有细微差别。

进行物候期观察记载是掌握某一品种对当地气候和环境条件适应性的基础工作。主要的观察记载标准如下：①芽萌动期。全树约有 5% 的芽鳞片裂开，微露绿色。③展叶期。全树约有 5% 的枝条基部的第一片叶全部展开。③开花期。从全树约有 5% 的花朵开放到有 75% 的花朵的花瓣凋落的一段时期。④果实成熟期。果实采收后经后熟，能呈现固有品质，种子呈棕黑色。新西兰曾对海沃德品种采用测定可溶性固形物含量，至少达到 6.2% 时开始采收，但品质最佳时，可溶性固形物应在 7%～10%。⑤落叶期。叶柄产生离层叶片脱落。⑥伤流期。树液在体内开始流动至停止的时期。

猕猴桃主要栽培品种在郑州地区的物候期，一般 3 月上中旬萌动；3 月下旬至4 月上旬展叶；4 月下旬至 5 月上旬开花；5 月中旬为新梢旺长期；8 月下旬至 11月上旬为果实成熟期，果实的生长发育期为 130～185 天；植株 12 月中旬落叶。整个营养生长期为 230～250 天。

重要的农事活动与物候期有密切关系，如冬季的修剪宜在落叶后和伤流开始之前完成，以减少树体营养的流失。不同品种果实成熟期的早晚，也是我们采收果实的重要参考依据。认定雌株的开花期，有助于我们选配合理的授粉品种，或依据开花期采取改善授粉条件的措施，如花期养蜂、人工授粉等，可提高坐果率，提高和改良果实品质。

四、猕猴桃栽培技术

（一）园地选择

（1）地理位置　在建立猕猴桃生产基地时，应选择水源、交通较方便的地方。尤其是地形复杂的山区，必须考虑到产品是否有道路运出。

（2）海拔与地形地势　猕猴桃园宜建立在海拔较高的山区，但不宜超过海拔1 000 米。丘陵地土层深厚、排水良好，是猕猴桃较适宜的栽培区。但一定要有水源，以防夏秋高温干旱。山地生态条件非常适宜，但要注意坡度、坡向与坡位的选择。一般尽量选择 15°以下的缓坡地或较平坦地段。宜选择南向或东南向的向阳避风坡，忌选北向。不宜选择山顶或其他风向（特别是生长季节的风向）处建园。

（3）土壤　宜选择土层深厚、疏松肥沃、排水性能良好，又有适当保水能力的微酸性土壤，避免在黏重土壤中栽植。

（二）设置防风林

猕猴桃抗风力差，春季大风常折断新梢，损伤叶片及花蕾；夏季干热风降低空气湿度，引起土壤水分大量蒸发而干旱，叶片焦枯，生长受阻；秋季大风擦伤果实，影响商品价值。因此，建园前就要建造防风林。

防风林树种应选择女贞、杉木、湿地松、柳杉、水杉、杨树、樟树、枇杷、冬青、枳壳等，实行常绿与落叶、乔木与灌木相配合并以常绿树种为主，以预防4～5月的风害。主林带应设置在迎风方向，山地则在山背分水岭及果园边沿地区。折风带建立在园内支道、排灌沟边沿。山背及果园外围林带至少要栽4行，园内折风带栽1～2行。林带中乔木行距2～3米，株距1～1.5米，灌木密度加倍。

此外，主林带与最近的猕猴桃植株距离应在10米以上，折风带与猕猴桃距离4～5米。林带与猕猴桃间挖一道隔离沟，以防根系深入果园，影响猕猴桃植株生长。面积较小的园地，可在果园外围迎风面栽几行防风树即可。同时，为提高防风效果可在永久防风林带内侧或外侧栽2行意大利杨、毛白杨等干性强、生长速度快的速生树种，并用（1～2）米×（2～3）米的方式种植，以迅速形成临时防风林带。

（三）栽植

1. 授粉品种的选择与配置

猕猴桃属雌雄异株果树，栽植时需配置相应的雄性授粉品种。雄性品种的花期应与雌性品种相同或稍早于雌性品种1～3天，且两者授粉亲和性好。同时，授粉品种本身花量要大，花粉量多，花粉萌芽率高，而且花期要长，至少能全部覆盖相配雌性品种的花期。一般雌雄株配置比例为8:1，但近年研究结果表明适当提高雄株比例，有利于提高单果重、品质和风味。故有许多地方雌雄比例提高至（5～6）:1。

2. 栽植密度

栽植密度一般依架式、土地条件及栽培管理水平而定。土壤瘠薄、肥力差的地方可密一些；"T"形小棚架比平顶大棚架密些。对于篱架多用3米×4米的株行距，"T"形架采用（3～4）米×（4～5）米的株行距，平顶大棚架多用4米×（4～5）米的株行距。

3. 定植时期与方法

猕猴桃从落叶后至早春萌芽前均可栽植，以落叶后尽早栽植为好，早春栽植时间不宜迟于2月底。猕猴桃根系属含水量较多的肉质根，不能用脚践踏。培土至嫁接部（嫁接口留在地面上5～10厘米），围绕根部培成圆碟状，浇透水再覆盖一层细土即可。定植后适当重剪，留3～5个饱满芽即可。在苗木旁插一根长约1米的小竹竿，将幼苗固定，以免风折。

4. 定植后的管理

猕猴桃栽植后，要经常保持树盘湿润、土壤肥沃，防止受渍、受旱，提高成活率，加大生长量。结合抗旱灌水，多次适量追肥。一般定植后的2个月开始，每次每株用尿素 50 ~ 100 克，加水 10 ~ 20 千克浇施。夏秋干旱季节进行树盘覆盖保湿防旱。此外，注意多留侧枝养根，促进多次抽梢。生长期不宜采用过量抹芽、控冠等办法，尽量保留较多的中下部侧枝，增加总叶面积，促根促梢，提早结果。

（四）立架

猕猴桃为藤本果树，若自然生长则易发生攀缘和严重相互缠绕现象，既影响正常生长结果，又不便于田间管理。因此，必须设立适宜其藤蔓生长的架式并采用相应的整形修剪技术。架材是猕猴桃建园的主要构件，宜在栽植前尽早设立，否则影响植株的生长及整形。猕猴桃架式很多，一般以篱架、水平大棚架、"T"形小棚架及简易架较为普遍。

1. **单壁篱架**

与葡萄篱架相似，沿行向每隔 3 ~ 5 米立一个支柱，柱高 2.6 ~ 2.8 米，入土 0.8 米。柱上拉 2 ~ 3 道铁丝，第一道离地面 60 ~ 80 厘米，其上等距离拉，猕猴桃枝蔓引缚在垂直架面上。拉丝可用 6 ~ 8 号镀锌铁丝。

2. **水平大棚架**

棚高 1.8 ~ 2 米，支柱间距离 3 米 × 5 米、4 米 × 5 米、5 米 × 5 米或 3 米 × 6 米，用钢筋、三角铁或 2 块 10 厘米 × 2.5 厘米层状木板条连接支柱作为横梁。棚面上每隔 60 ~ 90 厘米拉一道 6 ~ 8 号铁丝成网格状或单向水平状，铁丝固定在横梁上。

3. **"T"形小棚架**

地上部分支柱高 1.8 米，单行立柱，每隔 4 ~ 6 米设一个支柱，柱顶架设一个"T"形横梁，其长度为 1.5 ~ 2 米。横梁上拉水平铁丝 3 道。为了克服该"T"形架不抗风的缺点，可将普通"T"形架改进为降式"T"形架或带翼"T"形架。

4. **简易架**

山地果园可利用当地竹竿、杂木等作架材，采用一株一架方式搭设简易支架。而目前应用最广的则为乔化栽培的三脚架。

该架式很像菜农种豆豆所搭的支架，每株树 1 架。选用 1 根长 2.5 ~ 3 米、直径 4 ~ 5 厘米的竹竿沿主干插入土中作中柱，主干直接缚于竹竿上。再选 3 根长 2 ~ 2.5 米、直径 2.5 ~ 3 厘米的竹竿作支柱，下端分别在离中柱 80 厘米左右处斜插入土中形成一个正三角形，上端用铁丝与中柱扎紧。再用粗 2 厘米左右、长 1.2 米左右的竹竿 3 根，在 3 根支柱离地面 80 厘米处横扎一周，将 3 根竹竿连接起来，形成一个水平三角形，以托起第一结果层和加固架式。

上述架式中，从综合效果来看，以"T"形小棚架和水平大棚架较为理想。具体采用哪种架式，则要根据果园的地形地势、架材来源及经济条件来综合考虑。在平地而且经济条件好的地方，多选择水平棚架或"T"形架。而在经济状况不宽裕地方，建园初期可用简易架，以后逐渐改为"T"形架或水平棚架。在丘陵山区建园，条件好的可用"T"形架，经济条件不允许的可采用简易架。美味猕猴桃品种一般生长势旺，多以中长果枝结果为主，故多用水平棚架和"T"形架。无论哪种架式，植株都应定植在柱子间的中央部位，这样可使枝梢均匀分布于架面，同时成年以后主干也可起支撑作用。此外，各种架式的边柱均应采取加固措施，使立柱不致歪斜。

（五）施肥

1. 幼年树施肥

定植后 1~2 年的幼树，根系少而嫩，分布浅，施肥宜少量多次。一般在 11 月秋施基肥 1 次，每株施腐熟厩肥 50 千克或饼肥 0.5~1 千克，采用环状沟或条状沟施肥。前者以树干为中心，距干 60 厘米左右挖 1 条环状沟，深 40~50 厘米，宽 20~30 厘米，施入拌匀的肥料后盖土。而条状沟施肥是在距树干 60 厘米左右两边各挖 1 条深 40~50 厘米、宽 20~30 厘米的施肥沟，施入拌匀的肥料后盖土。从猕猴桃萌芽后至高温干旱来临前的 2~7 月追施速效肥 3~4 次，第一次于 2 月下旬萌芽前后施入，以后每隔 25~30 天施 1 次。追肥主要用尿素或复合肥，全年株施尿素 300 克或复合肥 0.5 千克。采用穴施或树盘撒施。

2. 成年结果树的施肥

（1）基肥　以农家肥等有机肥为主，同时辅以一定量的速效氮肥和磷肥等。施肥时期一般在采果后至落叶前的秋末季节，提倡早施，宜采果后立即施入。基肥每株施厩肥 50 千克加复合肥 0.5 千克，加过磷酸钙 1~1.5 千克。

（2）萌芽肥　一般在伤流期开始之后至萌芽前进行，以速效氮磷钾复合肥辅以稀粪尿为佳。可株施复合肥 0.5~1 千克或腐熟人粪尿 20~30 千克。

（3）壮果肥　壮果肥宜重施。一般在谢花后 1 个月内施入。同时结合多次叶面追肥。壮果肥宜施以磷、钾为主的复合肥，可株施复合肥 1~1.5 千克或腐熟枯饼 1 千克加氯化钾肥 0.5~1 千克。叶面肥可喷施氨基酸复合微肥 300 倍液，0.3%~0.4% 的磷酸二氢钾、0.3%~0.5% 的尿素、0.3%~1% 的过磷酸钙浸出液、0.05%~0.1% 的硫酸亚铁等。在结果多而树势不强旺的情况下，除 5 月中下旬追施壮果肥外，宜于 6 月再追施一次壮果促梢肥，以进一步促进果实肥大及新梢充实。其肥料施用量同前次。在施肥方法上，对于已封行的成年园特别是水平棚架果园，由于根系已布满全园，宜结合中耕进行全园普施（撒施），在土壤潮润时施入或施后灌水。

（六）水分管理

猕猴桃怕旱不耐渍，故水分管理尤为重要。防渍和防旱是管理的关键，猕猴桃渍水数天即可引起落叶、死苗死树。因此，雨水多的季节必须搞好围沟清理，及时排水，做到有渍即排。高温干旱对猕猴桃影响特别大，缺水使叶片焦枯、果实日灼、落叶落果、翌年花量减少，旱季必须及时灌溉。一般情况下，如果气温持续35℃以上，叶片开始出现萎蔫迹象时就要立即灌水。盛夏每5天左右需灌水1次。同时土壤覆盖保水对其防旱的作用明显。地表覆盖不仅能有效地防旱保水，促进根系旺盛生长，而且覆盖物腐烂之后，又是很好的肥料，供猕猴桃吸收利用。覆盖可采用树盘覆盖、行带覆盖和全园覆盖。生产上多以树盘覆盖为主，如条件许可采用全园覆盖，保水防旱效果更好。覆盖材料有秸秆、绿肥、杂草等，覆盖厚度一般为10～20厘米，以20厘米以上最佳。覆盖一般在春季即将结束、夏季高温来临之前完成，一般为6月上中旬。覆盖时注意覆盖物应与猕猴桃树干有适当距离，以防病虫危害树干。

（七）整形修剪

1. 整形

（1）单壁篱架整形　当幼树新梢长1～1.5米时，将其弯枝水平绑在第一层铁丝的一侧作为一层一臂。弯枝后，处于极性位置的1～2个芽萌发抽生二次梢，等长到1米左右时，选其中之一弯枝并水平绑在第一层铁丝的另一侧作另一臂。

（2）"T"形架整形　采用单主干上架。苗木定植后，从饱满芽处短截。当所抽生新梢长至一定高度时，从中选一直立向上、生长最健壮的作主干培养，其他枝条留作辅养枝，不必引缚，任其自然生长。同时在苗木旁插一竹竿作临时支柱，将所选主干绑缚其上。当主干长至中心铁丝时摘心，促发分枝，选其中最接近中心铁丝、生长健壮枝条两根，沿中心铁丝顺行向向两边延伸作主枝培养。

2. 修剪

（1）冬季修剪　一般在落叶后至早春伤流前进行（12月中下旬至2月上旬）。主要是结果母枝的更新，每年更新量控制在1/3左右为宜。其修剪方法为：疏去枯枝、病虫枝、细弱枝、密生枝、交叉枝、重叠枝、无利用价值的根际萌蘖枝、生长不充实的营养枝及其副梢。结果母枝依生长势强弱适当短截。一般强旺母枝轻剪多留芽，剪留40～60厘米，中庸母枝则中度修剪或轻重结合，剪留20～30厘米，细弱母枝重剪少留芽，留15～20厘米。

（2）夏季修剪　主要在5～8月的旺盛生长期进行，其修剪量较冬季修剪小。一般每年进行2～3次，第一次在花后进行，第二次于6月中旬进行。主要工作为：①抹芽。在芽刚萌动时进行，抹除位置不当或过密芽及主干、主蔓上萌发的无用潜伏芽、双生或三生芽，一般只留1芽。②疏梢。在能辨认花序时进行，首先疏除翌年不需要的营养枝及位置不当的徒长枝，其次疏过于细弱结果枝、病虫枝、密生枝等短截。对于需预留作更新用的徒长枝，在疏梢同时将其只留基部2～3芽短截，使所留芽在当年形成两个发育良好的枝。对于新梢开始卷曲和缠绕的部分及超过相应架面范围部分剪截掉。在果实基本成形后（约 7 月上中旬），对长果枝在最后一个结果部位上面留 1~2 节短截。③摘心。在开花前 10 天至始花期，对旺盛果枝白花序以上 6~7 节处摘心；营养枝则从 10~12 节处摘心。摘心后在新梢顶端只留 1 个副梢，其余全部抹除。对所保留的副梢每次留 2~3 片叶反复摘心。若副梢位置超过其应在空间，则需缩剪。

（3）雄株修剪　主要在谢花后进行开花母枝回缩与树冠清理。同时，选留近骨干枝的花枝短截，剪留 50~60 厘米，其上发的副梢连续短截，将整个花枝长控制在 75~80 厘米。除留作更新枝外的营养枝一律疏除。

（八）主要病虫害防治

1. 主要病害及其防治

主要病害有炭疽病、黑斑病（黑星病）等，可采取相应的防治方法适时防治。

2. 主要虫害及其防治

（1）金龟子类　其食性杂，幼虫称为蛴螬（俗称土蚕），在土中啃食猕猴桃幼苗根系。成虫在萌芽、开花期常群集蚕食嫩叶、花蕾和花朵，造成不规则缺刻和孔洞。被害果实表面稍隆起呈褐色疮痂状，被害处果肉变成浓绿色的硬斑。防治方法：清除苗圃和果园周围杂草，在蛴螬或金龟子进入深土层越冬之前，或越冬后上升到表土时，适时中耕，在翻耕同时结合拾虫。利用金龟子成虫的假死性和趋光性，敲打树枝震落捕杀或用蓝光灯诱杀，花前在植株周围撒施 5% 辛硫磷颗粒剂或 50% 杀螟硫磷粉剂，并翻耕土壤。花前 3 天或花蕾期树冠喷施 50% 硫磷乳剂 2 000 倍液或 80% 马拉硫磷乳剂 2 000 倍液，隔 10 天左右再喷 1 次为好。

（2）介壳虫类　以若虫刺吸枝叶汁液，常群集固着于枝干危害，严重时在枝条表面形成凹凸不平的介壳，削弱树势，甚至导致枝条或全树死亡。防治方法：用硬毛刷或细钢丝刷刷掉枝蔓上的虫体，剪除受害严重枝条，结合冬剪，刮除树干基部的老皮，涂上黏虫胶，在萌芽前喷内吸磷 2 000 倍液；若虫期（4 月中旬至 5 月中下旬）喷 50% 马拉松乳剂 1 000 倍液或 50% 混灭威乳剂 800 倍液。

（3）叶甲和叶蝉　叶甲类主要以成虫取食猕猴桃叶片、叶柄及嫩梢的皮层，叶蝉类则主要以若虫刺吸新梢嫩叶汁液。叶甲类约 4 月下旬开始零星危害，叶蝉类 3 月中下旬即开始上树，6~7 月为危害盛期。防治方法：结合清园，刮除卵块烧毁，人工捕杀叶甲成虫，4 月下旬至 6 月上旬树冠喷洒 2.5% 溴氰菊酯 2 000 倍液或 40% 水胺硫磷乳油 800 倍液。或 90% 晶体敌百虫或 40% 乐果乳油 800 倍液。

第十二节　柿子生产技术

一、柿树的生长结果习性

（一）柿树根系生长特性

1. 根系分布特点

柿树根系由主根、侧根及须根三部分组成。从功能上来讲，主根、侧根又称骨干根，须根称吸收根。柿树根系分布范围主要受砧木的影响。另外，还会受到土层厚度、土壤质地及地下水位等多种因素的影响而发生变化。

用君迁子（软枣、黑枣）作砧木，根系分布较本砧（或称共砧，即栽培种的种子作砧木）浅，主根较弱，分支力强，细根多，根毛长，肉眼可见，寿命也长，可越年生存，着生于吸收根上，吸附泥土和水分能力强，且侧根伸展很远，故耐旱、耐瘠薄。北方各地栽培的柿树多植于荒山、丘陵沟边，多用君迁子砧，主要根群分布在10～40厘米的土层内，垂直根可长3～4米，水平分布常为树冠冠幅的2～3倍。

柿树本砧的根系分布较君迁子深，主根发达，侧根和细根较少，耐湿而不耐寒，但抗热性强、耐旱，在多雨的南方适宜使用。

2. 根系生长特点

（1）生长势强　从生理学上看，柿树根系渗透压较低，不抗旱，吸水能力强。但由于其根系分权多、角度大、尖削度小，并成合轴式分权，且根毛寿命长，有利于根系向各方向扩展，形成较强的生长势，在较差的土壤环境下如多石块、土层薄、斜坡梯田、高水位等地块，可扩大吸收范围，吸收深层水分，因此提高了其抗旱性和耐瘠性。

（2）再生能力差　柿的初生根呈白色，老根有裂纹，较粗糙，内部呈白色。但柿根含单宁较多，切断或受伤后暴露在空气中立即氧化，变成黄色，较其他果树根系难愈合，恢复较慢，也不易发新根。因此，起苗移栽要注意多保留根系，深翻施肥也要注意少伤根。

（3）抗寒力差　在较寒冷的地方，秋季移栽或假植时要防止根系冻伤，影响成活。

（4）年生长期短　柿根系在年生长周期中比地上部分开始生长晚，停止生长较早。一般在展叶后，新梢即将枯顶和初花期时才开始生长，因为柿树新根发生需要较高的土壤温度，对磨盘柿的调查发现，在30厘米左右的根系分布层，土壤温度19～20℃时发生新根，新根多发生于细根的根尖、直径0.5～1厘米的粗根以及断根的断口附近。根系 1 年中有 2～3 次生长高峰期，分别是新梢停止生长与开花之前、花期之后（5 月下旬至 6 月上旬）、7 月中旬至 8 月上旬，以花期之后这一时期总生长量最大、时间最长，第三次生长量小或不出现新根。在河南省 5 月上旬大量发生新根，9 月下旬基本停长。

（二）枝芽生长特性

1. 枝芽种类

柿芽多呈三角形，位于枝条顶端的芽较肥大，向下依次变小。芽左右两侧各具一个相对且相互重叠的深褐色肥厚大鳞片。品种不同芽尖有裸露、微露和不露的区别。这与苹果、梨等果树的芽有显著区别，因为苹果、梨的芽体被多层鳞片所包被。

（1）芽　柿树的芽有花芽、叶芽、潜伏芽（隐芽）及副芽 4 种。

1）花芽　花芽为混合花芽，即具有花芽和叶芽原始体分化，通常着生于结果母枝顶端及以下的几个节位上，肥大饱满，萌发后抽生结果枝或雄花枝。

2）叶芽　叶芽比花芽瘦小，着生于发育枝顶端及侧方，或结果母枝的中下部，或结果枝的结果部位以上各节（又称果前梢部位），萌发后抽生发育枝。

3）潜伏芽　潜伏芽（隐芽）着生在枝条下部，芽体特小，寿命长，可维持 10 年到几十年，一般多不萌发，遭受刺激（如修剪、枝条受伤）后会萌发抽枝，可用于树体的更新生长。

4）副芽　副芽着生于枝条基部两侧的鳞片下，芽体大而明显。副芽一般也呈潜伏状态，其寿命比潜伏芽更长，遭受主芽受损或枝条重度剪截等刺激时，可萌发抽枝，其萌发力比潜伏芽强。一旦萌芽，其成枝力强，即长出强旺的枝条，因此柿树大枝的更新常用副芽进行。副芽是柿树更新生长、延长寿命和结果能力的理想贮备芽。

根据柿树各类芽体的特性，在整形修剪过程中，除注意利用花芽和叶芽外，还应注意保护和利用潜伏芽和副芽，促发新枝后，可用于树冠和骨干枝的更新。

（2）枝　柿树的枝条一般按其功能和生长状态划分为结果母枝、结果枝（结果新梢）、发育枝（生长枝）、徒长枝和细弱枝等。

1）结果母枝　是着生混合芽和抽生结果枝的枝条，生长势较强，一般长 10～30 厘米，也有的长 40 厘米以上或仅有 10 厘米左右。结果母枝是由强壮的发育枝、充实的更新枝、粗壮且处于优势地位的结果新梢发育形成的。一般结果母枝顶端及以下 1～3 芽多为混合花芽，春季萌发后抽生结果新梢，开花结果。中部芽萌发后成为较弱的生长枝或不萌发，下部芽一般不萌发，常利用下部芽进行嫁接。粗壮结果母枝的花芽萌发较强壮的结果枝，结果能力强，少数品种中细弱的结果母枝的花芽只能萌发成雄花枝。

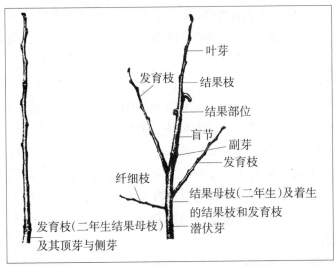

叶芽
发育枝
结果枝
结果部位
盲节
副芽
发育枝
纤细枝
结果母枝(二年生)及着生
的结果枝和发育枝
发育枝(二年生结果母枝)
潜伏芽
及其顶芽与侧芽

盛果期磨盘柿的
枝与芽

2）结果枝　又叫结果新梢，是由结果母枝上顶部（通常为 1 ~ 3 节位）的混合花芽萌发形成。结果枝长 10 ~ 30 厘米，自下而上大致可分为 4 段：基部于二年生枝的结合部位有相对而生的 2 个副芽；基部 2 ~ 4 节为潜伏芽（盲节）；中部数节着生花芽，即花着生在叶腋间而不像苹果、梨、山楂等顶端结果，但不再产生腋芽；顶部 3 ~ 5 节多为叶芽。在生长势健壮的树上，当年的结果新梢也能形成花芽，而成为翌年的结果母枝，继续抽枝结果。结果枝上着生花朵的数量，常因品种、结果枝的生长势强弱和着生部位有关。蜜柿和火晶柿等，一般 1 个果枝着生 3 ~ 5 朵花，磨盘柿和二糙柿等，一般 1 个果枝只着生 1 ~ 3 朵花，而很多甜柿品种 1 个果枝可着生 4 ~ 7 朵花。

3）发育枝　又叫生长枝，是由一年生枝上的叶芽正常萌发、多年生枝上的潜伏芽、副芽遭受刺激后萌发而成，不能形成花芽。发育枝各节着生叶片，叶腋间有芽，但不着生花。另外，分化不完全的花芽萌发的枝条（分化完全的抽生结果枝），其下部形成盲节，而上部腋芽饱满，这种枝也为发育枝。发育枝的长度很不一致，长的有 40 ~ 50 厘米，而短的只有 3 ~ 5 厘米。根据发育枝强弱的不同，又可细分为徒长枝和细弱枝。

a. 徒长枝　因其生长势很旺，所以又称"疯枝"或"水条"。这种枝条多由直立发育枝的顶芽萌发而成，或由大枝的潜伏芽遭受刺激而抽生。生长势非常旺盛，节间长，叶片大，但组织发育不充实。这种枝条较为粗壮，通常都是直立向上生长的，生长期长，如不进行控制，长度可在 1 米以上，甚至更长。在幼树和初果期柿树上，徒长枝较少发生，也没有利用价值，一般应及时疏除；盛果期后的大树上，在大的剪锯口、大枝背上或大伤口附近容易萌生徒长枝，着生位置适宜时，可及早摘心，使其形成花芽，转化为结果母枝；在衰老的柿树上，徒长枝可用于更新复壮。

b. 细弱枝 又称纤细枝，由一年生枝中部或多年生枝下部的芽萌发而成，生长细弱，长度多在 10 厘米以下。此类枝条影响通风透光，只能消耗养分，而不能形成花芽，所以修剪时应尽可能少保留。

2. 枝叶形成与生长特点

柿当年生枝条是由冬前发育的芽内雏梢形成的。柿树萌芽前，雏叶迅速发育，体积增大，当雏梢伸长，突破包被着的 2 个肥大鳞片，而鳞片未脱落，继续包被着里面的副芽，此时即为萌芽期。萌芽后随着雏梢伸长，叶片随着生长，发育成当年新梢，在新梢的叶腋间会分化新一代的芽。已分化了花芽的芽内雏梢，萌芽后随雏梢伸长，叶腋间出现花蕾，发育成结果枝。柿树只有在重修剪或受刺激或肥水充足的条件下，才会出现与梨、苹果等果树相似的芽内雏梢和芽外雏梢分化，发育成强旺的徒长枝，但这是个别现象。

柿树枝条有自枯现象，即芽萌发展叶后，枝条迅速生长，达到一定长度后，顶端嫩尖便自行枯萎脱落，其下的第一个腋芽便代替了顶芽。所以，柿树无真正顶芽，其顶芽被称为假顶芽或伪顶芽。

柿树具有生长旺盛、萌芽率和成枝力强、树势开张、层性明显、更新容易和寿命长等特点。

（1）萌芽率与成枝力强 成龄柿树的枝条除中下部的芽不萌发外，大部分都能萌发抽生结果母枝和发育枝。由于柿树易成花，幼树进入结果期后，单枝生长势明显减弱，萌发的新枝大多为结果母枝（即一年生枝多能形成花芽）。而发育枝多为结果母枝中下部的叶芽萌发，一般都较短而弱，旺的发育枝多由不能连续结果的枝条上部叶芽或由潜伏芽发出。

（2）顶端优势与层性明显 柿树的顶端优势明显，一般枝条顶端的 2 个芽非常接近，所抽生的枝条都很粗壮，而以下芽所萌发的枝条其生长势依次减弱，下部的几个芽则不能萌发而成为潜伏芽。基部鳞片覆盖下的副芽一般不萌发，一旦遭受刺激或枝条被折断，则萌发为旺长枝条，可用于更新。

柿树在幼苗期的顶芽生长优势更为明显，表现出特别强的顶端优势，从而形成树体明显的中心主干和良好的层性。在幼树期，枝条的分生角度小，多呈直立生长，随树龄的增长，大枝逐渐开张，开始弯曲下垂。

（3）潜伏芽寿命长，易于更新 柿树枝条下部的潜伏芽和基部的副芽寿命长，一旦受刺激即能长出强旺枝条。生产上常利用副芽和潜伏芽进行更新复壮，这也是柿树易更新、寿命长的重要原因。潜伏芽萌发表现出较强的背上优势，当先端结果下垂后，后部潜伏芽即能自行更新复壮。因此，在生产中放任生长柿树有几百年生的大树，还能良好地结果，表现出极强的自我更新能力。

（4）柿树萌芽晚，新梢开始生长晚，伸长期短 柿树萌芽要求温度较高，一般要求平均温度在 12℃ 以上才开始萌芽，因此萌芽比苹果、梨等树种晚，开始生长也较晚。因而成年树新梢的生长期比其他果树偏短，一般长枝只有 30 ~ 40 天，短枝、中枝的生长期一般只有 1 ~ 3 周。盛果期柿树的新梢 1 年只有春季 1 次加长生长，而加粗生长则表现为 2 次高峰，即第一次在加长生长之初，第二次在加长生长停止时，生长势较缓但持续的时间长。柿树树冠外围的延长枝、幼旺树的旺枝以及树上的徒长枝，加长生长期则要长很多，新梢年生长量可在 1 米以上，除春季生长外，在夏秋季节，往往还有二次或三次生长。

在河南省一般 4 月上旬开始展叶生长，4 月下旬生长加快，达到高峰，5 月上旬以后生长减缓，5 月中旬花期之前顶尖枯萎，停止加长生长。柿树停止生长早、叶幕形成快，有利于开花坐果、花芽分化，因此多数品种表现连续高产，结实率强，丰产，稳产。

因为柿树的花果着生在新梢中部，若生长过旺就容易造成落果，在肥水管理上要顺应枝条生长的特点，旺长期不施肥。有些品种的结果新梢生长更为特殊，呈现两节现象（如磨盘柿类），即在果实着生处下部的新梢部位明显较粗，而上部枝很细，结果多的新梢这种"两节"现象更明显，一般由于上部枝细不能抽出健壮的枝条，生产上通过"折枝采收"，把上部细枝折掉，可起修剪作用。

（三）结果习性

1. 结果年龄

柿树的整个生命周期可以分为生长期、结果初期、盛果期和衰老期。一年生嫁接苗定植 3 ~ 4 年可见果，5 ~ 6 年进入初果期，10 ~ 12 年进入初盛果期，15 年后进入盛果期，多数甜柿品种的早果性较涩柿强。柿树结果年限的长短与品种特性、环境条件及管理水平有关，在适宜环境和良好的管理条件下，柿树的经济寿命可在 100 年以上。

柿树定植后进入生长期。此阶段柿树的根系和骨干枝营养生长旺盛，新梢生长量大，可在 1 米以上，并常常发生二次梢，分枝能力强，树冠抱头生长，顶端优势明显，中心干生长旺盛。生产上此期的重点是促冠成形，同时注意抑制局部生长，促使花芽形成，达到早果丰产的目的。柿树嫁接苗若管理得当，一般栽后 3 ~ 4 年就可开花结果。

结果初期是指第一次结果至盛果期。此阶段特点是树体骨架逐渐形成，枝条角度逐渐开张，产量逐年增加，无隔年结果现象，此期长短与管理水平密切相关。生产上力求缩短这一时期，要加强土、肥、水管理，继续整形，培养骨干枝及各类枝组，以轻剪为主，使树冠迅速达到最大营养面积。后期管理重点是促使结果部位由辅养枝向骨干枝转移，采取一切措施促进成花和坐果，一般 7 ~ 10 年即可进入盛果期。

盛果期是从柿树开始大量结果至衰老前产量明显下降的一段时间。此期树冠已成形，树姿开张，外围当年抽生的新梢大部分转为翌年的结果母枝，生殖生长占明显优势，且枝条密集，下部和内膛细的枝有枯死现象，后期结果部位外移，出现大小年结果现象，内膛出现更新枝。应加强肥水管理，精细修剪，搞好更新，调整负载量，尽可能延长此期的时间。

衰老期是盛果期以后至植株衰老死亡的一段时期。此期树冠缩小，枯死枝逐年增多，产量下降，隐芽失去萌发更新能力。生产上应注意早期更新复壮，延迟这一时期的到来。

2. 花性特征与结果特点

（1）柿树花的类型　柿树的花分为雌花、雄花和两性花（完全花）。

1）雌花　是指雄蕊发育不全或完全退化的花。柿树雌花单生，个大，一般着生在较粗壮的结果枝上，在第三至第八节的叶腋间，每个叶腋间着生1朵花，以4~6节着生最多。每一结果枝上着生花芽数量的多少，与结果母枝的生长势强弱以及混合芽着生的位置有关。强壮的结果母枝，尤其是结果母枝上的顶芽，抽生的结果枝多而健壮，着生的雌花也多。一般每个结果枝上着生的雌花，少者2~3朵，多者10朵以上，通常为4~5朵。

2）雄花　是指雌蕊发育不全或不具雌蕊的花。柿树的雄花是几朵簇生于叶腋间，呈聚伞花序。每个花序有雄花1~3朵，大小只有雌花的1/5~1/2。雄花吊钟状、花柄细长，雌蕊退化，雄蕊8对，花丝较短，花药长而大，花粉量随品种而异。休眠期可从残留在枝条上的花柄粗度和长度来区别。

3）两性花　是指雌花、雄花皆发育完全的花，又称完全花。柿树的两性花具有雌、雄蕊两性，小于雌花，大于雄花。两性花又可分为雌花型和雄花型2种。雌花型的外观和雄花相似，单生于叶腋间，雄蕊退化，常易产生有核果；雄花型着生于雄花序中间，大小介于雌、雄花之间，萼片、花瓣、子房都属中间型。两性花的结实率低，其果实大小与雌蕊发育程度有关，结果后通常发育不良，果实呈长心形，大小仅为雌花果的1/3左右。

（2）柿树的花性特征　经过长期自然选择及人工选择，使得越进化的柿树品种其单性结实能力越强，雌花比例也越大，甚至无雄花和两性花。按照各种花在各品种上着生的情况，可将柿树分为3种类型。

1）雌株　即树上仅生雌花，不需授粉即能结出无籽果实（即单性结实），绝大多数栽培品种属于此类型，也称雌能花品种。

2）雌雄异花同株　一株树上有雌花也有雄花，均着生在结果枝叶腋间，栽培的柿品种中有少数品种属于这一类型。如襄阳牛心柿、黑心柿、保定火柿、样头柿。但有的品种这种特性不稳定，当营养条件好转时，则仅生雌花。说明花性转变与营养有关。

3）雌雄杂株　一株上有雌花、雄花，也有两性花。如陕西富平的五花柿。一般野生树多具有雌雄杂株特性。

目前我国栽培的优良品种多为雌能花品种，虽然雌雄同株及杂株树也有优良类型，但多为实生后代或野生类型，果小，质量差，坐果率低，栽培价值低，有的观赏价值很大。

（3）结果特点 由于大部分品种仅有雌花，所以柿的花芽大多指雌花芽。柿花芽为混合芽，着生在结果母枝的顶端及顶端以下几个侧芽部位。一般每个结果母枝着生 2~3 个混合芽，多者可达 7 个。混合芽翌年萌发后抽生结果枝，在结果枝由下至上 3~8 节的叶腋间开花结果，以 4~6 节为最多。每个结果枝上的花数不等，一般 1~5 朵，个别结果枝自基部第三节开始至顶端每节都有花着生，但仍以中部花坐果率高，质量好，抽生的结果枝生长势强，数目多。

柿树结果枝连续结果能力与生长势强弱有关，健壮的结果枝可以转化成结果母枝，连续结果，否则转化成营养枝。柿树坐果能力及连续结果能力与品种及营养状况有关，一般小果型品种坐果率高，营养水平高，连续结果能力强，否则差。而柿树大部分品种坐果与授粉关系不大，因其单性结实能力强。

3. 柿树开花坐果及果实发育

柿树在展叶后 30~40 天，进入开花期，开花时期与品种有关，而且开花延续时间也因品种不同。在河南省多数品种于 5 月上中旬开花，通常开花延续时间为 5~7 天。柿花开放有高度顺序性和向光性，在同一株树上开放的顺序与花的部位、枝势、芽分化程度、方向等有关。一般表现为上层的花先开，然后是中下层；同层的花，南向的先开，北向的晚开；在一个结果新梢上，中下部的花先开，上部的后开；雌雄同株及杂性株品种，雄花先开，雌花后开；在一个雄花序中，中心花先开。

柿果是由子房直接膨大发育而成，子房外壁、中壁、内壁分别发育为果皮、果肉和内果皮；花梗、花萼发育为果梗和柿蒂；胚珠发育成种子或发育一段时间后退化。柿栽培品种多数为单性结实，因此不需授粉受精，但有些品种则需授粉，如襄阳牛心柿、黑心柿。

柿果的生长呈现快—慢—快的生长节奏，即分为 3 个阶段。第一个阶段自坐果后至 7 月中下旬，属细胞分裂阶段，持续 40~60 天，有调查显示，此期果实纵、横径的生长量分别占成熟时总生长量的 43% 和 61%，可见此期是决定柿果大小的最关键时期。第二阶段为细胞缓慢增长期，此期约持续 50 天，增长量很小，主要是内含物积累阶段。第三阶段为细胞迅速增长期，约在成熟前 1 个月。此期细胞迅速膨大，其纵、横径的生长量分别占总生长量的 45% 和 24%，同时内部营养进行转化。从整个发育过程可以看出，柿果与其他果实的发育不同，前期细胞分裂阶段，横径生长大于纵径，而后期细胞体积增长阶段则表现出纵径生长大于横径。

4. 落花落果

柿树落果有 2 种原因：一是由于柿树本身的生理失调所引起的生理落果；二是因炭疽病或柿蒂虫等病虫害造成的落果。

柿树生理落果一般有 3 次：第一次发生在新梢迅速生长期，称落蕾。发生在柿树开花前，主要是果枝基部的花蕾脱落。主要原因是花芽分化不完全，单花质量差。第二次是在花后 2～4 周，6 月上中旬，此时主要是幼果脱落，表现为花萼与果实一起脱落，此期落果最重，占落果总数的 80% 以上，有的品种在 6 月下旬至 7 月下旬又有一次小的落果高峰。主要因营养竞争（营养转换期）和幼胚发育过早停止引起，柿树多数品种不需授粉，主要靠早期幼胚发育产生激素，调动营养，若幼胚过早退化则促进果实发育的激素减少，从而引起脱落。有些单性结实力差的品种授粉不良也是落幼果的主要原因。第三次是在 8 月上中旬至成熟前，又叫后期落果。表现为仅果实脱落而萼片残留，树上留下干柿蒂。后期落果为品种的遗传特性，如火晶柿、磨盘柿落果少，一般不会超过 10%，不易察觉，而富有、镜面柿、大红袍等落果重，最多时落果率达 2/3。

柿树生理落果的根本性原因是营养（贮藏营养和当年合成营养）的分配矛盾。在年周期中，各个物候期阶段节奏性强，营养分配中心明显。3 月中下旬为发芽期，4 月集中于营养生长，为新梢的主要生长期，5 月则专注于花芽发育和性器官形成及开花坐果，而 6 月则转向果实发育和花芽分化。但其中各物候期有很大的重叠，如新梢速长期正是花孕育、性器官形成期；开花坐果期正是根系生长高峰。与其他果树不一样，柿树根系晚于地上部活动，7～8 月果实发育、花芽分化时，根系生长也会争夺营养，特别是柿果本身多单性结实，调动、争夺营养的能力差，更易导致营养分配不均的问题。

二、柿子的种类与优良品种介绍

（一）柿树品种的类型划分

作为一个优良品种，要具备好看、好吃、易种植、耐贮运等突出特点。我国目前柿树良种很多，不仅有早、中、晚熟之分，还根据其在树上成熟前能否自然脱涩有涩柿与甜柿之分。我国原产的柿品种除罗田甜柿及近年从中优选的几个品种属完全甜柿外其他均属涩柿。这里所说的柿子的"甜"与"涩"与含糖量无关，而是决定于其中的单宁形态。其实，严格地按学术上的分类方法，柿有 4 种不同的品种类型。

1. 完全涩柿

此类品种的果实在树上成熟后至软熟前不能完成脱涩，采后必须经过人工脱涩或后熟作用脱涩才能食用。不论果实有无种子，在果实完全软化前均不能自然脱涩，果肉内也不形成褐斑。我国原产的绝大多数品种基本都属于这一类。

2. 不完全涩柿

此类品种的成熟种子周围会部分脱涩，而种子的作用范围较小，自然脱涩度低，如平核无、甲洲百目、衣纹等。通常我们将之归为常说的涩柿范畴。

3. 完全甜柿

此类品种的果实不论有无种子，均能在树上自然完成脱涩过程，且脱涩完全彻底。果肉内基本无褐斑或形成少量褐斑，褐斑的点很细，肉眼看上去不明显。种子少时，商品价值更高。如富有、次郎、阳丰、新秋、伊豆、骏河、花御所太秋及我国的罗田甜柿、甜宝盖等。

4. 不完全甜柿

此类品种的果实只有在授粉条件好，每果中形成的种子达到一定数量（标准因品种而异），果肉才能完全彻底自然脱涩，如果授粉条件不好，无种子形成或种子少时，果肉就不能自然脱涩或脱涩不完全，如禅寺丸、西村早生、海库曼、东洋一号等。其种子的作用范围较大，在种子周围的果肉中会出现许多褐斑，带褐斑的果肉是甜的，否则就是涩的。换句话说，不完全甜柿必须有种子存在，才能表现出甜柿的特性。可能会因为种子的形成差异，出现果实微涩，或一半涩一半甜，一株树上有的涩有的甜的情形。

选择优良品种时，要遵循区域化与良种化的原则，现在多数主产区柿产业的主要问题是品种结构不合理或品种退化。在这种情况下，只有改变品种结构，根据当地气候特点、土壤条件，按栽培用途引进和发展市场适销的优良品种，并注意早、中、晚熟品种的适当搭配，才有可能扭转这一局面，但要注意分析原产地与引种地生态条件的差异性质及差异程度。提高种柿树的经济效益，增加农民收入。

这里介绍一些在黄河中下游及中原地区表现较好的涩柿和甜柿优良品种，供种植者参考。

（二）涩柿良种

1. 七月糖（早）

因早熟而得名。果实较大，平均单果重 180 克，扁心脏形，橙红色。果顶凸尖，皮薄，肉多，汁浓，味甜，可溶性固形物含量 17% 左右，纤维少。品质中上等，特别早熟。

树冠圆锥形，树势中健，叶片深绿色。在原产地洛阳地区 8 月下旬成熟。

该品种早熟而不耐贮藏，宜鲜食，以硬柿或软柿供应市场。其成熟时正值多雨季节，对于采集和贮运都极为不利。

2. 雁过红

各地命名不一，又名艳果红、圆冠红。

果实大，平均单果重150克，扁心脏形，朱红色。果顶尖，十字沟明显，果基部方圆形。果皮薄，果肉纤维少，质脆，汁多，味极甜，含糖量19%左右。萼片中等大，蒂平。

树冠开张，枝梢下垂，树势较弱。新梢紫红色，叶片中等大，卵圆形，先端急尖。

该品种属早熟品种，硬食或软食皆宜，也用于制饼。有一定的适应性，对肥水条件要求较高，不适宜土壤贫瘠的地区，肥水不足时产量明显下降，大小年现象严重。在年降水量小于500毫米的地区较难适应。

3. 树梢红

属早熟鲜食品种。原产自河南洛阳一带。

果实大，扁方形，平均单果重150克，最大可达210克，果实大小基本一致。果皮光滑细腻，橙红色，果蒂绿色，蒂洼深。果肉橙红色，纤维少，无褐斑，味甜，汁多，少核或无核，品质上等。

树势中等，树姿开张，树冠圆头形，树干皮浅灰褐色，裂纹细碎，较光滑。叶片小，椭圆形，先端急尖，基部楔形。叶片浓绿色，有光泽，叶背有少量茸毛，叶柄中长。只有雌花。

结果枝着生在结果母枝上第一至第六节，生理落果少，产量稳定。在肥水条件良好、连年修剪的情况下，几乎无大小年现象。适应性一般，在中原地区都可栽培。

该品种由于早熟性好，生理落果少，产量稳定，作为地区配植品种极受欢迎，能填补市场空缺，经济效益可观，被认为是很有发展前途的优良品种。

4. 博爱八月黄

系河南北部的主栽品种。

果实中等大，平均单果重130克，扁方形。果顶广平或微凹，十字沟浅，基部方形。果蒂较大，方形半贴于果。无核，果肉致密而质脆，纤维粗，汁较多，味甜，可溶性固形物含量17%左右。

树体高大，树冠圆头形，树姿开张，新梢粗壮，棕褐色。叶片椭圆形，先端渐尖，基部楔形。隔年结果现象不明显，适应性强，但易受柿蒂虫危害。

该品种可以鲜食，但主要用于加工。加工的柿饼肉多味纯，霜白甘甜，以"清化柿饼"闻名于国内外。

5. 满天红

分布于豫北太行山余脉，河北称为大红袍或满得红。

果实大，平均单果重200克，扁圆形，橙红色。果顶圆而平，一般无缢痕，个别在近蒂部有缢痕。皮薄，肉细，味甜，可溶性固形物含量17%左右。

树势健壮，枝条开张。适应性中等，在山地、平原地区均可栽植。

该品种果实容易脱涩，以鲜食为主，也可制饼。

6. 绵柿

又名绵羊头，原产自太行山区南部地区。

果实中等大，平均单果重 135 克，短圆锥形，橙红色。果顶狭平或圆形，具 4 条明显纵沟，基部缢痕较浅，蒂小，果柄中等长。肉质绵，纤维少，汁液多，味甜柔，品质优，多数无核。

树势强盛，树姿逐渐展开，呈自然半圆形，萌芽率和成枝力均强，新梢褐色。叶片纺锤形，先端锐尖，基部楔形。适应性广，抗寒、抗旱、耐涝，容易发生的病害主要有圆斑病和角斑病。

该品种属早中熟品种。果实宜鲜食，也可制饼。

7. 荥阳水柿

原产自河南省荥阳，在河南中部栽植相当普遍，黄河流域各地都有引种。

果实中等大，平均单果重 145 克。果形不一致，有圆形和方圆形，但圆形的较多。果基部略方，顶端平。蒂突起，呈四瓣形。萼片心形，向上反卷。纵沟极浅，无缢痕，果皮细而微显网状，果粉少。果肉橙红色，味甜，多汁，多数无核，品质上等。

树体高大，树姿呈水平开张，树冠自然半圆形，枝条稠密，有椭圆形斑点。叶片大，广圆形，叶脉深绿色，叶柄长而粗。结果母枝产生结果枝能力极强，在一个结果母枝上往往能产生 2～4 个结果枝，特别是幼旺树，结果母枝能长到 25 厘米以上。

该品种适应性强，对土壤条件要求不严，树势强健，抗病力强，丰产性极好，果实最宜制饼，在黄河中下游都可栽植，且表现良好。

8. 水板柿

原产自河南新安，在豫东、晋南及陕西省东部都有栽培。

果实极大，平均单果重 300 克，扁方形，大小均匀。果皮细腻，橙黄色。果梗粗，中长。果蒂绿色，蒂洼浅，蒂落圆形。果肉橙红色，风味浓，味甜，汁多，品质上等。一般 1～3 粒种子。果实容易脱涩，自然放置 3～5 天即可食用，软后皮不发皱。若用温水浸泡，1 天即可完全脱涩。耐贮性好，在一般贮藏条件下，4 个月内果的质量保持不变。

树势中强，树冠圆头形，半开张，树干灰白色，裂皮宽大。叶片倒卵形，先端狭而急尖，基部锐尖，叶背茸毛多，叶柄长。结果部位在结果枝第三至第五节，自然落果少。具有较强的抗逆性和丰产稳定性。

该品种是一个较有发展前途的优良品种。现在各地都在引种，尤其是山东、山西、河北、陕西等省引种数量较大。

9. 新安牛心柿

树冠开张，枝稀疏。果实极大，平均单果重 240 克，心脏形，果顶渐圆而尖，无缢痕和纵沟。蒂中大，方圆形，萼片平展。果皮细，肉质脆，纤维多，汁特多，味浓甜，少核或无核。

该品种晚熟，鲜食或加工均可。适应性广，平地、山地都能生长，最喜肥沃的沙壤土，所以在黄河流域栽培比较普遍。

10. 猪皮水柿

又叫水柿、猪皮柿，原产自河南荥阳南部、洛阳西部等丘陵地区。

果实中等大，平均单果重 120 克，高桩的扁圆形，横断面略方，橙红色，无纵沟，果顶广平，微凹。蒂方，微平。皮粗厚，常有猪皮状花纹而得名。肉质脆，汁稍多，味甜，可溶性固形物含量 1% 左右。无核或少核。

树冠圆头形，侧枝多而下垂，细枝褐色，多茸毛。叶片大，广椭圆形，先端渐尖。

该品种晚熟，最宜制饼，也可硬食。适应性强，特别耐瘠薄、抗干旱，是山区丘陵地区的优良品种。

11. 灰柿

系河南省主栽品种之一。

果实较小，平均单果重 80 克，果扁圆形，果底平。果梗中长，梗洼狭而平。萼片反转。果皮及果肉皆为橙黄色。可溶性固形物含量 16% 左右，可做冻饼。

树势强健，树冠圆锥形。枝条较细，树干外皮粗糙，新梢紫褐色，先端有茸毛，皮孔多而大。叶片椭圆形，较厚，叶脉浓绿色，有光泽。

该品种成熟期较晚。适应性强，落果少，产量稳定。

12. 平核无

系从日本引入的涩柿品种，在日本为主栽涩柿品种。

果实中等大，平均单果重 120 克，大小整齐。果实扁方形，成熟时橙红色，软化后红色，果皮细腻，果粉多，无网状纹，无纵沟，无缢痕。果顶广平、微凹，萼片 4 枚，扁心形。果实横断面方圆形。果肉橙黄色，多汁，纤维粗而长。果髓小，成熟时实心，可溶性固形物含量 15%～17%。

树势中庸，树姿开张，树冠自然半圆形。分枝多，皮孔长圆形。冬芽尖端微露在鳞片外。叶片中等大，卵圆形，先端阔急尖，基部圆形，浓绿色，腹面稍有光泽，背面淡黄色，茸毛少。全株仅有雌花，着生在 3～7 节。萌芽率高，发枝力较强。

该品种适应性广，我国各地均可栽植。

（三）甜柿良种

1. 次郎

属中熟完全甜柿。

果实属大果型，扁方形，单果重 200～250 克，整齐度比富有差。果皮光滑、细腻、有光泽，完全成熟之后呈橙红色，果粉多。果顶平，微凹，果顶十字沟也很明显，容易开裂，细小的裂纹则几乎所有果实都有。横断面方形，具 4 条极浅纵沟，宽面清晰，无缢痕。柿蒂大、平。果梗粗而短，抗风力强。果肉黄微带红色，褐斑极细小且少，硬柿味甜、质地脆，肉质致密稍脆，但略带粉质，果实变软后口感变差。果汁较少，可溶性固形物含量 17% 左右，能完全脱涩。

树冠自然圆头形，树势强健，树姿稍直立。枝条较粗短，节间短，分枝多，容易密聚，结果量过多时容易压断。嫩叶呈特殊的淡黄绿色，持续很长时间，这是区别于其他品种的特征之一。无雄花。

单性结实能力强，无核果多，生理落果不多，隔年结果现象少。但种子形成容易，授粉之后种子过多，会影响其商品性，所以一般不配植授粉树或极少量配植，以增强坐果稳定性。

本品种因为与君迁子有良好的亲和性，目前是各地栽培最多也最理想的主栽品种。

2. 阳丰

属中熟完全甜柿。

果实大，平均单果重 230 克，扁圆形，大小较整齐。果皮深橙红色，软化后红色，果粉较多，不裂果，无网状纹，无裂纹，无蒂隙，无纵沟。果肩圆，无棱状突起，偶有条状锈斑，无缢痕。十字沟浅，果顶广平、微凹，脐凹，花柱遗迹呈断针状。果柄粗、长。柿蒂大，圆形，微带红色，具有断续环纹，果梗附近斗状突起。萼片 4 枚，心脏形，平展。相邻萼片的基部分离，边缘互相不重叠。果实横断面圆形。果肉橙红色，黑斑小而少，肉质松脆，软化后黏质，纤维少而细，汁液少，味甜，可溶性固形物含量 17% 左右，商品性极好。髓大，成熟时实心，种子 2～4 粒。单独栽培时无核。在国家资源圃 10 月上中旬成熟。易脱涩，耐贮性强。

树势中庸，树姿半开张。休眠枝上皮孔较明显。无雄花，极易成花，雌花量大，坐果率高，生理落果轻，极丰产。

与君迁子嫁接亲和力较强，单性结实率强，但配植授粉树后产量增加，开始结果早，特抗病，较不抗旱，是目前综合性状最好的甜柿品种之一，可大量发展。但由于着花多，易坐果，为生产优质果，必须严格疏果，控制产量，并加强肥水管理。

3. 兴津20

属中熟完全甜柿。

果实方心形，横断面方圆形，中等大，平均单果重140克，最大果重170克。平均纵径4.9厘米、横径6厘米，大小整齐。果皮橙黄色，软化后橙红色，细腻，果粉较多，无网状纹，有横向裂纹，无蒂隙，软后难剥皮。无纵沟，无锈斑，无缢痕，无十字沟。果顶圆形，脐平，花柱遗迹簇状。蒂洼深、狭，果肩圆，无棱状突起。果柄粗，较长。柿蒂较大，方圆形，微带红色，略具方形纹，果梗附近斗状突起。果肉橙红色，黑斑小而少，纤维少、细、短，肉质松软，软化后水质，汁液多，味浓甜，可溶性固形物含量高达22%，品质上等。髓较大，成熟时空心，种子多2粒。果实能完全软化，软化速度快，软后果皮不皱缩、不裂。耐贮性强。宜鲜食。在国家资源圃9月上旬果实开始着色，10月上旬果实成熟。

花量较少，单性结实率高，容易坐果，生理落果不多，在瘠薄地栽培时，技术措施要跟上。对干旱抵抗力强，不容易感染炭疽病。与君迁子嫁接亲和力强。树势旺，进入结果年龄早，丰产，耐贮，品质优，汁液较多，味浓甜，有望成为次郎的替代品种。

4. 新秋

属晚熟完全甜柿。

果实特大，扁圆形，平均单果重240克，最大可达340克。果皮橙色，果顶平，果面光滑，无纵沟。果肉橙黄色，肉质致密，汁液中多，味甜，可溶性固形物含量可达18%，品质上等。褐斑少，种子2~4粒。

树姿较开张，树势中庸。叶片小，长椭圆形。全株仅有雌花。花量大，单性结实力较强，坐果率高，生理落果少，丰产性和抗病性均较强，具有一定的市场前景。但近果顶处易污染，且污染处易软化，特别在干旱有风的地区较严重。

果实在顶部变为橙黄色、基部变为黄色时即无涩味，成熟期比次郎早，在国家资源圃10月上旬成熟。

5. 大秋

又称太秋，属日本近年推出的中熟大果型完全甜柿。

果实特大，平均单果重20克，扁圆形。果皮橙黄色，果面无纵沟，横断面方圆形，果肉黄色均一，褐斑少或无褐斑。肉质酥脆，口感甜爽，汁多味浓，可溶性固形物在18%以上，10月初果实成熟。结果早，结实力强，有极高的商品性。在一些试栽区品质明显优于次郎。其栽培适应性有待观察。

6. 富有

属晚熟完全甜柿。

果实扁球形，中等大，平均单果重200克。横断面圆形或近椭圆形，果顶丰圆，果皮橙红色，无纵沟，通常无缢痕，赘肉呈花瓣状。果梗短而粗，抗风力强。

肉质松软，有的具有紫红色小点，汁中等，味浓甜，可溶性固形物含量 14% ~ 16%，品质上等。褐斑少，种子少。果实自然脱涩早，鲜果耐贮运。

树势中庸，树姿开张。一年生枝粗且长，节间长，休眠枝略呈褐色，皮孔明显而突起，仅有雌花。萌芽迟，抗晚霜能力强，但在有早霜危害的地区果顶易软化。适应性强，开始结果早，大小年现象不明显。在国家资源圃 10 月下旬成熟。

该品种是日本甜柿中最有经济价值的品种，也是目前世界上栽培面积最大、产量最高的完全甜柿生产品种。与君迁子、油柿等砧木嫁接不亲和，生产上采用本砧（如禅寺丸、野柿等实生苗）。

7. 禅寺丸

属中熟不完全甜柿，授粉品种。

果实短圆筒形或扁心形。平均单果重 144 克左右，最大可达 170 克左右，大小不整齐。果皮暗红色。无纵沟，胴部有线状棱纹，果柄长。果肉内有密集的黑斑。种子多，种子少于 4 粒的果实不能自然脱涩。肉质松脆细嫩，汁液多，味甜，可溶性固形物含量 14% ~ 18%，品质中上等。

树势中庸，树姿开张。休眠枝节间短，皮孔稍明显，叶片长卵形，新叶黄绿色、微褐色。在国家资源圃 10 月上旬成熟。耐贮性较强。落果少，丰产，但大小年较明显。该品种有雄花，且花粉量大，宜作授粉树，因雄花通常在弱枝上着生，作授粉树时可在树冠形成之后不再修剪。

耐寒性较强，与君迁子嫁接亲和力强，实生苗可作富有系品种的砧木。

8. 西村早生

属早熟不完全甜柿，有雄花。

在早熟品种里果实最大，单果重 180 ~ 200 克，大小也较均匀。果形比富有略高，扁圆形，果顶也较富有尖，蒂部无皱纹和纵构，柿蒂与富有近似，整齐而美观。果皮浅橙黄色，果皮细腻有光泽，着色好，完熟以后略带橙红色。无核果的果肉呈橙黄色，有涩味。通常长有 4 粒以上种子的果实才能完全脱涩，果肉中有大量褐斑，大而密，尤其在种子周围更密。肉质粗而脆，软后黏质，可溶性固形物含量 14% 左右，味稍淡。果汁较少，早采时略有涩味，在早熟品种中较耐贮运。

树势强，倾向于矮化，通常高接树生育良好。枝稀疏，发芽早，易遭晚霜危害。有雄花，但用作授粉树则花量太少，花粉量不多，尤其是幼树雄花量更少。雌、雄花的开花期都较早。

隔年结果现象不明显，落果也少，产量略低，但较稳产。算是良好的早熟品种。单性结果能力较强，但种子不足 4 粒的果实不能完全脱涩。为了生成足够的种子必须进行人工授粉，授粉树以雄花开花早的早熟品种赤柿为宜。

三、柿子的生产技术

柿子，柿科，高大落叶乔木。原产于中国，在各地分布较广，已有一千多年的栽培历史。中国、日本、韩国和巴西是主要产地。

目前，河南省栽培的涩柿主要有斤柿、高顶黄、牛心柿、磨盘柿、小红柿等，甜柿主要有富有、次郎、西村早生、伊豆、平核无、太秋等。

（一）育苗

柿树常规育苗，一般是第一年育砧，第三年劈接或切接，第三年冬季或第三年春季出圃。

1. 选好圃地，早备苗床

选背风向阳、土壤疏松、肥力较高的田块作圃地。11 月上旬深耕细粑，做成畦，畦宽 120 厘米。每亩施厩肥 4 000 千克、过磷酸钙 200 千克作基肥；再用硫酸亚铁 15 千克、辛硫磷颗粒剂 5 千克进行土壤消毒和灭虫。

2. 温水催芽，早春播种

2 月上旬播种，每亩用种量 12 千克。播前用冷开水浸种 2 天，置于有草袋垫盖的箩筐中，每天喷洒 40℃的温水催芽，保持种间湿度在 20%～50%，露白时播种。条播，行距 30 厘米，播深 2 厘米，播后盖土齐床面，再覆盖稻草。

3. 强化管理，培育壮砧

出苗后揭除稻草。经常除草松土，雨后排除积水，旱时进行灌水。齐苗后每隔 10 天喷施 0.2%的尿素溶液或磷酸三氢钾溶液 1 次；苗高 20 厘米后，每亩施尿素 25 千克。5 月间苗，每平方米留苗 40～50 株。苗高 40 厘米时摘心。第三年春季，嫁接前，每亩追高氮复合肥 30 千克。夏季要及时除草和治虫。

4.3 月上中旬突击劈接（第三年）

（1）削接穗　将采集的接穗去掉梢头和基部芽子不饱满的部分，把接穗枝条截成 8～10 厘米长、带有 2～3 个芽的接穗，接穗封蜡。然后在接穗下芽 3 厘米处的下端两侧削成 2～3 厘米长的楔形斜面。当砧木比接穗粗时，接穗下端削成偏楔形，使有顶芽的一侧较厚，另一侧稍薄，有利于接口密接。砧木与接穗粗细一致时，接穗可削成正楔形，这样不但利于砧木含夹，而且两者接触面大，有利于愈合。接穗面要平整光滑，这样削面容易和砧木劈口紧靠，两面形成层容易愈合。接穗削好后注意保湿，防止水分蒸发和粘上泥土。

（2）劈砧木　根据砧木的大小，可从距地面 5～6 厘米高处剪断或锯断砧木，并把切口削成光滑平面以利愈合，用劈接刀轻轻从砧木剪断面中心处垂直劈下，劈口长 3 厘米左右。砧木劈开后，用劈接刀轻轻撬开劈口，将削好的接穗迅速插入，使接穗与砧木两者形成层对准。如接穗较砧木细，可把接穗紧靠一边，保证接穗和砧木有一面形成层对准。粗的砧木还可两边各插一个接穗，出芽后保留一个健壮的。

插接穗时，不要把削面全部插进去，要外露 0.1 ~ 0.2 厘米，这样接穗和砧木的形成层接触面较大，有利于分生组织的形成和愈合。

（3）绑缚　接合后立即用塑料薄膜带绑缚紧，以免接穗和砧木形成层错开。为了防止切口干燥，劈接后要埋土保湿。插好接穗绑缚后，再用湿土把砧木和接穗全部埋上。埋土时可由下而上在各砧木以下部位用于按实，接穗部位埋土稍松些。接穗上端埋的土要更细、更松些，以利于接穗萌发出土。

（二）涩柿栽培技术

1. 定植

柿的定植适期是在冬季休眠期，时间约在 12 月至翌年 3 月。种植行株距为（4 ~ 5）米 × 7 米，每亩种植 20 ~ 24 株。定植时栽植穴混合腐熟的有机质，株间可撒播果园草。

2. 土壤管理

（1）多施有机肥　土壤缺乏有机质时柿树易发生根腐病，为提高土壤有机质含量以有利根系生育，施用腐熟的有机肥，以增加土壤有机质含量，改善土壤状况及减少根腐病发生的机会。

（2）生草栽培　柿树耐旱力弱，为使柿树生长良好，除深耕、有机质施用外，应进行果园生草栽培，生草后定期刈割后将干草覆盖在树冠下，以防止土壤流失、提高土壤肥力，增加土壤保水力及排水能力，防止土壤温度迅急变化等。

3. 防止落果

柿树有落果现象，除生理落果外尚有后期落果，防止方法包括：

（1）提供授粉源　牛心柿与石柿以雌花为多，嫁接授粉枝条可防止落果，同时牛心柿授粉后果实较长圆且大，但其缺点是授粉后果实有种子，影响柿饼的制作。

（2）环状剥皮　开花期前后进行主干或主枝环状剥皮，可显著减少落果现象，是目前果农常用的方法，但实施后根部生长停顿，树势衰弱，果实着色及品质差，应避免使用。

（3）加强栽培管理　避免强剪抑制枝梢徒长，控制氮肥施用及水分调整，疏营及疏花防止开花过多，喷多效唑等措施，均对落果的防止有所助益。

4. 冬季管理

在冬季，柿子树园的管理工作有 3 个重点，即增肥、修剪、清园。

（1）增肥改土　柿子树属深根性树种，应扩穴改土增施肥料才能树势旺壮。投产柿树在冬季要扩穴改土，穴长 1 ~ 1.5 米、宽 0.4 米、深 0.4 ~ 0.5 米。回填表土时，株施土杂肥 100 ~ 150 千克或猪牛粪干 50 千克或 1 ~ 1.5 千克过磷酸钙等，与表土混匀后填入下层，穴面用园内表土填平。也可深翻改土，即有机肥撒施在树冠滴水线处，然后在须根际处深翻 20 厘米。

（2）修剪枝条　树冠高大或枝条交叉荫蔽的成年投产树，要在冬季落叶后进行适度回缩修剪，采用短剪为主，疏缩结合办法，剪去密生枝、交叉枝、徒长枝和病枯枝，促使枝条分布合理，剪成合理树势。

（3）冬季清园　冬季修剪应彻底清除病果、病蒂、枯枝及落叶，清除越冬病虫源。介壳虫危害重的柿子树，在春季发芽前应喷布 95% 机油乳剂（蚧螨灵）150 倍液或 5 波美度石硫合剂加以防治。

（三）甜柿栽培技术

日本甜柿在树上可以自然脱涩，营养和保健价值均高于涩柿，且柿子色泽艳丽，甘美爽口，维生素 C 含量高，保持脆度时间长，携带方便，货架期长，深受市场欢迎，栽培效益相当可观。

1. 园地选择

日本甜柿耐瘠薄，抗干旱、耐涝，对土壤要求不严，但为保证柿子果实优质，宜选含盐量低，pH 值在 5 ~ 7.5，土层深厚，有灌溉条件且排水方便的地块建园。

2. 栽植

选用壮苗定植，要求苗径 1 厘米以上，根系发达，接口愈合良好，无病虫危害。株行距 3 米 ×4 米，配置适量授粉树，比例不少于 8:1。

3. 土、肥、水管理

（1）土壤改良　每年柿果采收前对土壤深翻 60 厘米，施土杂肥、作物秸秆等有机肥，以改善土壤理化性质，提高土壤保肥保水能力。

（2）合理施肥　每年柿果采前 10 天，株施土杂肥 100 千克，氮磷钾复合肥 1 千克及适量微肥。此项工作可结合土壤改良进行。每年柿树新梢停长后，开花前（5 月中旬）每株施尿素 0.5 千克；柿果膨大期（9 月上中旬），施磷酸二铵 0.5 千克，硫酸钾 0.5 千克。

（3）叶面喷肥　盛花期喷 0.3% 尿素 +0.3% 硼砂混合液 1 次；花后喷 0.3% 尿素 +0.3% 磷酸二氢钾 +5% 草木灰浸出液，15 天 1 次，连喷 3 ~ 5 次。

（4）灌水与排涝　正常年份结合追肥灌水 3 次左右，可满足柿树正常结果。如天气干旱，可适当增加灌水次数。阴雨季节及时排除积水。

4. 整形修剪

日本甜柿树形以小冠疏层形为宜。通过修剪保证冠内通风透光，及时更新复壮结果枝组，防止结果部位外移，使结果枝组在树冠内均匀分布，一般同方向结果枝组间的距离不小于 30 厘米。应重视夏剪，6 月以前要疏除过于密挤的枝叶，以改善通风透光条件，对于生长旺盛的发育枝，留基部 20 厘米进行摘心，促发二次枝，这些二次枝当年即可形成花芽，成为明年的结果枝。

5. 花果管理

日本甜柿的花为虫媒花，为保证充分授粉，可在果园放蜂或进行人工授粉。由于雄花在开放后花粉很快散尽，所以要在雄花瓣呈黄白色而尚未开放时采花制粉，或采集刚刚开放的花。该品种为大果型品种，必须做好疏花疏果工作。一般每个结果枝上保留 1~2 个果实最好，小枝、弱枝和延长枝上不要留果，并尽量使保留的果实在树冠内分布均匀。

6. 适时采收

采收过早或过晚均不好，待柿果外皮转红而肉质尚未软化时采收品质佳，最适采收期为果皮正在变红的初期。采收的方法有两种：一是折枝法，二是摘果法。摘果法可不伤果枝，使有些连年结果的枝条得以保留，采收时应以此法为主。

7. 病虫防治

日本甜柿的主要病虫害有柿圆斑病、柿炭疽病、柿蒂虫、柿绵蚧、柿绒粉蚧等。防治病虫害应遵照"预防为主，综合防治"和"治早、治小、治了"的原则。春季发芽前喷 1 次 5 波美度石硫合剂，铲除越冬菌源及虫源；展叶至开花前树上喷 25% 噻嗪酮可湿性粉剂 1 500 倍液或 40% 乐果乳油 1 000~2 000 倍液，或 80% 敌敌畏乳油 1 000 倍液或 40% 杀朴磷乳油 1 000~2 000 倍液，防治柿绒粉蚧、柿绵蚧；5 月下旬至 8 月中旬注意防治柿蒂虫、舞毒蛾等，药剂可用 50% 杀螟硫磷乳油 1 000倍液或 40% 乐果乳油 1 500 倍液，或 2.5% 溴氰菊酯乳油 3 000~5 000 倍液；6 月上旬至 9 月，每隔 15 天喷 1 次杀菌剂，如 1∶5∶400 倍波尔多液，50% 多菌灵可湿性粉剂 800 倍液，70% 代森锰锌可湿性粉剂 600 倍液或 10% 苯醚甲环唑水分散粒剂 2 000~2 500 倍液，防治柿炭疽病、柿圆斑病等；入冬前翻耕树盘，消灭越冬幼虫；进入冬至时节，扫除落叶、杂草、病果，剪除病枝、刮除树老皮，集中烧毁，以消灭越冬菌源及虫源。

8. 注意事项

甜柿在树上自行脱涩，食用方便，耐贮运等特点，深受果农和果商的喜爱，近年来发展很快，在具体栽植时须注意以下几点：

（1）选好适生区　生长地区温度过高、口感欠佳，温度偏低、树上不能完成脱涩。因而不能盲目发展，要因地制宜地在适生区栽培。

（2）选好品种　可根据当地立地条件和市场情况以早、中、晚熟品种按比例栽培，并配植授粉树。

（3）适时栽培　可分 2 个阶段，落叶土壤封冻前为第一阶段，解冻后至萌芽期为第二阶段。

（4）浇足定植水　柿树渗透压低，毛细根易失水，定植水是栽植成功的关键。

（5）施肥　少施化肥，多施农家肥，防止肥害。

（6）喷药　喷药量较轻，常用菊酯类或生物药，谨防药害。

（7）修剪　柿树喜光，通风透光是生长结果的关键，修剪务必注意营养积累和营养生长，做到生长、结果两不误。

第三章　果树设施栽培

【知识目标】
1. 了解生产上常用的果树设施栽培方式。
2. 了解不同类型设施的结构和性能。
3. 了解适合设施栽培的果树品种。

【技能目标】
1. 掌握设施内环境调控的基本技术。
2. 掌握葡萄、桃、草莓等果树的温室管理技术。

果树设施栽培是指利用温室、大棚等保护设施的采光、增温及保温效果，在不适合果树生长发育的严寒季节，创造果树生长发育所需的特殊环境条件，进行反季节生产，使果实提早或延迟上市，以达到经济高效的栽培方式。

设施栽培果树在国外的蓬勃发展，始于 20 世纪 40 年代，到 60 年代末期，日本、意大利、荷兰、澳大利亚等国对此给予了高度重视。尤其是日本，至 1986 年果树的设施栽培面积已达 13 500 公顷，现在仍以每年 10% 的速度增加。设施栽培所涉及的果树种类如草莓、葡萄、桃、杏、李、樱桃、无花果等，有 40 余种。河南省近年来，设施蔬菜发展十分迅速，取得了很好的经济效益，但还远远落后于邻省山东省。设施果树除草莓有所发展外，其他如葡萄、樱桃、桃、杏等果树刚有零星栽培，尚处于起步阶段。随着经济全球化的加快和人们生活水平的提高，反季节优质果品有着广阔的市场。而河南省的大部分地区处在北纬32°～36°，同种果树的设施栽培，其成熟期较山东早熟 7～10 天，较河北、东北更早，是设施栽培的最佳地区，且设施果树栽培在国内又刚刚开始，所以应抓住机遇，大力发展，抢占果树生产的制高点。

第一节　果树设施栽培的意义

一、拉长了鲜果的供应时间

设施条件下，经过环境条件的人为控制，使果树能够提早成熟或延迟采收，基本达到鲜果的周年供应。如设施樱桃和杏，可在 3～4 月成熟；桃、李可在 4～5 月上市；草莓可一年四季结果；葡萄可提前到 4 月采收，延迟栽培时，可在 1 月上市等。极大地拉长了新鲜果品的供应时间，丰富了人们的生活。

二、扩大了优良品种的栽植区域

我国北部广大地区由于气候寒冷，许多优良品种露地栽培时不能正常成熟，利用设施栽培，可使这些品种的栽植北限大幅度北移。而我国南部，降水量大，高温高湿，露地栽培时，有些优良品种的病虫害难以控制，采用简易避雨设施，能使它的栽植区域向南大大推进。

三、保证了丰产、稳产

设施栽培可根据果树生长发育的需要，人为控制设施环境中的温、湿、气、水等条件，实施定向栽培，有效地避免了低温、降水、大风等自然灾害的侵袭，减轻了病害，保证了果树正常的生长发育，为丰产、稳产奠定了基础。

四、提高了果实品质

设施条件下，人为控制了设施环境，减少了病虫危害，大大降低了农药用量；重施有机肥，少用了化肥；再加上设施的屏障作用极大地减轻了因水、肥、农药、空气等造成的污染，提高了果实品质，真正地生产了无公害的"绿色果品"。

五、增加了经济效益

由于果树的设施栽培以补充供应淡季鲜果为目标，因此较大的季节差价，使它比露地栽培果树的经济效益要高得多。如保护地栽培的果树以亩为单位，其产量和效益如下：草莓产量 1 800 千克，效益 1 万～2 万元；葡萄可产 1 500～2 000 千克，效益 2 万～4 万元；樱桃 500～750 千克，效益 3 万～6 万元。与露地栽培相比，每亩的经济效益提高了 5～6 倍。

第二节　果树设施栽培的方式及类型

一、设施栽培的方式

果树设施栽培从设施形式上可分为温室、大棚和简易覆盖 3 种；从覆盖材料上可分为玻璃温室、塑料薄膜日光温室、塑料薄膜大棚；从增温方式上可分为加热温室和日光温室；从栽培类型上可分为促成栽培和延迟栽培。生产上应用较多的是加温和不加温促成栽培。

1. 加温栽培

冬、春严寒季节，在棚室内实行人工加温，以促进早熟为目标，可使同一品种提早成熟 2～3 个月。根据加温时间的早晚可分为超早期加温、早期加温和普通加温 3 种。在年前 11 月或 12 月进行覆盖并开始加温的为超早期加温；在 1 月上旬加温的为早期加温。它们都是在果树处于自然休眠期中加温，常出现萌芽率低、发芽不整齐、枝条细弱、产量不稳定等现象。只有使果树于头年秋季提前进入休眠，并于加温前用化学药剂打破休眠才能取得较为理想的效果。在果树自然休眠基本结束（大部分果树在 1 月上中旬）时进行加温为普通加温或标准加温，它不经任何处理即可获得正常产量。

加温栽培虽然能使果品上市时间大大提前，获得较高的售价，但由于燃料费用高，增加了生产成本，遭遇低温危害的机会也多，同时连续栽培数年后，容易造成树势衰弱等，很难成为主要的栽培经营方式。

2. 不加温栽培

不加温栽培即日光温室栽培，白天利用太阳的辐射热加温，夜间覆盖草帘等保温材料进行保温。日光温室由于有较大的屋面和较厚的墙壁，覆盖草帘后保温效果也较好，因此果实成熟期提前也较多。塑料大棚由于散热面较大，保温效果稍差，成熟期提前的效果不如日光温室，若在棚内加盖上1~2层薄膜，并在大棚外覆盖草帘，则会取得较好的效果。

不加温栽培虽然成熟期比加温迟后一些，售价稍低一些，但不需燃料，造价及生产成本均较低，技术要求不高，且基本无风险，经济效益也很可观，符合当前农民的经济状况和素质水平。因此，这种栽培方式当属目前保护地果树栽培的主营方式。

3. 避雨栽培

避雨栽培是果树设施栽培的一种特殊形式，常用于我国南方多雨地区的葡萄栽培。在我国南方多雨地区，在葡萄架的上面进行简易薄膜覆盖，可减少病害的侵染，提高坐果率，改善果实品质，使葡萄的栽培区域扩大，落脚江南。

二、设施的类型、结构和性能

果树设施栽培的保护设施有多种类型，但生产上应用较普遍的是塑料薄膜日光温室和各种形式的塑料大棚。

1. 日光温室

日光温室即薄膜温室，是由保温良好的单、双层北墙，东西两侧山墙和正面坡式倾斜骨架构成。骨架上覆盖塑料薄膜，上盖草帘保温。日光温室主要靠吸收太阳的辐射热增加温度，有些较寒冷地区也有在室内增设暖气、烟道等加温设备的，成为加温温室。

（1）半圆形日光温室

1）结构　跨度8~10米，脊高3.2~3.5米，后坡长1.5~1.8米，仰角30°~35°，后墙高2.2~2.7米，厚50~60厘米。因其拱架材料不同，可分为钢架型、水泥型、竹木型。

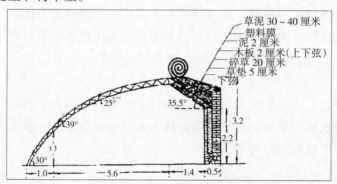

钢架形日光温室示意图（单位:米）

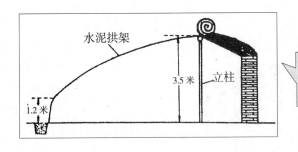

水泥骨架日光温室示意图

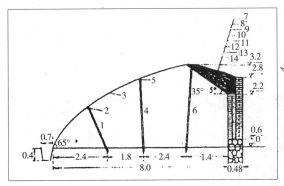

竹木结构日光温室示意图(单位:米)

1. 前柱　2、5. 横梁　3. 竹片　4. 腰柱　6. 中柱　7. 整捆秸秆　8. 稻草　9. 草泥2～3厘米　10. 薄膜1层　11. 草泥2～3厘米　12. 秸秆7厘米　13. 檩　14. 柁

2）特点　由于后墙较高，后坡较短，增加了采光面，果树能得到更多的直射光，白天升温快，果实颜色好。虽然夜间温度下降较快，但由于增温效果好，在河南大部分地区午后室温高，到翌日揭苦时的温度可以满足果树对温度的要求。同时前两种室内或前部无支柱，作业方便，坚固耐用，属永久性温室，但造价稍高。

（2）普通一斜一立式日光温室

a. 结构　竹木结构，跨度6～8米，脊高2.8～3.5米，后墙高2～2.6米，后坡长1.3～1.7米，前肩高0.8～1米，屋面角23°左右。

b. 特点　采光好，升温快，保温也较好，且结构简单，造价低，但棚膜不易压紧，最好用细竹竿而不用压膜线。

（3）琴弦式日光温室

1）结构　跨度7～8米，脊高2.8～3.5米，水泥预制中柱，后墙高2～2.6米，后坡长1.2～1.5米。前屋每隔3米设一道直径5～7厘米的钢管或粗竹竿横架，在横架上按40厘米间距拉一道8号铁丝，铁丝两端固定在东西墙外基部，在铁丝上隔60厘米设一道细竹竿作骨架，上面覆塑料薄膜，再在上面压细竹竿，用铁丝固定在骨架上。

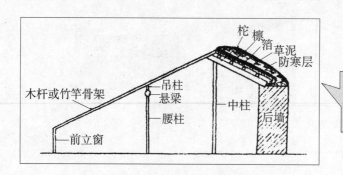

普通一斜一立式
塑料薄膜日光温室

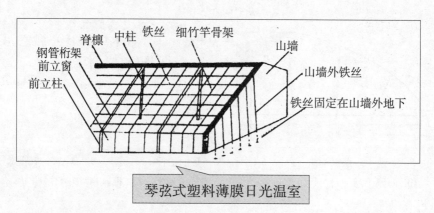

琴弦式塑料薄膜日光温室

2）特点　采光效果好，空间大，室内前部无支柱，作业方便，结构简单，造价低。

2. 塑料大棚

（1）水泥中梁塑料大棚　跨度 10～12 米，高 3～3.5 米，长 40～60 米。水泥预制拱杆，拱杆宽 10 厘米，厚 8 厘米，内有 6 毫米直径钢丝 4 根，拱杆间距 1～1.2 米。大棚中间筑 24 厘米×50 厘米的砖柱，每 3～4 米一个，上铺预制梁（盖楼用的楼板也行），或用水泥柱，柱头呈"T"形，托住上梁，梁宽 1～1.2 米，其上可放草苫，增加保温性能，可比一般无覆盖大棚提前 10 天左右成熟。

（2）水泥无柱塑料大棚　将半圆拱架分作两段，用水泥预制。拱杆宽 10 厘米，厚 8 厘米，内有 6 毫米直径的钢丝 4 根。拱杆顶端有两个圆孔，两个对称拱杆吻合后，用螺丝拧紧，形成半圆形拱架。拱架下端呈 80°，肩高 1 米，脊高 2.5～3 米，跨度 8～10 米。

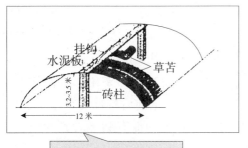

水泥中梁塑料大棚

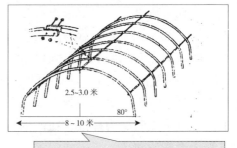

水泥梁无支柱塑料大棚骨架

三、设施建造的特点

1. 园址的选择与规划

建造日光温室和塑料大棚应选择背风向阳，地势平坦，土质肥沃，水源充足，能灌能排，交通方便，东、西、南三面无高大建筑物遮光的地方。

建造大面积的设施群时，应统一规划。使棚室的间距、跨度相同，形式一致，统一设置道路，通电线路和输水管道等，以便集中管理和维修。

2. 棚室的方位和排列

（1）棚室方位　我国北方日光温室坐北向南，东西延长。一般地区以南向或南偏东5°为宜，严寒地区以南偏西5°为好。据有关测算，偏东1°太阳光线与前屋面垂直时间提前4分，偏西1°则延迟4分。在中纬度地区，早晨外界温度不是很低，南偏东可以提前接受太阳光；而在北纬40°以北的中高纬度地区，冬季早晨气温很低，南偏东的温室早晨揭苫后，室内温度明显下降。因此，严寒地区以南偏西为好，这样可以延长午后的光照蓄热时间，获得更多的热量。但作为大部分地区在北纬32°～36°的河南省，以南向或略偏东为宜。大棚以南北延长为好，这样光照分布均匀，果树受光良好，并能减少北风侵袭面，达到保温抗风的效果。

（2）棚室的排列　一般棚室面积以333～667平方米为宜。温室前后两排之间的距离，以能够保证冬至前后每天6小时以上的充足光照为标准，河南省温室前后排间距一般为5～8米。作为大多利用早春增温的果树温室，则间距可适当减小，但冬季生产的草莓温室不能，可适当降低温室高度，再减小前后排的间距。温室东西两排之间设4～6米宽的道路。

3. 棚室建造的参数

（1）温室参数

1）温室的跨度和脊高　跨度即南北宽，从南部底脚至后墙南侧的宽度，以前为6～8米，现多用8～10米；脊高即最高点的高度，一般3～3.5米，高的在4米以上。一般跨度每增加1米，脊高相应增加0.2米，后坡也需适当地加宽。适宜的高度，有利于白天的采光和蓄热。但温室太高，虽有利于采光，而后墙也随之增高，不仅耗费建材，保温效果也不好；高度不足，温室空间小，白天升温快，夜间降温也快，缓冲能力差，容易遭受冻害。合理的高度以高跨比来表示，即温室的最高点高度与此点向地面所引垂线以南的水平距离的比值，以 0.4~0.5 较为理想。

2）温室的前屋面角　前屋面角是棚膜屋面与地平面构成的夹角，俗称坡度。此角大小是否合理，对光的吸收具有重要意义。一般以冬至前后每日要保持 4 小时以上的合理采光时间为标准，在河南省前屋面角 20°~30° 均能有利于对光的吸收，也有利于温室的建造。圆拱式温室，其底脚屋面角为 50°~60°，中段在 20°~30°，上段 15°~20° 较为合适。

3）温室的后屋面角　为保证冬至前后有 4 小时以上的合理采光时段，后屋面也应有合理的角度和长度。一般后屋面角以 30°~35° 为宜，后屋面的长度以前后屋面投影宽度比和后屋面的角度来确定。我们所使用的短后坡温室，前后坡投影宽度比以（6~8）:1 较为合适。为增加前部的有效使用面积，后屋面投影宽度以 0.8~1.2 米为宜，但无中柱的可增大到 1.4 米。因此由它们所决定的后坡长在 1.2~1.8 米。

4）温室的墙体　一般采用砖砌空心墙保温结构，厚 50~60 厘米。如内用"一二"墙，外用"二四"墙，中间 10~15 厘米填珍珠岩、锯末等形成隔热层。也可采用内砌"二四"墙，外用厚土堆压的墙体，为防雨水冲刷，再用秸秆覆盖。

5）温室的通风口　多采用上、下两排。上通风口即顶通风口，设在脊部，排气量大，主要用于排湿热空气，是在冬季和早春使用的通风口；下通风口即肩通风口，为防"扫地风"应设在距地面 1~1.5 米处，主要用于 4 月上中旬天气转暖需要放大风时使用；有的还设底通风口，即在底脚处将薄膜扒开撩起放风，它的使用必须在外界温度最低稳定在 15℃ 以上时使用。放风的方法多采用扒缝放风法。另外，有的还在后墙上 1.2~1.5 米处设有通风窗，主要用于放大风时使用，但于花期授粉时，可在中午适当打开，增加空气流动量，促进果树的授粉。

温室前屋面的底脚外应设防寒沟，宽 30 厘米、深 40 厘米，内填木屑、麦秸等隔热材料。

（2）大棚参数　大棚的跨度一般 8~12 米，大的达 14 米，脊高 2.5~3.5 米，肩高 1~1.2 米。大棚的脊高和两侧的肩高，直接影响结构的强度、采光和管理操作的性能。建造时要考虑曲率问题，曲率 =（顶高 - 肩高）÷ 跨度。如跨度为 12 米，顶高 3.5 米，肩高 1.2 米，则曲率约为 0.19。一般曲率在 0.15~0.2 的都有较好的采光性能抗风雨能力。

大棚也多采用三道缝放风，即中缝和两道边缝。中缝在大棚的最高位置，边缝在两侧肩部离地面 1~1.2 米处。热气从中缝排出，冷空气由边缝进入，换气效果良好。

（3）棚室的长度　温室和大棚的长度以 40~60 米为宜。过短时，温室山墙遮光面积占整个温室面积的比例较大，大棚保温效果差，不利于果树生长，利用率低，效益差；过长时，则管理不便。

4. 保温材料的选择

（1）棚膜　一般可分为聚氯乙烯（PVC）棚膜、聚乙烯（PE）棚膜和醋酸乙烯（EVA）棚膜，其中以 PE 棚膜应用最广。按性能特点又可分为普通棚膜、长寿棚膜、无滴棚膜、长寿无滴棚膜等，以普通棚膜应用最多。目前常用棚膜的规格、主要性能特点、用途和用量见表 3 - 1。

（2）草帘　由稻草或蒲草编织而成，一般厚 3～5 厘米，宽 1.2～2 米，长 6～10 米，其保温性能好，是普遍采用的一种保温材料。另外，还有纸被、无纺布以及设置三道保温幕等，都有一定的保温效果。

表 3 - 1　棚膜的种类、规格、性能特点、用途、用量表

种类		规格		性能特点	用途	亩用量（千克）
		厚度（毫米）	折径（米）			
聚乙烯	普通	0.06～0.12	1.5, 2.0 3.0, 3.5 4.0, 4.5	透光率衰退慢，比重为 0.92，单位面积用量小，使用 4～6 个月，可以烙合，不易粘补	温室 大棚	100 110～140
	长寿	0.10～0.14	1.0, 1.5 2.0, 3.0	张度高，耐老化，使用期 2 年以上，其他同普通膜	温室 大棚	80～100 100～130
	线性	0.05～0.09	1.0, 1.5 3.5, 4.0	强度好，耐候性较强，使用期 1 年左右，散射光，透性好，其他同普通膜	大棚	80～100
	薄型耐老化多功能	0.05～0.08	1.0, 1.5 2.0, 4.0	耐老化，使用期 1 年以上，全光性好。散射光占 50% 以上，薄，单位重量覆盖面积大	温室 大棚	50～60 60～80
聚氯乙烯	普通	0.10～0.12	1.0, 2.0 3.0	使用 1～2 个月后，大幅度下降。耐老化性好，使用期 1 年左右，比重 1.25，单位面积用量大。耐高温，不耐高寒，易烙合也易粘补	温室 大棚	120～130 130～150
	无滴	0.08～0.12	0.75, 1.0 2.0	表面不结露，而形成一薄层透明水膜，透光性强于聚氯乙烯普通棚膜。其他性能同普通膜	温室 大棚	110～125 140～150

第三节 设施内环境条件的调控

一、光照

果树的生长情况、花芽的形成以及果实的品质都与光照强度和光照时间有着直接的关系。光照充足时，树体健壮，花芽饱满，果实色艳味浓。但管理不善，则光照差，枝叶徒长，树冠郁闭，产量低，品质差。同时设施栽培又是在弱光的冬春季进行的，加上薄膜对光的反射、吸收和棚膜上的尘埃、内面凝结的水滴、棚室内的水蒸气以及拱架、支柱的遮光等影响，使棚内的光照强度只相当于室外的70% ~ 80%。因此必须做好室内增光工作。

1. 采用优质棚膜

选用透光率高的优质无滴膜，能使透光率较普通膜提高近20%，棚温也增高2 ~ 4℃。

2. 地膜覆盖加滴灌

可以减少土壤水分蒸发，降低空气湿度，增加光照。

3. 挂反光幕及地面铺反光膜

日光温室后墙张挂反光膜，可增加光照25%左右。地面铺反光膜，能增加树冠中下部的光照，促进光合作用，提高果实品质。

4. 连阴天补充光照

阴天的散射光也有增光、增温作用，也要揭苫见光。在持续3 ~ 4天时要补充光照，可用腆钨灯、灯泡照明。一般每333米^{2}可均匀挂100瓦碘钨灯3 ~ 4个，100瓦灯泡10 ~ 15个进行补充。

5. 清扫棚面

一般1 ~ 2天清扫1次，除去棚面污物，增加透光率。

6. 合理整形修剪

尤其在生长季要采用疏、拉等方法，改善群体光照和树冠下部光照。

二、温度

温度是植物生命活动最基本的环境条件，也是大棚生产的最关键点。其中以花期遇到低温危害最大，花蕾在 -3.9℃以下，花朵在 -2.8℃以下，幼果在 -1.1℃时，即受冻害。同时花期温度越低，开花持续时间就越长，果实成熟期就越不集中，但温度过高也会造成较大损失。因此，必须进行温度调节，以满足正常的生长发育需要。

1. 合理建筑棚体，充分受光，严格保温

在墙体骨架的建造和棚膜的使用上，都要充分考虑接受更多的热量，其中一定要严把施工的质量。

2. 正确掌握揭苫时间，合理蓄保热量

在不影响保温的情况下，草苫要尽早揭开，以延长进光时间，合理的揭苫时间见表3-2。

表3-2　温室草苫揭盖时间

早晨最低气温	揭苫时间	盖苫时间
-10℃以下	日出后0.5～1.5小时	日落前0.5小时
-5℃±3℃	阳光洒满屋面	太阳将近离开屋顶
0℃±2℃	太阳升起时	太阳刚落时
0℃±3℃	太阳出来前0.5小时	太阳落后1小时
10℃以上	揭开	停盖
阴天	揭开	停盖
雨、雪天	揭开（包括夜间）	不盖（包括夜间）

3. 地膜覆盖增加地温

寒冷时覆盖地膜可有效提高地温1～3℃，并能降低湿度，增加光照。若遇到特别寒冷的天气则需要进行加温，同时搞好多层覆盖。

4. 适时通风降温

晴天升温快，当某一物候期要求的上限温度到来时，进行扒缝放风降温，风口大小依天气和棚室大小来定。若放风不及时，会造成严重的生产损失。

三、湿度

设施内是一个相对密闭的环境，相对湿度大，易引起果树徒长并诱发病害，造成花芽分化、果实品质差和花药不易开裂等不良现象。因此，湿度的调节对果树的健壮生长和高产、优质至关重要。

1. 通风

是普遍采用的降湿方法，将高湿的热空气放出，引进低湿的新鲜空气，在晴天效果很好，但在寒冷的冬季，易造成室温的下降，有条件时，以热风炉调节最好。

2. 地膜覆盖

棚室内的水汽相当一部分是从地面土壤蒸发而来的，利用地膜覆盖（覆盖率在90％以上）可显著减少地面蒸发，降低室内湿度。

3. 改变灌水方法

有条件的最好采用滴灌或渗灌，实力不足的也要采用膜下灌溉。灌水最好于晴

天的上午进行，中午前后放风，排除一部分湿气。

四、二氧化碳

二氧化碳是光合作用的重要原料。自然条件下二氧化碳浓度约在 300 毫升/米^3，而在大棚相对密闭状态下，由于日出后的光合消耗，浓度急剧下降，常常降到 200 毫升/米^3，甚至更低，作物便处于"饥饿"状态。此时通风换气或补充二氧化碳，使棚内浓度达到或高于自然状况，有利于果树的正常光合作用，提高产量。不过补施应掌握合适的量，一般在晴天二氧化碳浓度可以掌握在 1 000 ~ 1 500 毫升/米^3，阴天掌握在 500 ~ 1 000 毫升/米^3。具体措施如下：

1. 多施有机肥

在地面覆盖肥料和秸秆混合物，其腐烂分解过程中能产生大量的二氧化碳，一般 1 吨有机物最终能释放 1.5 吨二氧化碳。

2. 通风换气

在比较温暖的天气下，可从日出后 1 小时开始到日落为止连续放风，但在早春温度比较低时，可视温度情况在 10 ~ 14 时进行间断通风换气 1 ~ 2 次，每次 20 ~ 30 分。以后随着棚温升高，换气时间逐渐延长。

3. 二氧化碳气肥

每亩施入 40 千克，棚内浓度可高达 1 000 毫升/米^3，施后 6 天产生二氧化碳，有效期 90 天，高效期 40 ~ 60 天。

4. 二氧化碳发生器

首先在塑料桶中放入 2 000 克水，再缓慢加入 620 克纯硫酸。并不断搅拌，一定要注意不得过急，以免溅出伤人。然后将 1 000 克碳酸氢钠分 3 天加入，每天日出 1 小时后开始操作。在棚室内按东西向每隔 7 米设置一个，挂在离地面高约 1.5 米处。这样二氧化碳的浓度也可以达到 1 000 毫升/米^3。

第四节　设施果树的树种和品种

一、葡萄

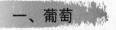

1. 早红无核

欧亚种，穗重 300 克，粒重 3 克，排列紧凑，果穗圆锥形。果皮粉红至紫红色，较薄，果肉硬脆，甜而无籽，品质佳。该品种抗病性强，丰产性好，在郑州地区 7 月上中旬成熟，是优良的早熟品种，又是保护地栽培的理想品种。

2. 矢富罗莎

平均穗重 750 克，粒重 10 ~ 12 克，果色深红，着色整齐，外观好，果肉硬，口感好，成熟后不落粒，极耐贮运。生长旺，坐果率高，抗病性强，丰产性好。7月中旬成熟，是一个优良的早熟品种。

3. 红双味

平均穗重650克，粒重7~8克，果皮紫红色，果穗圆锥形。口感好，品质优，具有香蕉和玫瑰香双重风味。7月初成熟，抗病，易栽培，是一个有发展潜力的极早熟品种。另外用于促成栽培的还有京亚、京香、紫珍香、美国无核王等。用于延迟栽培的有红地球、黑大粒、红意大利、秋黑等。

二、桃

1. 曙光

极早熟黄肉甜油桃。果实近圆形，全面浓红，外观艳丽，平均果重100克，大果150克。果肉硬溶质，风味甜，有香气，品质中上，耐贮运。郑州地区6月初成熟。该品种花粉量大，但自花坐果率稍低，需配置授粉树。

2. 华光

极早熟白肉甜油桃。果实近圆形，大部分果面着玫瑰红色，外观美。单果重80克，大的120克，软溶质，风味浓甜，有香气，品质优良。郑州地区5月底6月初成熟。该品种花粉量大，能自花结实，极丰产，是一个优质的极早熟品种。

3. 丹墨

全红型极早熟黄肉甜油桃。果实圆正，美观亮泽，全面着深红色或紫红色；单果重80克，大果10克。硬溶质，风味浓甜，香味中等，品质优，耐贮运性好。郑州地区6月10日左右成熟，有花粉，丰产。另外优质的早熟品种还有早红珠、艳光、五月火、春花（毛桃）等。

三、杏

1. 金太阳

美国品种。单果重66.9克，最大87.5克；果实近圆形，两半部对称，果面光沽，底色金黄，阳面稍有红晕，外观美丽；果肉黄色，肉质细嫩，有香气，风味甜，品质上等。5月下旬成熟。抗晚霜，花期-5~-4℃仍能正常结果，极丰产，第二年株产多在4千克以上。是一个优质、丰产的极早熟品种。

2. 凯特杏

果实近圆形，特大，单果重105.5克，最大138克。果皮橙黄色，阳面着红晕，果肉橙黄，风味甜，有芳香，品质上等。离核，为鲜食优良品种。果实于6月中旬成熟。

3. 玛瑙杏

果实卵圆形，顶尖圆。单果重55.7克，最大98克。果皮橘黄色，阳面具红晕，果肉金黄，肉质细，风味酸甜适口，香味浓，品质上等。耐贮运，生食加工兼用。6月中下旬成熟。

另外还有红丰、新世纪、意大利一号、红荷包等优良品种。

四、李

1. 早美丽

果实中大，心脏形，单果重55克，果面着艳红色，有光泽。果肉淡黄色，质地细嫩，硬溶质，汁液丰富，味甜爽口，香气浓郁，品质上等。核小，黏核。6月10日前成熟。

2. 红美丽

果实中大，单果重56.9克。果面光滑，鲜红亮丽。果肉淡黄色，肉质细嫩，溶质，风味酸甜适中，香味浓，品质上等。6月20日前后成熟。早实、丰产、稳产。自花结实。

3. 蜜思李

果实近圆形，单果重50~85克，最大108克。果面紫红色，果肉淡黄色，肉质细嫩，汁液丰富，酸甜适中，香气浓，品质上等。核极小，可食率97.4%。7月初成熟。

其他优质品种还有圣玫瑰李、红肉李、郁皇李、帅李等。

五、樱桃

1. 红灯

果实大型，平均单果重9.0克，最大13.5克。果皮紫红色，有鲜艳光泽。果肉肥厚，可溶性固形物17.1%，品质上等。树势强健，较丰产，耐贮性稍差。5月底成熟。

2. 早红宝石

果实圆形或心脏形，单果重7~8克，果皮紫红色、有光泽、易剥离，果肉紫红色，质细多汁，酸甜可口，鲜食品质佳。抗寒，抗旱，适应性强。5月10日左右成熟。

3. 抉择

果实圆形或心脏形，单果重11~13克，最大可达17克。果肉紫红色，质细多汁，酸甜可口，果核小，鲜食品质极佳。5月中旬成熟。

其他优良品种还有乌美极早、维卡、意大利早红、大紫等。

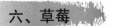

六、草莓

1. 弗杰尼亚

植株生长直立，繁殖力中等，叶片大，叶脉清晰，花序平于叶面。一级序果平均果重 33 克，最大 75 克。果实长圆锥形，果面光滑，颜色鲜红，有光泽，种子平嵌果面。果肉粉红色，质地细腻，味浓甜，极耐贮运。抗病丰产，在 5～17℃ 气温条件下 1～2 周即可完成休眠。

2. 丰香

植株直立、健壮，分枝力中等。花序低于叶面，生长期低温时花序高于叶片。一级序果平均果重 42 克，最大 65 克。果实圆锥形，畸形果少。果皮鲜红色，有光泽，但光照不足时果色淡。肉硬，耐贮运，含糖量高，酸度适口，香味浓，是鲜食、加工兼备的优良品种。休眠期浅，低温短日照 50～100 小时即可通过休眠。

其他优良品种还有女峰、静香、春香、安娜、长虹草莓、米赛尔等。另外适于大、小棚半促成栽培的有卡尔特 1 号、红衣、绿色种子、宝交早生等。

第五节　日光温室果树的管理技术

一、葡萄

1. 栽植与架式

由于保护地内空气湿度大，气温较高，光照不足。因此，应以棚架为主，但未满架前常采用篱棚架，对树势不太旺的品种或一年两熟栽培的。可采用双壁篱架。栽植时南北行向，密植，株距 0.5 米，小行距 0.5～0.7 米，大行距 2～3 米。翌年采收后调整为 0.5 米×（2.5～3.7）米。

2. 扣棚及温、湿度管理

扣棚一般在葡萄休眠结束后进行，河南省以 1 月底和 2 月上旬较好。

扣棚后第一周实行低温管理，白天由 10℃ 逐渐升至 20℃，夜间由 5℃ 升至 10℃。以后逐渐升高温度，一直到萌动发芽时为止，白天保持在 28～30℃，夜间在 15～20℃，相对湿度保持在 90% 以上。

萌发后至新梢长出 7 片叶期，昼温控制在 25～28℃，夜温 15℃ 左右。以后应利用晴朗的白天充分换气，昼温保持在 25℃ 左右，相对湿度控制在 60%。

葡萄开花期间，对温度的要求因品种而异，大多数品种要求的温度较高。据试验，巨峰的花粉在 30℃ 时发芽率最高，所以巨峰葡萄花期白天要保持在 28℃ 左右，有些品种可适当低些。夜间保持在 16～18℃，空气相对湿度控制在 50% 左右。

　　幼果膨大期间对夜间温度要求较高，花后 15 天内，夜间温度要求在 20℃ 左右，以后控制在 16~20℃，不要超过 20℃。昼温保持在 25~28℃。此后因通风量加大，空气相对湿度可任其自然，但不宜超过 60%。

　　葡萄着色期，白天气温保持在 25~28℃，夜间一般在 16~17℃。此期应扩大通风时间，夜间可不封闭通风口，以增大昼夜温差。

3. 棚及其他管理

　　5 月上中旬以后，外界气温升高，可逐步解除棚膜。采用双篱架栽培时，可采用头状整枝，长梢修剪；棚架栽培时，宜采用龙干整枝，长短梢混合修剪。

　　另外，水肥及其他管理类似露地栽培。

二、桃

1. 栽植和控冠促花

　　为达到一年栽树，年底罩棚，翌年丰产的目标，一般采用株行距为（0.7~1.2）米×（1.3~2）米的高密度栽植，以增加单位面积株数，提高产量。

　　控制树冠，促进成花。一般于 6 月底至 7 月上中旬，叶面喷施 15% 的多效唑 100~300 倍液，10~15 天后再喷一次。多效唑也可土施，每棵 0.5~1 克，先溶于 20~30 千克水中，然后灌于树盘周围 20 厘米深的小沟中，再覆土即可。

2. 罩棚及以后管理

　　桃树需冷量满足后，即可升温解除休眠。大部分品种可在 1 月上旬罩棚升温。

　　（1）萌芽期　1 月中旬至 2 月中旬，前期温度由白天 5~10℃、夜间 3~5℃ 逐渐升温至白天 10~28℃、夜间 3~6℃，相对湿度保持在 70%~80%。到萌芽时温度白天维持在 10~25℃，夜间 5℃ 左右，相对湿度仍为 70%~80%。

　　（2）开花期　2 月中下旬，温度控制在白天 10~22℃、夜间 5~10℃，相对湿度 50%~60%，不要超过 60%。遇连阴天时，注意加温增光，温度不要超过 23℃。同时注意疏蕾、人工授粉和放蜂等。

　　（3）幼果期　2 月下旬到月中旬，白天温度控制在 15~25℃，夜间控制在 8~15℃，相对湿度维持在 50%~60%。此时新梢也开始生长，叶片展开。

　　（4）果实膨大期　3 月中旬至 4 月上中旬，白天温度维持在 15~28℃，夜温控制在 10℃ 左右，相对湿度维持在 60% 以内。

　　（5）着色期和采收期　4 月中下旬，白天温度控制在 15~30℃，夜温控制在 10~15℃，其中着色期白天温度和采收期的夜温可稍低。湿度同露地。

　　另外在草苫的揭放上，开始 4~5 天升温时，先揭 1/3，再揭 1/2，最后揭完，以逐渐提高温度。萌芽期和开花期，外界温度偏低，因此要日出后 0.5~1.5 小时揭苫，日落前 0.5 小时放苫。幼果期，太阳升起时揭苫，落下时放苫。以后可根据情况不放苫，后期去掉顶端棚膜，并注意改善光照，增进着色。

3. 整形修剪及其他管理

大棚桃树宜采用主干形或"Y"形，过密的结果后可有计划地进行间伐，否则应进行重剪缩冠更新，以调节群体结构。其他水肥管理类似露地栽培。

三、草莓

1. 扣棚

河南省草莓的促成栽培，一般于7月上旬育苗，9月中下旬定植，10月中下旬气温下降为15～16℃时开始扣棚加温，12月下旬开始收获，收获期可持续4～5个月。

2. 扣棚后的温、湿度管理

扣棚后，棚内温度白天保持在28～35℃，夜间8～10℃。保温10天左右进入现蕾期，棚温降为25～30℃，夜温8℃，经10～15天，进入开花期，白天要加强通风换气，棚内温度保持在20～25℃，夜温5～7℃，地温18～22℃，此时温度高于30℃或低于3℃都会造成授粉受精不良，产生畸形果。以后进入果实肥大成熟期，棚内白天保持18～22℃，夜温4～5℃。如果此期夜温高于8℃，虽然果实着色快，但果个增大慢，小果率高，因此要加强通风换气，使夜间温度保持在4～5℃，不高于6℃。

在扣棚前期的高温管理中，应注意白天喷水2～3次，以提高棚内湿度，造成高温多湿的环境，以防叶片受害。另外，现蕾后由高温转变为适温，要通过2～3天逐渐进行，湿度也随之下降，但过于干燥时，可往植株上喷水。开花结实期以相对湿度在70%左右较为适宜。

3. 补光及赤霉素促成栽培

对有些休眠稍深的品种，如宝交早生、丽红、红衣、玛利亚等，只能在早春采用大棚、简易覆盖等增温措施来达到早熟栽培的目的。由于这种栽培提前成熟的时间较少，因此称半促成栽培。若要达到较早成熟的目的，除需采用增温效果较好的日光温室和能覆盖保温草苫的大棚外，还需特殊处理以提前打破休眠方可。补光及赤霉素处理便是行之有效的方法之一。

补光是利用电灯创造光照条件以及配合提高温度，人为抑制草莓进入休眠状态，促进生长发育和开花结果。一般在花芽分化10天后进行补光，这样不仅能使顶花序分化良好，而且侧花序的分化也不受影响。常用的方法是日落补光或凌晨补光，标准是都需将光照时数延长到16小时，以达到促进发育的作用。具体操作是每3米×3米，在1.3～1.5米的半空挂一个60瓦白炽灯泡，使灯下叶面光强达50～80勒克斯，外围20～30勒克斯。值得注意的是：①补光期在河南省正是寒冷的1月，因此要求设施的增温保温效果要好。②补光一旦开始，不能中断，必须坚持到自然昼长达到13.5小时的3月。③补光期间对温度要求较高，在适宜的范围内越高效果越好。④补光 1 个月后，若草莓长势过旺，可按每周缩短 30 分幅度减少光照时间，但光照时间最短不能短于 14 小时，否则会出现植株矮化现象。

赤霉素处理具有促进打破休眠，提早现蕾和开花的作用，尤其在补光条件下效果更加明显。一般在扣棚保温加补光以后的 4~5 天内使用，浓度为 0.001% 的赤霉素，每株喷施 5~7 毫升，并保持棚温在 25~30℃，温度过高过低效果都不好。

还应注意的是，补光和赤霉素处理促成栽培，不仅成本高，而且技术复杂，有一定风险。因此，最好选用休眠浅（1~2 周）的品种，如本章第四节所介绍的早熟品种搞温室促成栽培，则易达到理想的效果。